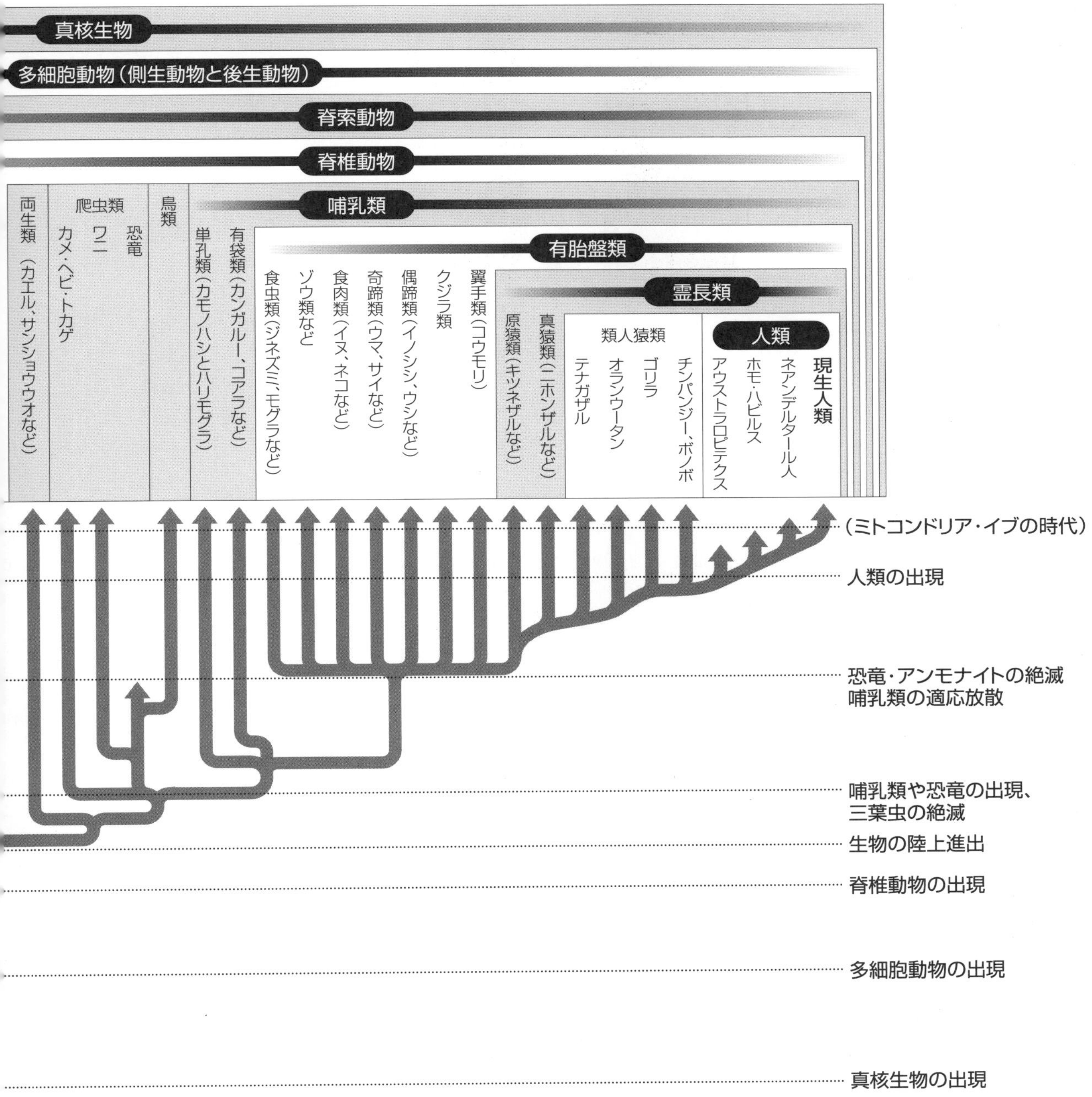

注：時間軸の目盛は一定ではない。
は現生人類の分類。

生命科学史年表

*［年号］［人名］［主要な業績をあげたときの国名］［綴り（生没年）］［事項］［付記］の順序で示す。

1500頃 レオナルド（ダ・ヴィンチ）［伊］Leonard da Vinci（1452-1519）『人体解剖そのほかの研究とスケッチ』
科学と芸術の両面から評価が高い。

1543 ヴェサリウス［ベルギー］Andreas Vesalius（1514-64）『人体の構造（ファブリカ）』
最初の精密、近代的な人体解剖図譜。

1551-1621 ゲスナー［スイス］Conrad Gesner（1516-65）『動物誌』
包括的な動物図鑑だが、一角獣などもまぎれ込んでいる。

1555 ブロン［仏］Pierre Belon（1517-64）『鳥の博物学』
人体と鳥の骨格の比較が有名。

1614 サントリオ［伊］Santorio（Sanctorius, 1561-1636）『医学統計の術』
食事後、はかりに乗って「無感発汗」で体重の減るのを実測。

1628 ハーヴィー［英］Willam Harvey（1578-1657）『動物の心臓と血液の運動に関する解剖学的論稿（血液循環）』
腕を縛る実験や他動物の心臓との比較などもある。『動物の発生』（1651）で「すべて卵から」と唱えた。

1665 フック［英］Robert Hooke（1635-1703）『ミクログラフィア（顕微鏡図）』
「細胞（cell）」の語の最初の使用。ノミの巨大な折り込み図も有名。

1668 レディ［伊］Francesco Redi（1626-97）『ハエの自然発生の否定』
肉の容器に網をかぶせる簡単な装置で明快な結論。

1669 マルピーギ［伊］Marcello Malpighi（1628-94）『カイコの解剖研究』
マルピーギ管の名前は、この研究にちなむ。発生初期のニワトリ胚や植物組織も、顕微鏡で精密に研究。

1680-81 ボレリ［伊］Giovanni Alfonso Borelli（1608-79）『動物の運動』
神経液の流入で筋肉が収縮し、てこの原理で関節が動くと考えた。

1683 レーフェンフック［蘭］Anton Leeuwenhoek（1632-1723）『細菌も含めて多数のミクロ対象の観察』
彼の「顕微鏡」は単レンズ（虫眼鏡）だった。

1735 リンネ［スウェーデン］（1707-78）Carl von Linné『自然の体系（初版）』
第10版は現行の動物命名起点。植物では『植物の種』（1753）を著した。

1737 スワンメルダム［蘭］Jan Swammerdam（1637-80）『自然の聖書』
見事な観察図を没後（生誕100年）にブールハフェが記念刊行。

1734-42 レオミュール［仏］Rene Antoine Ferchault de Reaumur（1683-1757）『昆虫誌 全6巻』
あらゆる昆虫の生態図録。ファーブルにも大きな感化をおよぼした。

1745 ボネ［仏］Charles Bonnet（1720-93）『アブラムシの単為生殖』
寝ないで見張って、胎生の単為生殖であることを実証した。

1749-1804 ビュフォン［仏］George Louis Leclerc Buffon（1707-88）『博物誌』
豊富な図による博物学的な百科全書で、44巻からなり、刊行は没後まで継続された。

1780 ガルヴァーニ［伊］Luigi Galvani（1737-98）『電気の影響による筋収縮を観察』
ただし生物電気が収縮の原因と考えた。この解釈は不正確で、ヴォルタ（Alessandro Volta）により訂正された。

1809 ラマルク［仏］Jean Baptiste Pierre Antoine de Monet, Chvalier de Lamarck（1744-1829）『動物哲学』
進化を論じ、その原動力を生物の「前進する力」によるとして、実証主義者のキュヴィエ（G.Cuvier）に批判された。
トレヴィラヌス（G.R.Treviranus, 1776-1837）と同年に「生物学：biology」の造語（1802）。

1828 ヴェーラー［独］Friedrich Wöhler（1800-82）『無機物からの尿素合成』
有機物は生体のみでつくられるという観念の打破。

1828-37 フォン・ベアー［独］Karl Ernst von Baer（1792-1876）『動物発生の観察と考察』
17世紀にグラーフ［蘭］（R. de Graaf）が卵胞を卵としていた誤りを訂正した。動物の発生における胚葉説を確立。

1833-40 ミュラー［独］Johannes Müller（1801-58）『人体生理学要綱』
包括的な大作。雌性生殖管（ミュラー管）に彼の名前が残る。シュワン、ヘルムホルツなどは門下生。

1838 ムルダー［蘭］Gerard Johannes Mulder（1802-80）『タンパク質説の提唱』
全タンパク質に共通の分子式を考えた説は間違いだが、命名は残った。

1839 シュワン［独］Theodor Schwann（1810-82）『動物と植物の構造と成長における一致に関する顕微鏡的研究』
前年のシュライデン（Matthias Jakob Schleiden, 1804-81）に共鳴して、細胞説の普及に寄与した。

1842 オーウェン［英］Richard Owen（1804-92）『恐竜（Dinosaurus）の造語』
特にイグアノドンを意味した。現在は通俗名として普及。

生命科学のための基礎シリーズ

生物

監修
大島泰郎

星　元紀・庄野邦彦・堀　弘幸・松本忠夫
横堀伸一・渡辺公綱

実教出版

● シリーズ刊行にあたって ●

　何年か前から理科教育の危機が叫ばれるようになった。高校理科のカリキュラムが変更され，それ以前にあった物理，化学，生物，地学を横断する広領域的な「理科I」などが廃止され，4教科のうちの2つを選択すれば高校を卒業できることになった。言い換えると，物理や生物など2科目は中学卒業以降，何も学習しないで大学の理工学部や医学部に入学する学生が生まれ，当然ながら入学後の講義が全く理解できない学生が急増し，大学にパニックを巻き起こしたのである。以来，事態は改善されるどころか，ますます危機を深めている。

　必然的に，大学において高校理科各科目未履修者のための補習とか，予備校に依頼して高校レベルの授業をしてもらうなど従来なかった対策をとらざるを得ない状況が生まれてきた。その一方で，大学進学率は上昇の一途をたどり，大学はますます大衆化してきている。大学はかってのような真理探究のための園ととらえるより，自分の教養を高めるための学習の場と心得て入学してくる学生が増えてきている。アメリカにおける「リベラルアーツ」の教育をすることが社会から求められるようになったといってよい。理系の学生の学力低下については，旧文部省による高校理科カリキュラムの改変が矢面となって糾弾されているが，おそらくそれがなくても徐々に大学においてリベラルアーツ的な教育に重点を移していくことは避けられないことであったろう。

　本シリーズは，大学教育の現場におけるこのような変化を受けて，特に21世紀の技術社会の柱とされ，急速に新学部，学科が生まれている生命科学系の新入生を読者対象の中心に据えて編纂された。旧来の生物学と違い，学際領域である生命科学・バイオテクノロジーでは，物理，化学，生物，それに数学も含め広範な学習が必要であり，そのどれが欠けても研究者・技術者の養成はできない。そのため，たとえば高校で物理を履修してこなくても，ついてこれる物理の教科書，さらに履修していても退屈しない教科書を目指して企画に当たったつもりである。さらに，生命科学を名乗る学部，学科にかぎらず，広く理工系，薬学系，農学系の学部・学科においても新時代の教科書として採用していただけるだけの内容を目指して編纂された。ぜひ教科書として，あるいは参考書として活用していただき，日本の理科教育の危機を救う一助となることを願ってやまない。

　本シリーズは，長年にわたり理科教育に携ってこられた久保田芳夫前東京薬科大学教授の発案によるもので，久保田先生にはシリーズ全体を査読していただき，貴重な御意見を賜った。最後に，このシリーズの企画に始まり，編集，刊行に当たっては実教出版の平沢健氏の献身的な努力なくしては実施不可能であった。ここに心からの感謝をあらわしたい。

編集委員を代表して
大島　泰郎

● まえがき ●

　本書は「生命シリーズ」の第4巻として「生物学」の基礎について講じたものである。生物学は生命あるものたち（生命体・生物）とその営み（生命現象）に関する科学で，この地球上で現に生きているものたちと，かつて生きていたものたちのみを対象として，「生きている」とはどういうことかを理解しようとするものである。　もとより生物も物質からなりたっており，物理化学の法則から逸脱するものではない。しかし，生命世界には無機世界には見られない成り立ちと特徴があり，現在の物理学や化学の知識だけではその理解はかなわない。

　約40億年にわたって，途切れることなく続いてきた生命の歴史は，実に多彩な生物を生み出してきた。現存する生物だけでも数億種をくだらないとも言われているが，その大部分には名前すらついていない。いいかえれば大部分の生物は生物学者にすら認識されていないのが現状である。ほとんどの生物を知らないにもかかわらず，「生物」学が成り立ちうるのは，現存するすべての生物は共通の祖先に由来し，その基本的な仕組みは進化の歴史を通じて驚くほどに変わっていないためである。生物に見られる一様性（共通性）を理解することは，生命現象を理解する基本となるものである。しかし，生物に見られる多様性もまた紛うことなき事実であり，一見相矛盾する生物の一様性と多様性との理解は，生物学の両輪をなすものといえよう。

　生物学の入門書は大小あまたあるが，ここでは，劇的に展開しつつある現代生物科学への入り口として，生物学の基礎的な知識を身につけるとともに，生きているものたちが紡ぎだす世界の全体像を概観し，生命世界の特質を理解できるように配慮したつもりである。本書を手にする読者が，生物学に対する関心をさらに深められることを願ってやまない。

　最後になったが，本書は実教出版平沢健氏の叱咤激励がなければ日の目を見ることはなかったであろう。ここに記して感謝したい。

2004年1月，遠く輝く白山を眺めつつ

星　元紀

※図の転載について
　ほかより転載した図には転載元を付記してありますが，一部の図に調査途中で著作権者への連絡先が不明になったものなどがあります。お心当たりの方は小社宛にご連絡いただきたくお願い申し上げます。

目　次

第1章　生物学のなりたち

1-1　かけあしで生物学の世界をながめる〜くわしくは2章以降 ……………………………………… 1
1-1-1　生物学とは…1／1-1-2　生物学の成立…1／1-1-3　近世の生物学…2／1-1-4　生物学の革命…4／1-1-5　生物学の諸分野…6／1-1-6　生物の特性と生命論…7

1-2　生物の世界 ……………………………………………………………………………………………… 8
1-2-1　生物圏…8／1-2-2　多様性…9／1-2-3　単系統…10

1-3　生物の分類 ……………………………………………………………………………………………… 11
1-3-1　種…11／1-3-2　分類群の階級…11／1-3-3　大分類…11

第2章　分子から細胞へ

2-1　生体を構成する分子 …………………………………………………………………………………… 13
2-1-1　この章で学ぶこと…13／2-1-2　生体を構成する元素…14／2-1-3　水…15／2-1-4　水素イオン濃度…16／2-1-5　生体分子の分類…18／2-1-6　核酸…19／2-1-7　タンパク質…21／2-1-8　糖質…24／2-1-9　脂質…27／2-1-10　低分子有機物質と無機塩類…29

2-2　細胞 ……………………………………………………………………………………………………… 29
2-2-1　生命の基本単位としての細胞…29／2-2-2　研究装置の発達…31／2-2-3　オルガネラ（細胞小器官）…33／2-2-4　いろいろなオルガネラの構造と働き…33／2-2-5　原核生物（真正細菌，古細菌）…39／2-2-6　動物細胞と植物細胞の比較…39／2-2-7　生体膜…40／2-2-8　細胞における内と外…41／2-2-9　体細胞分裂…43／2-2-10　細胞間情報伝達…45／2-2-11　細胞内情報伝達機構…47

2-3　エネルギーおよび物質の流れとしての生命活動 …………………………………………………… 51
2-3-1　代謝とエネルギー供給反応…51／2-3-2　高エネルギーリン酸化合物…51／2-3-3　ATP…53／2-3-4　同化と異化…54／2-3-5　呼吸…55／2-3-6　解糖系…56／2-3-7　ピルビン酸からアセチルCoAへ…60／2-3-8　TCA回路（クエン酸回路）の概要…61／2-3-9　TCA回路の詳細…62／2-3-10　化学浸透説…63／2-3-11　電子伝達系…64／2-3-12　ATP合成酵素…65／2-3-13　光合成の地球環境と生命進化への影響…66／2-3-14　光合成の概念…67／2-3-15　クロロフィル…68／2-3-16　光によって進行する反応と化学反応…68／2-3-17　チラコイド膜の光合成装置…69／2-3-18　ATPの合成…69／2-3-19　カルビン回路…70／2-3-20　Rubisco（ルビスコ）は未完成か？…70

2-4　生命情報の流れとしての生命活動①〜遺伝学の誕生から分子遺伝学への歴史 ………………… 72
2-4-1　はじめに…72／2-4-2　メンデルの「遺伝因子」から「遺伝子」の概念ができるまで…73／2-4-3　遺伝子はDNAである…76／2-4-4　二重らせんモデルの誕生…77／2-4-5　セントラルドグマの発表…78

2-5　生命情報の流れとしての生命活動②〜遺伝情報とその複製 ……………………………………… 79
2-5-1　生物における遺伝情報の流れ…79／2-5-2　DNAの半保存的複製…80／2-5-3　複製酵素DNAポリメラーゼ…80／2-5-4　DNAの不連続複製…82／2-5-5　複製に関する酵素群と複製開始の詳細…83／2-5-6　多様なDNA複製様式…83／2-5-7　線状DNAの末端問題…84

2-6　生命情報の流れとしての生命活動③〜遺伝情報の発現 …………………………………………… 86
2-6-1　DNAからRNAへの情報伝達（転写）…86／2-6-2　転写プロセスの概略…87／2-6-3　原核生物での転写…88／2-6-4　真核生物での転写…93／2-6-5　転写後プロセシング…94／2-6-6　RNAからタンパク質への情報伝達（翻訳）…96／2-6-7　翻訳過程の概略…97／2-6-8　翻訳プロセスの素過程…98／2-6-9　真核生物の翻訳反応…101／2-6-10　生成タンパク質の局在化…102／2-6-11　翻訳制御…103

第3章　個体の生物学

3-1　個体の構造と機能 ……………………………………………………………………………………… 105
3-1-1　はじめに…105／3-1-2　単細胞体から多細胞体へ…105／3-1-3　個体の構築…108／3-1-4　内部環境の維持…111／3-1-5　中枢神経系…115／3-1-6　個体の認識と生体防御…120

3-2　生殖と発生 ……………………………………………………………………………………………… 125
3-2-1　生命の連続性…125／3-2-2　生殖…125／3-2-3　生殖と性…126／3-2-4　生殖様式と生活環…130／3-2-5　減数分裂…131／3-2-6　性の決定…132／3-2-7　配偶子形成（動物の場合，植物は3-3-6，3-3-7参照）…136／3-2-8　受精（動物の場合，植物は3-3-7参照）…139／3-2-9　有性生殖と自他の認識…140／3-2-10　個体発生の開始…142／3-2-11　細胞系譜…146／3-2-12　胚葉の形成…147／3-2-13　胚膜と胎盤の形成…148／3-2-14　発生運命の決定…149／3-2-15　分化は遺伝子の改変をともなうか…152

3-3 植物の構造と機能 ·· 155
3-3-1 植物の構造…155／3-3-2 植物の器官…161／3-3-3 従属栄養から独立栄養へ…164／3-3-4 分化の柔軟性…170／3-3-5 植物体内の物質の移動…178／3-3-6 栄養成長から生殖成長へ…183／3-3-7 花の構造と受精そして老化…189／3-3-8 植物と微生物の相互作用…192

第4章 生物の環境と集団

4-1 生物の環境と生態系 ·· 199
4-1-1 生物圏（バイオスフェア）…199／4-1-2 生物の生活と環境要因…199／4-1-3 植物の生活型…201／4-1-4 生物群集…203／4-1-5 森林の構造…204／4-1-6 植物群落の遷移と極相…204／4-1-7 極相林の維持…206／4-1-8 植物群系の分布…207／4-1-9 水平分布…208／4-1-10 垂直分布…212

4-2 生態系（エコシステム）の構成 ·· 213
4-2-1 生態系とは…213／4-2-2 生態系における物質生産…214／4-2-3 生態ピラミッド…215／4-2-4 陸上生態系…216／4-2-5 水界生態系…216／4-2-6 食物連鎖…217／4-2-7 生態系における物質循環…218／4-2-8 生態系におけるエネルギーの流れ…221

4-3 生物の集団 ··· 223
4-3-1 個体群とその性質…223／4-3-2 個体群の成長…223／4-3-3 出生と死亡…224／4-3-4 交配と出生様式…224／4-3-5 生命表と生存曲線…226／4-3-6 齢構成…227／4-3-7 個体数の変動…227／4-3-8 生物の移動・分散力…228

4-4 生物種間の相互作用 ··· 230
4-4-1 生態的地位（ニッチ）…230／4-4-2 捕食と被食…230／4-4-3 植物と動物の共進化…230

4-5 生物の社会 ··· 233
4-5-1 縄張り（テリトリー）…233／4-5-2 動物の群れとその成立の理由…233／4-5-3 順位制とリーダー制…236／4-5-4 家族と親による子への世話行動…237／4-5-5 生物の社会関係…238／4-5-6 社会性昆虫…239／4-5-7 ポリシング…241／4-5-8 脊椎動物の集団中における生殖のかたより…243

第5章 生命のなりたちと多様性

5-1 生物の進化 ··· 245
5-1-1 はじめに…245／5-1-2 生物の系統分類…245

5-2 生物進化の調べ方 ·· 246
5-2-1 化石に基づく方法…246／5-2-2 現存生物における諸形質の比較…247／5-2-3 分子進化学…247

5-3 生物界の変遷～いよいよ各時代ごとにながめてみる ······················· 248
5-3-1 先カンブリア時代…248／5-3-2 ベンド紀のエディアカラ動物群…249／5-3-3 硬骨格生物の出現…251／5-3-4 生物の陸上進出…252／5-3-5 中生代を代表する動物…252／5-3-6 昆虫類の繁栄と哺乳類の出現…253

5-4 生物進化のメカニズム ·· 254
5-4-1 5-4節のはじめに…254／5-4-2 生物の変異と自然選択…254／5-4-3 突然変異による新しい形質の導入…255／5-4-4 遺伝的浮動…255／5-4-5 創始者効果…256／5-4-6 異所的種分化…256／5-4-7 同所的種分化…256

5-5 細胞内共生説 ·· 257
5-5-1 真核細胞の構造…257／5-5-2 連続細胞共生説…258／5-5-3 ミトコンドリア…260／5-5-4 葉緑体…261／5-5-5 ペルオキシソーム…264／5-5-6 真核細胞（ホスト側）の起源…264

5-6 分子レベルの進化 ·· 265
5-6-1 分子レベルの進化とは…265／5-6-2 分子進化の基盤となる変化…265／5-6-3 突然変異とその影響…267／5-6-4 分子進化の中立説…268／5-6-5 分子時計…269／5-6-6 分子進化の特徴…270／5-6-7 進化速度の推定…271／5-6-8 分子系統樹…272／5-6-9 突然変異以外の分子進化…274／5-6-10 分子進化と表現型進化との接点…275

5-7 生命の起源を探る ·· 278
5-7-1 生命の起源の研究とは…278／5-7-2 化学進化…278／5-7-3 「自己複製系」の成立…279／5-7-4 RNAワールド…280／5-7-5 RNAワールドからDNA・タンパク質ワールドへ…282／5-7-6 細胞の起源…283／5-7-7 そして全生物の共通祖先…283

索 引 ··· 284

第1章 生物学のなりたち

1-1 かけあしで生物学の世界をながめる～くわしくは2章以降

1-1-1 生物学とは――「生きている」ことに思いを馳せる

　生物学は，生命あるものたち（生命体・生物）とその営み（生命現象）に関する科学である。いうまでもなく生物は物質からなりたっているが，非生物に見られない特徴がある（**1-2** 参照）。

　人間は遠い昔より，日々さまざまな動物や植物とかかわりをもって暮らしてきたが，有用な，あるいは危険な動植物に関する知識は生存に欠くことのできないものであったろう。また，子供の誕生や親しい者の死に直面して，生きているということにさまざまな思いを馳せたことでもあろう。イラク北部で発見された10万年前のものと思われるネアンデルタール人（*Homo neanderthalensis*）の遺跡は，彼らが死者を特定の姿勢で埋葬し，その付近には見られない花を手向けていたことを示している。3万年ほど前の現生人類（*Homo sapiens*）が身のまわりの動物たちをどのように認識していたかは，クロマニョン人が洞窟に残した多くの壁画からもうかがわれる。

　人類はすでにこのような時代から，「生命とは何か」と問い続けていたに違いない。古来，各地の文化が，この「重い問い」に対する答えを宗教や伝承としてそれぞれに用意しているが，生物に関する体系だった知識の構築は，紀元前4世紀の大哲学者**アリストテレス**（Aristotle）にさかのぼることができる。

図1 アリストテレス
（B.C.384〜322）
生物学の祖とも呼ばれている。
（PPS通信社）

1 アリストテレスの序列
人間
（知的・動物的・植物的プシューケーをもつ）
↑
動物
（動物的・植物的プシューケーをもつ）
↑
植物
（植物的プシューケーをもつ）
↑
無生物

1-1-2 生物学の成立――生物学の祖，アリストテレス

　アリストテレスは，経験や観察を重んじ，海洋動物を中心とした観察研究を広く行った。その経験に裏付けられた動物の分類・形態・生殖・発生・感覚・運動など広範にわたる著作は，後世にさきがけるものであるが，植物に関する著作は失われてしまった。

　彼は自然の事物を無生物，植物，動物，人間に分類し，これらにしだいに上昇する序列をつけた[1]。すべての生命体に共通するが，非生命体には認められない「**生命原理**」を，プシューケー（霊魂と訳されるが，原義は息を意味する）と呼び，植物，動物，人間の違いは，それぞれがもつプシューケーの質的な違いによるとした。すなわち，

　① すべての生物に共通する植物的・栄養的プシューケー（成長・生殖もつかさどる）

② 動物と人間に共通する動物的・感覚的プシューケー
③ 人間だけがもつ知的プシューケー

である。知的プシューケーだけは死後も永続するとしているが，ほかのプシューケーは生物の身体と独立した実体とは考えていない。したがって，知的活動以外の生命現象を理解するには，生物体の経験的観察が必須となる。

なお，動物にはさらに細かな序列を与え，上から胎生四足類（哺乳類），クジラ類・卵生類（鳥類・爬虫類・両生類・魚類），軟体類（頭足類），軟殻類（甲殻類），有節類（虫類），殻皮類（貝類）などに分類している。ホヤやカイメンが動物であることを見抜いていたが，これらは感覚能力をもつが運動能力を欠き，より植物に近い下等なものと考えていた。

1-1-3 近世の生物学──16世紀ころから発達

近世の生物学は，ルネッサンスがもたらした厳密なキリスト教的生命観からの部分的な開放と，大航海時代における世界の広がりとを反映して，**ヴェサリウス**（A. Vesalius）に代表される解剖学的研究を中心とした医学と，各地から次々と紹介される多彩な動植物の記載（博物学の興隆）とを核に，16世紀ころより発達し始めた。

■**17世紀の生物学**　17世紀には新たな研究の方向が開かれた。まず，**レーウェンフック**（A. Leeuwenhoek）らによる顕微鏡観察によって，生物の世界が肉眼視の限界を超えて微生物にまで広がるとともに，生体を構成する微小な構造が観察され，のちの細胞説への端緒となった。また，2世紀に**ガレノス**（Galenos）が唱えた血液循環に関する誤りを，**ハーヴィ**（W. Harvey）の研究は正した。これは，実験生理学のさきがけといえるものであった。生命現象の研究に近代科学的観念を樹立したとされる**デカルト**（R. Descartes）は，動物の諸器官が精密機械であることを唱えた。

■**18世紀の生物学**　18世紀には**リンネ**（C. Linne）によって，現在も使われている**二名法**[2]が導入されるとともに，分類体系が整備された。また，**ラメトリ**（J. La Mettrie）はデカルトの**機械論**を人間にまでおしひろげ，精神活動もその延長でとらえた。他方，比較解剖学を中心に**比較生物学**[3]が確立され，その旗手の一人である**キュヴィエ**（G. Cuvier）によって古生物学の独立が基礎づけられた。

■**19世紀の生物学**　19世紀に入ると生物は細胞からなりたっているとの認識が広がり，**シュライデン**（M. Schleiden, 1838）と**シュワン**（T. Schwann, 1839）によって**細胞説**が確立された[4]。**フィルヒョー**（R. Virchow, 1858）は細胞病理学の体系を樹立して「**すべての細胞は細胞から**」という有名な標語を残した。17世紀以来の難問であった生

2　二名法
　種の名前を属名と種小名（種形容語）との組み合わせとしてラテン語で表現する方法。たとえば前出のネアンデルタール人や現生人類（すなわちわれわれ自身）の学名の*Homo neanderthalensis*や*Homo sapiens*では，*Homo*が属名，*neanderthalensis*や*sapiens*は*Homo*にかかる形容詞で種小名という。

3　比較生物学
　比較することをおもな手法とする生物学のこと。
　比較解剖学，比較形態学，比較発生学，比較生理学，比較生化学，比較生態学などの分野がある。

4　細胞の発見
　細胞の発見については，2-2-1を参照。

命の自然発生説が，パスツール(L. Pasteur)のみごとな実験によって最終的に葬られ(1862)，「**生物は生物から**」ということが確認された。

また，1875年には**受精**が発見され，個体発生の開始が明らかになるとともに，卵と精子の，あるいはメスとオスのどちらが次世代の形成に大事かという，精子発見以来2世紀にわたる論争に決着がついた。

■**進化思想の発展**　一方，古生物学や分類学の進展につれ，生物が単純なものから複雑なものへ変わってきたとする進化思想が18世紀中ごろより徐々に広がり，19世紀に入ると進化の機構に関するまとまった仮説が**ラマルク**(J. Lamarck)[5]によって初めて提出された。

19世紀中ごろには，**ダーウィン**(C. Darwin)と**ウォレス**(A. Wallace)が，それぞれ別々に**自然選択**[6]を進化要因とする理論に到達した。ダーウィンは，種内には個体変異が認められること，生物は一般に環境の許容量を超える子孫をつくりうるために種内での生存競争が避けられないこと，育種家が人為淘汰を繰り返すことによって動植物の品種改良にめざましい成果をあげたことなどを考え合わせ，**自然選択説**にいたった。

すなわち，「局所的な環境への適合度が高い」変異をもった個体ほど，生存の機会が高くなり（**適者生存**），結果として次世代を残す可能性が高くなる。このような自然選択に基づくプロセスが繰り返されれば，環境に適した性質をもった個体が相対的に多くなり，種全体としての性質が変化して新しい種を形成すると考えたのである。

当時，生物学者たちの間では，進化を事実として受け入れる知的背景がかなり整っていたが，ダーウィンは自ら観察した諸事実と広範な知見を総合して，大胆かつ独創的な方向付けを行うことによって，自然選択説をまとめることに成功した。

5　ラマルクの進化論

ラマルキズムとして知られる彼の進化論は，1801年に初めて示され，1809年にはまとまった体系として発表されている。彼は，無機物から自然発生した原始的生命が進化の必然的傾向（発達し複雑化する能力）をもっていたとした。生物はこの能力によって徐々に複雑化し（**漸進的発達**），その習性に応じてよく使う器官ほど発達し，使わない器官は退化する（**用不用**）うえ，個体に起こったそのような変化が次世代に遺伝する（**獲得形質の遺伝**）ことによって進化するとした。

現在の知識からすれば彼の説には欠点も多いが，特殊な力などを進化要因とせずに，環境への適応と地質学的な時間を考慮して進化を説明しようとする態度は，生物学史上，画期的なことであった。なお，ラマルクは「無脊椎動物」や「生物学」の造語者としても知られている。

6　自然選択

自然界において特定の型の個体が生き残り，優先的に子孫を残すこと。除かれる側に視点を置いて，**自然淘汰**ともいう。現在では，自然選択は最適者生存を意味するものではないと考えられている。

コラム 1　チャールズ・ダーウィン (1809〜1882)

ケンブリッジ大学で神学を学ぶうちに博物学への関心を深め，卒業後まもなく，英国海軍の測量船ビーグル(Beagle)号に博物学者として乗船し，南半球各地を周航した(1831〜36)。この間，ブラジルの熱帯雨林，アルゼンチンのパンパス，南極に近いフェゴ島，アンデス高地，ガラパゴス諸島などにおいて多くの動植物や化石を採集・観察し，生物進化の信念を得て帰国した。航海中に読んだライエルの「地質学原理」や，帰国後に読んだマルサスの「人口の原理」からも，大きな影響を受けている。自然選択を進化要因とする考えに基づいて，種の起源に関する大著を執筆中に，マレー群島にいた博物学者ウォレスから同様の考えを述べた論文を受け取り(1858)，同年7月に行われた英国のリンネ協会の席上で，二人の名前による論文を発表するとともに，翌1859年に構想を縮小して急遽「**種の起源**」として出版したのは有名なエピソードである。

当時，遺伝学はまだ確立しておらず，ダーウィンは変異の起源を知らないままに獲得形質の遺伝を容認している。「種の起源」出版後，ダーウィンの進化論は社会の注目を集め，生物学のみならず社会全体に大きな影響を与えた。なお，ダーウィンは栽培動植物，食虫植物，オジギソウや蔓など植物の運動，動物心理などの研究においても，先駆的な業績を残している。

(PPS通信社)

■**近代生物学の成立**　前に述べたように，生物学は医学と博物学に由来するが，ラマルクらの造語になる「**生物学**」と呼ぶにふさわしい内容の学問分野が確立したのは，**細胞説**と**進化論**の確立によって，それまでの**記載生物学**[7]の成果が集大成され，生物全体にわたる共通の基盤が用意されてからのことである。この意味で，細胞説と進化論の確立をみた19世紀中ごろは，近代生物学成立の時期といえよう。

1-1-4　生物学の革命——実験生物学の発展から始まった

19世紀後半より**実験生物学**[8]諸分野の確立と急速な発展が見られ，20世紀に入って遺伝学と生化学が，その後半には分子生物学が著しい発展をとげた。遺伝の法則を発見した**メンデル**（G. Mendel）の研究態度は，実験材料の選択に始まり，仮説検証的・要素還元的解析手法[9]，当時生物学とは無縁と思われていた数量的なデータの取り扱いなど，1世紀近く後に物理学を背景に分子生物学の確立に貢献した人々の姿をほうふつとさせる，きわめて先駆的なものであった。しかし，彼の発見が受け入れられるまでには，35年という歳月が必要であった（**第2章**参照）。

■**分子生物学の夜明け**　分子生物学は，ワトソン（J. Watson）とクリック（F. Crick）による**DNAの二重らせん構造の解明**（1953年）によって，本格的な幕が切って落とされた。大腸菌やバクテリオファージ（バクテリアに感染するウイルス）をモデルとした研究から始まり，**セントラルドグマ**（2-5-1参照）の世界をめぐる技術が次々と開発され，60年代半ばにはすべての遺伝暗号が解読され，70年代には遺伝子組換え技術が確立して遺伝子工学の登場となった。80年代には生物工学（バイオテクノロジー）が本格的実用化の時代へと突入し，証

7　記載生物学
生物の形態や機能の観察結果を整理・記載し，それをもとに法則を見出そうとする生物学のこと。実験生物学と対話。

8　実験生物学
生物に関する実験の結果をもとに法則を見出そうとする生物学のこと。記載生物学と対話。

9　要素還元的解析手法
1-1-6を参照。

10　交雑
雑種をつくるために遺伝的組成の異なる2個体を**交配**（かけあわせる）すること。ここで述べているように，形や性質について特徴的に対立した形質をもつ2個体（丸としわ，緑と黄色など）をかけあわせることもさしている。

11　形質
生物の形態的・生理的性質（特徴）として表れる遺伝的性質のこと。

（PPS通信社）

コラム2　メンデル　（1822～1884）

メンデルは司祭を勤めていたチェコのブルーノ（当時はオーストリア領でブリュン）の修道院でエンドウの**交雑実験**[10]を1854年に開始した。はじめの2年間は予備実験にあてた。まず，店から得たエンドウのいろいろな系統から34系統を選び，その中から子孫における**形質**[11]の安定性を基準に22系統に絞り込み，最終的に花の色と位置，マメの色と形，サヤの色と形，草の高さの七つの形質に着目して1863年まで，延べ355回の交雑実験を行ったという。この種内雑種に限定して注意深く徹底的に行った実験と，個体全体ではなく個別形質に注目し，結果を数量的に処理するという当時の生物学者には見られなかった態度とが，彼を大発見に導いたのではないかと思われる。

その成果は，1865年に，ブルーノ（当時の学問の中心地ではなかったが）の学会で発表され，翌年に「雑種植物の研究」として公刊された。この論文は，ごく少数の引用を受けたが，1900年にド・フリース（H. de Vries），チェルマック（E. Tschermak），コレンス（K. Correns）の三人が，それぞれ独立に再発見するまで，実質的に埋もれてしまった。

メンデルは1884年に世を去るが，やがて自分の時代が来ることを確信していたという。

彼はウィーン大学での聴講生時代から，物理学に対する関心が強く，気象学に終生興味をもち続けた。

> **12 ゲノム**
> その生物がもつ遺伝情報の総体のこと（**2-4**参照）。
> ゲノム(genome)は，遺伝子(gene)と染色体(chromosome)からの造語である。

図2　DNAモデルを前にしたワトソン（左，1928～）とクリック（右，1916～2004）

券取引や産業構造に影響を与えるまでになった。90年代にはバクテリアから始まっていろいろな生物の**ゲノム**[12]が次々と明らかにされ，2003年にはヒトゲノムもそのDNA配列が明らかになった。

■**分子生物学の発展**　遺伝子を読みかつ操作することが可能になった結果，生物学のあらゆる分野が大きな影響を受け，研究の手立てがある意味では根本的に変わった。この分子生物学の進展を核とした生物学全体の変革は，まさに革命と呼ぶべきものである。その広がりは古典的な意味での生物学をはるかに超えており，**生物科学**(Biological Sciences)や**生命科学**(Life Science)という呼称を生み出すにいたっている。遺伝情報をはじめ，分子生物学のもたらした膨大な情報は，大規模データベースとして公開され，*in vitro*（ガラス器内）での研究に対して，*in silico*（コンピュータ内）の研究すら可能になっている。遺伝情報の比較や隠れた類似性の発見には，情報科学（Informatics）の思考法や技術の導入が必要となり，**バイオインフォマティクス**という新分野が誕生した。

また，遺伝子操作のみならず，胚操作や生殖操作などの技術も急速に進み，生と死への人為的介入が，一昔前とは比べものにならないレベルと規模で行われるようになった。それにともなって，**生命倫理**の問題も複雑かつ深刻なものとなっている。他方で，技術の発展と人口の爆発的な増加は，さまざまな環境問題を引き起こした。とくに20世紀最後の四半世紀にはその深刻さが全地球規模で認識され，環境問題・生物多様性の保全は，国際政治の中心課題の一つにすらなっている。ゲノムにせよ，環境問題にせよ，取り扱う情報量は膨大なものであり，これまでの情報処理技術の枠をはるかに超えている。この意味でもバイオインフォマティクスへの期待がふくらんでいる。

1-1-5 生物学の諸分野——どこに注目するか

生物学は，現存する生物と過去に存在した生物を対象とする。筆者を含めて，地球外にも生命体と呼ぶべきものが存在するのではないかと予想する人は少なくないが，今のところその存在が確認できないので，生物学の対象とはなりえない。生物学がこの地球上に現にいるものたちと，かつていたものたちのみを対象にするということは，地球という特定の物理化学的条件の制約下に生まれ，多くの偶然を含む地球の歴史を反映して進化してきたものたちを取り扱うということである。いいかえれば，現在の生物学は**地球型生物学**とでも呼ぶべきもので，全宇宙に通用する普遍的法則性を求めることはできない。全宇宙的に普遍性をもちそうな（地球型）生物の属性を強いてあげれば，「独自の内部環境をもち進化する」ことのみになりそうである。

生物学が取り扱う世界は，空間的には生体分子や平均的な**酵素**の大きさ（10^{-9}mレベル）[13]から生の営みが見られる空間全体（**生物圏**：10^7mレベル），時間的には，**イオンチャネル**[14]の開閉のようなタンパク質の動き（10^{-3}秒レベル）から地球の歴史（10^{17}秒レベル）に広がっている。

生物学の諸分野は，対象とする分類群[15]（たとえば動物学），階層（たとえば細胞学），生物現象（たとえば発生学），生息環境（たとえば海洋生物学），思考法や解析の技法（たとえば数理生物学）あるいはそれらの組み合わせなどによって区分される。形態と機能のどちらに力点をおくか（形態学と生理学），応用を直接志向するか否か（生物工学と生命理学）などによって分類されることもある。しかし，いずれの場合にも，その境界は重なり合い，あいまいなことが多い。また，要素還元的[16]な研究によって大発展をしてきた生物学は，その広がりと深まりを反映して，個体や細胞を統合されたシステムとして

---

13 生物学が取り扱う大きさ

いうまでもなく原子間距離（10^{-10}m）レベルの事象も大事であるし，光合成における電子の動きのように，10^{-12}秒レベルの現象もあるが，まとまった機能を考えれば，おおむね本文のようなことになろう。

14 チャネル

細胞膜にある特定の物質を通す孔をもったタンパク質のこと。チャンネルともいう。イオンチャネルとは，イオンを通すチャネルのこと。

15 分類群

分類群については，1-3-2を参照。

16 要素還元的とは

1-1-6で説明している。

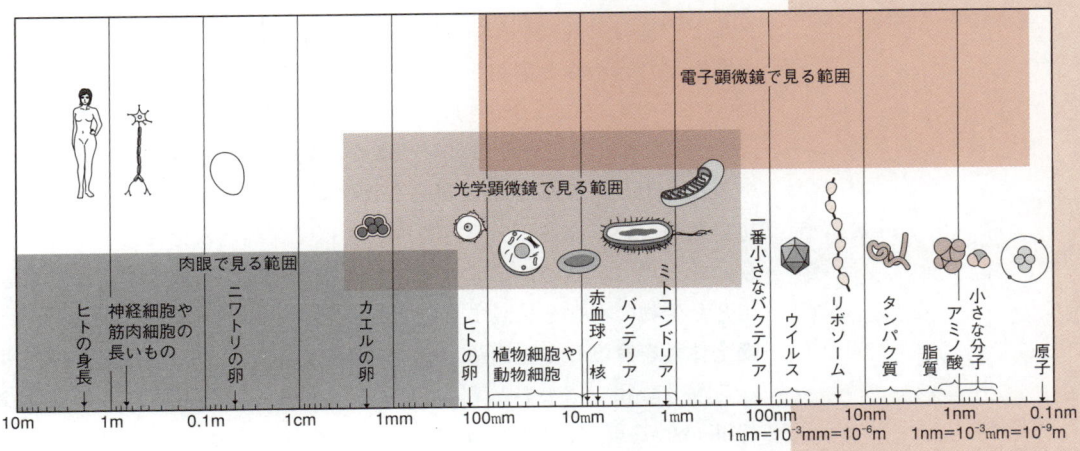

図3　生物学が取り扱う大きさ

理解しようとするシステム生物学（System Biology）や統合生物学（Integrative Biology）への指向が強まっている。

1-1-6 生物の特性と生命論
——「生命」というものをどうとらえるのか・生命観

生物の特性をどこに認めるかによって，異なる生命論がなりたつ。くわしく立ち入る余裕はないが，近世の生物学の歴史は，**生気論**（vitalism）と**機械論**（mechanistic view of life, mechanism）との争いの歴史でもある。生気論では，**1-1-2**で述べたアリストテレスのプシューケーのように，生物は非生物（無機的自然）には見られない超越的原理や超自然的な力によって営まれているとするものである。そのような原理や力は，生命力，生気，精気，エンテレヒーなどいろいろに呼ばれているが，無機的自然のもつ因子をどのように組み合わせてもつくり出せないとされる。

一方，デカルトたちの**機械論**では，生物を複雑な機械とみなし（機械説，machine theory），生物の構成要素と無機的自然の構成要素に本質的な差を認めない。この考えの延長上には，無機的自然を支配する物理化学的な法則がそのまま生物においてもなりたつ，いいかえれば，どんなに複雑な生物現象も物理化学の法則に還元でき，要素を理解することによって全体も理解できるという**要素還元主義**の立場がある。また，情報論的生物学の発展につれて，古典的な機械論から，生物現象を自動制御機構と見る新しい機械論への移行も見られる。

■**生気論の展開**　**生気論**は，細胞説や進化論の確立とともにしだいに衰退したが，19世紀末から20世紀にかけて活躍した発生学者ドリーシュ（H. Driesch）によって，全体性を考慮した**新生気論**が展開された。彼は，ウニの受精卵が4細胞になったときに（p.144参照），それぞれの細胞（割球）を分離しても融合しても完全な幼生になることを見出し（**3-2**参照），それぞれの割球は胚全体をつくる能力を等しくもちながら，全体と調和しておかれた位置に従って部分をつくると説明した。さらにこれを生物体一般に通じる能力と認めて，生物体を「統一ある全体」と表現し，そのような能力は超自然的なエンテレヒー（生命力）によるとする議論を哲学者として展開した。この論は，超自然的ないしは形而上学的要因によって自然現象を説明するという致命的欠点はあるが，部分と全体の調和という，機械論がまったく無視した生物の特性を見直すものであった。

■**全体性を意識した生命論**　全体性を意識した生命論は，全体は単なる部分の和ではないとする**ホールデン**（J. Haldane）たちの**全体論**（holism）を経て，1930〜40年代にベルタランフィ（L. Bertalanffy），ウッジャー（J. Woodger），マイア（E. Mayr）らの**有機体論**

17　有機体論
　　生体論ともいう。

(organicism)[17]へと発展している。ベルタランフィたちは，生命現象の特質として，生体は化学物質が**編制**（organize，**組織化**ともいう）された開放系で**流動平衡**（動的平衡）を保っていること[18]，生体や生命現象には**階層的順位構造**[19]があって全体は必ずしも部分に還元されないことなどをあげている。分子生物学の成功は，極端な還元主義の成功ともいえるが，その進展につれて単純な還元論ではすまないとの認識が深まり，有機体論の再評価が進んでいる。実際，前項（1-1-5）で述べたシステム生物学や統合生物学への指向には，有機体論の色濃い反映が見てとれる。

■**生物の特性・階層構造**　生物には進化する能力があり，その過程を通じて歴史的に獲得された（いいかえれば地球の歴史に起こった偶然をも内包する）遺伝情報によって，その枠組みが規定されている。遺伝情報には二面性があり，遺伝情報（**遺伝子型**）の変化は必ずしもその表現（**表現型**）の変化を意味しない（5-6参照）。生物は，物質からなりたっており，物理化学的な法則からは逃れられないが，単なる物質の寄せ集めではなく，分子は**超分子構造**に，超分子構造は**細胞内器官**に，細胞内器官は**細胞**に，細胞は**組織**に，組織は**器官**に，器官は**器官系**を経て**個体**にそれぞれ組織化されている（3-1参照）。さらに個体は，**個体群**，**生態系**，**生物圏**へと順次組織化されている（第4章参照）。すなわち，生物は秩序ある**階層構造**をつくっており，それぞれの階層はその要素である下位の階層を組織化したものであり，構成要素にはない新しい特性と能力をもっている（**創発**）[20]。個体には，**繁殖**（生殖）し，**成長・分化**し，**代謝**し，外部環境からの**刺激に応答**し，**内部の環境を維持**する能力がある。生物のもつこれらの特性については，次章以下でとりあげる。

1-2　生物の世界

1-2-1　生物圏——住める範囲は限られている（4-1-1参照）

現在，地球の表面にはあまねく生物が生活しており，生態学的な意味では隙間はないに等しい[1]。厳しい環境であるサハラ砂漠の表面ですら，砂を一握りすくえば10^6のバクテリアを見出すことができる。温帯に位置し，世界でも有数の大都会の中心部にあり，まだ百年もたっていない人工の森ですら，足を一歩踏み入れれば，その下にはじつに豊かな生命の世界が広がり，土壌動物だけに限っても信じられないほど多くが生きている（図4）。まして，熱帯雨林のような生命が満ちあふれているといわれる環境に，どれほどの生物がいるかは想像を絶する（p.207コラム3，4-1-9参照）。しかし，そびえたつ大木から微生物までのすべてを合わせても，地球に比べれば生物の総量は微々た

18　化学物質が流動平衡を保つということ
その系と外部との間で物質の出入りがありながら，その系としては平衡状態を保つこと。

19　生命現象の階層的順位構造
ここでいう階層的順位構造とは，分子から生物圏に至るまで見られる階層構造で，たとえば細胞は組織を，組織は器官をつくり，器官は器官系を構築し，器官系は個体を構成している。

20　インテグロン
分子生物学の基本概念を作るうえで功績のあったジャコブ（F.Jacob）は，各階層の構成要素に対してインテグロンという概念を提唱している。
　なお，**創発**とは，個々の結合によって新しい特性や状態が表れるという考え方のこと。

1　「隙間はない」という意味
たとえば，暖かい海辺の岩の表面を覆う有機物の薄いマットは，微生物がつくり上げたものであるが，たかだか1mmほどの厚さのうちに，光量や酸素分圧などのわずかな差に応じて，いろいろなバクテリアが住みわけている（4-4-1も参照）。

図4 明治神宮の森に生きる土壌動物（青木淳一氏の好意による）
数字は、片足ほどの面積当たりの個体数。

るもので、**地球が大人ほどの重量とすると、現存する全生物の総重量はまつ毛一本ほどにしかならない**。また、ほとんどの生物は、最終的には光合成に依存して生活しているが、**地表に届く太陽光エネルギーの約1％が、光合成によって利用されているに過ぎない**。生が営まれている空間（**生物圏**）も地球全体から見れば微々たるもので、大まかにいって**海水面の上下各1万mに過ぎず**[2]、もし地球を両手でもてたとしても、肉眼ではほとんど認識できない厚さにしかならない。

1-2-2　多様性
――生命現象とは可能性を追求することなのか？

前記のように、生物の世界は物理的にはきわめて微小なものに過ぎないが、38億年におよぶその歴史を通じて（**5-1**参照）、生物は大気中の酸素をはじめ地球の物理化学的な環境に大きな影響を与えてきた（第2章）。また、自らつくり出した環境の変化や、非生物的に起こった環境の変化に応じて、生物も変わって（進化して）きた（第5章）。その結果、現存する生物の種数は数千万から数億にもなると推定されている（表1）。そのうちで、科学者によって認識されているもの、すなわち学名を与えられ分類されているものは**150万種ほどに過ぎず**、多く見積もっても**全体の1割にも満たない**[3]。生物学者といえども、種のレベルではほとんど知らないのが実情である。

2　生物圏についての補足
最近、地下かなり深くにまで光合成に依存しない微生物の世界が広がっているといわれだしており、この値は多少変わるかもしれない。

3　1割に満たない理由
おもな理由は、表1からも明らかなように、昆虫類や線虫類が非常に多様化していながら、それに見合うだけ研究されていないためである。高等植物（維管束植物）などは、かなりよく整理されている。最近発足した日本分類学会連合のパンフレットによれば、2億種が存在すると推定され、そのうちの175万種が記載されている。

1-2 生物の世界

表1 現生種数の推定値と既知種の概数（単位：万種）

（『多様性からみた生物学』岩槻邦男，裳華房，p.7 表1・2より改変）

生物群*	推定種数	既知種数
バクテリア	～10	0.5
原生動物	10	2.5
藻類	10	5.0
植物	30～50	26.2
菌類	50～150	10.3
後生動物	数千～10000以上	106.5
うち線虫類	50～10000	1.5
うち昆虫類	5000～10000	75.0
合計	数千～10000以上	150.0

*生物種については，1-3-1を参照．

　種に限らず，生態系（第4章）から個体にいたるさまざまなレベルで多様性は認められ，**多様性**は疑うことのできない生物の特性の一つであり，生命現象を理解するうえで欠くことのできない大事な側面である．「生命現象においてもっとも不思議なことは，微々たる物質から驚くほどの多様性を生み出していることであろう」という表現は，まさにこのことを意味している．

1-2-3　単系統
　——現在の生物は，共通の祖先から進化したと考えられている

　多様である生物は，すべて共通の祖先に由来するもの，すなわち現存生物は**単系統**であると考えられている[4]．実際，調べられた限りすべての生物において，遺伝暗号が基本的に共通であり（**2-4～2-6**参照），遺伝情報に基づいて合成されるタンパク質はD-アミノ酸ではなくL-アミノ酸からなり（**2-1**参照），さまざまな生体反応はアデノシン三リン酸（ATP）をエネルギー源としている（**2-3**参照），などからもうなずける．個体を構成する原子は時々刻々と変化しながら，個体というシステムはそれぞれの死にいたるまで存続しているように，種の誕生や絶滅を繰り返しながらも，生命システム自体はその起源より現在にいたるまで連続して続いており，現存するあらゆる生物は38億年の歴史を背負っていることになる．このようなことを踏まえて，空間的にも時間的にも広がる生命システム全体をSpherophylon（**生命系**）と呼ぼうという提案が日本から発信されている[5]．

　生物は非常に多様化しており，生物学者といえども大部分の種を知らないと前述した．にもかかわらず，「生物」学がなりたちうるのは，**生物は単系統であり，多様であると同時に驚くほどに一様（共通）であるという事実による**．生物はその歴史を通じてじつに多様なものを生み出してきたが，その基本的なしくみは上でもふれたように驚くほど変わっていない．これは，**生物が行う化学反応のほぼすべてが，原核生物**（**1-3**, **5-5**参照）**によって開発されたものである**ことからも

4　単系統ということ
　少なくとも，これまでに調べられた限りにおいては単系統と考えざるを得ないということで，異なる系統の生物がいる可能性を否定するものではない．

5　生命系
　空間的広がりを表すBiosphere（生物圏）と，歴史的な広がりを示すPhylon（系統）からの造語（岩槻邦男，1999）．

明らかであろう。生物に見られる共通性を理解することは，生命現象を理解する基本となるものである。

一見矛盾する**一様性（共通性）**と**多様性**の理解は，生物学の両輪をなすものといえよう。

1-3 生物の分類

1-3-1 種──もっとも基本的な単位だが，定義はむずかしい

前節（**1-2**）で，現在の生物世界は共通の祖先に由来する数千万から数億種によってなりたっているであろうという推定を述べた。これらの種はどのように整理されているのだろうか。

種は生物多様性を数える一つの単位，いいかえれば進化の結果生じた生命の多様な姿を仕分けする単位として認識されるものである。種が分化してきた道筋はそれぞれ異なっているので，ある種を近縁の別の種と区別する仕方は，種によって異なることになり，種の普遍的，一義的な定義を困難にしている。種とは何かを追究すること自体が生物学における重要な研究テーマとなっていることからも，その困難が推測できよう。種が科学的に定義できるのは，われわれが生命のすべてを知ったときであるとしばしばいわれるゆえんである。

1-3-2 分類群の階級──グループを整理する気の遠くなる作業

種の定義は難しいにしても，単系統である以上，二つの種は，どこかの時点で共通の祖先からわかれたはずである。したがって，どこまでさかのぼれば共通の祖先にたどりつけるかということによって，類縁関係の程度を示すことができるはずである。類縁関係の近い種をいくつかまとめて一つのグループに整理し，そのグループをさらにまとめてより大きなグループにすることが可能なはずで，この操作を繰り返していけば最終的には全生物を一つのグループとしてくくることができるであろう。このようなグループを**分類群**といい，種もその一つである。より大きな分類群になるほど，より類縁関係の遠いものを含むことになる。それぞれの分類群がどれほど類縁関係の遠いものまでを含んでいるか，逆にいえばどれほど近いものだけでなりたっているかを簡便に示すために，分類群には階級が与えられている。より大きな分類群，いいかえればより上位の分類群から，基本的な階級として，「**門・綱・目・科・属・種**」などが使われている[1)2)]。

1-3-3 大分類──大きくわけると三つ，もう少し細かいと六つ

生物の世界は，伝統的にはまず動物と植物に大別するのがならわしであった。しかし，生化学や分子生物学からの情報が集積し，分子系

---

1 階級の与え方
それぞれの分類群にどの階級が与えられるかは，種の定義が困難であったのと同じ理由から，容易ではない。

2 われわれヒトの分類
動物界
↓
脊索動物門（一時期でも脊索を形成する動物）
↓
脊椎動物亜門（脊椎骨を形成する動物）
↓
哺乳綱（上記のうち，子に乳を飲ませ育てる動物）
↓
サル（霊長）目（上記のうち，サルの仲間）
↓
ヒト科（上記のうち，大型類人猿；類人猿とヒト）
↓
ホモ属（猿人の一部；原人類，旧人類，現生人類）
↓
サピエンス種（現生人類）

統学や分子進化学が進展するにつれ，植物とされていた菌類が植物とは別系統でむしろ動物に近いことが明らかになったり，DNAや核の構造から，**原核生物**と**真核生物**にまず二分されるようになった。さらに最近になって，特殊な環境に生息する古いタイプのバクテリアと考えられていた**古細菌**が，系統的には**真正細菌**よりも真核生物に近いことが明らかになった（5-5参照）。

　現在では，**真正細菌領域**，**古細菌領域**，**真核生物領域**の3領域（ドメイン：Domain，上界，超界ということもある）にまず分類し，真核生物領域はさらに，**原生生物界**，**植物界**，**菌界**，**動物界**の4界にわけるのがふつうとなった。くわしくは，第5章で述べる。

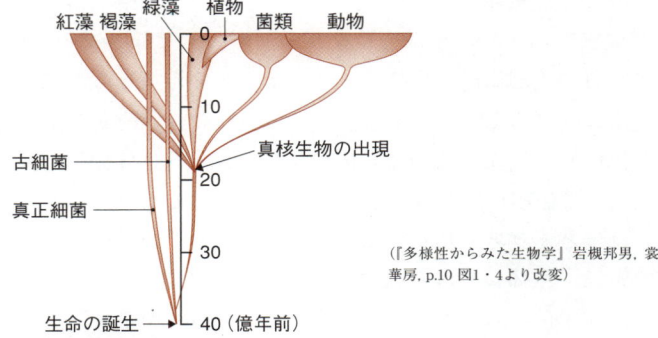

(『多様性からみた生物学』岩槻邦男，裳華房，p.10 図1・4より改変)

図5　生物界の系統推定図

第2章 分子から細胞へ

2-1 生体を構成する分子

2-1-1 この章で学ぶこと
――細胞は生物の基本単位,生体を支える物質

細胞は生物の構造ならびに機能上の基本単位である。ここでは,生体を構成し,生体の機能を支える物質の特徴について学び,これらの物質を用いて営まれる生命活動を,細胞のレベルで理解する。

■**生体の成分** 生体(生命体)は,タンパク質・核酸・糖質・脂質などの有機成分と,水・無機塩類などの無機成分でなりたっている。生体中の物質の一部には,生体と生体をとりまく環境との濃度差に応じて単に出入りするだけで,生命活動に使われないものもある。

生体を構成し,生体の活動に直接かかわる分子(**生体分子**)は,水を**媒質**[1]として存在し,有機物を主要な要素としてなりたつが,非生命世界にはほとんど見られない高分子がとくに重要な役割を担っている。たとえば,生体における化学反応の多くは**酵素**によって**触媒**[2]されており,化学的にはきわめて穏和な条件[3]でありながら,よく制御された反応が能率よく進行している。この酵素の物質的な実体は,代表的な生体高分子の**タンパク質**である。遺伝情報を担う分子である**デオキシリボ核酸(DNA)**もまた高分子である。

■**生体も分子も形と機能** 生体においては機能と形態はつねに表裏一体の関係にあるが,この関係は分子レベルでもなりたつ。**生命活動の基本は,生体分子の形を別の生体分子が認識することにある**といっても過言ではない。このような分子間の認識に基づいて,遺伝子の複製,遺伝情報の発現,代謝の制御や恒常性の維持,細胞間の認識や相互作用,さらには個体間の認識や行動の制御など,さまざまな,また高次の生命活動が可能となっている(いずれも以下の節で述べる)。

> 1 媒質
> 生物や生体分子そのものの活動・反応の場をつくっている物質を**媒質**という。
>
> 2 触媒
> ある物質が,少量で特定の化学反応を促進させるとき,その物質を**触媒**という。添加した触媒の量は,反応の前後でまったく変わらないことが多い。
>
> 3 化学的に穏和な条件
> 熱や圧力を加えていない,濃度が薄いなど,試験管内では(酵素がないと)とても反応が起きそうにない条件のこと。

表1 バクテリア細胞に含まれる物質

物質名	細胞の重量にしめる割合(%)	種類
水	70	1
無機イオン	1	~20
糖質とその前駆体	1	~250
アミノ酸とその前駆体	0.4	~100
ヌクレオチドとその前駆体	0.4	~100
脂質とその前駆体	1	~50
生体高分子(タンパク質・核酸・多糖類)	26	~3000
その他	0.2	~300

(『生物講義』岩槻邦男,裳華房,p.14 表2・2より改変)

2-1-2 生体を構成する元素——地球そのものと組成が違う

■**主要な4元素** 地球には約100種類の元素が天然に存在し，そのうちの90種類が地殻に存在するが，地球や地殻の元素組成と，生体の元素組成はかなり異なっており，生体に必須な元素は27種類と考えられている。生体の大部分は**水素**（元素記号：H），**酸素**（O），**炭素**（C），**窒素**（N）の4元素よりなり，これらだけで人体重量の96%（原子数では99%）を占めている。そのうちで酸素以外は地殻の主要成分ではない（表2）。これらの4元素は，生体有機成分の重要な構成成分として，あらゆる生命現象にかかわっている。また，水素と酸素は生命の媒質である**水**を構成してもいる。

■**微量だが重要な元素** **イオウ**（S），**リン**（P），**ナトリウム**（Na），**カリウム**（K），**マグネシウム**（Mg），**カルシウム**（Ca），**塩素**（Cl）などは，すべての生物にとって重要な元素である。

イオウは，タンパク質を構成するアミノ酸の一つであるシステインに**SH基**[4]として含まれている。システインはタンパク質に組み込まれたのちに，ほかのシステインとS-S結合[5]を形成してタンパク質の折りたたみにかかわる。また，さまざまな生体有機成分の硫酸エステル[6]としても存在する。

リンは，おもにリン酸エステルの形で存在し，エネルギーの受け渡し役である**ATP**，生体膜の重要成分である**リン脂質**，遺伝情報の担い手である**核酸**などとして存在するほか，タンパク質のリン酸化による機能調節，糖質代謝における糖のリン酸化など，さまざまな役割を演じている。

■**超微量元素** 超微量元素（0.01%以下）のうちでも，**鉄**（Fe），**銅**（Cu），**マンガン**（Mn），**コバルト**（Co）などは生体内の**酸化還元**[7]に

---

4 SH基
メルカプト基ともいい，置換基の一つ。イオウと水素からなる原子団。
置換基とは，有機分子内の一部がほかの原子団に置き換わる反応（置換反応）が起きたときの，その原子団のこと。

5 S-S結合，パーマの原理
S-S結合はイオウどうしの結合という意味で，C-C結合（炭素どうし）などに比べ，比較的弱い結合である。
たとえば，毛髪はシステインを多く含むケラチンというタンパク質からできている。この繊維状の長いタンパク質は，多くのS-S結合で互いに結びついていて，ある程度の固さと弾力をもっている。
パーマをかけるときには，S-S結合を還元してSH基にして切り離す。すると毛髪が柔らかく，変形可能になるので，カーラーなどで形をつける。その形のまま，酸化剤でHをはずして再びS-S結合を形成すれば，ウェーブをかけたまま毛髪が固定されるのである。

6 エステル
エステルとは，酸とアルコールが脱水縮合（水がとれて一つの分子になる）した化合物のこと。硫酸エステルとは「硫酸+何か」のエステル。

表2 宇宙・地殻および人体を構成する主要元素の相対的存在

元素名	元素記号	原子番号	相対存在量（%） 宇宙	地殻	人体
水素	H	1	90.79		60.3
炭素	C	6	9.08		10.5
窒素	N	7	0.0415		2.42
酸素	O	8	0.0571	62.55	25.5
ナトリウム	Na	11	0.00012	2.64	0.73
マグネシウム	Mg	12	0.0023	1.84	0.01
アルミニウム	Al	13	0.00023	6.47	
ケイ素	Si	14	0.026	21.22	0.00091
リン	P	15	0.00034		0.134
イオウ	S	16	0.0091		0.132
塩素	Cl	17	0.00044		0.032
カリウム	K	19	0.000018	1.42	0.036
カルシウム	Ca	20	0.00017	1.94	0.226
鉄	Fe	26	0.0047	1.92	0.00059

(Ariel G. Loewy, Philip Siekevitz, John R. Menninger, Jonathan A. N. Gallant, Cell Structure and Function: An Integrated Approach, Third Edition, Saunders College Publishing, Philadelphia PA 1991. Reproduced with permission from Dr. Philip Siekevitz.)

関係している。海藻に多く含まれる**ヨウ素**(I)は甲状腺ホルモンの成分でもあり，その欠乏は人体に深刻な病変をもたらす。**亜鉛**(Zn)は一部の酵素をはじめとするタンパク質に結合し，その機能に直接かかわっている。**ケイ素**(Si)，**バナジウム**(V)，**モリブデン**(Mo)，**セレン**(Se)，**ホウ素**(B)なども生物種によっては必須元素となっている。このほか，**アルミニウム**(Al)，**スズ**(Sn)，**ニッケル**(Ni)，**クロム**(Cr)，**フッ素**(F)も生体に必要な元素と考えられている。

2-1-3 水——生命活動の媒質

■**水の特異な性質**　海の中で誕生した生命は，その活動を担う化学反応のほぼすべてを水の中で行っている。水は最も多い生体分子で，クラゲでは体重の95%余りを，陸上生活を営むヒトですら体重の70%近くを占めている。水（H_2O）は分子量18の小さな分子であるが，**表面張力，比熱，融点，沸点，融解熱，蒸発熱**などが，分子の大きさに似合わずに異常に高い値を示す。この特異な性質は，水分子が**クラスター**をつくるためである[8]。正四面体の重心に位置する水分子は，四つの頂点に位置するほかの水分子と結合できるが，この**結合エネルギー**[9]は18.8kJ/molと小さく，室温程度でも分子の熱運動で容易に切れ，個々の結合は10^{-12}秒程度の寿命しかない。ヒトの体温では，水分子は近接する水分子と結合したり離れたりを繰り返しているが，各瞬間に平均15%程度の水分子が4頂点の水分子と結合している。

表3　等電子物質の比較

	CH_2	NH_3	H_2O	HF	Ne	
電子の数	10	10	10	10	10	
沸点　℃*	-161	-33	100	19	-246	*1気圧
融点　℃*	-184	-77	0	-92	-249	

表4　第16族元素の水素化物H_2Mの比較

		H_2O	H_2S	H_2Se	H_2Te	
沸点	℃*	100	-61	-42	-2	
融点	℃*	0	-86	-60	-51	*1気圧
蒸発熱	cal/mol**	9.7	4.5	4.8	5.7	**沸点
生成熱	kcal/mol***	68	5	-19	-34	***20℃
表面張力	dyne/mol**	59	29	29	30	

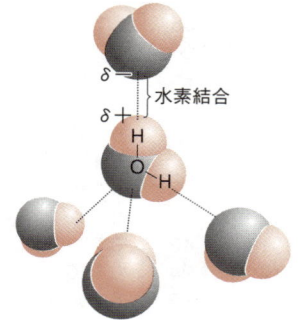

図1　水分子間の水素結合

7　酸化と還元
酸化と還元には狭義の定義と広義の定義がある。
狭義：　物質に酸素が化合すれば**物質は酸化された**といい，酸素を失えば**物質は還元された**という。
広義：　物質が電子を失ったとき，その物質は**酸化された**という。逆に電子を受け取ったとき，その**物質は還元された**という。

8　水がクラスターをつくる
水分子は**分極**（電子配置がかたより，部分的に正負に帯電する）しており（**極性をもつ**という），水分子の酸素が負に，水素が正に帯電している（この状態を**双極子**という）。このために，水分子間で**水素結合**（分極した水素が介在して，電気的に引かれる力で引き合う結合で，わりあい弱い結合）を形成して，**クラスター**（少数の分子の集合体）をつくるのである。

9　結合エネルギー
結合エネルギーとは，その原子間の結合を切るのに必要なエネルギー。

■**水素結合による影響**　水素結合に基づく水分子の凝集力は，高い樹の先端にまで水が上昇しうる理由の一つとなっている（**3-3-5**参照）。他方において，この凝集力は水に大きな**表面張力**を与え，一部の動物が水の表面を壊すことなくその上に立ったり，歩いたり，走ったりすることを可能にしている。高い**比熱**は環境温度を安定化させ，高い**蒸発熱**は発汗による体温上昇の抑制を可能にし，高い**融解熱**は水を凍りにくくし，結果的に環境温度の低下によっても細胞が氷によって破壊されにくくしている。

　また，**水素結合**ゆえに水は凍ると体積が増す，すなわち密度が減る珍しい液体となっている。このため，池・湖・海などはある程度の深さがあれば，表面は凍るが表面の氷が寒気を遮断して底まで凍りつくことはなく，氷の下には豊かな生態系が展開している。もしこれが逆であったなら，寒い地方では冬には底から完全に凍結し，夏には表面がある程度溶けるに止まるであろう。

■**溶媒としての性質**　水は多くの物質をよく溶かす優れた**溶媒**でもある。この性質は，水分子が双極子となり，正負どちらに帯電した物質にもくっつくことができる（**水和**）ことによる。電気的に極性をもつ分子は，極性をもった水によくなじみ，よく溶けるので，**親水性**であるという。これに対し，油脂のように極性のない（非極性）物質は，水になじまず**疎水性**であるという。分子中に極性部分と非極性部分を併せもつ**両親媒性分子**は，水の中では非極性部分を内部に，極性部分を表面に向けた**ミセル**という形で分散，可溶化する。このとき，水が極性部分に強く水素結合する結果，非極性部分がまとまり，凝集する現象を**疎水的相互作用**と呼ぶ。これをしばしば疎水結合と呼ぶが正しい表現ではない。生体膜が**脂質二重層**を基礎にして形成されるのはその代表的な例である（**2-2-7** 図30を参照）。

　生体分子の形態や機能も，水という媒質によって規定されており，少なくとも地球型の生命は，水なしにはなりたたない。地球外生命の探索において，水の有無が問題となるゆえんである。

2-1-4　水素イオン濃度
——生体内はつねに一定になるように調節されている

■**水の解離**　純水は中性であり，水分子はほとんど解離（イオン化）しないが，水素結合を形成している水分子の間で，一方の分子の水素原子が**水素イオン**（プロトン：H^+）となって相手方に移ることがまれに起こる。水素イオンを受け取った側は**ヒドロニウムイオン**（H_3O^+），失った側は**水酸イオン**（ヒドロキシル基：OH^-）となるが，それぞれの**モル濃度**[10]はきわめて小さく，それぞれ10^{-7}M（25℃）に過ぎない。水の解離は**平衡反応**[11]で，簡略化して$H_2O \rightleftharpoons H^+ + OH^-$と

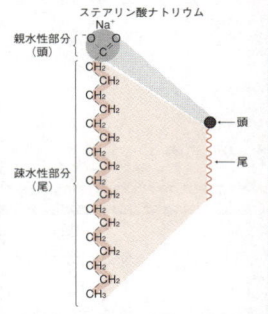

図2　水中において球状ミセルを形成する両親媒性物質（ステアリン酸ナトリウム）

10　モル・モル濃度
　モルは，物質量の単位で分子数で表現する。記号はmol。1 molは，分子がアボガドロ数（6.02×10^{23}）個あるときをさす。分子量Aの分子1 molの質量はAグラムという関係がある。
　モル濃度は，溶液1 ℓ中に溶けている物質のモル数。記号はmol/ℓ あるいはM（＝mol/ℓ）である。

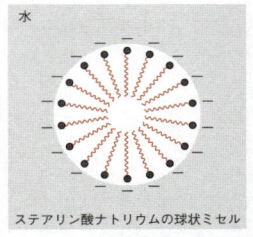

図3　ヒドロニウムイオンの水和
　この構造は100℃でも安定（壊れない）。

11　平衡（化学平衡）
　可逆的な化学反応で，変化する分子の量が，その逆の反応で変化する量とつりあっていて，見かけ上反応が進んでいない状態を平衡という。

表現する。この平衡定数をK_{eq}，それぞれのモル濃度を[H_2O]のように表すと次式が得られる。

$$K_{eq} = \frac{[H^+][OH^-]}{[H_2O]} \quad (2-1)$$

K_{eq}の値は，その温度における純水の電気伝導度を測定することにより求められる。水の中で裸のプロトンは存在せずヒドロニウムイオンとなっていることを忘れてはならない。

じつは，ヒドロニウムイオン自体も水和しており，図3に示すように$H_9O_4^+$という形になっている。また，水溶液中では，Na^+やK^+などのほかの1価の陽イオンに比べて，プロトンの移動速度は5〜9倍大きい。この現象は，**プロトンジャンプ**と呼ばれているが，この現象が起こるのも水分子が水素結合をつくるからにほかならない。氷の電気伝導度が非常に大きいのはプロトンジャンプによる。

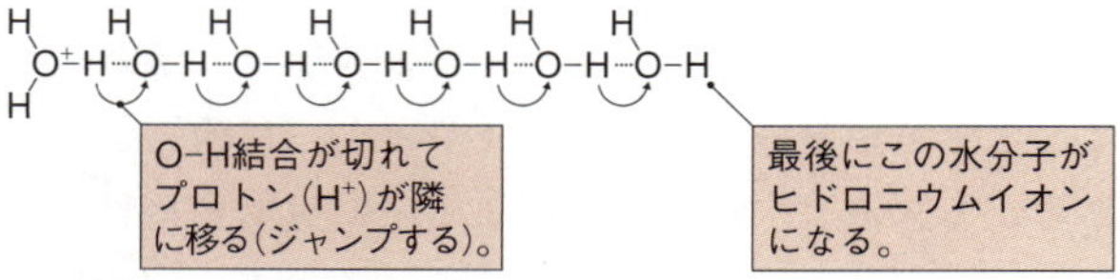

表5 pH表

[H^+] (M)	pH	[OH^-] (M)
1.0	0	10^{-14}
10^{-1}	1	10^{-13}
10^{-2}	2	10^{-12}
10^{-3}	3	10^{-11}
10^{-4}	4	10^{-10}
10^{-5}	5	10^{-9}
10^{-6}	6	10^{-8}
10^{-7}	7	10^{-7}
10^{-8}	8	10^{-6}
10^{-9}	9	10^{-5}
10^{-10}	10	10^{-4}
10^{-11}	11	10^{-3}
10^{-12}	12	10^{-2}
10^{-13}	13	10^{-1}
10^{-14}	14	1.0

表6 ヒトの体液などのpH

海水	8.0〜8.2
血漿	7.4
組織液	7.4
細胞内液（筋肉）	6.1
細胞内液（肝臓）	6.9
唾液	6.4〜6.9
胃液	1.2〜3.0
膵液	7.8〜8.0
尿	5.0〜8.0
牛乳	6.6
トマトジュース	4.3
レモンジュース	2.3

図4 プロトンジャンプの模式図
（O-H結合が切れてプロトン(H^+)が隣に移る（ジャンプする）。最後にこの水分子がヒドロニウムイオンになる。）

12　pHの緩衝作用
ある溶液に酸またはアルカリを加えたとき，pHの変化が純水に加えたときよりも小さな場合，その溶液には**pHの緩衝作用**があるという。

弱酸とその塩の混合溶液や弱塩基とその塩の混合溶液は，pHの緩衝作用が強く，**pH緩衝液**といわれ，pHのコントロールに使われる。

■**水のイオン積**　上で述べたように，純水では水の解離度はきわめて小さく，[H^+]および[OH^-]は10^{-7}M（25℃）に過ぎない。一方，純水中の水のモル濃度は1000/18＝55.5Mと高いので，水が解離しても[H_2O]は変化しないとみなせ，式（2-1）を

$$K_w = [H^+][OH^-] \quad (2-2)$$

と書き換えることができる。このK_wを水の**イオン積**と呼び，その値は25℃で1.0×10^{-14}である。

■**pH**　純水に強酸あるいは強塩基を加えるとこれらは完全に解離し，弱酸や弱塩基を加えるとその一部が解離する。その結果，溶液中の[H^+]あるいは[OH^-]を変えるが，その積は変わらない。溶液の**水素イオン濃度**（**pH**：ピーエッチ）は，[H^+]＝1.0Mから[OH^-]＝1.0Mの水溶液におけるH^+の濃度，したがってOH^-の濃度 $\left(\frac{K_w}{[H^+]}\right)$ にも対応する値で，**pH＝－log[H^+]** と定義されており，純水のpHは7.0となる。

動物の体液は微アルカリ性，細胞内液は微酸性から中性で，いずれもほぼ一定に保たれている。これらの液体には，アミノ酸などの弱電解質が溶けており，pHの**緩衝作用**[12]に寄与している。また，呼吸の結果生ずる二酸化炭素もpHの緩衝作用の重要な要因となっている。pHはタンパク質などの性質に大きな影響を与えるので，何らかの原因でこれらの値がある程度以上動くと，生命活動は著しく損なわれ，

生きていくことはできない。なお，リソソームや植物細胞の液胞の内部はかなり酸性に保たれており，同じ細胞内にあっても，細胞小器官によって内部のpHは異なっている。胃液や膵液のpHは，それぞれの消化酵素が働くのに最適の値となっている。

2-1-5 生体分子の分類
——物性による分類と遺伝情報による分類がある

生体分子は化学的な性質によって，まず**無機物**と**有機物**に分類する。有機物という名称には，生物に特有で生命活動なしにはつくり得ない物質と考えられていた時代の名残がある。

有機物は，低分子（**2-1-10**参照）と高分子に分類されるが，高分子は単に分子量が大きいということのみならず，比較的単純な構成単位の**重合**[13]によってできた**ポリマー**[14]である。重要な生体分子である**核酸**はヌクレオチドが，**タンパク質**はアミノ酸が，**多糖類**は単糖がそれぞれ重合したものである。

脂質は高分子ではないが，水を媒質とする生体内では，ほとんどの場合に疎水的相互作用によって超分子構造をつくっており，巨大分子のようにふるまう。

■**遺伝情報との関係からの分類**　上記とは別に，生体分子が直接・間接に遺伝子の支配を受けていることに基づいて，遺伝情報との関係から生体に含まれる分子を次のように分類することができる。

① **セマンタイド（遺伝情報運搬分子）**：遺伝情報を直接担う分子，および遺伝情報を鋳型としてその一部を直接（**転写**）または間接にコピー（**翻訳**）したもの。セマンタイドはさらに次のように分類される。

　1次セマンタイド：デオキシリボ核酸（DNA）
　　　　　　　　　遺伝情報を直接担う分子
　2次セマンタイド：リボ核酸（RNA）
　　　　　　　　　遺伝情報の転写によるもの（DNAのコピー）
　3次セマンタイド：タンパク質
　　　　　　　　　遺伝情報の翻訳によるもの（mRNAのコピー）

② **エピセマンタイド**：遺伝情報の支配を受けてはいるが，遺伝情報のコピーではないもの。

③ **アセマンタイド**：遺伝情報とは直接かかわりのないもの（水，塩など外からとり入れたもの）。

エピセマンタイドとしては，多糖類や脂質があげられる。赤血球の表面などに存在し，ABO式の血液型決定因子である**糖鎖**[15]はその典型的な例といえる。

■**セマンタイドとエピセマンタイドの合成様式の違い**　ここでくわしく述べることはできないが，セマンタイドとエピセマンタイドでは，

13　重合
　低分子の構成単位（モノマー）が繰り返し結合して，大きな分子をつくること。

14　ポリマー（重合体）
　重合体ともいう。基本単位となる原子団（モノマー，単量体）が重合していくつも反復した構造になっている。
　モノマーが二つあるいは三つ重合したものを，それぞれダイマー（二量体），トリマー（三量体）ということもある。

15　糖鎖について
　2-1-8参照。

16　セントラルドグマ
2-5-1を参照。遺伝情報は核酸から核酸へ、あるいは核酸からタンパク質へと伝達されるが、タンパク質から核酸へ、あるいはタンパク質からタンパク質へと伝達されることはない。すなわち、遺伝情報の伝達は一方向的で逆流はしない。クリック（F. Crick, 1958）はこのことこそ生物の一般原理であるとして、セントラルドグマと呼んだ。
「生命現象の一次近似」とは、「生命現象に共通する最も基本的な骨子だけを考える」というほどの意味である。

17　生命の階層を上がるとは
分子→細胞小器官→細胞→組織→器官→器官系→個体…という意味である。1-1-6を参照。

18　DNAとRNA
DNA（deoxyribonucleic acid）は細胞の核内にあり、遺伝情報を伝達する。
RNA（ribonucleic acid）は細胞質と核に存在し、おもにタンパク質の合成にかかわる。

19　塩基
DNAやRNAの化学構造の構成要素となっている窒素を含む複素環式化合物を塩基と総称する。

20　5位
図5のように、各塩基には独特の番号づけがなされている。チミンの5位とは、図5(a)のように右肩の位置である。

合成の様式も異なっていることを注意しておこう。**セマンタイドの生合成**では、合成装置（DNA複製装置、RNA合成装置、あるいはタンパク質合成装置）さえあれば、どのような情報を与えようとも、その情報に対応する分子を合成することが可能である。これは、コピー機が1台あれば、さまざまな文書をコピーできるのにたとえられる。遺伝子工学ではこの特性を利用し、人工的に改変したり、新たに設計した情報に対応する産物を容易に得ることができる。それに対して、**エピセマンタイドの合成**においては、自動車の製造ラインが自動車のモデル毎に少しずつ異なるように、それぞれの最終産物に対応した合成装置が必要となる。たとえば血液型決定因子の糖鎖をつくるには、A、B、Oそれぞれの糖鎖に対応した糖鎖伸長反応を1段ずつ別の糖転移酵素が行う。A型決定因子をつくる場合と、B型決定因子をつくる場合とでは糖転移酵素の配列を変えねばならない。

■**この分類法のもつ意味**　この分類は、タンパク質の一次構造（アミノ酸の配列）を決定できるようになったことを受けて、生体分子をいわば分子化石と見立てて分類したものである。生体分子の構造から生物の系統関係を探るにはどのような分子を選べばよいかを、ズッカーカンドル（E. Zuckerkandl）とポーリング（L. Pauling）が考察した結果、得られた分類なのである（1965）。生命現象の一次近似ともいえるセントラルドグマの世界[16]は、セマンタイド内における遺伝情報の流れのみから見た生命像にたとえることもできる。

しかし、生命の実像には、このような単純化した生命像では表しきれない複雑な側面があり、生命の階層を上がる[17]につれてその傾向は顕著となる。糖鎖などのエピセマンタイドが活躍する場はこのようなところにあるものと思われる。

2-1-6　核酸──基本は三つの成分

核酸には**DNA**（デオキシリボ核酸）と**RNA**（リボ核酸）[18]の2種類があるが、核内にある酸性物質という意味でこの名称がつけられた。DNAもRNAも**塩基、糖、リン酸**という3成分からできている（図5）。

■**塩基**（図5a）　塩基[19]は、DNAでは、**アデニン（A）、シトシン（C）、グアニン（G）、チミン（T）**の4種類からなり、RNAではチミンの代わりに、その5位[20]のメチル基が水素で置換された**ウラシル（U）**をもつ以外はDNAの塩基と同一の、計4種類からなる。アデニン、グアニンを**プリン塩基**といい、シトシン、チミン、ウラシルを**ピリミジン塩基**と総称する。

■**糖**（図5b）　糖は、RNAでは**D-リボース**という五炭糖[21]、DNAではその2′位の水酸基が水素で置換された**D-2-デオキシリボース**である。デオキシとはオキシ（酸素）が、ない（デ）という意味である。

これらの糖の1′位に通常は図5のように，塩基が糖の面に対し上向きの形で結合したものを**ヌクレオシド**と総称し，それぞれは**アデノシン**，**シチジン**，**グアノシン**，**チミジン**，および**ウリジン**と呼ぶ。

■**リン酸が結合したもの**　糖の3′位の水酸基と隣の5′位の水酸基の間にリン酸（図5c）が入りホスホジエステル結合[22]を形成することで一本鎖の**ポリヌクレオチド鎖**（図5d）が形成される。ヌクレオシドにリン酸基が結合したものを**ヌクレオチド**と総称し，それが数個から20個程度ホスホジエステル結合を介して連結したものを**オリゴヌクレオチド**，それ以上のものを**ポリヌクレオチド**という。この鎖には方向があり，図5に示したような上から下へ鎖がのびる方向（5′末端から3′末端へ）を基準にとり「**5′→3′方向**」と名付けている。

■**核酸の構造**　このようにDNAもRNAも「糖—リン酸—糖—リン酸」という繰り返し構造を骨格として，その糖にそれぞれ4種類の塩基の枝がついたものである。骨格構造には負の電荷がある以外に何ら特徴はなく，DNAやRNAの特徴はひとえに4種類の塩基の並び方（**塩基配列**）による。そこで塩基の記号だけを並べてDNAやRNAの化学構造を表す方法が一般化している。通常，左端を5′端末とし，それから右方向（3′方向）に塩基を並べ，それを「**5′→3′方向**」と定義している。

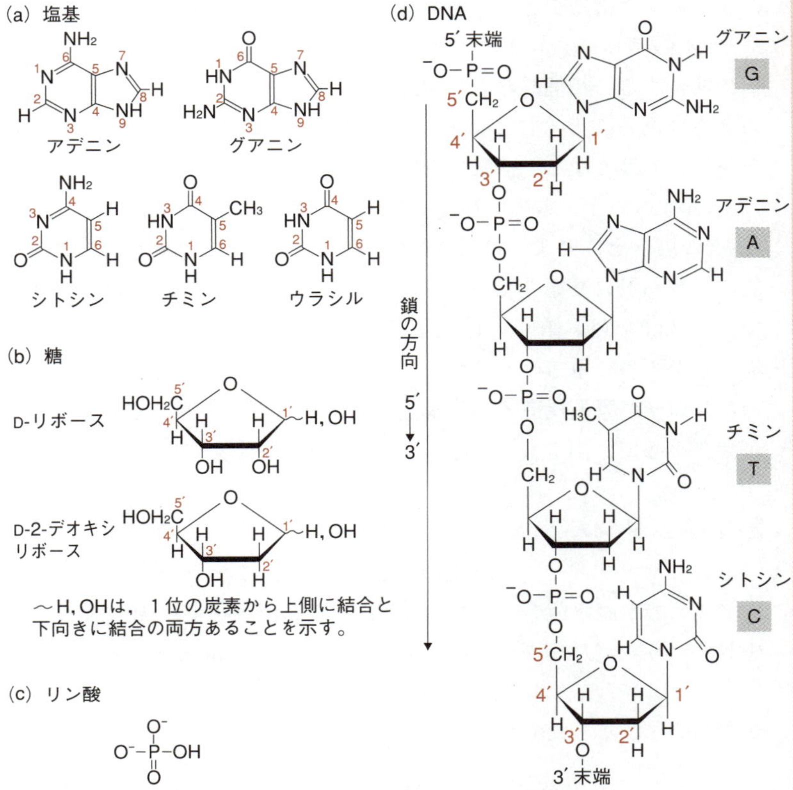

図5　DNAとRNAの構成成分(a)～(c)とDNAの構造(d)[23]

21　五炭糖
炭素数5個の糖のこと。炭素数6個の糖は六炭糖である。

22　ホスホジエステル結合
リン酸ジエステル結合ともいい，生体内で広く使われている結合。RNAやDNAを構成する4種の塩基（A，T，G，C，（U））もこの結合で組み合わさっている。糖のOH基とリン酸のエステル結合が2か所（ジ）ある（図5d）。

23　構造式の記号の省略について
構造式ではC（炭素）とH（水素）を省略して記載する場合がある。線と線の交点にはCがあるものとして，交点から出る線の数は結合の数を表す。そして，結合の数に応じてそのCに結合するHの数が決まる。
たとえば，交点から線が2本出ていればCH_2，3本ならCH，4本出ていればC，1本の場合（つまり線の端）は，CH_3が省略されている（下図参照）。なお，図5では省かずに記載している。

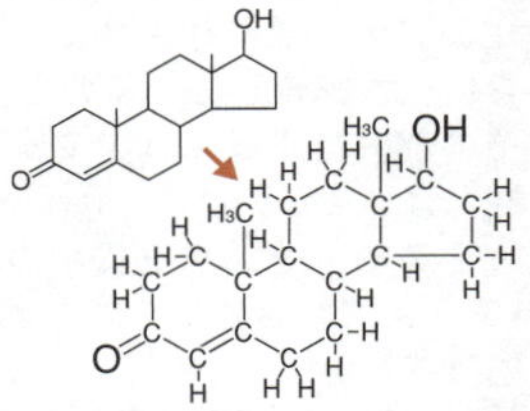

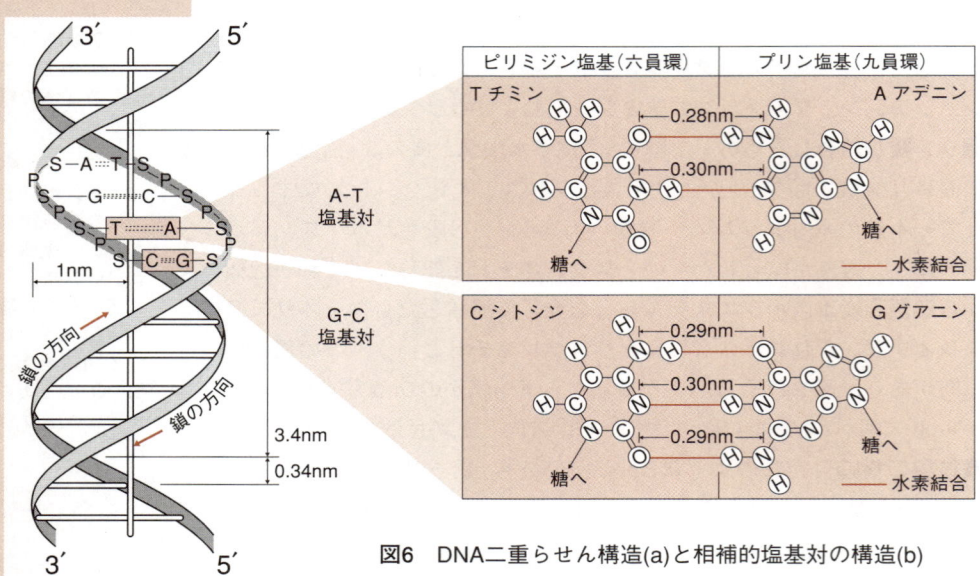

図6 DNA二重らせん構造(a)と相補的塩基対の構造(b)

　DNAはふつう二本鎖の**二重らせん構造**をとる。その構造の特徴は図6に示してあるが，その重要なポイントは，

① 2本のポリヌクレオチド鎖が互いに逆方向で共通の軸に対して右巻きらせん構造をとる（**逆平行二重鎖**）。

② 2本のポリヌクレオチド鎖間で，AはTと，GはCとだけ水素結合で結合する（**相補的な塩基対形成**）。

の2点である。とくに②は**2-5**と**2-6**節で述べる，遺伝情報の複製，発現過程の鍵となる，核酸の重要な性質である。

　RNAはふつう一本鎖で存在するが，ときにはそれ自身が折り返し，DNAの場合と同じように，AとU，GとCとで塩基対を形成し，部分的に二重らせん構造をとることがある（図7）。タンパク質合成過程でアミノ酸を運ぶtRNA（トランスファーRNA）（**2-6-2**参照）は図7（b）のように，多くの場合4か所の二重らせん領域（**ステム**という）を4個のループでつないだ**クローバ葉型構造**の二次構造をもち，さらに両側の2個のループが**会合**[24]して，図7（c）に示すようなL型の立体構造をとる。

2-1-7　タンパク質
――生体の主要な働きはタンパク質に負う

　アミノ酸が**脱水縮合**[25]して直鎖状になったものを，一般に**ポリペプチド**という。ポリペプチドのうち，分子量が比較的大きなもの（通常数10**アミノ酸残基**[26]以上のもの）を**タンパク質**という。ポリペプチドが空間的に決まった立体構造に折りたたまれ，特定の機能や物性をもっている。

■**構成要素**　アミノ酸はその名の通り，1分子中にアミノ基と酸性

24　会合
　複数個の分子が，種々の弱い化学結合で結合すること。

25　脱水縮合
　この場合は，二つのアミノ酸から水分子（H_2O）が取れる形で重合（p.18）した，という意味である。

26　アミノ酸残基
　タンパク質を構成する特定のアミノ酸に注目するとき，脱水縮合しているので，その部分は正確にはアミノ酸とはいえない。
　そこで，タンパク質中の「アミノ酸」のことをアミノ酸残基という。

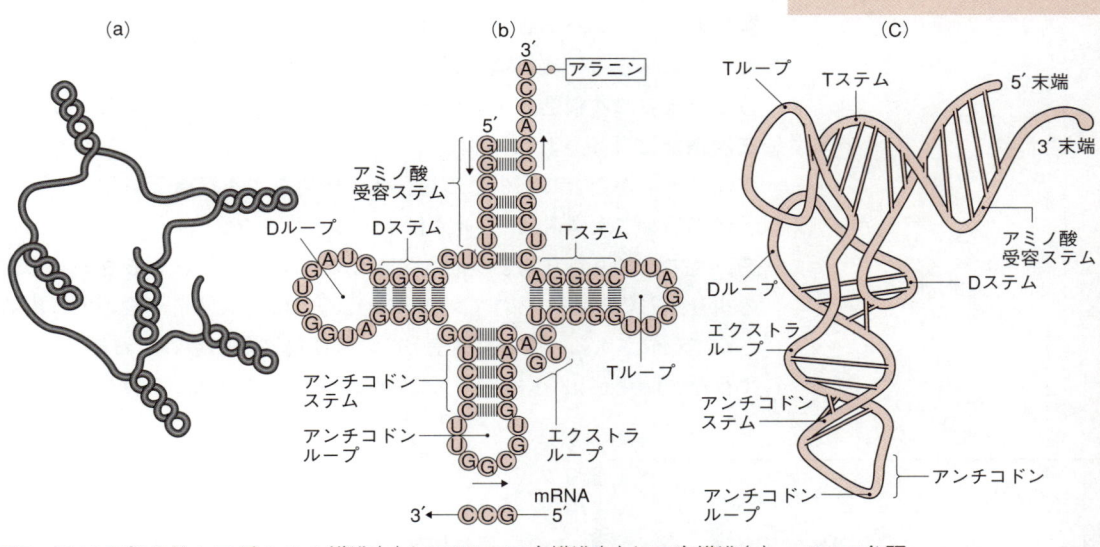

図7 RNAの部分的な二重らせん構造(a)とtRNAの二次構造(b)と三次構造(c) 〜2-6-7参照

のカルボキシル基を少なくとも一つ以上含む化合物で，タンパク質を構成するアミノ酸は同じ炭素原子にアミノ基とカルボキシル基が結合している。このようなアミノ酸をα-アミノ酸と呼び，その炭素原子の残りの結合部位の一方には水素，もう一方にはさまざまな側鎖[27]（通常Rで表す）が結合している。タンパク質を構成するアミノ酸は20通りの異なる側鎖をもつので，図8の20種類のアミノ酸（ただしプロリンだけはイミノ酸であるが便宜上ここに入れる）ができる。これらが隣どうしのCOOH基（**カルボキシル基**）とNH$_2$基（**アミノ基**）の間で脱水縮合した形をとると**ポリペプチド**となる。この反応で生じる－CO－NH－の酸アミド結合をとくに**ペプチド結合**という。

ポリペプチドの鎖の方向は，図8（次ページ）の式のようにペプチド結合していないアミノ基およびカルボキシル基をそれぞれ左右の端に置き，**N末端→C末端**を順方向と定義する。ポリペプチドの簡略化した表記法は各アミノ酸残基（アミノ酸がペプチド結合で連結されたとき，もとのアミノ酸に対応する部分（－NH－CHR－CO－）を指す用語）の**3文字表記法**，あるいは**1文字表記法**を用いる[28]。

■**大きさと複合**　タンパク質は，分子量数万の単純なものから，数千万〜数億に達するウイルスタンパク質のような複雑なものまで，多様な大きさのものが存在する。分子量が10万以上のものは，いくつかの**サブユニット**[29]が会合したものが多い。アミノ酸のみから構成される単純タンパク質以外に，糖，リン酸，脂質，金属，色素などが結合した複合タンパク質が多種存在する。機能的には，生体内の多様な化学反応を触媒する**酵素タンパク質**をはじめとして，**ホルモンタンパク質**，**受容体タンパク質**，**免疫タンパク質**などに分類される。

27　側鎖
鎖式化合物の炭素原子鎖や環式化合物から出ている枝の部分（原子鎖）を側鎖という。

28　タンパク質の表記法
たとえば　メチオニン—アラニン—ロイシン—セリン—トレオニン—バリンの場合には，3文字表記法ではMet—Ala—Leu—Ser—Thr—Val，1文字表記法ではMALSTVと略記する。

29　サブユニット
複数のタンパク質が会合して機能を発揮しているとき，個々のタンパク質をサブユニットという。
構成するサブユニットの数により二量体，三量体などと呼ぶ。これに対して，会合していないときは単量体と呼ぶ。

■**構造** タンパク質の構造は，ポリペプチド鎖を形成するアミノ酸配列を意味する**一次構造**，鎖が局所的に規則的な構造を取ることによってできる**二次構造**，さらにそれらが立体的に組み合わされてできる**三次構造**に分類される（図9）。さらに三次構造をもつタンパク質サブユニットが会合して生じる複合体の構造を**四次構造**という。

代表的な二次構造は，らせん構造の**αヘリックス**，シート構造の**β構造**，ペプチド鎖の方向を逆向きに変える部分に使われる**βターン**などの折り返し構造が知られている。また特定の二次構造が規則的に配置されて形成される，**超二次構造**と呼ぶ局所構造が知られており，2本の平行なβ構造がαヘリックスで連結してつくられる**ロスマンフォール**

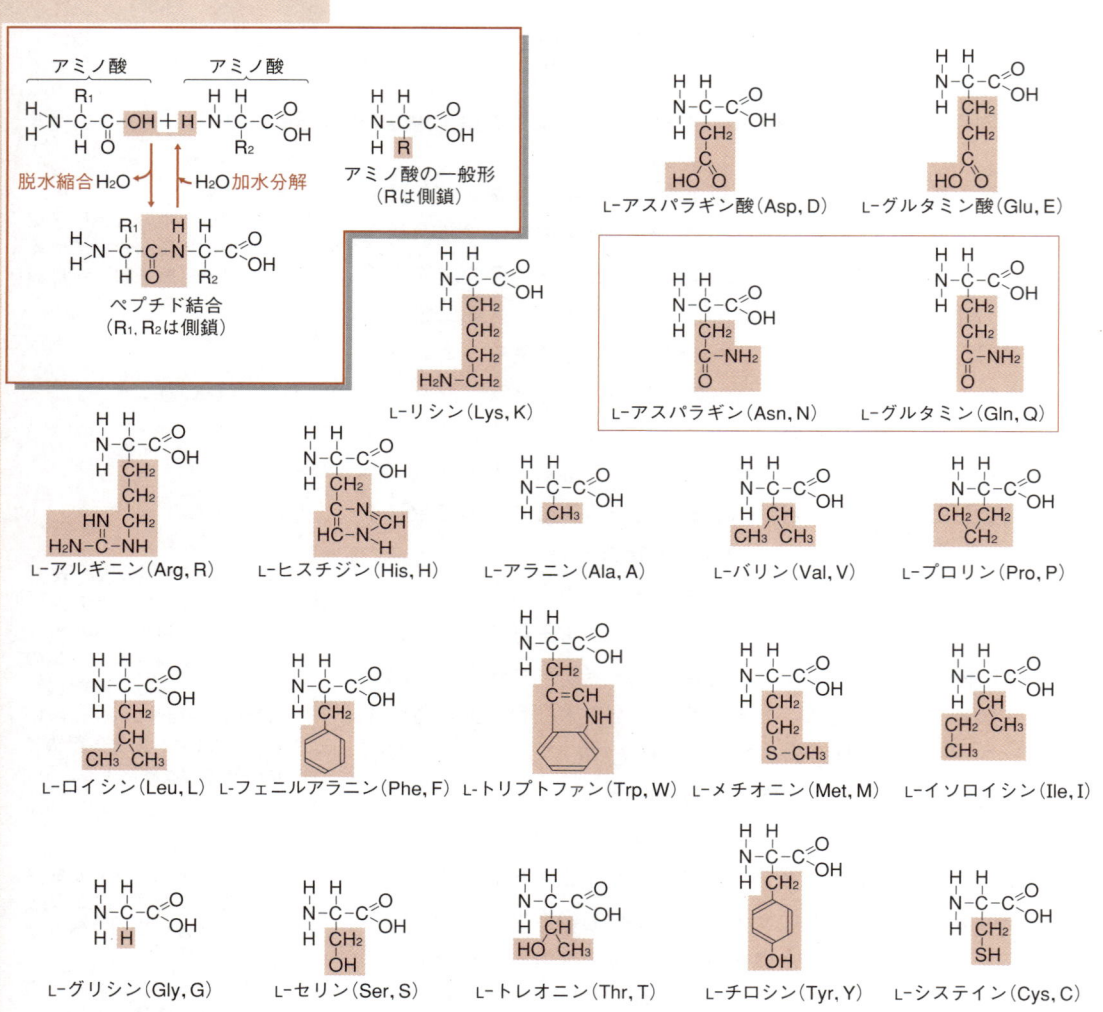

図8 タンパク質を構成する20種類のアミノ酸の構造

図中のタンパク質のうち，L-アスパラギン酸，L-グルタミン酸は，側鎖のカルボキシル基がアミドとなって，L-アスパラギン，L-グルタミンという形をとることもある。

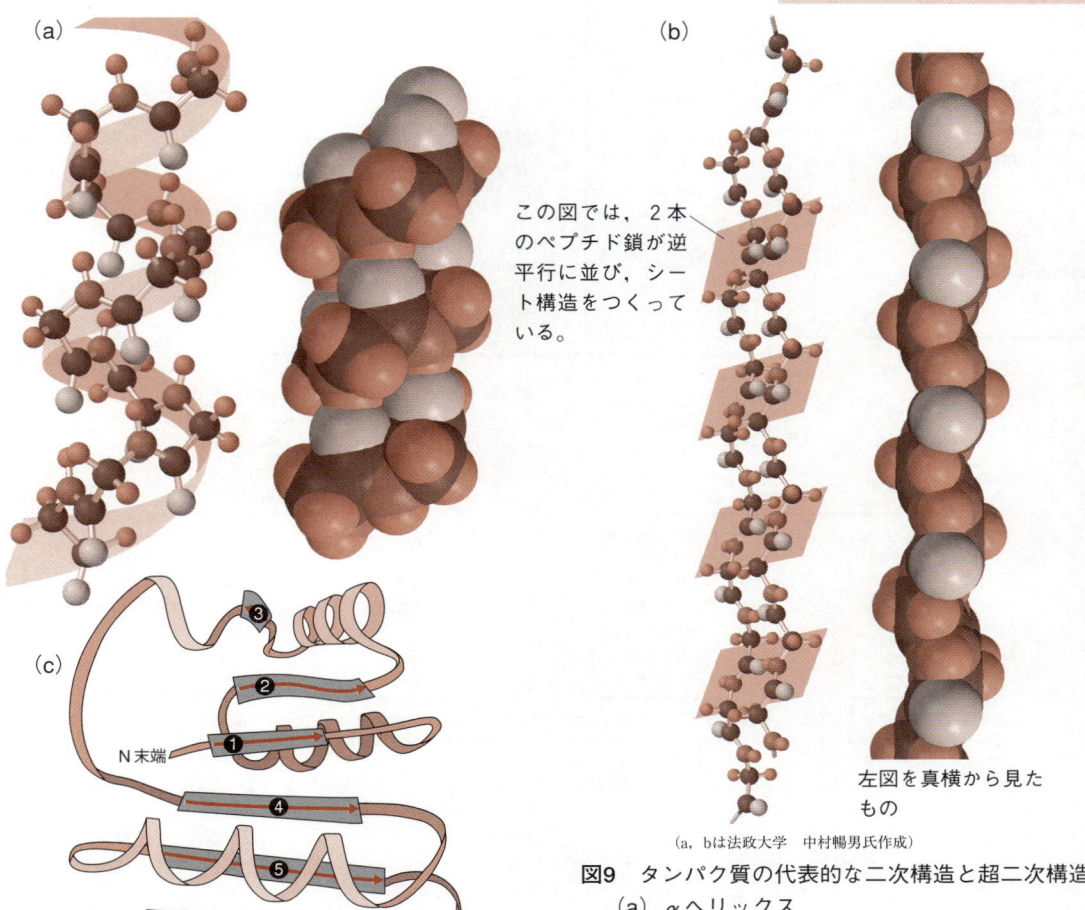

図9 タンパク質の代表的な二次構造と超二次構造
(a) α ヘリックス
(b) β シート
(c) ロスマンフォールド：①〜⑥は β シート構造の部分。

ド（Rossman fold, $\beta\alpha\beta$ 構造）や $(\alpha\beta)_8$ からなる**バレル**（樽）**構造**が有名である。これらは酵素の特定の反応部位に存在することが多い。

タンパク質の局所構造や全体の立体構造は，現在ではX線結晶解析や高分解能NMRで，分解能1.5Å[30]以上の精度で決定できるようになり，分子量数百万に及ぶリボソームや光合成反応の中心を担うクロロフィル—タンパク質複合体の立体構造も解明された。さまざまな酵素タンパク質について，立体構造に基づいた反応メカニズムの解析が活発に行われている。

> 30 Å（オングストローム）
> 原子・分子など，ミクロな世界で使われる長さの単位。1 Å＝10^{-10} m
> SI単位系ではないが，構造化学などでの使用が容認されている。

2-1-8　糖質——エネルギー源そして体をつくる物質でもある

糖質は基本的には $C_m(H_2O)_n$ と表すことができ，見かけ上は炭素の水和物となるので**炭水化物**ともいう。糖質には，基本単位である**単糖**

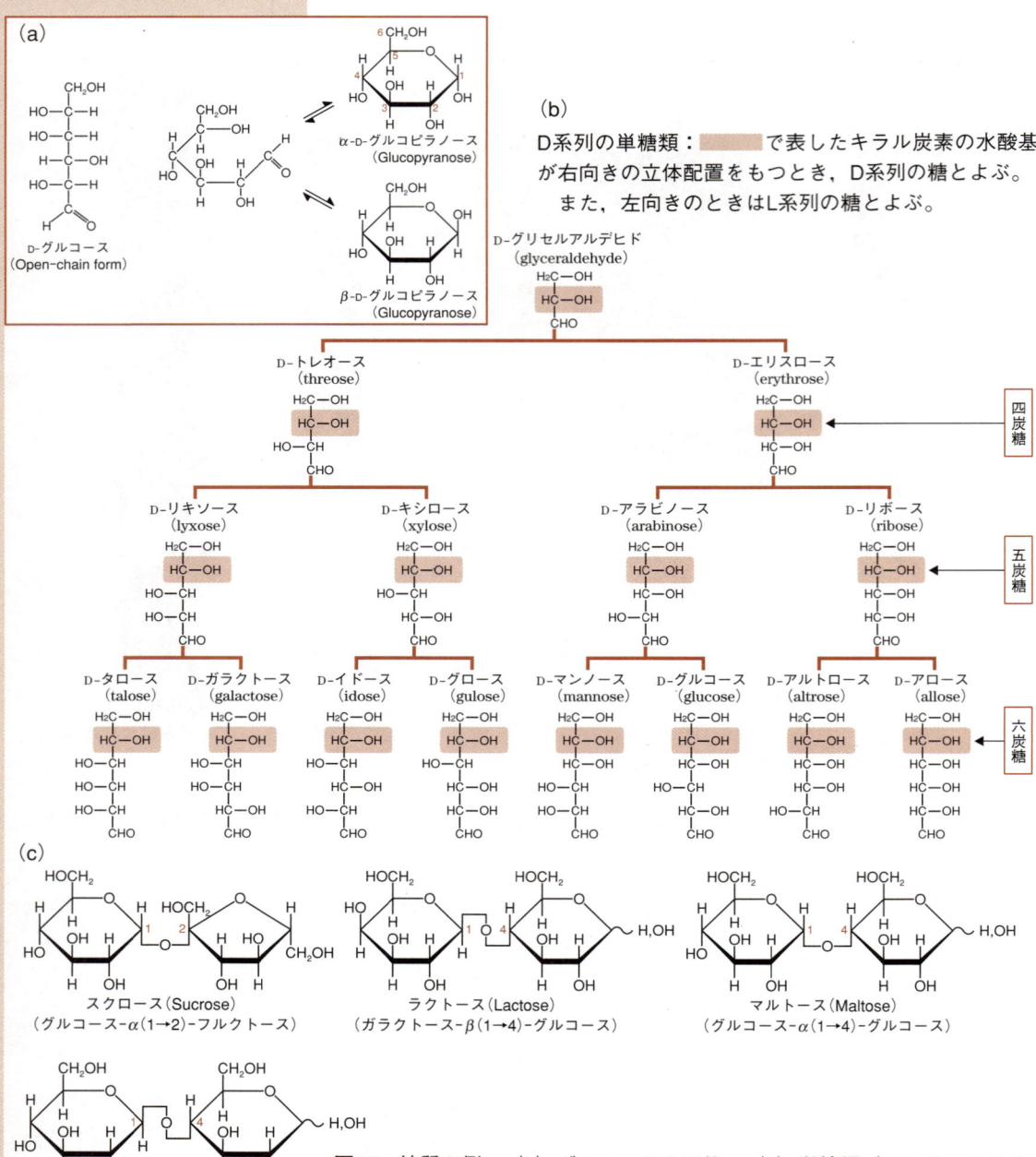

図10 糖質の例 (a) グルコースの三態 (b) 単糖類（アルドースのみを示す） (c) オリゴ糖類（二糖類）

類と，単糖類が脱水縮合により次々と連結した形となっている**オリゴ糖（少糖）**類や**多糖類**がある。オリゴ糖は構成単糖の数によって，二糖類，三糖類などと呼ばれることもある。ショ糖（スクロース）や乳糖（ラクトース）は代表的な二糖類である。

■**単糖の構造** 単糖は骨格の炭素数に応じて**四炭糖**（テトロース），**五炭糖**（ペントース），**六炭糖**（ヘキソース）などという。単糖は還

元性を示すが，これは分子中のアルデヒド基（第1炭素）またはケトン基（カルボニル基，第2炭素）による。

グルコース（ブドウ糖）のようにアルデヒド基をもつものを**アルドース**，**フルクトース**（果糖）のようにケトン基をもつものを**ケトース**と総称するが，水溶液中ではこれらの基が遊離した**直鎖構造**と，分子内で縮合して**環状構造**[31]をとるものとが平衡関係にある。

フランに似た五員環[32]構造となったものを**フラノース**，ピランに似た六員環構造となったものを**ピラノース**と呼ぶ[33]。オリゴ糖や多糖を構成する単糖は環状構造をとっている（図10）。

■**生体物質としての糖**　グルコースやガラクトースの2位の水酸基がアミノ基（通常アセチル化されている）に代わったものをそれぞれ**グルコサミン**，**ガラクトサミン**といい，**アミノ糖**と総称する。カニや昆虫の外骨格の基質を構成する**キチン**は，N–アセチルグルコサミン[34]のポリマーである。アミノ糖は，粘液物質や細胞表面の糖鎖成分としても重要である。

2-3節でくわしく述べるように，単糖は2-1-9で触れる脂肪酸とともに，生命活動を支える燃料として重要で，デンプンやグリコーゲンなどの多糖類は化学エネルギーの貯蔵体となっている。多糖類は，このほかにも構造支持体（セルロース，キチンなど），粘液成分・ゲル形成体（カンテン，ペクチン，コンドロイチンなど）[35]としても古くからよく知られている。

> **31　糖の環状構造（α–，β–）**
> 糖の環状構造の異性体（分子式は同じだが構造などの違いにより性質の異なる化合物）の区別。
> 図10（a）で示したように，C–1位のH，OH基の向きでαとβが決まる。
>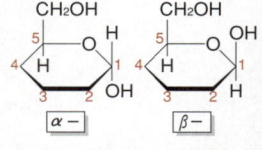

> **32　～員環**
> 原子～個からなる環状構造のこと。

> **33　フラノースとピラノース**
> これらの名称は，フランおよびピランに由来する。
>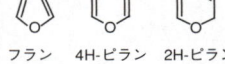
> フラン　4H-ピラン　2H-ピラン

> **34　N—**
> 「N—」は，アミノ基のN原子に置換基がついていることを表す。この場合には，Nの水素が1個，アセチル基に置換していることを示す。

> **35　ゲル形成体**
> 軟骨や関節液などにも，タンパク質に結合した非常に長い直線状の酸性多糖類（プロテオグリカンと総称される）が豊富で，これらの糖鎖に多くの水分子が結合することによって，クッションとして働くことができる。

A型物質およびA型血球
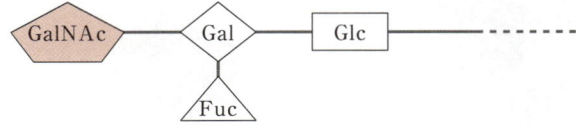

B型物質およびB型血球
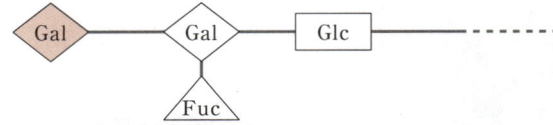

O（H）型物質およびO型血球
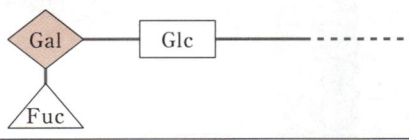

Gal＝D–ガラクトピラノース；Glc＝N–アセチル–D–グルコサミノピラノース；
GalNAc＝N–アセチル–D–ガラクトサミノピラノース；Fuc＝L–フコピラノース

図11　ABO式血液型決定因子
タンパク質や脂質に結合した糖鎖の末端部分の構造によってABO式血液型は決まっている。

一般に，細胞の表面は糖鎖でおおわれているが，その多くはタンパク質や脂質に結合した**糖鎖**である。これらの糖鎖には細胞間コミュニケーションの情報媒体となるものも多い。ABO式血液型の決定因子も糖鎖である（図11）。

2-1-9　脂質──エネルギー源，膜，ホルモンなど多彩に活躍

脂質は脂肪酸エステルのように，一般に疎水性が強く，水には溶け

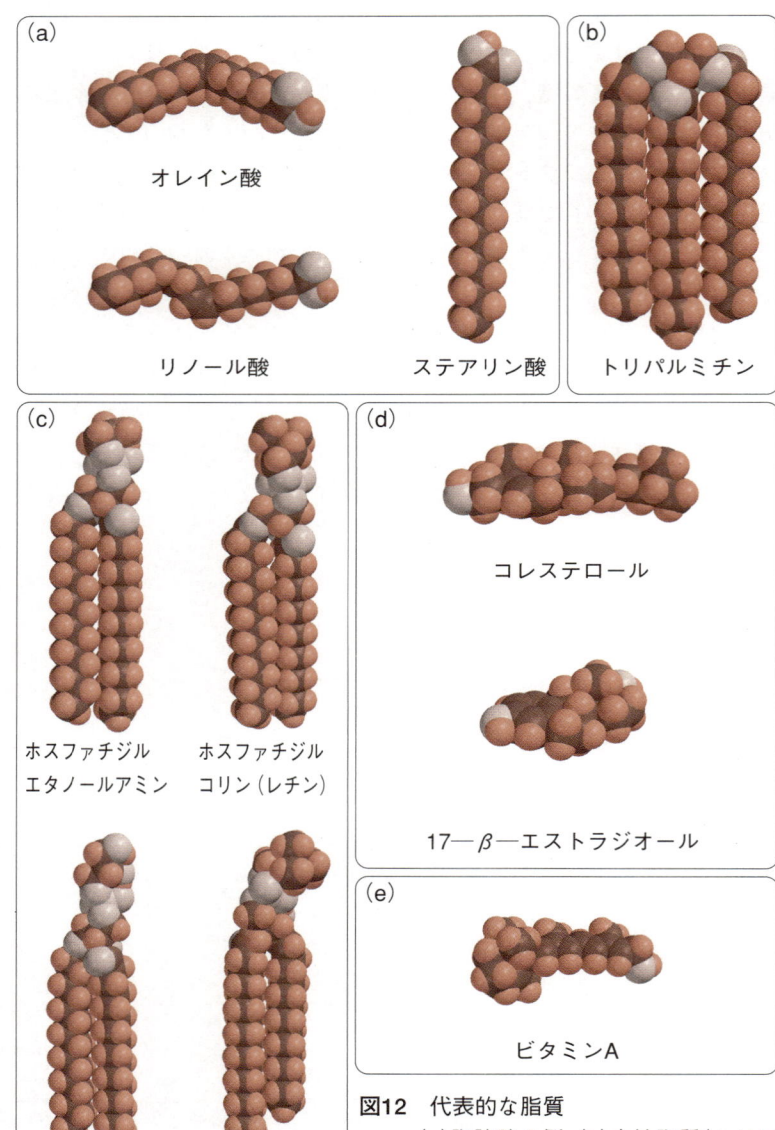

図12　代表的な脂質
　（a）脂肪酸の例　（b）中性脂質（トリアシルグリセロールの一例，トリパルミチン）（c）リン脂質（d）コレステロール，エストラジオール　（e）ビタミンA

（図作成：法政大学　中村暢男氏）

ず有機溶媒に溶ける物質の総称で、エネルギー貯蔵物質として重要な**中性脂肪**が代表的な例である。細胞膜成分として重要な**リン脂質**や**糖脂質**、いろいろなホルモンやビタミンDとしても重要な**ステロイド**[36]、昆虫の体表や葉の表面などをおおって、保護層として働くワックス、ビタミンA、E、Kなど、構造の異なる多くの物質を含む（図12）。

■**中性脂肪**　中性脂肪（アシルグリセロール）は動植物の脂肪細胞に蓄積される脂肪の主成分で、三価[37]のアルコールである**グリセロー**

> **36　ステロイド**
> 基本構造として下図の四環構造をもつ有機化合物。酢酸から生合成される。

> **37　価（アルコールの）**
> そのアルコールに水酸基（―OH）がいくつあるかで、一価、二価、三価…のアルコールと呼ぶ。

> **38　アデノシン一リン酸**
> アデニル酸ともいう。

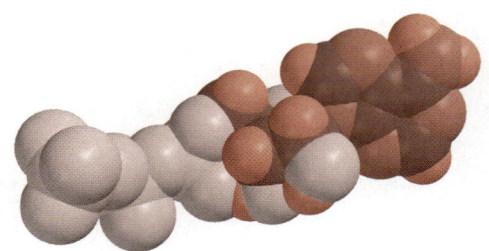

ATP（図作成：法政大学　中村暢男氏）

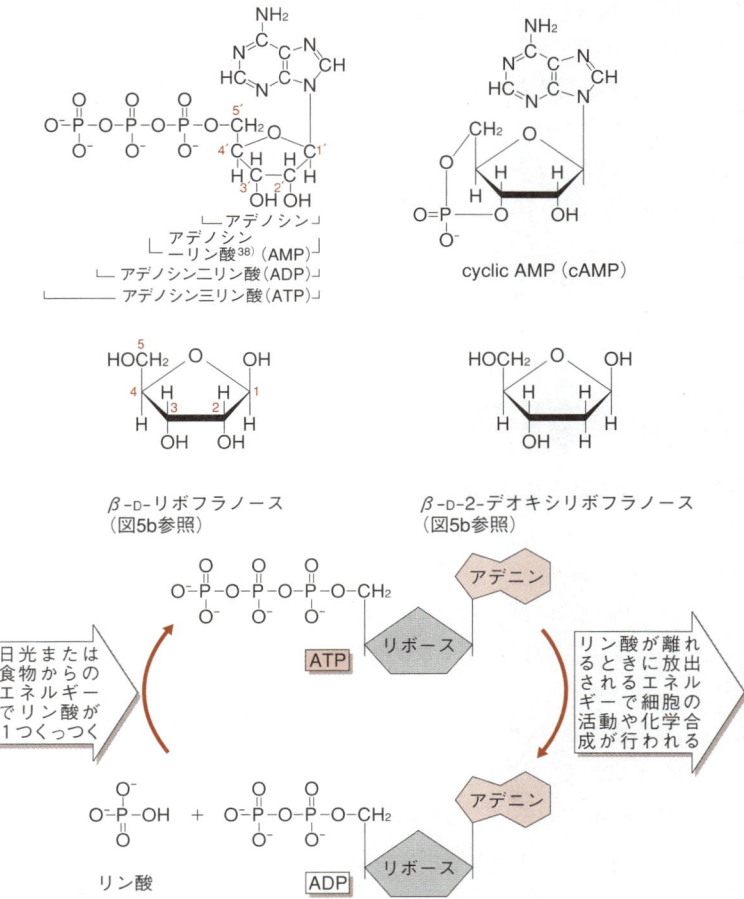

図13　ATP関連物質の構造～ATP, ADP, AMP, cAMP

39 脂肪酸
　一般的には，10～20数個程度の炭素からなる**アルキル基**（炭素の直鎖構造）をもつ**カルボン酸**（カルボキシル基をもつ酸）を**脂肪酸**という。
CH₃‥‥—CH₂—CH₂—COOH

40 エステル結合
　酸とアルコールから脱水によって化合した物質を**エステル**といい，その結合部分—O—を**エステル結合**という（p.14 注6参照）。

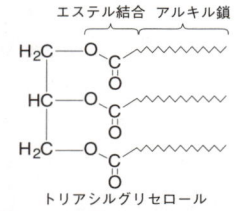
トリアシルグリセロール

41 飽和度
　脂肪酸は，アルキル鎖に不飽和結合（二重結合・三重結合）をもつ**不飽和脂肪酸**（リノール酸など）と単結合（一重結合）ばかりの**飽和脂肪酸**（ステアリン酸など）にわけられる。
　二重結合・三重結合の数が多くなるほど，飽和度は低く（不飽和度が高く）なり，同じ炭素数の飽和脂肪酸より融点が低くなる（融けやすくなる）。

42 両親媒性
　極性，非極性の溶媒になじむ性質をいう。つまり，水にも油にもなじむということである。

ルに**脂肪酸**[39]が**エステル結合**[40]したものである。中性脂肪の大部分は，グリセロールの水酸基が三つともエステル化したトリアシルグリセロールで，おもに脂肪酸の**飽和度**[41]に応じて，常温で液体（油）となるか固体（脂肪）となるかが決まる。

■**ステロイド**　ステロイドには，細胞膜成分として重要なコレステロールをはじめ，ビタミンD，エストロゲンやアンドロゲンなどの性ホルモン，コーチゾンなどの副腎皮質ホルモン，昆虫の変態ホルモンであるエクジソンなどが含まれている。

■**リン脂質・糖脂質**　**リン脂質**および**糖脂質**は**両親媒性**[42]の分子で，水のなかでは親水性部分を外（水側）に，疎水性部分を内にした球状ミセルや二分子膜を形成する。細胞膜などの生体膜は，膜の内外ともに水がある環境となっており，リン脂質の二分子膜（脂質二重層）を基盤として形成されている。糖脂質は親水性部分として糖鎖をもつが，糖鎖は細胞表面の情報分子としても機能している。

2-1-10　低分子有機物質と無機塩類
　　　　　　　──化学反応の調節などの役割

　低分子有機物質としては，さまざまな代謝の中間産物のほかに，生体におけるエネルギーの通貨とも呼ばれる**アデノシン三リン酸**（**ATP**，2-3-3参照）などの**リン酸化合物**（図13），さらには**ビタミン**，**ホルモン**，**神経伝達物質**（2-2-10，2-2-11参照）などとして働くものもある。また，無機イオンはpHや浸透圧の調節，刺激の伝達や膜の透過性，酵素反応をはじめとするさまざまな化学反応の調節などで重要な働きをしているものも少なくない。

2-2　細胞

2-2-1　生命の基本単位としての細胞
　　　　　　　──生物の体は細胞からできている

■**細胞の発見**　コルクはほかの木材に比べて軽くて，水に浮きやすく，また，弾力性に富んでいる。コルクがこのような性質を示す理由を明らかにするために，イギリスのフック（R. Hooke, 1665）はコルクの薄い切片をつくり，手製の光学顕微鏡で観察した（図14）。そして，コルクがハチの巣のように多数の小さな箱（cell）の集まりであることを見出した。「Cell」という語は現在，「**細胞**」という専門用語として用いられているが，当初は小部屋という程度の意味で使われた。フックはさらにニワトコの茎の髄やニンジン，ゴボウなどの茎も小部屋でつくられていることを観察している。

■**細胞説への展開**　フックの観察した小部屋は，現在でいうと植物

2-2 細胞

細胞の**細胞壁**と呼ばれる構造にあたるもので，中身のない細胞の外壁を観察したものであった。1831年になって，イギリスのブラウン（R. Brown）はランの葉の表皮の細胞を観察し，どの細胞にも球形の構造が存在することを発見し，それを核と名付け重要性を指摘した。続いて1838年にドイツのシュライデン（M. Schleiden）が植物の細胞で，翌年の1839年には彼の友人のシュワン（T. Schwann）が動物の細胞で，それぞれ生物体は細胞からつくられているという「**細胞説**」を提唱した。また，ドイツのフィルヒョー（R. Virchow, 1858）は，すべての細胞は細胞から生じるということを提唱した。このようにして，フックの「細胞」の観察から約200年後に，すべての生物体が細胞を基本単位としてつくられ，働いているという細胞説が確立した。

■細胞の形や大きさはさまざまである　ヒトの体は約60兆もの細胞でできている。これらの細胞は均一のものではなく，その形，大きさ，数，存在様式など多種多様である。肝臓など多くの器官を構成している細胞は長径約50μmの楕円形をしたものが多いが，骨格筋の細胞のように幅50〜100μmで長さ数cmに及ぶものや，神経細胞の突起のように1mに達する巨大なものもある（第1章図3参照）。また，赤血球は直径7μmの円盤状の細胞で，血液中を浮遊している。植物の細胞もおおむね10〜100μmの直方体のものが多いが，葉を構成している海綿状組織の細胞のように凹凸に富んだ細胞や，表皮の毛のように植物によって多様な形を示すものもある（図15）。

ヒトのように多くの細胞からなりたっている生物のほかに，一つの細胞が独立した生活を営んでいる生物もいる。細菌の大腸菌（長径3μm，短径1.5μm）や連鎖状球菌（0.7μm）（第1章図3参照），シア

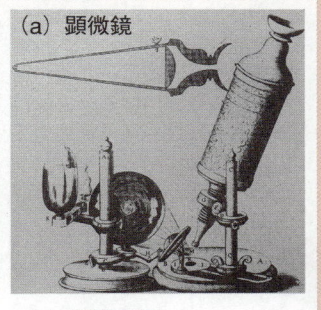

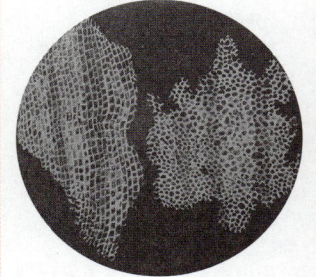

図14　フックがつくった手製の顕微鏡

この顕微鏡で，コルクが小さな，多数の"箱"（円内）でつくられていることを観察した。

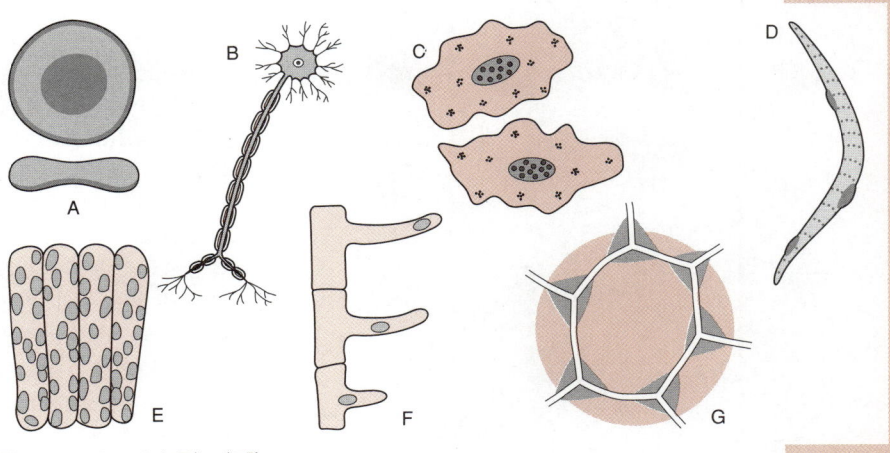

(a) 顕微鏡
(b) 細胞の図

図15　いろいろな形の細胞
A：人の赤血球（上からと側面からの観察）　B：神経細胞
C：色素胞の細胞（収縮状態）　D：筋細胞（横紋筋細胞）　E：葉肉細胞
F：根の表皮と根毛　G：植物の厚角細胞（細胞の角が肥厚した細胞）

ノバクテリア（ラン色細菌）のネンジュモ，ノストック，緑藻類のクロレラやミドリムシ，原生動物[1]のゾウリムシなど形，大きさなど多種多様である。最も小さい細胞は動物細胞に寄生するマイコプラズマで直径が0.08〜0.25μmほどである。

2-2-2 研究装置の発達
――顕微鏡の発達が細胞の構造の理解を深めた

初期の**光学顕微鏡**による観察で，ブラウンはそれぞれの細胞の中に一つの**核**が存在することを見出した。その後の改良で倍率も1000倍にまで高められたが，光を観察方法として利用する上での**分解能**[2]の限界から，大きさが1μmのミトコンドリアは顆粒として捕らえられるにとどまった。

■**電子顕微鏡の開発**　1933年にドイツのルスカ（E. Ruska）によって**電子顕微鏡**が開発され，倍率も10万倍まで高まり，それぞれの顆粒の微細な構造の観察が可能になった。電子顕微鏡は，光学顕微鏡の光源の代わりに電子線を用い，レンズの代わりに磁場あるいは電場を用い，観察方法を視覚の代わりに電子によって感光する乾板を用いる（図16）。可視光よりも波長の短い電子線を用いることで，著しく解像力を高めることができ，0.2nm以下の分解能を得ることができる。電子顕微鏡には試料を透過した電子を検出する**透過型電子顕微鏡**のほか

---

1 原生動物
葉緑体を含まない1個の細胞からできている動物の総称で，外界の有機栄養物に依存して生活している。

2 分解能
隣り合った二つの点を離れた点として識別できる能力で，次の式で表される。
$d = 0.1\lambda/NA$　ただし，d：分解能，λ：照明光の波長，NA：開口度 $n\sin\mu$（nは被検体と対物レンズの間にある媒質の屈折率，μは像の形成にあずかる光線と光軸との間の最大角。
たとえば肉眼で見る光学顕微鏡では，分解能の限界はおおよそ1000倍である。

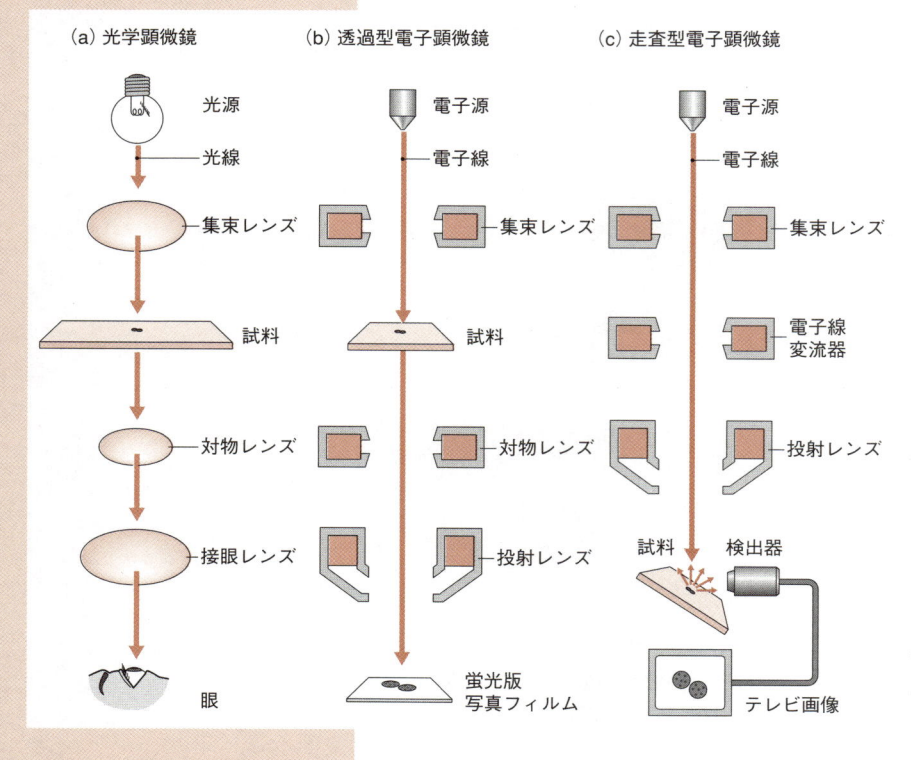

図16 光学顕微鏡（a），透過型電子顕微鏡（b），走査型電子顕微鏡（c）の比較

光学顕微鏡のガラスあるいは石英に対応するものは，電子顕微鏡では磁気コイルである。光学顕微鏡と透過型電子顕微鏡では試料を透過した光線あるいは電子線を検出するのに対し，走査型電子顕微鏡では試料表面で反射した電子線を検出する。

（a）光学顕微鏡：光源→光線→集束レンズ→試料→対物レンズ→接眼レンズ→眼
（b）透過型電子顕微鏡：電子源→電子線→集束レンズ→試料→対物レンズ→投射レンズ→蛍光版 写真フィルム
（c）走査型電子顕微鏡：電子源→電子線→集束レンズ→電子線変流器→投射レンズ→試料→検出器→テレビ画像

に，試料の表面を重金属の薄い膜でおおってから電子線で走査し，試料表面から発生する二次電子や反射電子を輝度に変えて観察する**走査型電子顕微鏡**も開発され，表面の細かい凹凸の観察が可能になった。走査型の場合，ふつうは分解能10〜20nmだが，改良によって3nm以下のものもある。

■**光学顕微鏡の改良**　一方，光学顕微鏡も，**位相差顕微鏡**[3]などの開発によって，染色しないで生きたままでも細胞内の構造の観察ができるようになった。染色技術の発達による**特定物質の染色**，放射性同位元素の利用による**オートラジオグラフィー**[4]，抗体の利用による特定の物質の**特異的染色**などができるようになった。**蛍光顕微鏡**[5]の開発は蛍光色素の利用を可能にし，それによって感度も格段にあがった（図17）。遺伝子操作により導入された**GFP**[6]を**レポーター遺伝子**[7]とした遺伝子を用いて，生きたままの状態で特定のタンパク質の細胞内での挙動も観察できるようになっている。

このように，光学顕微鏡も装置の開発と並んで染色技術の改良，ほかの技術との組み合わせによって，物質の細胞内分布や機能を解析する重要な手段を提供している。

3　位相差顕微鏡
　屈折率の違う無色透明な二種の物質，あるいは，屈折率は同じだが厚さの違う二種の物質を通過した光は直接光と回折光で位相のずれが生じる。それを明暗の差にかえて識別する顕微鏡。

4　オートラジオグラフィー
　放射性物質（トレーサー）を生体内に取り込ませ，その分布をX線フィルムや乾板を重ねて感光させて検出する方法。生体内での物質の分布，移動，代謝などを調べるのに使われる。

5　蛍光顕微鏡
　特定波長の光で励起された蛍光物質を観察する顕微鏡。生体がもっている蛍光物質のほかに，蛍光色素で染色した物質や蛍光物質で標識した抗体を用いて特定の物質を染色して観察することができる感度のよい顕微鏡。

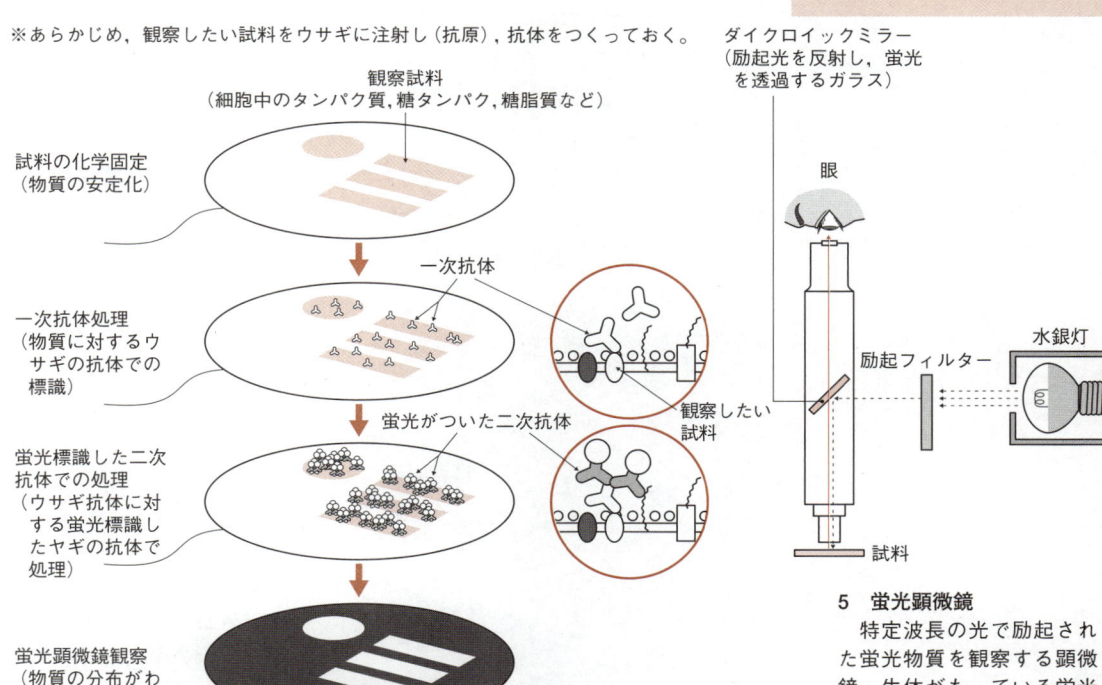

図17　蛍光顕微鏡
右　蛍光顕微鏡の原理　　左　蛍光顕微鏡の利用：蛍光抗体法
　ある特定の物質の抗体とその抗体に対する蛍光標識した抗体を用いることで，その物質の細胞内や組織内における分布を観察できる。

6　GFP
　Green Fluorescent Protein の略。発光クラゲの緑色蛍光タンパク質。解析したいタンパク質（P$_A$とする）の遺伝子とGFPの遺伝子を接続して作成した遺伝子（キメラ遺伝子）を発現させ，その結果生じたP$_A$とGFPが融合したタンパク質のGFPの蛍光を追跡することで，P$_A$の分布，移動などを調べるのに用いられる。

7　レポーター遺伝子
　発現を解析したい遺伝子のプロモーター（遺伝子の発現を制御している領域）につないだ，測定が容易なほかの遺伝子のコード領域（タンパク質のアミノ酸配列を規定している領域で構造遺伝子ともいう）。その融合遺伝子の産物（タンパク質）の活性の強さや分布を調べることで，解析したい遺伝子の発現の強さや分布を知るのに用いる。

8　オルガネラ
　膜に包まれた構造体のみをさす場合もある。

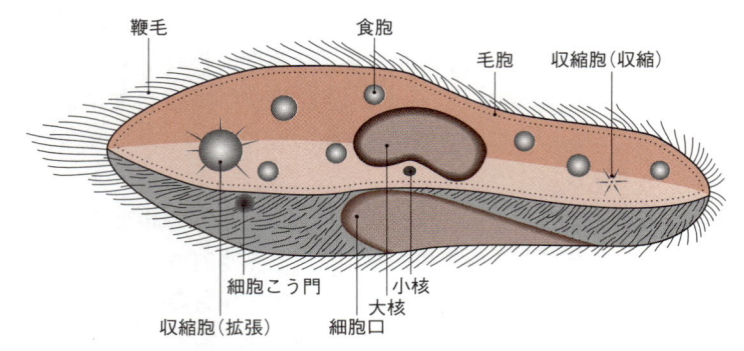

図18　ゾウリムシの細胞内構造

2-2-3　オルガネラ（細胞小器官）
――細胞はいろいろなオルガネラから構成されている

　原生動物のゾウリムシを光学顕微鏡で観察すると，細胞内に**収縮胞**や**食胞**などの特殊な働きをもつ構造が見られる（図18）。このような構造に対して，生物体がいくつかの器官から成立していることと対比させて，**細胞小器官**という語が生まれた。

　動物や植物の細胞を観察すると，原形質の中に原形質やほかの細胞内構造と区分けされる一定の機能をもつ有機的構造を観察できる。現在では，このような構造を**オルガネラ**[8]（**細胞小器官**）と呼んでいる。動物や植物で見られる種間の多様性の原因の一つは，個体を構成する細胞の働きの違いによるが，その役割に応じてオルガネラの発達の程度が異なる。オルガネラには，**核，ミトコンドリア，葉緑体，小胞体，リソソーム，ゴルジ体，ペルオキシソーム，液胞，細胞骨格，中心体，リボソーム**などがある（図19）。

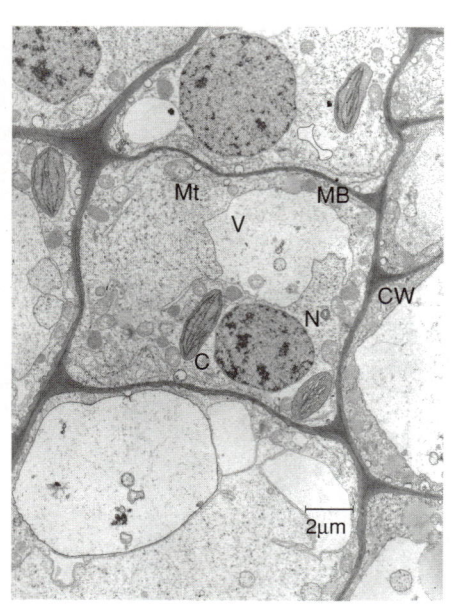

図19　植物細胞の全体像（リンドウ）
　核，ミトコンドリア，ミクロボディのほかに植物細胞に特徴的な葉緑体や大きく発達した液胞を見ることができる。細胞の外被である細胞壁は隣の細胞の細胞壁と中葉をはさんで接している。
N：核，Mt：ミトコンドリア，
MB：ミクロボディ，
V：液胞，C：葉緑体，
CW：細胞壁

（写真提供：東北化学薬品（株）生命システム情報研究所　小岩弘之氏）

2-2-4 いろいろなオルガネラの構造と働き

■**核** 核は一般に径3～10μmの円形，あるいは，楕円形をした，細胞内で最も大きな構造であるが，分化の進んだ細胞では変形したり，消失したりすることがある。遺伝情報を担う内容物（**核質**）[9]の周辺は**核膜**と呼ばれる二重膜でおおわれている。核膜には**核膜孔**という小さな孔があり，細胞質[10]との間の物質の移動を調節している（図20）。また，核膜の一部は細胞質の**小胞体**に連絡している。

核膜に包まれた内部にはDNA―タンパク質複合体である**染色質**[11]（クロマチン）や径10～20nmのリボソームの顆粒が核液に分散している。核内には屈折率の高い1～数個の**核小体**[12]が光学顕微鏡で観察されるが，ほかの構造は屈折率に差がないため通常見ることはできない。核小体でリボソームRNAがつくられる。細胞分裂時には，核膜や核小体は見えなくなり，染色質は凝縮して染色体構造をとる。

■**ミトコンドリア** 幅0.5～1μm程度の細長い構造のオルガネラで，光学顕微鏡では糸状あるいは顆粒状に見えることから**糸球体**（ギリシャ語で糸mitoと粒condrion）と呼ばれた。ミトコンドリアは呼吸を主

9 核質	核膜に包まれた原形質をさし，染色体（染色質），核小体，核液（核の基質部分），そして核液に分散した小顆粒からなる。
10 細胞質	細胞を構成する原形質のうち，核質以外の部分をさす。
11 染色質（クロマチン）	真核生物の核に存在する，塩基性色素でよく染まる物質のこと。DNAと塩基性タンパク質（ヒストン）の複合体を主な成分とし，非ヒストンタンパク質と少量のRNAとからなる集合体である。クロマチンともいう。
12 核小体（仁）	真核生物の細胞核に存在する直径2～5μmの小球体で，タンパク質とRNAから構成される。リボソームのRNAを合成する場であり，仁（じん）ともいう。
13 ヘテロクロマチン	核内でほかの部分に比べてDNA構造が異なり，塩基性色素で濃く染まる部分のこと。DNA合成の時期もほかの部分の合成時期からずれている。異質染色質ともいう。

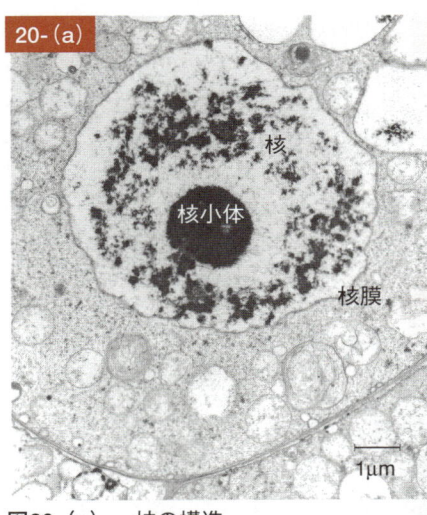

図20-(a) 核の構造
核は二重の膜（核膜）によって包まれている。また，核内には核小体（仁）や染色性の異なる部分（ヘテロクロマチン[13]）を見ることができる。

図20-(b) 核膜の拡大図
核膜のところどころに核膜孔を見ることができる。核膜孔を通して物質が移動する。

図20-(c) フリーズフラクチャー法によって観察された核膜表面
多数の核膜孔を見ることができる。フリーズフラクチャー法は凍らせた試料を割って，膜の表面に沿った割断面を観察する方法。

（写真3点提供：東北化学薬品（株）生命システム情報研究所 小岩弘之氏）

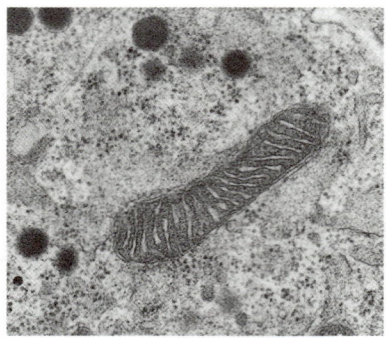

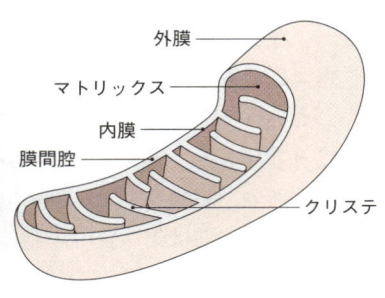

図21 ミトコンドリアの構造
肝臓のミトコンドリアの電子顕微鏡写真。シート状のクリステが発達している。(写真提供：日本歯科大学　松岡孝典氏)

> **14　呼吸鎖**
> 　呼吸による一連の化学反応が，鎖のようにつながって続いているようすをさして呼吸鎖といっている。**2-3**節参照。

要な機能とするオルガネラで，酸化還元指示薬であるヤヌスグリーンやテトラゾリウム塩で特異的に染色される。肝細胞では一細胞あたり約2500個，植物細胞では100〜200個程度存在しているが，同一種でも異なる器官で異なり，生理状態でも著しく変化する。

　電子顕微鏡による観察では，ミトコンドリアは**内膜**と**外膜**からなる二重のミトコンドリア膜からなり，内膜と外膜の間の膜間腔は6〜8nm離れている。内膜の内部を**マトリックス**というが，内膜はマトリックス内部に突出して層状の構造をとる。その構造を**クリステ**と呼ぶ（図21）。マトリックスには**クエン酸回路**の諸酵素が存在し，クエン酸回路でつくられた**NADH**が**呼吸鎖**[14]を伝達される電子を供給する（**2-3**参照）。クリステおよび内膜には電子伝達に関与するタンパク質が存在し，電子がそれらのタンパク質からタンパク質へと受け渡される過程と連動して，**ATP合成酵素（ATPアーゼ）**によって**ATP**がつくられる。

　マトリックスには核のDNAと異なる，ミトコンドリア独自のDNAやリボソームが存在する。ミトコンドリアのDNAにはミトコンドリアにおけるエネルギー生産にかかわる約10種のタンパク質の遺伝情報が存在している。ほかのタンパク質の遺伝情報はすべて核にあって，タンパク質は細胞質で合成されてから，ミトコンドリアへ運び込まれる。

■**葉緑体**　　紅藻，褐藻，緑藻などの藻類には，カップ状，板状，網目状など不定形の大きな**葉緑体**が細胞あたり1〜数個存在する。多細胞の緑藻や陸上植物では，通常10〜数百個程度の葉緑体をもっている。しかし，細胞あたりの葉緑体の数や形は植物によって，また，同一植物でも器官によって著しく変化する。多くの多細胞生物では，葉緑体は直径5〜10μm，厚さ2〜3μmのレンズ状をしており，内外二層の**葉緑体膜**に包まれている（図22）。

　葉緑体膜に包まれた内部は，扁平な袋状の構造である**チラコイド膜**からなる内膜系と**ストロマ（基質）**から構成されている。内膜系はチ

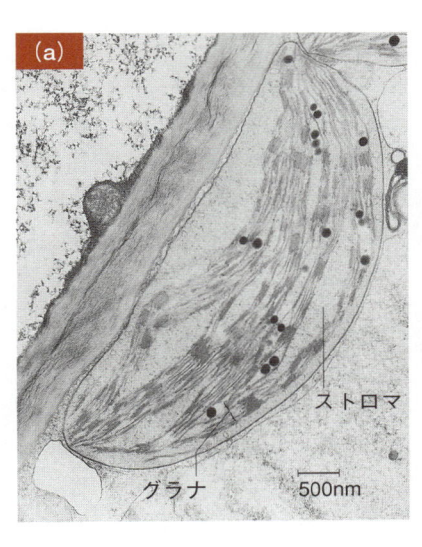

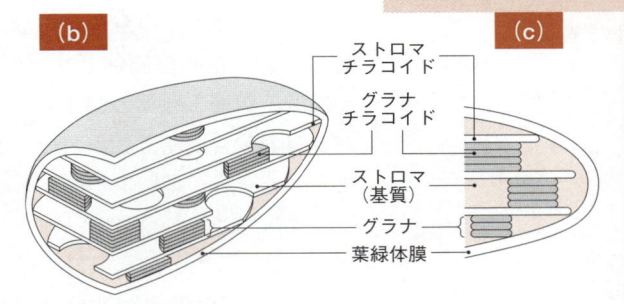

図22　葉緑体の構造
(a) リンドウ葉肉細胞の葉緑体の電子顕微鏡写真。発達したチラコイドと多くのグラナを見ることができる。
(b) チラコイド膜系の立体的模式図。
(c) 葉緑体の構造の模式図。

(写真提供：東北化学薬品（株）生命システム情報研究所　小岩弘之氏)

ラコイドが積み重なった**グラナチラコイド**と呼ばれる部分と**グラナチラコイド**間をつなぐ**ストロマチラコイド**の部分からなる（図22b, c）。チラコイド膜には，光を吸収する**葉緑素（クロロフィル）**や**カロチノイド**などの**光合成色素**，光合成の電子伝達系，光化学反応中心複合体，**ATP合成酵素**などが存在しており，光エネルギーによる**クロロフィルの励起**[15]，**電子伝達**，**$NADP^+$の還元**，**ATPの産生**などに関与している。

一方，ストロマの部分には光エネルギーを利用して産生された還元力とATPを利用して**二酸化炭素の固定**が行われる（2-3-19参照）。また，ストロマには葉緑体独自のDNAが存在し，葉緑体の構造や機能に関係するタンパク質の合成も行うが，それらをすべて賄うことはできず，多くのタンパク質を核に存在する遺伝子に依存している。それらは細胞質で合成された後，葉緑体に輸送される。

■**小胞体**　細胞質に一般的に見られる構造として一重膜に包まれた

15　励起
原子や分子などについて，エネルギーのより高い状態へ変わることを励起という。

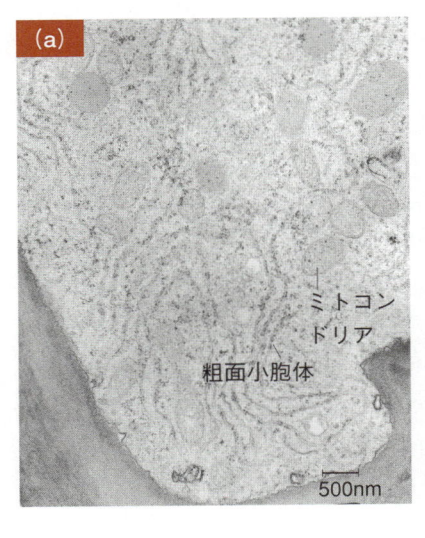

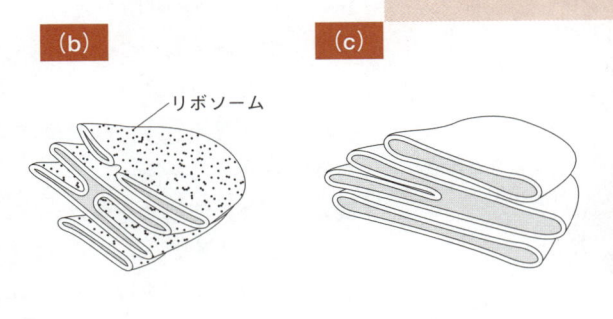

図23　小胞体
(a) 透過型電子顕微鏡で観察した小胞体
(b) 粗面小胞体の立体模式図
(c) 滑面小胞体の立体模式図

(写真提供：東北化学薬品（株）生命システム情報研究所　小岩弘之氏)

16 細胞分画	細胞を破壊して、細胞内のいろいろな細胞小器官や構造を遠心力などを用いてわけて、得られる分画（わけられたもの・成分など）のこと。
17 食作用	固形物が細胞膜に接触すると細胞膜がそれを包むように陥入（かんにゅう、はまりこむこと）し、固形物を細胞内へ取り込む働き。
18 ファゴソーム	食作用によって細胞に取り込まれた固形物を包んだ小胞。
19 配糖体	糖とほかの化合物が結合したものの総称。
20 アルカロイド	天然（植物）に存在する、窒素を含む二次代謝産物の総称。アルカロイドの場合、植物体内のアミノ酸（一次代謝物）からつくられるので「二次代謝産物」なのである。
21 エキソサイトーシス	細胞内のタンパク質などを含んだ小胞が、細胞膜と融合することによって、小胞内部の物質を細胞外に分泌、放出するしくみのこと。逆に細胞外から取り込むときは、エンドサイトーシスという。

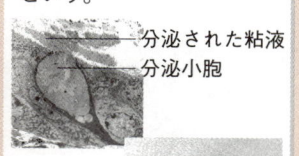

分泌された粘液
分泌小胞

フェリチンを取り込ませているエンドソーム

（写真提供：埼玉医科大学 駒崎伸二氏）

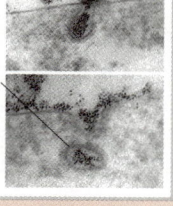

袋状の膜系である**小胞体**がある。小胞体は膜の表面に**リボソーム**の付着している**粗面小胞体**とリボソームを欠く**滑面小胞体**に区別される（図23）。粗面小胞体の機能のうち、もっとも重要なものの一つは**タンパク質の生合成**で、膜表面のリボソームで合成されたタンパク質（分泌タンパク質、細胞膜の膜タンパク質など）は小胞体内腔あるいは小胞体膜に輸送され、糖の付加など、さまざまな変化（**修飾**）を受けた後、分泌されたり細胞膜に移行したりする。

また、滑面小胞体は細胞質内における物質の変転（**物質代謝**）や**物質の一時的貯蔵**などの役割をもっている。細胞膜など多くの膜の合成に必要な脂肪酸や脂質の合成を行う。肝臓では、外から生体内に存在しない多量有機物質が流入したときは滑面小胞体が増加し、それらの物質を酸化して処理する。しかし、そのような代謝によって逆に発癌物質が生じたりすることもある。筋肉細胞の小胞体では、Ca^{2+}の蓄積や放出によって、筋肉の弛緩や収縮を制御する。

■**リソソーム** ド・デューヴ（C. De Duve, 1955）は、ラット肝臓の細胞分画[16]で、ミトコンドリアよりやや軽い分画に加水分解作用を示す顆粒を見出し、加水分解（lyso）を行う小体（some）ということで**リソソーム**と名付けた。リソソームは酸性ホスファターゼ、リボヌクレアーゼ、β-グルクロニダーゼ、エステラーゼなどの各種酸性加水分解酵素を含む一重膜の袋状の小胞で、不要になった生体内の高分子化合物を取り込んで消化したり、食作用[17]の結果生じたファゴソーム[18]と融合して取り込んだ物質の消化を行ったりする。

■**液胞** 無機イオン、有機酸、アミノ酸、炭水化物、タンパク質、配糖体[19]、アルカロイド[20]などを含む水溶液を一重の膜で周囲の細胞質から区分した構造である。若い植物細胞では小さいが、成長した植物細胞では細胞の大部分の容積を占める大きな液胞が見られる（図19）。正常な動物細胞ではほとんど認められないか、あってもごく小型で**空胞**と呼ばれることが多い。

機能としては、代謝によって生じた物質（**代謝産物**）の**貯蔵**、**分解あるいは解毒**を行う。植物細胞では**膨圧**を生じ、植物体に力学的強度を与える働きもある。

■**ゴルジ体** ゴルジ体は、ゴルジ（C. Golgi）によって発見された。基本構造は、扁平な袋状の槽が数層重なってできたゴルジ層板の両側に、網目状のゴルジ網をはさんでゴルジ体を形成している（図24）。ゴルジ体は杯状をしており、細胞の外側（細胞膜側）に向いている面を**トランス面**、内側の面を**シス面**と呼び、トランス面が凹面を示している（図25）。

細胞質内で合成され、小胞体中を輸送されてきた分泌タンパク質は輸送小胞によりゴルジ体のシス面に移送される。そこで、化学的に修飾されたあと、細胞膜まで小胞で送られ、**エキソサイトーシス**[21]によ

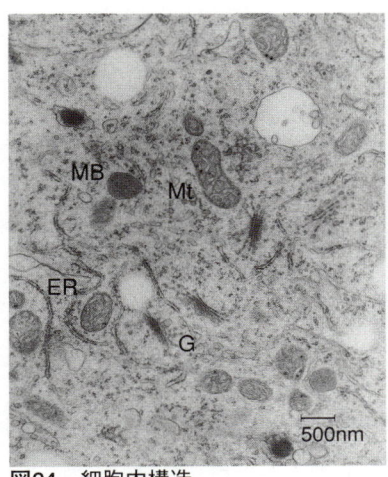

2-2 細胞

図24　細胞内構造
ミトコンドリア（Mt），粗面小胞体（ER），のほかにミクロボディ（MB），ゴルジ体（G），遊離リボソームを見ることができる。
（写真提供：東北化学薬品（株）生命システム情報研究所　小岩弘之氏）

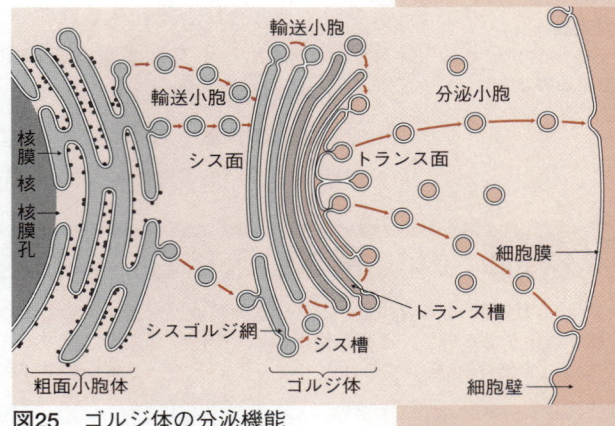

図25　ゴルジ体の分泌機能
粗面小胞体で合成され修飾を受けたタンパク質は小胞としてゴルジ体に運ばれ，そこでさらに修飾を受けたのち，小胞として細胞膜に運ばれる。小胞は細胞膜と融合することによって，運んできた物質を細胞外に分泌する。

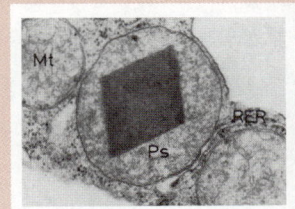

って分泌される。分泌タンパク質以外にも糖や脂質を含む高分子物質も同様にして放出される。

■**ペルオキシソーム**　ド・デューヴ（1965）がラットの肝臓からカタラーゼと酸化酵素群をもつ顆粒の分画を得て，過酸化水素を分解する顆粒という意味で命名した。脂肪酸とアミノ酸を分解する酸化酵素を含む，直径0.5μmくらいの一重膜からなる小胞である。カタラーゼ，尿酸酸化酵素，ペルオキシダーゼ，脂肪酸酸化酵素などの酵素を含む（図24, 26）。

電子顕微鏡の観察で形態的な構造から**ミクロボディ**と名付けられていた顆粒と同一であると判明した。また，ビーバー（H. Beevers, 1967）はヒマの胚乳からグリオキシル酸回路の酵素を含む分画を得て**グリオキシソーム**と名付けた。これも電子顕微鏡的にはミクロボディーと同一の構造である。

■**細胞骨格**　生体膜には包まれていないが，細胞の保護，細胞の形の維持，運動，物質の輸送などに関与している，**細胞骨格**という構造が細胞内にある。**微小管**や**アクチン繊維**は細胞骨格の代表的なものである。微小管は約13個を単位としてチューブリンと呼ばれる球状タンパク質がリング状に積み重なってできた中空の管である。細胞分裂のとき，**紡錘体**を形成し，染色体の分配に重要な働きをする。

植物では，細胞表層に微小管が配列しており，**表層微小管**という。この微小管の配列とセルロース繊維の並びの向き（配向）には密接な関係があることが知られている。

アクチン繊維も動物卵や葉緑体の分裂のとき，細胞の中央にリング

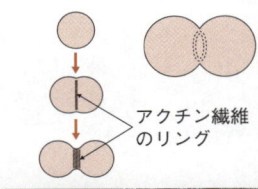

図26　ペルオキシソーム
形態的な構造からミクロボディと名付けられた構造と同じもので，カタラーゼやペルオキシダーゼを含む。しばしばこれらの酵素が結晶化した封入体を含む。（写真は，「続細胞学大系3 植物細胞学」松島久，朝倉書店，p.197, 図15より）

図27　細胞分裂時のアクチン繊維の働き
写真は，ローダミン・ファロイジンで染色したアクチン繊維。（写真提供：埼玉医科大学　駒崎伸二氏）

| 22 原形質流動
| 細胞内を原形質が流れるように動く現象のこと。

をつくり，それが絞り込まれることによって，細胞が分裂する（図27）。アクチンとミオシンは筋肉を構成する主要なタンパク質で，両者の滑り運動が筋肉の運動の基本機構であることはよく知られている。植物でも原形質流動[22]において，細胞表層のアクチン繊維束に対して小胞に結合しているミオシンが滑ることが運動の原動力となる。

コラム1　種なしスイカへの利用

イヌサフランの柱頭にあるコルヒチンという物質は微小管を壊す作用があるので，それを作用させて染色体数の倍加した4倍体[23]をつくることができる。そのようにしてつくられた4倍体と2倍体の植物を交配することでつくられた3倍体は種子をつくることができないので，種なしスイカをつくるのに利用された。

| 23　4倍体
| 生殖細胞の染色体数を基本数として，体細胞が基本数の4倍の数の染色体をもつ個体のこと。ふつう，体細胞は2倍体である。

■**中心体**　光学顕微鏡では，中央の色素で濃く染まる二つの点とその周辺に放射状に発達する**星状体**からなる構造として認められた。その後の電子顕微鏡による観察では，L字型に直交した円筒状の構造とそこから放射状に伸びた**微小管**として観察されている。体細胞分裂時に形成された**紡錘体**の両極に位置して存在しており，紡錘体の形成，染色体の運動にかかわると考えられている。植物細胞には認められていない。

■**リボソーム**　数種類のRNAと多数のタンパク質からなる複合体で，大小二つのサブユニットからなる。mRNAの遺伝情報をタンパク質に翻訳する場である（**2-6-7**参照）。遊離状態で**細胞質に散在**するもの，mRNAに数個のリボソームが結合した**ポリソーム**の形をとるもの，小胞体に結合して**粗面小胞体を構成**しているものなどがある。

2-2-5　原核生物（真正細菌，古細菌）
── オルガネラの発達していない生物もいる（**5-5**参照）

前述のように，動物の細胞や植物の細胞には，細胞ごとに**核膜**に包まれた1個の**核**をもっている。このように，核膜に包まれた核をもつ細胞を**真核細胞**という。動物や植物のほかに，キノコやカビの仲間である菌類，褐藻，紅藻，緑藻など単細胞，多細胞の藻類，原生動物などが真核細胞で構成されている**真核生物**である。

それに対し，遺伝情報をDNA─タンパク質複合体として集積した構造をもつが，核膜をもたない細胞があり，このような細胞を**原核細胞**という。原核細胞のもつ核膜のない構造は**核様体**という（図28）。

また，原核細胞からなる生物を**原核生物**といい，細菌，シアノバクテリア，古細菌（アーケア）がこれに属する。

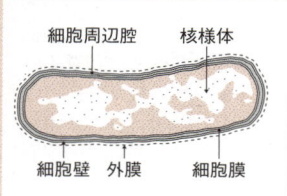

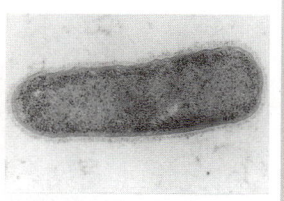

図28　原核細胞の形
遺伝情報は核様体に存在し，膜に包まれた核は存在しない。写真は大腸菌。
（写真提供：日本女子大学　大隅正子氏）

2-2-6　動物細胞と植物細胞の比較
── 植物細胞には細胞壁・葉緑体と大きな液胞がある

前述のように，真核生物の細胞内には，膜で区画化されたいろいろ

なオルガネラが存在している。植物の細胞と動物の細胞を比較した場合，共通にもっているオルガネラは，**核**，**ミトコンドリア**，**小胞体**，**ゴルジ体**，**リソソーム**，**ペルオキシソーム**などである。

一方，差異のあるオルガネラには**葉緑体**があり，植物の細胞にしか存在が認められない。また，**液胞**は植物細胞では成長にしたがって大きくなり，細胞容積のほとんどを占めるようになるが，正常な動物細胞には認められない。認められるにしても，ごく小型である。

また，細胞の構造上の違いとしては，植物細胞には細胞膜の外側にセルロース，ヘミセルロース，ペクチンなどの多糖を主成分とする**細胞壁**が存在する（図29）。

2-2-7　生体膜
―― 生体を構成する膜はリン脂質とタンパク質からできている

原核細胞でも，真核細胞でも外界と細胞質の境界は膜構造で仕切られている。また，真核細胞で発達したオルガネラは膜によって区画化

電子顕微鏡でみた細胞の微細構造（模式図）

細胞 ─ 原形質 ─ 核 … 核小体（仁），染色体，核液，核膜
　　　　　　　└ 細胞質 … ミトコンドリア，色素体（葉緑体，有色体，白色体，アミロプラスト），液胞，
　　　　　　　　　　　　ゴルジ体，中心体，小胞体，リボソーム，リソソーム，細胞質基質
　　　└ 細胞壁，細胞含有物（脂肪粒，タンパク粒，デンプン粒など）

（　　は植物細胞に固有）
液胞の中は細胞液で充たされている。

a．核膜　　　　　　j．小胞体
b．染色体（染色質）　k．リソソーム
c．核小体（仁）　　l．リボソーム
d．ミトコンドリア　m．細胞質基質
e．葉緑体　　　　　n．細胞膜
f．有色体　　　　　o．液胞
g．白色体　　　　　p．細胞壁
h．ゴルジ体　　　　q．微小管
i．中心体

植物細胞　　　　　　　　　　動物細胞

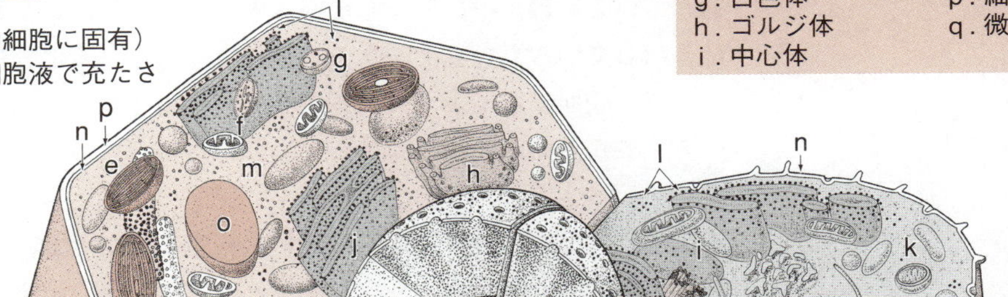

（「生物総合資料　改訂版」，実教出版，より）

図29　植物（左）と動物（右）の細胞の比較
植物細胞には細胞膜の外側に厚い細胞壁がある。また，オルガネラとして葉緑体とよく発達した液胞が見られる。

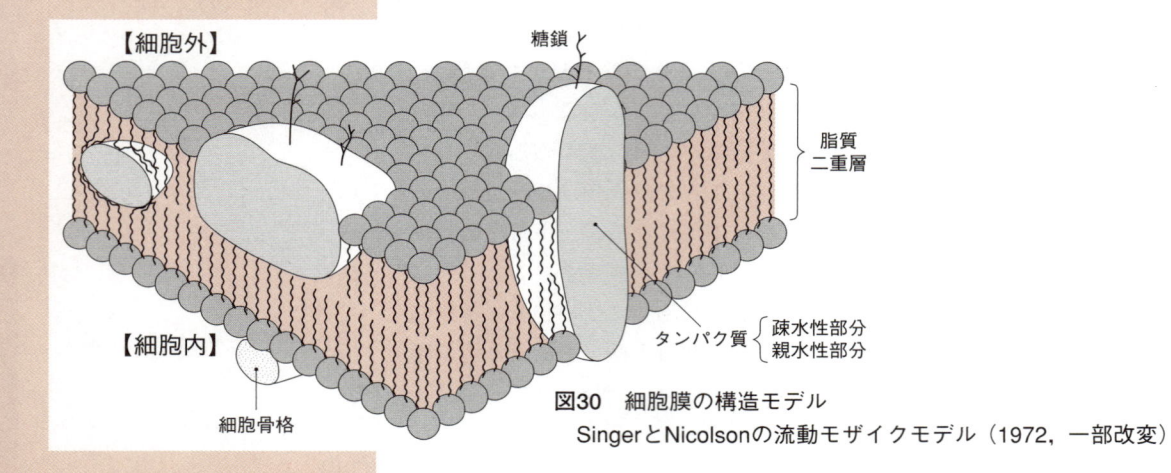

図30　細胞膜の構造モデル
SingerとNicolsonの流動モザイクモデル（1972，一部改変）

され細胞質やほかのオルガネラから独立した機能をもつ構造体として存在する。このような，生体を構成している膜を**生体膜**というが，基本構造は共通である。膜の厚さは約 5 nm の**脂質の二重層**からなる。主としてリン脂質の分子が平行，逆向きになって並び長い脂肪酸の側鎖を膜の内側に向けて配列している。親水性のリン酸基，アミノ基などの側鎖は外側に向けて配列する。脂質分子はこのような脂質二重膜の中を，横には自由に拡散することのできる流動性をもっている。

生体膜を構成するもう一つの主成分は**タンパク質**で，生体膜によって種類，機能，量などは多様である。生体膜の構造としては，膜を貫通しているもの，中に埋没しているもの，膜の中から細胞の内外に一部露出しているものなどがある。膜に埋没している部分は疎水性のアミノ酸が表面に並ぶように折り畳まれ，露出している部分は親水性のアミノ酸が表面に並ぶ（図30）。

2-2-8　細胞における内と外——生体膜の機能

■**受動輸送**　酸素，二酸化炭素などの気体，水，脂溶性の物質は細胞膜を自由に透過できるので，濃度が高い所から低い所への傾き（**濃度勾配**）にしたがって，自然な拡散によって細胞の内外を移動する。このような物質の移動はエネルギーを必要とせず，**受動輸送**と呼ばれる。受動輸送の中には，**特異的担体**[24]と結合することによって行われるものもあるが，この場合は輸送速度は著しく速くなるがエネルギーは必要とせず，濃度勾配にしたがった輸送である（図31）。

■**能動輸送**　上記に対し，K^+やNa^+などの無機のイオン，アミノ酸，糖などは細胞内外で著しく濃度に差異があり，濃度勾配に逆らって細胞内に移動していることがわかる（図32）。この移動にはエネルギーが必要であり，このような物質の移動を**能動輸送**という。たとえばK^+の取り込みは，膜に存在するNa^+，K^+-ATPアーゼという酵素

24　担体（たんたい）

ある物質が結合する相手の物質を担体（キャリアー）という。

細胞膜に存在し，ある物質を結合して細胞膜をはさんだ内外の物質の移動にかかわるタンパク質を**輸送体**というが，この場合輸送体は物質を輸送する担体である。

担体には，電気泳動のときのゲルのように，支持体という意味もある。

の働きで，ATPのエネルギーを利用してNa$^+$との交換反応を起こし，濃度勾配に逆らって取り込まれる。アミノ酸や糖の濃度勾配に逆らった取り込みは，**ナトリウムポンプ**[25]と密接な関係があり，このポンプを止めるとそれらの輸送も止まる。このように，二つ以上の物質が共役して同一方向に輸送される現象を**共輸送**，逆方向に輸送される現象を**対向輸送**という。

■**半透性** 生体膜には，水は自由に通過するが，溶質を通さない性質がある。その性質を**半透性**という。生体膜は基本的には脂質から構成されているので，水と油のたとえのように互いに相容れないものである。それなのに，水が生体膜を自由に通過できるのは不思議に思うかもしれないが，半透性を生じる一つの要因は，さまざまな物質が生

> **25 ナトリウムポンプ**
> 濃度の低い細胞内より濃度の高い細胞外に，エネルギーを用いてナトリウムを汲み出すので，「ポンプ」といっている。

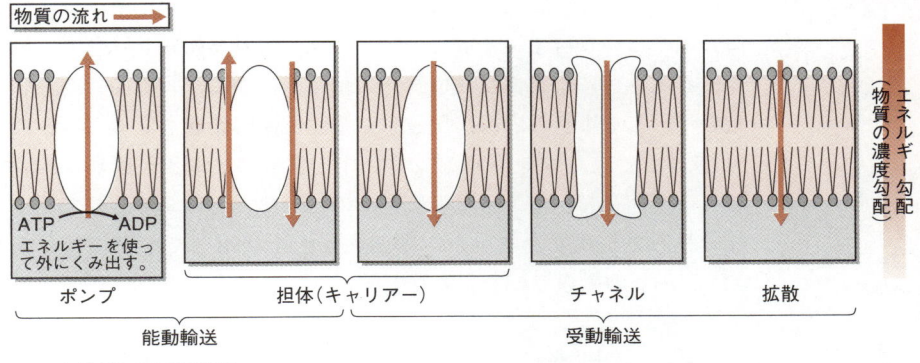

図31 生体膜の物質輸送

生体膜を横切って物質が移動するしくみには受動輸送と能動輸送がある。

受動輸送は物質の濃度差や電位差に基づくエネルギー勾配にしたがって移動するもので，単純拡散と促進拡散がある。促進拡散には担体（キャリアータンパク質）に結合して効率よく輸送されるものと特定の物質が通過しやすい孔をつくるタンパク質（チャネル）によるものがある。

能動輸送はエネルギー勾配に逆らった物質の輸送である。

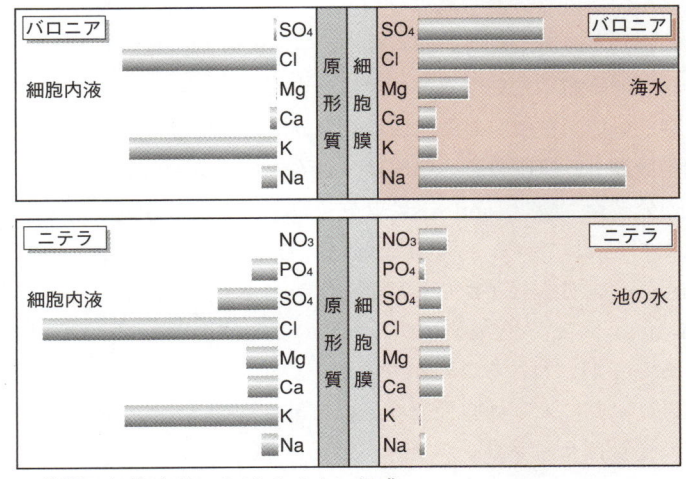

図32 藻類の細胞内外におけるイオン組成

26 **恒常性**（こうじょうせい）
　ホメオスタシスともいう。内的・外的要因の変化にもかかわらず，生物体の状態が活動に適した一定の範囲に保たれること（3-1-4を参照）。

27 **サイクリン**
　サイクリン依存性キナーゼの調節サブユニットで，触媒サブユニットと複合体をつくり活性を示す。数種の異なるサイクリンがあり，M期への進行を制御する**分裂サイクリン**と，S期への進行を制御する**G₁サイクリン**に大別される。

28 **サイクリン依存性キナーゼ**
　サイクリンに依存したリン酸化酵素のこと。
　酵母では，サイクリン依存性キナーゼの触媒サブユニットは1種類で，細胞周期を通して存在する。細胞周期の各時期で結合するサイクリンが変わることで，各時期に特定の基質をリン酸化して細胞周期を進行させる。

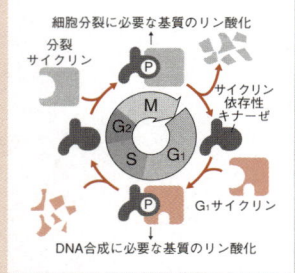

体膜を拡散する速度の差である。低分子である水は，比較的速い拡散速度で透過できるが，グルコース（ブドウ糖）やスクロース（ショ糖）のような大きな分子や電荷をもった物質は，拡散速度がきわめて遅くなり，透過しにくくなる。もう一つの要因は，生体膜を貫通する形で存在している「**チャネル**」と呼ばれるタンパク質が，それぞれ特定の物質をよく通すからである。水チャネルも存在しており，水が生体膜を拡散するより，はるかに速い速度で水を通す。このような，生体膜が示す選択的透過性や半透性は細胞の**恒常性**[26]の維持に重要な働きをしている（図31）。

■**物質輸送以外の働き**　上記のほか，生体膜には，外部から固体や液体を包み込んで細胞内に取り込む**エンドサイトーシス（飲食作用）**という現象や，細胞内の物質を外に放出する**エキソサイトーシス（開口分泌）**という現象によって，物質の細胞内外へ**物質を輸送する働き**もある。さらに，生体膜には物質の輸送のほかに，細胞の外からの刺激を受容して細胞の内部に伝達する**情報伝達の働き**もある（2-2-11参照）。また，ミトコンドリアや葉緑体の膜系には電子伝達系（2-3-11参照）が存在し，電子を電子伝達系のタンパク質に受け渡していく過程で膜内外に生じたプロトンの濃度勾配を利用して，**膜に存在するATPアーゼの働きでATPを生産する**。

2-2-9　体細胞分裂——細胞は細胞から

■**細胞分裂のいろいろ**　多くの場合，細胞はもとになる細胞（**母細胞**）が中央で分裂して，二つの細胞（**娘細胞**）を生じることによって増殖する。細胞が分裂する過程で重要なことは，遺伝情報を担う**染色体**や**細胞質**が，まったく同じように二つの細胞に配分されることである。ときには，母細胞の中央ではなく片寄った位置で分裂する場合があり，このような分裂を**不等分裂**という。不等分裂の結果がその後の発生の運命を決める場合が知られている（3-2-7参照）。

　また，卵細胞や精細胞などの生殖細胞がつくられるときの分裂を**減数分裂**といい，母細胞の染色体数が半分に減少する（3-2-5参照）。

■**細胞周期**　**細胞分裂**の過程は，細胞が分裂を始めてから終了するまでの**分裂期**（**M期**，mitosis）と分裂終了から次の分裂開始までの**間期**にわけられている。間期はさらにDNAの複製が行われる**S期**（synthesis），分裂終了からS期開始までのDNA合成の準備期間である**G₁期**（gap），DNA合成終了から分裂の開始に至るまでの分裂準備期間である**G₂期**にわけることができる。M期から，G₁期，S期，G₂期を経て再びM期に入る細胞分裂の過程を**細胞周期**という（図33）。細胞周期の進行はサイクリン[27]とサイクリン依存性キナーゼ[28]によって制御されている。

2-2 細胞

■**M期ではS期で倍加したDNAがもとに戻る**　M期では，S期のDNA複製で2倍になったDNAと細胞質を二つの細胞に等しく分配し，母細胞と同等な二つの娘細胞を生ずる過程が進行する。その過程は，**前期**，**中期**，**後期**，**終期**の四つに区分されている（図34）。

（1）**前期**：間期の間は核内に一様に分散していた**染色質**は，M期の前期に入ると細長い糸状の構造をとるようになる。やがて，その糸状構造は，らせんを巻きながら太くなり，さらに収縮して太く，短い，**染色体**と呼ばれる構造をとるようになる。染色体の数と形は生物によって定まっている。前期の終りには，各染色体には縦に割れ目ができ，2本の**染色分体**になる。この間に，核膜と核小体（**仁**）は見えなくなり**紡錘体**の形成が始まる。動物細胞の場合は，**中心体**が二つにわかれて，核をはさんだ両極に移動し，そこが起点になって紡錘体の形成が始まる。

（2）**中期**：この時期に入ると，染色体は細胞中央の将来の分裂面（赤道面）に並んで**紡錘体**[29]を形成する。紡錘体を構成する**紡錘糸**の一部は各染色分体の**動原体**に結合する。紡錘糸はチューブリンという球状タンパク質が重合してできた中空の管である。

（3）**後期**：この時期には，動原体のDNAの複製も終了し，染色分体は分離して2本の染色体（**姉妹染色体**）になる。姉妹染色体は，それぞれ赤道面から両極に向かって移動，分離し始め，分裂極に達した娘染色体群のまわりに**核膜の再形成**が始まる。

（4）**終期**：両極に移動した娘染色体の形は，しだいに細長い糸状の構造になり，やがて間期の**核**（**静止核**）の状態に戻る。このようにして母細胞の核と同質の2核がつくられるが，このころには細胞質も二分され二つの娘細胞が生じる。植物細胞の場合は，赤道面の紡錘体の存在していたところに相当する位置に**フラグモプラスト**（**隔膜形成体**）[30]が形成される。フラグモプラストは，その中心から**細胞板**を形成しながら遠心的に広がり，最終的に細胞板が赤道面周囲の細胞壁につながって細胞分裂が完了する。

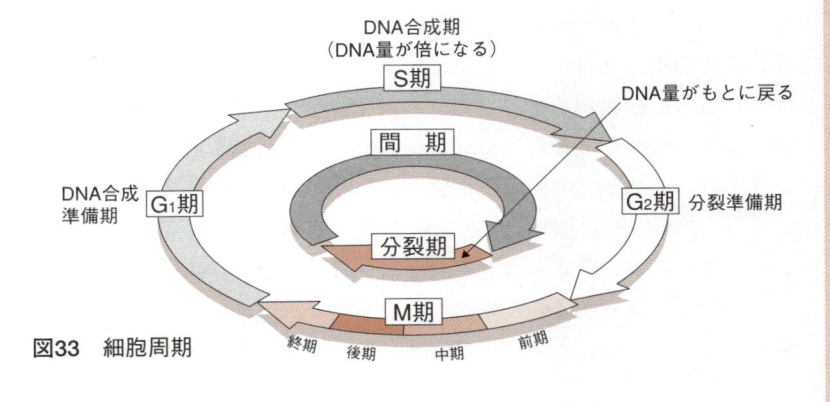

29　紡錘体，紡錘糸
　紡錘体を形成する紡錘糸は，微小管（**2-2-4**の■細胞骨格を参照）からできている。

30　フラグモプラスト
　分裂後期の中ごろに紡錘体の赤道面の位置に現れる，微小管を主体とした構造。

図33　細胞周期

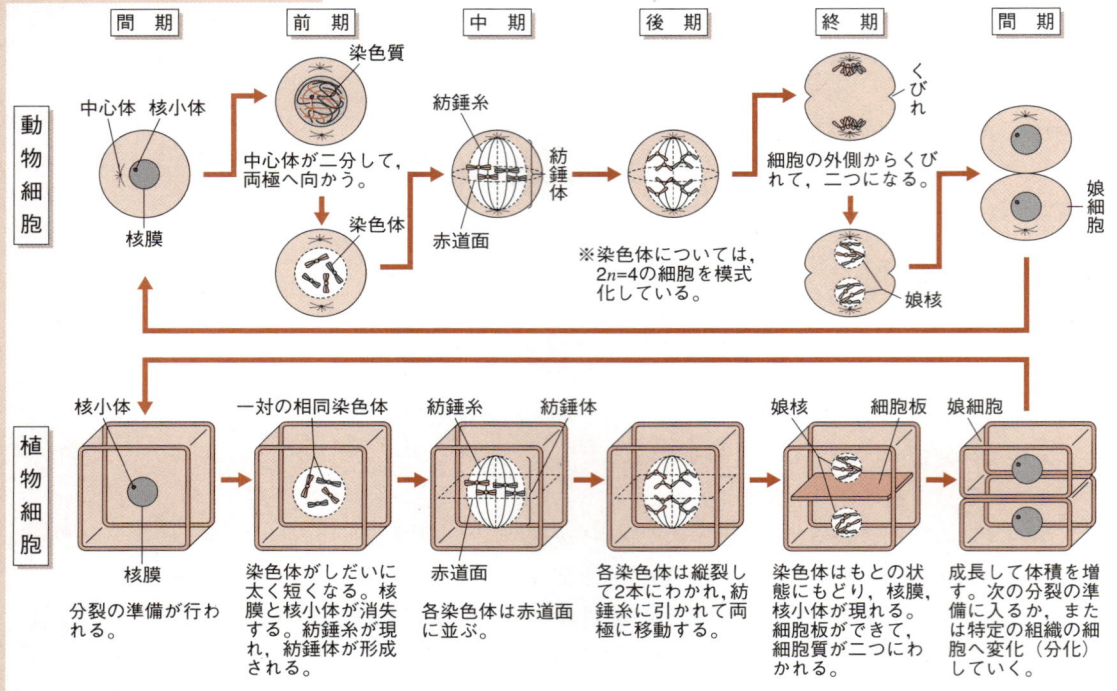

図34 体細胞分裂の過程

2-2-10 細胞間情報伝達[31]——情報は化学物質で伝えられる

単細胞生物において，細胞間（つまり個体間）の**化学情報伝達**は重要な意味をもっている。

まして，多細胞生物が個体としてのまとまりを維持していくためには，細胞間の情報交換に基づく細胞社会としての精妙な制御が要求される。真核細胞が誕生してから多細胞生物が出現するまでには10億年程を要しているが，かくも長い歳月を必要としたのは，精巧な細胞間コミュニケーションを可能にする機構，すなわち**情報伝達系**を発達させる必要があったためではないかと思われる。

成人は約60兆個の細胞によって構成されているが，総延長が10万kmにも及ぶ血管系によって，個々の細胞が必要とする栄養素や酸素が供給され，老廃物が除去されている。このような状況にある限り，それぞれの細胞は自らの活動を維持することができる。しかし，個体はいろいろな細胞が詰まっただけの袋ではなく，個々の細胞がそれぞれに固有の機能を営むだけでは，個体としての活動を維持することはできない。それぞれの細胞の活動を，同じ個体を形成するほかの細胞と協力・協同させ，個体全体として統合してゆかなければならない。

そのためには，細胞がほかの細胞からの情報を受け止め，その情報にしたがって自らの活動を調整してゆく必要がある。このような細胞間のコミュニケーションは情報伝達系によって支えられている。

31　細胞間情報伝達

ここでは同一個体内の細胞に由来する外部情報のみについて述べるが，3-1-6や3-3-8で述べるように，**同種異個体由来の化学情報**（フェロモンなど），餌・捕食者・共生相手・病原菌や寄生者などの異種生物由来の**化学情報**，さらには光や圧力などの**物理的な情報**も外部情報として細胞に受容され，細胞内伝達を経て応答を引き起こすことが知られている。

2-2 細胞

■**物質による細胞の情報伝達**　ほかの細胞からの情報は，**神経伝達物質，ホルモン，サイトカイン，成長因子，分化因子**などの化学物質として伝えられる。細胞には，「これらの細胞外情報物質をそれぞれ区別・認識して受け止める**受容体（レセプター）**というタンパク質」，「受け止めた情報を必要とする細胞内の各所に伝える**細胞内情報伝達系**」，「伝えられた情報に応答して発信・形態・運動・代謝・分裂・分化などの**活動を調節するしくみ**」が備わっている（図35）。

多細胞体制が発達した後生動物[32]における情報伝達系には，**神経系，内分泌系**および**免疫系**が区別できるが，これらの間にも制御上密接な関連があることはいうまでもない。また，視床下部や副腎髄質のように，神経系，内分泌系のどちらかにはっきりとは分類できないものもある。これらの細胞は神経細胞の一種であるが，ほかの内分泌系と同じように情報分子（神経ホルモン）を血液中に分泌する。神経系，内分泌系，免疫系のいずれにおいても，類似した機構によって情報を細胞内に伝えている。

■**情報伝達の二つの様式**　個体を構成する細胞間での情報物質による情報伝達の様式には，次の二つがある。

① 直接接触した細胞間で行われるもの
② 情報物質が細胞外にいったん分泌されたのち，標的となる細胞に到達して受容されるもの

■**①の場合の二つの様式**　①はさらに，次のように区別される。

(A) 情報物質が細胞膜を通過することなく，ギャップ結合[33]（図36a）などの**細胞質連絡を通じて直接伝達**されるもの
(B) 細胞表面に分泌されている情報物質が**標的細胞表面にある受容体に直接結合**するもの（図36b）

(A)は発生過程で，(B)は発生や免疫応答においてしばしば見られる。組織の構築は，細胞間の結合と，細胞と細胞外マトリックス[34]

> **32　後生動物**
> 原生動物以外の動物をさす。つまり多細胞動物のこと。

> **33　ギャップ結合**
> 動物細胞どうしの間隙（すき間，ギャップ）を橋わたしする形で，チャネルによってギャップを保ったままつながっている結合。写真はネズミの心筋のギャップ結合。 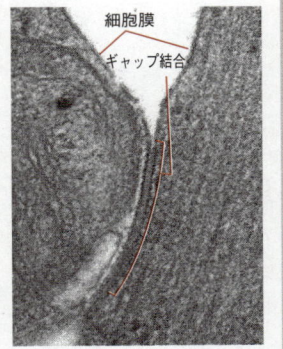
> （写真提供：埼玉医科大学　駒崎伸二氏）

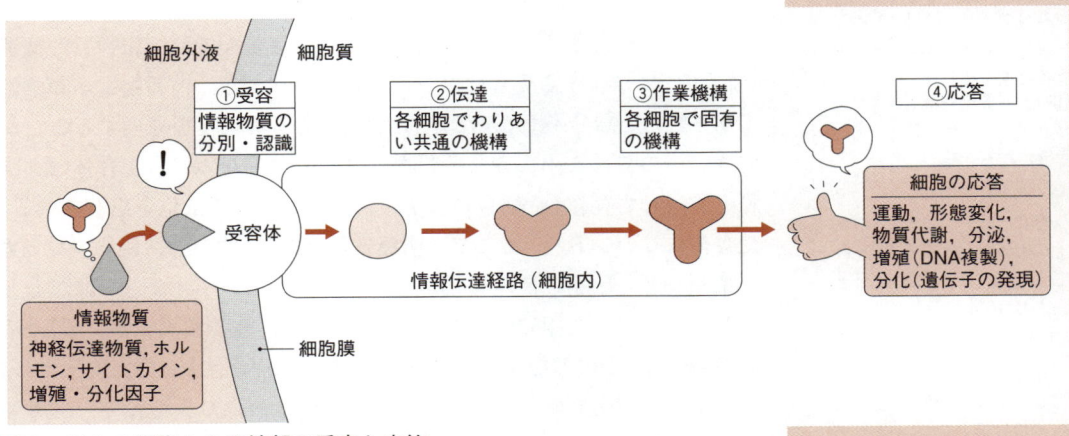

図35　ほかの細胞からの情報の受容と応答

34 細胞外マトリックス 細胞間物質，細胞外基質ともいう。組織の構造支持体で，細胞が合成し分泌したコラーゲン，フィブロネクチン，プロテオグリカンなどからなる。上皮細胞（皮ふの細胞）をとめている基底膜もその一種である。構造を支えるもの（構造支持体）として細胞を接着するのみならず，成長因子などの細胞外情報物質なども結合してその濃度調節にあたっている。細胞の形態・移動・増殖・分化・代謝などを細胞外から調節してもいる。	との結合によって維持されているが，組織の形成や組織からの離脱においても，(B)の様式は重要である。 ■②の場合の三つの様式　情報物質がいったん分泌されるものには，ごく近傍（近く）の細胞にのみ伝えられる**傍分泌（パラクライン）型**と**シナプス型**，および情報物質が血流に乗って遠くにまで伝えられる**内分泌型**とにわけられる（図36c, c-1〜c-3）。 　(C) **傍分泌型**　傍分泌型は成長因子が代表的な例で，単一の細胞が近くの多くの細胞に情報を送ることができる。情報分子が自分自身あるいは近くの同種細胞を標的とするときには，**自己分泌（オートクライン）型**と呼ばれる。この型の同種細胞が集団をつくり，いっせいに情報分子を分泌すると，それぞれの細胞が受けるシグナルは強められる。この様式は免疫応答におけるサイトカインの伝達や初期発生などでしばしば見られる。 　(D) **シナプス型**　シナプス型は神経細胞のシナプスに見られるもので，神経細胞の長い突起（**軸索**）に沿って電気的なインパルスとして速やかに伝わってきた興奮は，ここで**神経伝達物質**の分泌に転換され，神経伝達物質が100 nm以下のすき間を渡って，標的細胞に迅速，確実かつ特異的（標的をねらって）に伝達される。 　(E) **内分泌型**　内分泌型では情報物質は**ホルモン**であるが，その化学的な実体は**タンパク質**（たとえば脳下垂体前葉が分泌する成長ホルモン，生殖腺刺激ホルモン，副腎皮質刺激ホルモンなど），**アミノ酸誘導体**[35]（甲状腺ホルモン）や**アミン**（副腎髄質ホルモンなど），**ステロイド**（性ホルモン，副腎皮質ホルモン，エクジソンなど）などである。
35 誘導体 化学反応で，反応前の化合物の一部分の変化で生成された化合物のことを，もとの化合物の**誘導体**という。	
36 リガンド 受容体に結合する物質の総称。抗原，抗体，ホルモン，神経伝達物質など。	
37 セカンドメッセンジャー 外部情報物質を第一次情報伝達物質（ファーストメッセンジャー）と考え，これが受容体に結合した結果，細胞内で新たに生産される情報物質を第二次情報伝達物質（セカンドメッセンジャー）という。ATPからつくられるcAMP，Ca^{2+}，イノシトールリン脂質の代謝産物であるイノシトール1, 4, 5-三リン酸（IP_3），一酸化窒素（NO）などがセカンドメッセンジャーとして注目されている。	## 2-2-11　細胞内情報伝達機構 　　　　　──外の情報を中に伝える方法がポイント 　前項で述べたように，標的細胞にはさまざまな外部情報物質と個別（特異的）に結合する**受容体タンパク質**が存在する。情報物質が親水性であったり，高分子（大きな分子）であると，細胞膜を通過することができないので，このような情報物質に対応するために，受容体は細胞膜を貫通して存在し，細胞外に情報物質と結合する部位を出している。受容体に**リガンド**[36]（ここでは**情報物質**）が結合すると，細胞内に新たな情報物質（**セカンドメッセンジャー**）[37]がつくられる。これがもともと存在していた**標的分子**[38]（エフェクター，機能性タンパク質）を**化学修飾**[39]し，その機能を変化させることによって情報を内部に伝える。そのような化学修飾として最も広く見られるのは**リン酸化**で，セカンドメッセンジャーの多くはタンパク質リン酸化酵素（プロテインキナ
38 標的分子 その情報に対する応答として活性などを変える分子（図37(b)の④）。	
39 化学修飾 何かほかの物質を化学的にくっつけること。	

ーゼ)の活性[40]を調節することで細胞機能の変化をもたらしている。

これまでに知られている細胞膜受容体は，次の3グループにまとめられる（図37〜39）。

① **Gタンパク質連関型**（7回膜貫通型）
② **イオンチャネル型**
③ **酵素連結型**（チロシンキナーゼ型）

■**Gタンパク質連関型**　Gタンパク質連関型受容体は細胞膜を7回貫通しており，細胞質側で**三量体Gタンパク質**[41]と相互作用するが，この**Gタンパク質**が一種のスイッチとして働く（図37）。

受容体にリガンドが結合すると，受容体の構造が少し変化して活性型になり，不活性型のGタンパク質と結合する。するとGタンパク質のGDPがGTPに置き換わって活性化され，受容体から離れて**効果器**（酵素など）に結合し，その活性を変える。このとき，効果器の活性

> **40　活性**
> ここでは，触媒や酵素がもつ機能そのものをさして**活性**といっている。その機能を高めた状態は，**活性化**という。
>
> **41　三量体Gタンパク質**
> 三量体Gタンパク質（GTP結合タンパク質）にはいろいろな種類があるが，いずれもαβγのサブユニットからなり，GTP（ATPのアデニンがグアニンに代わったもの）が結合すると活性型，GTPの末端のリン酸が外れたGDPが結合すると不活性型になる。コレラ毒素や百日ゼキ毒素はこのタンパク質を化学修飾し，その活性を変えるために細胞に障害を与える。

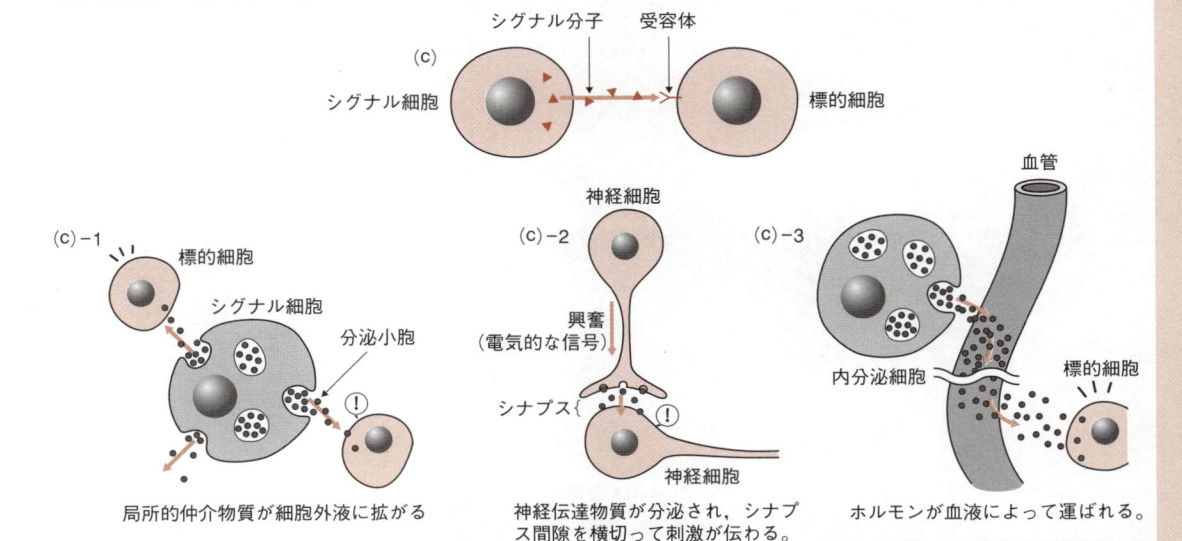

図36　情報物質を介した細胞間の情報伝達
(a) ギャップ結合などを介して細胞質に直接伝達される場合
(b) 細胞膜結合分子が情報物質となる場合
(c) 情報物質が分泌される場合
　　(c)-1 傍分泌型，(c)-2 シナプス型，(c)-3 内分泌型

が上がるか下がるかはGタンパク質の種類によって決まっている。Gタンパク質はGTPを加水分解してGDPとし，その結果Gタンパク質は不活性状態に戻り，効果器から離れ，効果器ももとの状態に戻る。

効果器としては，アデニル酸シクラーゼ（代表的なセカンドメッセンジャーであるcAMPをつくる酵素）や，イオンの出入りにかかわるイオンチャネルなどが知られている。セカンドメッセンジャーやイオン組成の変化は多くの場合プロテインキナーゼ（タンパク質をリン酸化する酵素）の活性変化となり，最終的には細胞の生理機能にかかわる機能タンパク質の活性制御へと導かれる。

■**イオンチャネル型**　イオンチャネル型受容体では，**イオンチャネル**自体が受容体となっており，リガンドの結合によってイオンチャネルが開閉され，その結果イオンの流れが生じ，細胞内のイオン組成が変化して細胞膜の電気的な性質などが変わり，最終的に細胞の応答（刺激に対する生体の反応）に至る（図38）。代表例である電気ウナギの発電器官のニコチン性アセチルコリン受容体は，細胞膜受容体としてその構造が最初に明らかにされたものである。

■**酵素連結型（チロシンキナーゼ型）**　チロシンキナーゼ型受容体は，細胞質側に**チロシンキナーゼ**（タンパク質のチロシン残基をリン酸化する酵素）領域をもっているが，単量体（p.18, p.22）の状態では不活性型である（図39）。リガンドが結合するとそれまで単量体であった二つの受容体が結合して二量体となる。それにともなってチロシンキナーゼが互いに相手側のチロシン残基をリン酸化する。その結果，チロシンキナーゼが完全に活性化され，特定のタンパク質と結合する。

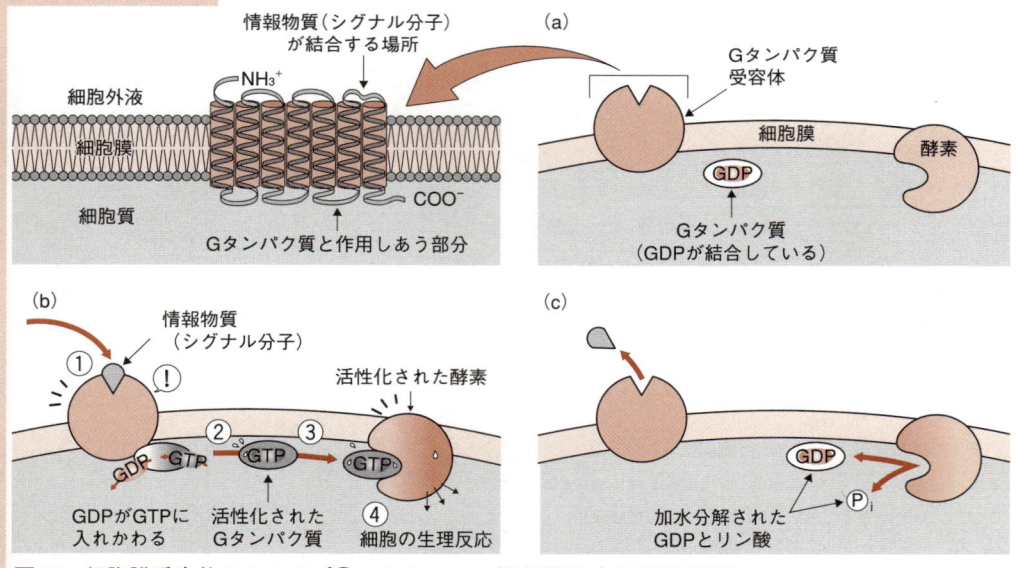

図37　細胞膜受容体の3タイプ①〜Gタンパク質連関型（7回膜貫通型）

するとそのタンパク質の活性が上がり，次々とタンパク質の機能を調節して最終的な細胞応答に至る。

　拡散によって自然に細胞膜を通過できるような情報物質[42]は，疎水性が強くて水に溶けにくく，血液中では運搬体タンパク質に結合して運ばれるものが多い。これらの分子に対する受容体は標的細胞内部に存在する。リガンドが細胞内の受容体に結合すると核内へ移行してDNA二重鎖の特定の部位を認識して結合し，転写調節因子として働く。結合部位によって支配される遺伝子の転写を調節することによって，最終的な細胞応答に導く。

> **42　細胞の内部に受容体をもつ情報物質の例**
> 性ホルモン，副腎皮質ホルモン，エクジソン，ビタミンDなどのステロイド系物質，甲状腺ホルモン，レチノイン酸などのレチノイド系物質，一酸化窒素や一酸化炭素などの脂溶性ガスなど。

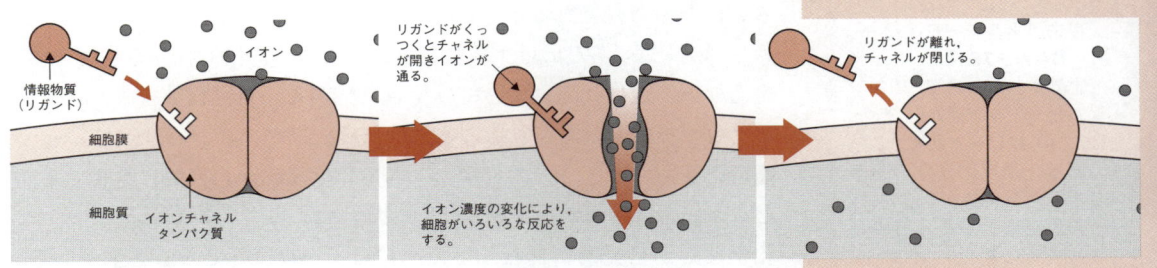

図38　細胞膜受容体の3タイプ②〜イオンチャネル型

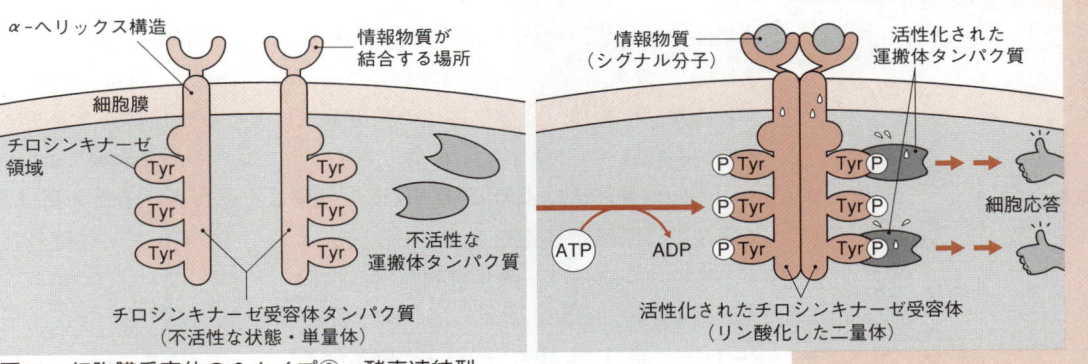

図39　細胞膜受容体の3タイプ③〜酵素連結型

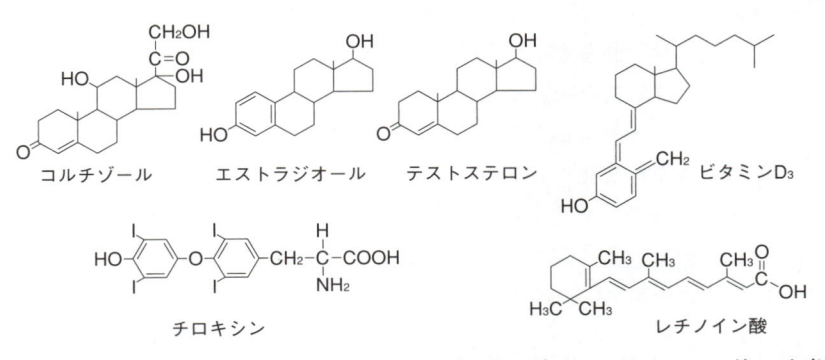

図40　細胞内に受容体をもつ情報物質の例（記号の略についてはp.20の注23を参照）

コルチゾール　エストラジオール　テストステロン　ビタミンD$_3$

チロキシン　レチノイン酸

2-3 エネルギーおよび物質の流れとしての生命活動

2-3-1 代謝とエネルギー供給反応
——生体を一定の状態に維持する機構

生命とは，**恒常性**を維持し，**自己複製**する化学的装置である。生命活動のあらゆる場面で，生体内では，数千の化学反応が制御されつつ，同時に進行する。これらの化学反応を私たちは，**代謝反応**もしくは**代謝**と総称している。しばしば，代謝とは，低分子化合物の物質変化あるいはその過程であると思われがちであるが，核酸やタンパク質などの生体高分子，あるいは生体膜などの巨大複合分子も代謝されている。生命の恒常性は代謝によって維持されており，自己複製もまた，タンパク質や核酸が代謝されることとは無縁ではない。

■**反応が進むかどうかの目安** ある化学反応が自発的に進行するかどうかは，**自由エネルギー変化**[1]（ΔG）によって判断できる。一般に，化学反応が自発的に進行するためには，ΔG が負である必要がある。しかしながら，DNAやタンパク質の合成は，自由エネルギーの大きな増加をともない，自発的には進行しない。また，生体内の化学反応は定温で進行し，反応する化学物質の濃度も 10^{-3}M 以下と希薄である（Mはモル濃度の記号，mol/ℓ）。したがって，生命が，反応温度を制御したり，**前駆体**（化学反応する前の物質）となる化学物質の濃度を極端に変化させて，化学反応を進行させることはきわめて困難である。よって，**自発的には進行しない反応を効率よく進行させるためには，エネルギー供給が必要である**。生体内では，このエネルギー供給のため，**高エネルギーリン酸化合物**が使われる。

2-3-2 高エネルギーリン酸化合物

生体内の高エネルギーリン酸化合物の代表が，**アデノシン三リン酸（ATP）**である（図13，図41参照）。

一般にリン酸基をもつ化合物すべてが，**高エネルギーリン酸結合**[2]をもつわけではない。たとえば，アデノシンにリン酸1個が結合した**アデノシン一リン酸（アデニル酸，AMP）**のリン酸結合は，標準自由エネルギー変化[3]（$\Delta G°'$）が -14.2kJ/mol[4] であり，低エネルギーリン酸化合物であるといえる。しかしながら，AMPにリン酸基がさらに1個結合した**アデノシン二リン酸（ADP）**およびATPの**リン酸ジエステル結合**は高エネルギーリン酸結合であり，加水分解にともなう $\Delta G°'$ は -30.5kJ/mol と大きなエネルギーが発生する。

■**高エネルギーのわけ** それでは，なぜ，ADPやATPのリン酸ジ

---

1 自由エネルギーと自由エネルギー変化

もともとは，ヘルムホルツ（H. Helmholtz）によって定義されたが，生物学の分野では，ギブズ（J. Gibs）による再定義を用いることが多い。ある系の中に存在する化学物質の熱力学的状態を判断するのに用いられる。

自由エネルギー G は，
$$G = H - TS$$
で定義され，ここで H はエンタルピー，T は絶対温度，S はエントロピーである。

ある化学反応が進行するかどうかを判断する上では，その反応にともなう**自由エネルギーの変化（ΔG）**を考えることが重要である。物質の出入りのない閉じた系で，定温・定圧下では，$\Delta G = 0$ で平衡にあると考える。

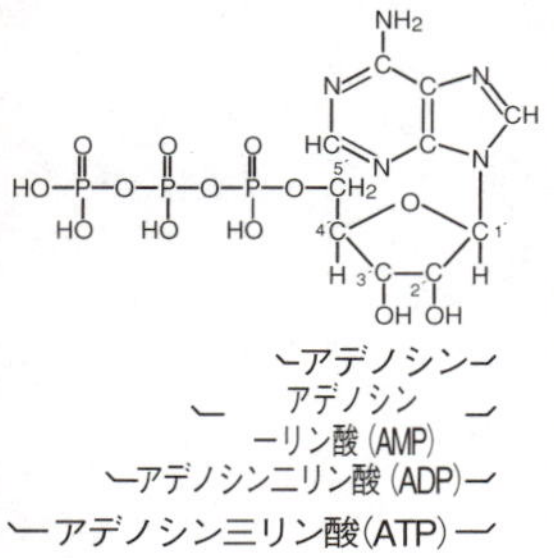

図41 アデニンヌクレオチド

　アデノシン
　　　アデノシン
　　　　一リン酸（AMP）
　　アデノシン二リン酸（ADP）
　アデノシン三リン酸（ATP）

ATPの三リン酸部分には解離可能な水素原子が四つあり，これを完全に解離した状態（解離型）で表せば図13（p.28）のようになる。一方，まったく解離していない状態（非解離型）で表せば図41のようになる。水溶液中では，この両極端な状態のほかにその中間型も存在し，それらが平衡状態にある。

エステル結合は高エネルギーリン酸結合なのであろうか？

図42　リン酸の解離平衡

リン酸（H_3PO_4）は，三つの解離できる水素原子をもち，水溶液中では図42のような平衡が成立する。つまり，生理的環境下では，大部分のリン酸は負電荷を一つもしくは二つもつイオンとして存在する。生化学では，このリン酸イオン混合物を**無機リン酸**（**Pi**）という。Piはアルコールのヒドロキシ基とエステル結合し，リン酸エステルを形成することができる。このエステル結合の加水分解にともなう$\Delta G°'$は，約 −12.5 kJ/molであり，これはAMPのリン酸結合にほぼ相当する（図43）。

図43　リン酸エステルの加水分解

さて，Piはアルコールとのエステル結合形成と同様に，2分子のPiが脱水縮合し，**無機ピロリン酸**（**PPi**）をも形成し得る。PPiの加水分解時の$\Delta G°'$は −33.5 kJ/molであり，Piのそれに比べてはるかに大きく，ADPやATPの高エネルギーリン酸結合に相当する（図44）。

図44　無機ピロリン酸

このPPiの加水分解にともなうエネルギー変化が大きい理由として，2通りの説明が可能である。すなわち，リン酸基の二つの負電荷間の反発とPiの共鳴構造[5]によるエントロピーの増大[6]である。まず，負電荷間の反発による自由エネルギー変化であるが，これは2分子のPiを反応させてPPiの結合を形成するのに，大きなエネルギーを必要とすることの逆反応ととらえるとわかりやすい。一方，Piは図45のように共鳴しているが，PPiでは二つのリン酸のうち1個しか共鳴できない。

よって，PPiに比べて，Pi 2個の方がエントロピーは増大する。ギブズ自由エネルギー変化は，$\Delta G = \Delta H - T\Delta S$と定義されるので，エントロピー（$S$）が増大する方が，標準自由エネルギー変化は負に傾

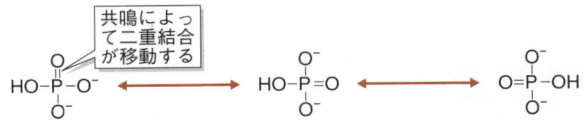

図45　リン酸イオンの共鳴構造

2　高エネルギーリン酸結合

高エネルギーリン酸結合という呼称は，高エネルギー結合，すなわち，その結合を切断するのに多くのエネルギーを要する結合であると誤解されやすいので，近年は使用されなくなりつつある。しかし，ほかに適切な用語が定着しておらず，本書では，高エネルギーリン酸結合という従来の表記にしたがうことにする。

3　標準自由エネルギー変化

反応物および生成物が1Mで，25℃，pH7.0のときの反応物と生成物の自由エネルギーの差。

4　J（ジュール）

ジュール（J）はエネルギーの単位で，1 cal＝4.2Jである。カロリーは，1gの水を1℃上昇させるのに必要な熱量（エネルギー）。

5　共鳴構造と共鳴

ある化学物質が複数通りの電子状態をとり，相互変化が可能である場合，これを共鳴という。共鳴構造の数が多ければ多いほど，その化学物質の安定性は増大する。

6　エントロピー

ある化学物質の乱雑さ・無秩序さを示すパラメーター。絶対温度が0K（K：ケルビン）のとき，エントロピーは0と定義されている。
エントロピーの増大とは，乱雑さが増すという意味である。

く。このPPiの加水分解時の標準自由エネルギー変化で，ADPやATPの高エネルギーリン酸結合もほぼ同様に説明できる。

なお，細胞内に存在する高エネルギーリン酸化合物は，ATPだけではない。GTPなどのヌクレオチドリン酸はもちろん，カルボン酸リン酸，グアニジノリン酸，ホスホエノールピルビン酸などの化合物も高エネルギーリン酸化合物である。

2-3-3　ATP——エネルギーの通貨

ATPは，リン酸基を三つ結合しており，AMPまで加水分解すれば，ADPまで加水分解したときに比べて，さらに大きな負の標準自由エネルギー変化を与える。実際，タンパク質合成や核酸合成では，ATPはAMPまで加水分解され，化学平衡は合成側に大きく傾く（合成が進む）ので，これらの細胞内の化学反応は事実上，不可逆反応である。

■**ATP濃度のバランス**　　細胞内のATP濃度は，細胞の種類によって2～8mMと，かなり差があることが知られている。しかし，呼吸阻害剤などで細胞を処理すれば，きわめて短時間に細胞は死に至るので，ATPはつねに生産され，かつ，消費されていると考えられる。また，ATP，ADP，AMPのいずれの分子も極性をもつので，細胞膜は通過しない。つまり，ATPは基本的に細胞外から供給されることがなく，その**生産と消費のバランスは細胞レベルで**制御されている。

消費されたATPは，ADPもしくはAMPとなるが，呼吸系でATPへ再変換されるのはADPのみである。そこで，細胞内では**アデニル酸キナーゼ**の作用により，ATP，ADP，AMPの濃度バランスが保たれる（図46）。

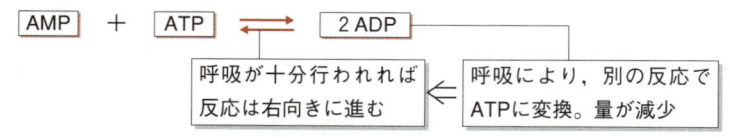

```
AMP  +  ATP  ⇌  2 ADP
```

呼吸が十分行われれば反応は右向きに進む　　呼吸により，別の反応でATPに変換。量が減少

図46　アデニル酸キナーゼによるアデニンヌクレオチドの調節

図46の反応は，可逆反応であり，かつエネルギーの損失をともなわない。好気的条件下で，活発に呼吸が行われていれば，ADPはATPに変換されるので減少し，結果としてAMP濃度は減少する方向へ平衡は傾く。細胞内のADP濃度は，一般にATP濃度の十分の一程度であり，AMP濃度は，ADP濃度よりもさらに低い。

■**ATPの消費（利用先）**　　ATPは先に述べたように，数多くのエネルギー要求反応で消費される。事実，大腸菌ゲノムにコードされたタンパク質のうち，もっとも種類が多いと予想されるのは，**ATP関連酵素**である。ゆえに，一連の酵素にとって，ATPはエネルギーを閉じこめたある種の**通貨**のようにふるまうと考えることもできる。

ATPは，エネルギーを要求される酵素反応で消費されるだけではない。まず，第一に**ATPは核酸合成の直接の前駆体**でもある。たとえば，mRNA(メッセンジャーRNA)を転写するだけでも，大量のATPが消費される。ゆえに，タンパク質をつくる，あるいは核酸をつくるという**根元的な生命現象は，大量のATPを消費する反応**である。さらに，ATPは濃度勾配に逆らって物質を輸送したり，筋肉を収縮させたり，神経細胞が電気的パルスを発生させたりするのにも使われる。

2-3-4 同化と異化
──「エネルギーの流れ」と「物質の流れ」の両方の観点がある

同化とは，外界から化学物質を取り入れ，生体の構成成分を合成することであり，**異化**とは生体の構成成分，もしくは生体内に取り入れた化学物質を分解することである。同化と異化は，もともと代謝を説明するために栄養学の分野で使われた用語であるが，エネルギー収支の観点からは，**同化は正の自由エネルギー変化をともない，異化は逆に負の自由エネルギー変化をともなう**ともいえる。つまり，同化はエネルギー供給を必要とし，異化は，そのためのエネルギー供給システム，ATP生産系であるといっても過言ではない[7]。

現在，地球上に存在する生命は，さまざまな**代謝経路**をもっていることが知られている。私たちヒトでさえ，**異化経路**の出発物質を糖，脂質，アミノ酸といろいろ変化させ，ATPを生産することが可能である。しかしながら，これらの異化経路はまったく完全に独立しているわけではない。

図47に私たち好気的生物のエネルギー代謝経路を示したが，糖，脂質，アミノ酸のいずれを出発物質にしても，エネルギー生産系は，ミトコンドリアの**電子伝達系**に集約される。また，図には示さなかったが，異化経路と同化経路は密接にリンクしている。これは，過剰摂取された糖分が，エネルギー源として体内で燃焼させられず，皮下脂肪として貯蔵されることからも理解できるであろう。

> **7 異化経路**
> 異化経路のおもな機能は，エネルギー供給であるが，実際は老廃物の排出や細胞外からきた毒物の解毒などの役割ももつ。

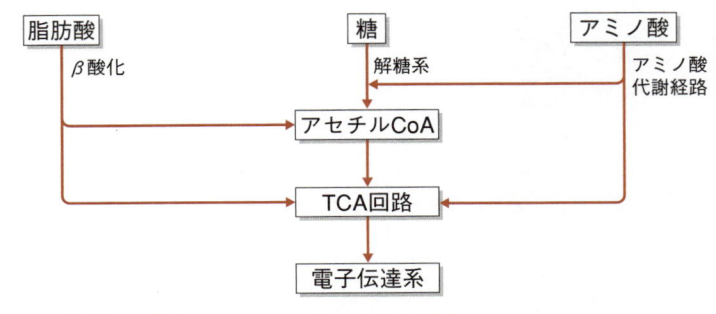

図47 好気的生物のエネルギー代謝経路のモデル

8 そのほかの同化経路
　窒素同化については、4-2-7で、ごく簡単に紹介している。

　紙面の関係で、あらゆる生物の代謝経路を詳述することはできない。そこで、異化経路の代表として、「呼吸」という好気的生物のグルコースを出発とするエネルギー供給システムを、また、同化経路の代表として、「植物の光合成系」(**2-3-13**以降)[8]を以下にとりあげる。

2-3-5　呼吸——グルコースを酸化し、ATPを合成する現象

　私たち、好気的生物は、酸素を用いて、グルコースを完全に酸化することができる（コラム2参照）。この現象を**呼吸**という。とくに、肺で行われている酸素と二酸化炭素の交換（肺呼吸、外呼吸）と区別

コラム2　生物学的な酸化と還元

　酸化反応は、必ずしも酸素が関与するとは限らない。化学的には、電子を渡すことを**酸化**、受けとることを**還元**という。したがって、電子の受け渡しにともない、何らかの化学物質が酸化されるときには、別の物質が還元されることになる。たとえば、式（2—4）の二価の鉄イオンから、電子が除去される反応を考えよう。

$$Fe^{2+} \rightarrow Fe^{3+} + e^- \quad (2-4)$$

　この式を文章にするならば、「Fe^{2+}は、Fe^{3+}へと酸化された」と表現できる。このとき、生じた電子を何らかの化合物が受けとれば、その物質は還元されたことになる。

　次に、ある化合物AH_2から2個のプロトン（水素イオン：H^+）が除去される反応を考えよう。

$$AH_2 \rightarrow A + 2e^- + 2H^+ \quad (2-5)$$

　式（2—5）では、化合物AH_2は酸化され、2電子が生じたことになる。細胞内では、生じた電子は何らかの化学物質を還元するのに使われるだろう。一方、プロトンは必ずしも、ほかの化学物質と反応するとは限らない。細胞内に大量に存在する水に溶け込み、水素イオンとなることも多い。ここでもし、細胞内にAH_2のような化合物が存在すれば、電子伝達体として働き得ることに気づくであろう。実際、細胞内にはニコチアミド・アデニン・ジヌクレオチド（NAD$^+$）やフラビン・アデニン・ジヌクレオチド（FAD）など多種類の電子伝達体が、酸化・還元反応の補酵素として働いている。

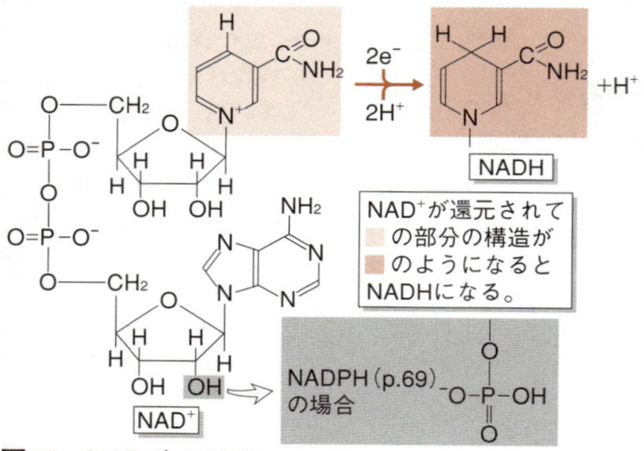

図48　NAD$^+$とNADH

（NAD$^+$が還元されて の部分の構造が　のようになるとNADHになる。）

NADPH（p.69）の場合

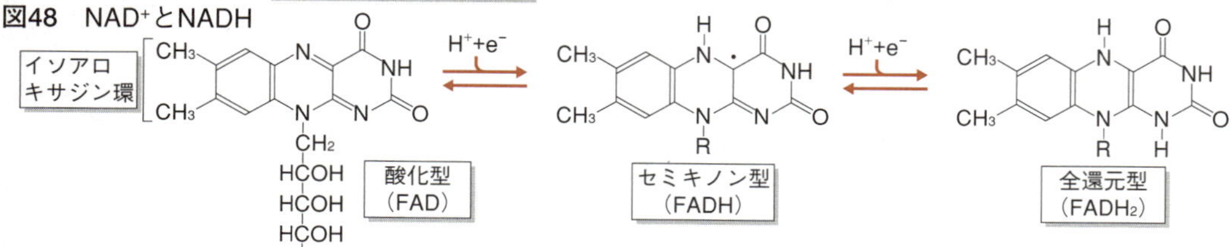

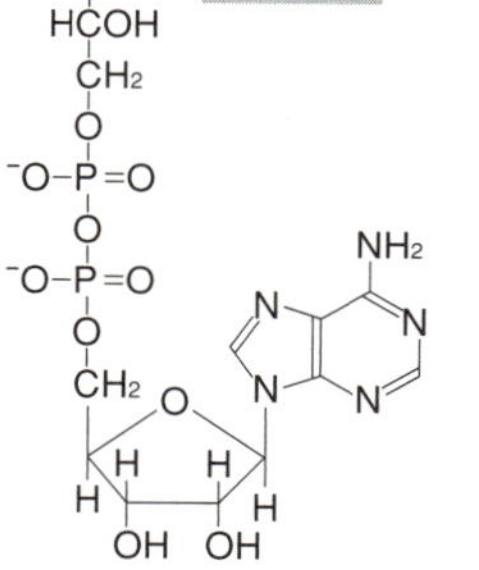

図49　FADとその還元型
（酸化型（FAD）／セミキノン型（FADH）／全還元型（FADH$_2$）／イソアロキサジン環）

　さて、呼吸の最終段階は、酸素への電子の受け渡しである。酸素は、非常に強力な**酸化剤**であり、電子を受け取りやすい性質（**求電子性**）をもっている。式（2—6）のように、1分子の酸素は、4電子を受けとり、2分子の水となる。ここで、4個のプロトンは、水に溶けた水素イオンとして供給される。

$$O_2 + 4e^- + 4H^+ \rightarrow 2H_2O \quad (2-6)$$

したい場合は，**細胞呼吸**か**内呼吸**ということもある。実際の反応は，あとで述べるように，きわめて多段階からなる複雑な経路であるが，トータルの反応は次式で表記できる。

$$C_6H_{12}O_6 + 6O_2 \longrightarrow 6CO_2 + 6H_2O \qquad (2-3)$$

このグルコースの酸化とATPの合成，つまり，ADPのリン酸化は共役[9]しており，とくに**酸化的リン酸化**という。図47に示したように，式（2-3）は，おもに三つの過程からなっている。すなわち，**解糖系**と**TCA回路**と**電子伝達系**である。

2-3-6 解糖系──呼吸の過程①，グルコースをピルビン酸へ

解糖系は，グルコースをピルビン酸へと変換する経路である。この経路は，細胞質に存在し，まったく酸素を消費することなく，ATPを2分子，生産することができる。解糖系の概略は，図50に示す。

この図に示したように，1分子のグルコースから，2分子のATPのほか，2分子のピルビン酸，2分子のNADHが生産される。

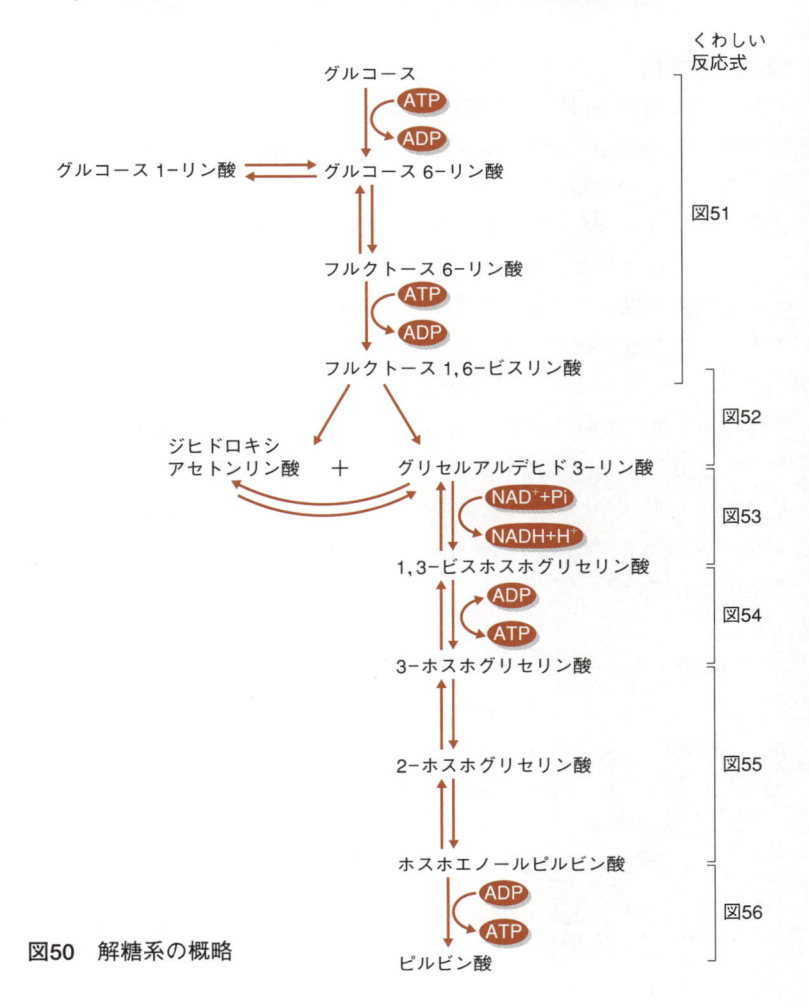

> **9 共役**
> 本来，共役とは，ある化学反応にともなって，別の化学反応が起こることをいうが，生命科学の分野では，酸化的リン酸化以外に使用されることはまれである。

図50 解糖系の概略

図51 解糖系の出発反応〜糖のリン酸化

■**経路の詳細**　経路の詳細を追ってみよう。まず，注目すべきは，2分子のATPを消費し，糖をリン酸化することである。なお，生体内では，出発物質が遊離グルコースであることは少なく，多くの場合，グリコーゲンの分解産物であるグルコース1-リン酸である。この場合は，グルコース6-リン酸をつくるためのATPの消費は必要ない。

こうして得られたフルクトース1,6-ビスリン酸は，アルドラーゼという酵素の働きで，炭素数が3個の2種類の化合物，ジヒドロキシアセトンリン酸とグリセルアルデヒド3-リン酸に分割される（図52）。

ジヒドロキシアセトンリン酸とグリセルアルデヒド3-リン酸は異性体である[10]。この二種類の化合物は，トリオースリン酸イソメラーゼの働きで，相互に変換することが可能である。細胞内では，グリセルアルデヒド3-リン酸は解糖系で順次，消費されていくので，ジヒドロキシアセトンリン酸は継続的にグリセルアルデヒド3-リン酸へと変換されていく。

> **10　異性体**
> 　分子式は同じであるが，性質の異なる化合物。構造式の異なる**構造異性体**と，構造式は同じだが原子の立体配置の異なる**立体異性体**に大別される。ジヒドロキシアセトンリン酸とグリセルアルデヒド3-リン酸は，構造異性体である。

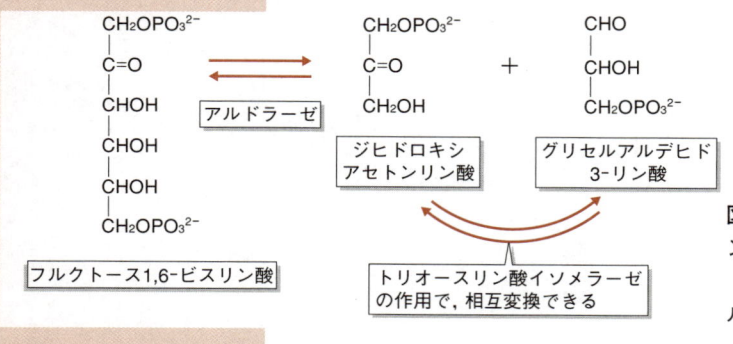

図52　フルクトース1,6-ビスリン酸の分割
　わかりやすくするために，フルクトースを鎖状構造で表した。

グリセルアルデヒド 3-リン酸は，グリセルアルデヒド 3-リン酸デヒドロゲナーゼの作用で，1,3-ビスホスホグリセリン酸に変換され，このとき，同時にNAD$^+$が還元され，NADHが生じる（図53）。

$$\begin{array}{c}\text{C}{=}\text{O} \\ | \\ \text{H} \\ | \\ \text{CHOH} \\ | \\ \text{CH}_2\text{OPO}_3{}^{2-}\end{array} + \text{NAD} + \text{Pi} \rightleftarrows \begin{array}{c}\text{C}{=}\text{O} \\ | \\ \text{OPO}_3{}^{2-} \\ | \\ \text{CHOH} \\ | \\ \text{CH}_2\text{OPO}_3{}^{2-}\end{array} + \text{NADH} + \text{H}^+$$

グリセルアルデヒド 3-リン酸 / 1,3-ビスホスホグリセリン酸

図53 グリセルアルデヒド 3-リン酸デヒドロゲナーゼの反応

この反応で生じたNADHは，ミトコンドリア内膜を通過することができず，そのままでは，電子伝達系に電子を受け渡すことができない。しかしながら，細胞内には，2通りのシャトル機構[11]が存在し，細胞質で生じたNADHの電子をミトコンドリアに受け渡すことができる。一つはグリセロールリン酸シャトルで，もう一つはリンゴ酸-アスパラギン酸シャトルである（コラム3参照）。どちらのシャトルが使われるかは細胞の種類によって異なる。

さて，この反応のもう一つの産物，1,3-ビスホスホグリセリン酸は高エネルギーリン酸化合物である。先に述べたように，カルボン酸リン酸は高エネルギーリン酸化合物であるが，NAD$^+$が還元されるのにともなって，グリセルアルデヒド 3-リン酸のアルデヒド基は1,3-ビスホスホグリセリン酸のカルボキシル基へと変換されており，カルボン酸リン酸となっている。よって，1位（図54の色数字1のC）のリン酸基のエネルギーでADPをリン酸化することが可能である。この反応は，3-ホスホグリセリン酸キナーゼによって触媒される（図54）。

> **11 シャトル機構**
> 日常で「シャトル」というと，スペースシャトルや往復便といった意味であり，ここでも「往復して運ぶもの」という意味で使われている。
> ミトコンドリアの内膜は，脂質二重膜であり，低分子化合物であっても極性をもつ物質は通さない。ミトコンドリアでは，細胞質とさまざまな物質をやりとりするため，独自のシャトル機構が発達している。

$$\begin{array}{c}{}^1\text{C}{=}\text{O} \\ | \\ \text{OPO}_3{}^{2-} \\ {}^2\text{CHOH} \\ | \\ {}^3\text{CH}_2\text{OPO}_3{}^{2-}\end{array} \xrightarrow[\text{ADP + Pi}]{\text{ATP}} \begin{array}{c}\text{C}{=}\text{O} \\ | \\ \text{O}^- \\ | \\ \text{CHOH} \\ | \\ \text{CH}_2\text{OPO}_3{}^{2-}\end{array}$$

1,3-ビスホスホグリセリン酸 / 3-ホスホグリセリン酸

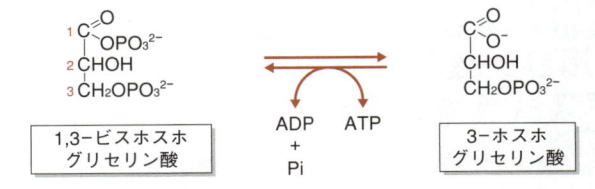

図54 3-ホスホグリセリン酸キナーゼの反応

こうしてできた 3-ホスホグリセリン酸は，高エネルギーリン酸化合物ではない。しかし，ホスホグリセリン酸ムターゼとエノラーゼが順次作用し，高エネルギーリン酸化合物のホスホエノールピルビン酸へと，変換される（図55）。

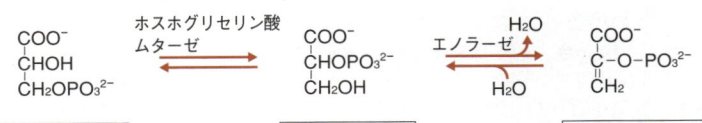

$$\begin{array}{c}\text{COO}^- \\ | \\ \text{CHOH} \\ | \\ \text{CH}_2\text{OPO}_3{}^{2-}\end{array} \xrightleftharpoons[]{\text{ホスホグリセリン酸ムターゼ}} \begin{array}{c}\text{COO}^- \\ | \\ \text{CHOPO}_3{}^{2-} \\ | \\ \text{CH}_2\text{OH}\end{array} \xrightleftharpoons[\text{H}_2\text{O}]{\text{エノラーゼ} \quad \text{H}_2\text{O}} \begin{array}{c}\text{COO}^- \\ | \\ \text{C}{-}\text{O}{-}\text{PO}_3{}^{2-} \\ \| \\ \text{CH}_2\end{array}$$

3-ホスホグリセリン酸 / 2-ホスホグリセリン酸 / ホスホエノールピルビン酸

図55 ホスホエノールピルビン酸の合成

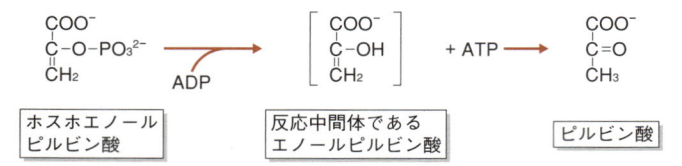

$$\underset{\substack{\text{ホスホエノール}\\\text{ピルビン酸}}}{\begin{array}{c}\text{COO}^-\\\text{C-O-PO}_3^{2-}\\\text{CH}_2\end{array}} \xrightarrow{\text{ADP}} \underset{\substack{\text{反応中間体である}\\\text{エノールピルビン酸}}}{\left[\begin{array}{c}\text{COO}^-\\\text{C-OH}\\\text{CH}_2\end{array}\right]} + \text{ATP} \longrightarrow \underset{\text{ピルビン酸}}{\begin{array}{c}\text{COO}^-\\\text{C=O}\\\text{CH}_3\end{array}}$$

図56　ピルビン酸とATPの合成

　生じたホスホエノールピルビン酸は，ピルビン酸キナーゼの作用により，ピルビン酸へと変換され，ホスホエノールピルビン酸の高エネルギーリン酸結合を利用して，ATPが合成される（図56）。

　以上が解糖系の概要である。グルコースから出発した場合，最初に2分子のATPを消費し，4分子のATPを合成するので，差し引き2分子のATPが合成される。また，NADHとピルビン酸が2分子ずつ合成され，これらはミトコンドリアへ輸送されることによってATPの生産に使われる。解糖系は，細胞質に存在し，まったく酸素を必要としない。よって，解糖系は，酸素呼吸をしないバクテリアなどにも存在している。

■**解糖系関連の反応①〜無酸素運動時の例**　　また，解糖系は，ミトコンドリアをもつ好気的生物が，酸素不足の状態で活動する上でも重要である。たとえば，陸上競技の短距離走は無酸素運動である。疾走中には，筋肉に十分な酸素を供給できない。そして，酸素不足では，ミトコンドリアは十分な活動を行うことができず，ATPを生産することができない。このとき，細胞内では，解糖系だけを動かして，少ないながらもATPを供給する方法がとられる。問題は，NAD$^+$の補給である。ADPが蓄積し，十分なグルコースが存在している状況でも，

コラム3　グリセロールリン酸シャトルとリンゴ酸-アスパラギン酸シャトル

　NADHは，そのままではミトコンドリア内膜を通過できない。そこで，**NADHの電子を別の化合物に移し，電子のみを受け渡す機構**が存在する。グリセロールリン酸シャトルでは，まず，ジヒドロキシアセトンリン酸をNADHで還元し，グリセロール3-リン酸を合成する。グリセロール3-リン酸に渡された電子は，ミトコンドリア内膜に存在するFAD結合タンパク質を経由して，電子伝達系の複合体Ⅱ（**2-3-11参照**）に到達する。

　一方，リンゴ酸-アスパラギン酸シャトルの場合，オキサロ酢酸をNADHを使って還元し，リンゴ酸を合成する。リンゴ酸は，特殊な輸送系でミトコンドリア内に輸送される。次に，リンゴ酸に渡された電子は，ミトコンドリア内部でNAD$^+$を還元するのに使われ，オキサロ酢酸ができる。オキサロ酢酸もミトコンドリア内膜を通過できないので，輸送系の存在するアスパラギン酸に変換され，ミトコンドリア外に排出される。細胞質では，アスパラギン酸は，オキサロ酢酸に再変換することが可能で，ミトコンドリア-細胞質をまたぐ回路が形成される。

　グリセロールリン酸シャトルではNADHの電子のみが受け渡されるが，リンゴ酸-アスパラギン酸シャトルではミトコンドリア内部でNADHが再生される点が異なる。また，グリセロールリン酸シャトルでは，電子伝達系の複合体Ⅱに電子が渡され，2分子のATPが合成されるが，リンゴ酸-アスパラギン酸シャトルでは複合体Ⅰに電子が渡されるので，3分子のATPが合成される。

NAD⁺がなければ，解糖系は動かない．そこで，本来の最終生産物のピルビン酸を原料にして，**NADHを消費してNAD⁺を供給する反応が回転する**（図57）．

$$CH_3COCOO^- + NADH + H^+ \rightleftarrows CH_3CHOHCOO^- + NAD^+$$
ピルビン酸　　　　　　　　　　　乳酸

図57 乳酸デヒドロゲナーゼの反応

図57の反応で生じた乳酸は，筋肉組織では分解できず，血液中に放出され，肝臓で分解されるか，安静時にピルビン酸へと再変換される[12]．

■**解糖系関連の反応②～アルコール発酵**　もう一つ重要な解糖系関連反応は，酵母の**アルコール発酵**である（図58）．

$$CH_3COCOO^- + H^+ \xrightarrow{\text{ピルビン酸デカルボキシラーゼ}} CH_3CHO + CO_2$$
ピルビン酸　　　　　　　　　　　　　　　　　　　　アセトアルデヒド

$$CH_3CHO + NADH + H^+ \xrightarrow{\text{アルコールデヒドロゲナーゼ}} CH_3CH_2OH + NAD^+$$
アセトアルデヒド　　　　　　　　　　　　　　　　　　エタノール

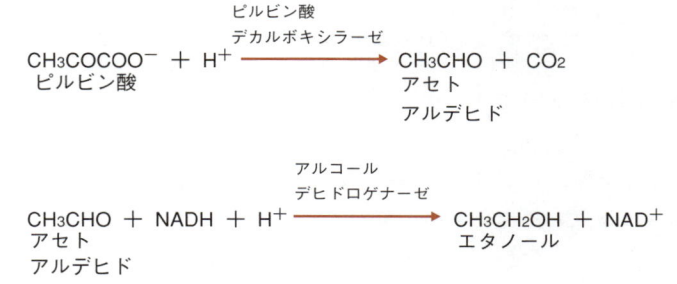

図58 酵母のアルコール発酵

嫌気的条件下におかれた酵母は，アルコール発酵によって解糖系の反応をまわすことができる．解糖系の最終生産物のピルビン酸は，ピルビン酸デカルボキシラーゼの作用でアセトアルデヒドに変換され，さらにアルコールデヒドロゲナーゼの作用により，エタノールへと変換される．このとき，NADHが酸化され，解糖系の反応だけをまわすことが可能になる．この機構によって，酵母は酸素がまったく供給されない状況（嫌気的条件下）でも生育することが可能である．また，酵母の生産したエタノールを，私たちはアルコール飲料として利用している．

2-3-7　ピルビン酸からアセチルCoAへ——TCA回路の準備

解糖系で生じた**ピルビン酸**は，ミトコンドリア内膜の対向輸送系[13]によって，ミトコンドリアのマトリックス（**2-2-4**参照）に輸送される．このとき，OH⁻がマトリックス内部から交換輸送される．グルコースの酸化の第二過程，TCA回路の反応は，1か所の例外（コハク酸デヒドロゲナーゼの反応）を除いて，すべてマトリックスで行われる．

ピルビン酸のアセチル基は，ピルビン酸デヒドロゲナーゼの作用で，補酵素A[14]（CoA-SH）に転移され，**アセチルCoA**が合成される．同時に，1分子ずつのNADHとCO₂も生じる（図59，60）．

12　乳酸の分解・再変換
この乳酸の分解が間に合わず，筋肉組織に蓄積されると，組織内で炎症を起こし，筋肉痛になる．
ただし，乳酸の蓄積が筋肉痛の直接の原因ではない，という説もある．

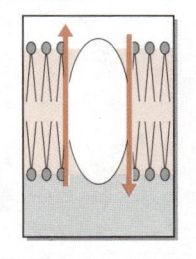

13　対向輸送
細胞膜やミトコンドリア膜の物質輸送の一形式．何らかの物質が膜の内側に取り込まれるのにともなって，別の物質が膜の外側に排出される．2-2-8（対向輸送）参照．

14　補酵素（コエンザイム）
酵素反応に必要な酵素と基質以外の低分子化合物のこと．狭義には，酵素に結合したビタミン類縁化合物などをさすが，エネルギー要求反応のATPなどは，基質であるとも，補酵素であるともとらえることができる．

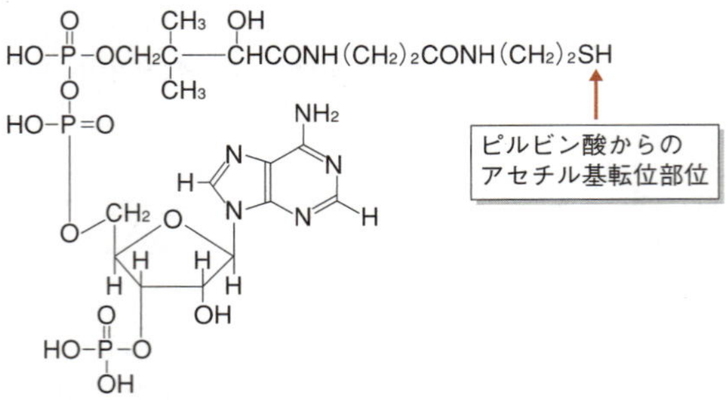

$$\text{HO-P-O-CH}_2\text{-}\overset{\overset{\text{CH}_3}{|}}{\underset{\underset{\text{CH}_3}{|}}{\text{C}}}\text{-}\overset{\text{OH}}{\underset{|}{\text{CH}}}\text{CONH(CH}_2)_2\text{CONH(CH}_2)_2\text{SH}$$

ピルビン酸からの
アセチル基転位部位

図59 補酵素Aの構造

ピルビン酸　補酵素A
$CH_3COCOO^- + CoA\text{-}SH + NAD^+$
ピルビン酸
デヒドロゲナーゼ
$\longrightarrow CH_3CO\text{-}S\text{-}CoA + NADH + H^+ + CO_2$
アセチルCoA

図60 ピルビン酸デヒドロゲナーゼの反応

ピルビン酸デヒドロゲナーゼは，きわめて多数のポリペプチドから構成される巨大複合タンパク質で，チアミンピロリン酸[15]とリポ酸[16]を補酵素として含む。この酵素の触媒する反応（図60）は，不可逆であるが，これは，きわめて重要な生理的意味をもっている。アセチルCoAは，解糖系のみならず，脂肪酸のβ酸化[17]からも供給できる。しかしながら，ピルビン酸デヒドロゲナーゼの反応が不可逆であるため，動物では，脂肪酸からグルコースを合成することができない。また，グルコースは，脳の血液関門[18]を通過できるが，脂肪酸は通過できない。したがって，私たちヒトの脳は大量のエネルギーを消費するが，その源としてはグルコースしか供給できない。ゆえに，私たちは，いかに皮下脂肪を蓄えていようとも，グルコースを補給できないと飢餓状態におちいる。

また，アセチルCoAはTCA回路の出発材料でもあるが，脂肪酸合成の原料でもある。細胞内に十分なATPが供給されているときには，アセチルCoAは脂肪酸合成にまわされる。

2-3-8 TCA回路（クエン酸回路）の概要
――呼吸の過程②，アセチルCoAをNADHとFADH₂へ

　TCA回路とは，トリカルボン酸回路の略である。これは，出発物質のクエン酸が三つのカルボキシル基をもつことに由来する。この回路は，**クエン酸回路**，あるいは**クレブス（Krebs）回路**とも呼ばれる。

■**TCA回路の機能**　この回路のおもな機能は，供給されるアセチルCoAを完全に酸化し，NADHとFADH₂を生産し，電子伝達系に電子を

15　チアミンピロリン酸
　チアミン（ビタミンB₁）のピロリン酸エステル。各種デヒドロゲナーゼ，トランスケトラーゼ，デカルボキシラーゼの補酵素であり，欠乏すると脚気（かっけ）になる。

16　リポ酸
　チオクト酸ともいうビタミン類縁化合物。還元型は，ジヒドロリポ酸で酸化還元反応の補酵素となる。

17　β酸化
　脂肪酸のもっとも一般的な分解経路。主経路はミトコンドリアに存在し，分解産物は，アセチルCoAである。

18　脳の血液関門
　血液中の物質変化や毒性物質から脳を守るシステムのこと。
　血液中のグルコースは容易に通過できるが，タンパク質や脂肪酸など多くの物質が通過できない。

供給することである。あとでくわしく述べるが、電子を伝達することで、ミトコンドリア内膜の内外にプロトン（H$^+$）の濃度勾配をつくる。ATP合成酵素は、このプロトン勾配差を利用してATPを合成する。

また、TCA回路の構成因子は、**アミノ酸代謝系や脂質代謝系とも**直接リンクしている。たとえば、グルタミン酸は、グルタミン酸デヒドロゲナーゼの作用で、2-オキソグルタル酸へと変換することが可能である。また、グルタミン酸とオキサロ酢酸から、アスパラギン酸と2-オキソグルタル酸への変換も可能である。さらに、奇数鎖脂肪酸の分解[19]で生じたスクシニルCoAは、TCA回路で処理される。ゆえに、TCA回路は、**エネルギー供給システム**であると同時に、**細胞内の物流の交差点**でもある。

2-3-9 TCA回路の詳細
――電子伝達系に電子を供給しながらATPの合成

TCA回路は、一連の化学反応で構成されたサイクルである（図61）。

■**まずクエン酸ができる**　まず、**アセチルCoA**は、クエン酸シンターゼの作用で、オキサロ酢酸に取り込まれ、シトリルCoAが合成される。シトリルCoAは、水溶液中では不安定で、すぐに加水分解され、**クエン酸と補酵素A**（CoA-SH）となる。この過程は、不可逆反応であり、回路が逆回転することはない。

■**次にATPの合成まで**　次に、**クエン酸**は、アコニターゼの働きで、*cis*-アコニット酸を経由して、イソクエン酸へと変換される。イソクエン酸は、イソクエン酸デヒドロゲナーゼの作用で、2-オキソグルタル酸へ変換され、**NADHとCO$_2$が1分子**ずつ生じる。2-オキソグルタル酸は、2-オキソグルタル酸デヒドロゲナーゼの作用で、CoA-SHと反応し、**スクシニルCoAとNADH**ができる。スクシニルCoAのチオエステルの加水分解によって生じる$\Delta G°'$は、-33.5kJ/molと非常に大きく、このエネルギーを利用して、**GDPからGTPが合成**される。この反応は、スクシニルCoAシンセターゼが触媒する。なお、この反応によって、動物ではGTPが合成されるが、植物ではATPが合成される。GTPはヌクレオチド代謝系で、容易にATPに変換され得るので、これは、事実上、ATPが合成されたに等しい。

■**FADの還元**　生じた**コハク酸**は、コハク酸デヒドロゲナーゼの作用により、**フマル酸**へ変換される。コハク酸デヒドロゲナーゼは、TCA回路の酵素として唯一、ミトコンドリアのマトリックスには存在せず、ミトコンドリア内膜に局在している。この酵素は、FADを共有結合しており、自らが電子伝達系の**第II複合体**（**2-3-11**参照）を形成している。したがって、この酵素は、TCA回路の反応を触媒する電子伝達系のメンバーである。このコハク酸からフマル酸への変換

19　奇数鎖脂肪酸の分解
脂肪酸のもっとも一般的な分解経路であるβ酸化では、2個ずつ、炭化水素鎖が切り離され、アセチルCoAが生じる。脂肪酸の炭化水素鎖が奇数個である場合は、最後にプロピオニルCoAという物質が残り、これが別経路で処理されて、スクシニルCoAができる。

図61　TCA回路

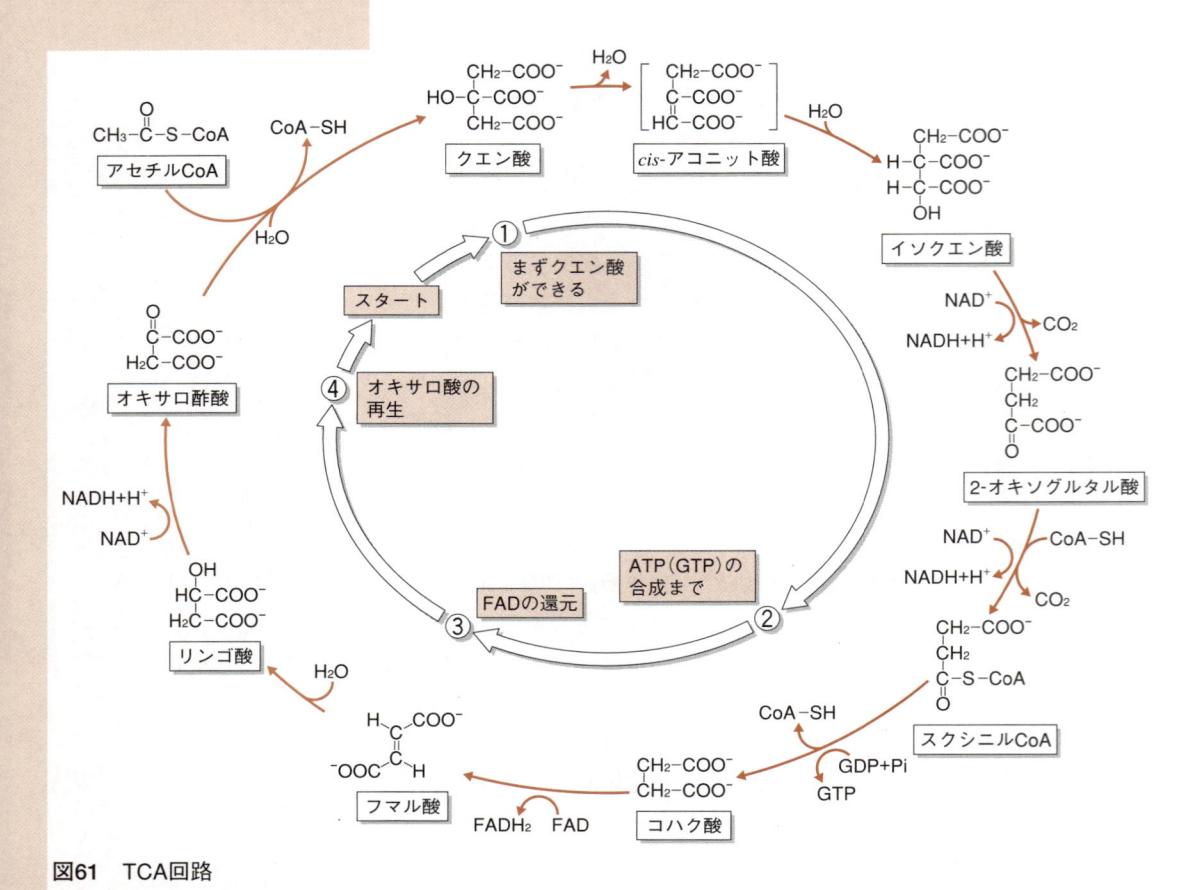

20　エネルギー差
正しくは酸化還元電位差。化学物質間の電子に対する親和性の差。

にともなうエネルギー差[20]では，NAD$^+$を還元することができないが，**FADならば，還元することが可能**である。ゆえに，この酵素は補欠分子としてFADを利用している。

■**オキサロ酢酸の再生**　フマル酸は，フマラーゼの作用でリンゴ酸に変換され，リンゴ酸はリンゴ酸デヒドロゲナーゼの作用で，**オキサロ酢酸の再生**に使用される。リンゴ酸からオキサロ酢酸が生じる過程で，**1分子のNAD$^+$が還元され，NADHができる**。

■**回路全体を見ると**　回路全体を見てみると，**3分子のNADH，1分子のFADH$_2$，1分子のGTP（ATP）**が生じることになる。NADHとFADH$_2$は，電子伝達系に電子を供給する役割をもつ。

2-3-10　化学浸透説――H$^+$が浸透するエネルギーを利用

電子伝達系の真の機能を説明するためには，まず，**化学浸透説**（あるいは，**化学浸透圧説**）について述べる必要があるだろう。化学浸透説は，1961年，ミッチェル（P. Mitchell）によって提唱された。

当時，ミトコンドリアにATP生産系が存在し，電子伝達系が電子を伝達して，酸素を消費することはわかっていたが，いかにして，酸

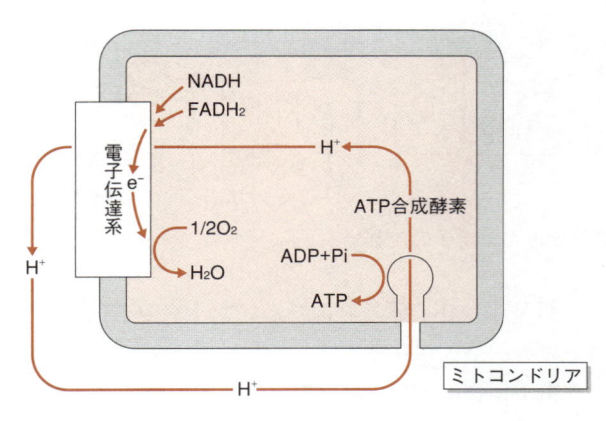

図62　化学浸透説のモデル

素消費とATP合成がカップル（共役）しているかは謎であった。細胞を呼吸阻害剤で処理すれば，ATP供給が不足し，細胞は死に至る。しかし，一方でミトコンドリアの膜成分を分離してやると酸素消費は起こるが，ATP合成は起こらない。さらに，酸素消費にともなってATPが合成されるのは，ミトコンドリア内膜を傷つけずに調製したミトコンドリアだけである。これらの現象を矛盾なく説明する学説として，化学浸透説は考案された（図62）。

■**ミッチェルの唱えた説**　ミッチェルは，電子伝達にともない，プロトン（H^+）がミトコンドリア内膜の内側から外側へ排出されることを見出した。排出されたプロトンは，もし，ミトコンドリア内膜のどこかに穴が開いていれば，濃度勾配にしたがって外側から内側へ戻ろうとする。この物理的なエネルギーをもってすれば，ATPは合成可能である，というのが彼の説である。事実，ミトコンドリア内膜に存在するATP合成酵素は，この穴そのものである。

この仮説が提唱された当初は，多くの人々が懐疑的であった。しかし，**脱共役剤**[21]でミトコンドリアを処理し，プロトンの濃度勾配差を解消すれば，酸素消費は起こるがATP合成は起こらないということが実験的に示され，1978年にミッチェルはノーベル賞を受賞した。

電子伝達系の真の機能は，電子を伝達することによって，酸素を消費し，水をつくることではない。**ミトコンドリア内膜の内外に，プロトンの濃度勾配をつくることである。**

2-3-11　電子伝達系
——呼吸の過程③，ＡＴＰ合成のためにH^+の濃度差をつくる

電子伝達系の概略は，図63に示した。電子伝達系には，四つの巨大なタンパク質複合体が存在する。それぞれは，**第Ⅰ，Ⅱ，Ⅲ，Ⅳ複合体**という。NADHに由来した電子は，第Ⅰ複合体から，ユビキノン（Q）

21　脱共役剤
酸素消費とATPの合成（リン酸化）の共役系を絶つ試薬の総称。2，4-ジニトロフェノールなどが知られる。これらの化合物は，ミトコンドリア内膜を自由に移動できる脂溶性化合物で，プロトンを輸送することによって，膜内外のプロトン濃度勾配差を解消してしまう。

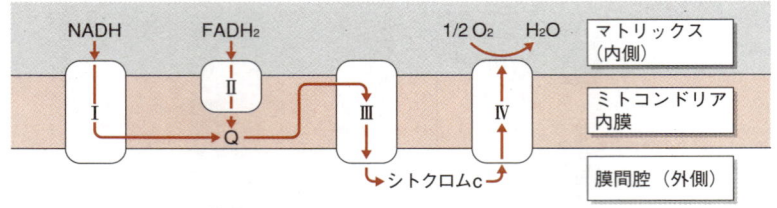

図63 電子伝達系の電子の流れ

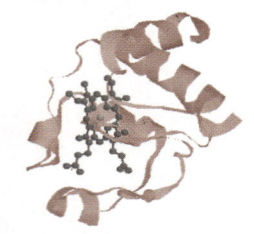

図64 シトクロムcのリボンモデル表示による立体構造
ヘム[22]の中央に、鉄原子がある。各アミノ酸側鎖は、この図では表示されていない。コラム4も参照。

[22] ヘム
ポルフィリンの鉄錯体の総称。生物学の分野では、ほとんどの場合、プロトポルフィリンIXの2価鉄錯体をさす。ヘモグロビン、ミオグロビン、各種シトクロムの補助因子として、酸素の運搬や電子の伝達に機能する。

を経由し、第III複合体に渡され、さらにシトクロムcを経て、第IV複合体に渡される。第IV複合体では、酸素に電子が渡され、水が合成される。この電子伝達により、ミトコンドリア内膜のマトリックス（内側）から膜間腔（外側）へ、プロトンが排出される。また、$FADH_2$に由来する電子は、第II複合体から、ユビキノンへ受け渡され、以下はNADHに由来する電子と同じ経路をたどる。

■**排出されるプロトン数の問題** 電子の伝達にともない、何個のプロトンが排出されるのか、という問題は完全には解決していない。NADHに由来した電子の場合、6個から10個のプロトンが排出されるという実験報告例が多い。NADHに由来した電子からは、3分子、$FADH_2$に由来した電子からは、2分子のATPが合成されるだけのプロトン濃度勾配差が得られると考えられている。電子伝達系の構成成分のうち、シトクロムcは、唯一、ミトコンドリア内膜の外側に表在する可溶性タンパク質である（コラム4参照）。

コラム4　シトクロムc　（図64）

シトクロムとは、ヘムタンパク質のうち、ヘムの鉄原子が、2価と3価の間を行き来し、電子伝達を行うものの総称である。ヘムタンパク質であれば、必ずしも、電子伝達を行うとは限らない。たとえば、ヘモグロビンのように、酸素の運搬にあずかり、電子伝達を行わないものもある。なお、シトクロムcの「c」とは、c型ヘムが結合していることを示す。c型ヘムは、ポリペプチド鎖のシステイン残基・2か所とチオエーテル結合で共有結合しており、還元型の可視吸収スペクトルが550nmに特徴的な吸収を示す。

シトクロムcの表面は、正電荷を帯びたアミノ酸残基が多く、これがミトコンドリア内膜の負電荷と静電的な相互作用をし、表在性の原因となっている。近年、プログラム細胞死（アポトーシス）の過程で、シトクロムcが細胞質に現れることが判明し、細胞レベルでの高次機能にも深く関与していることが示唆されている。

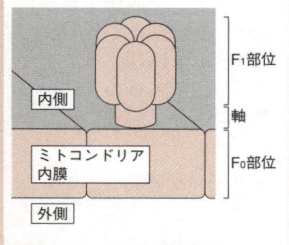

図65 ATP合成酵素

2-3-12　ATP合成酵素——H$^+$の濃度差でATPをつくる

プロトン濃度勾配差を利用してATPを合成するのが、**ATP合成酵素（ATPアーゼ）**である。ATP合成は、私たちの体内でもっとも多く起こる酵素反応で、1日に合成されるATPの総重量は体重を超えるといわれる。体内に存在するATPの総重量は、わずか数グラムなので、いかにATPが大量に合成され、かつ、消費されるかがわかる。

■**構造** ATP合成酵素は、三つの部分からなっている（図65）。ミ

トコンドリア内膜を貫通し，プロトンが通過するF_0，ATP合成酵素の触媒部位をもつF_1，そしてこの二つの部位をつなぐ軸である。ミトコンドリア内膜上での形は，よくリンゴにたとえられる。

■**ボイヤーの説**　ボイヤー（P. Boyer）は，ATP合成の際，プロトン駆動力がF_1部位を構造変化させるという仮説を提唱した（図66）。

彼のモデルによれば，F_1部位に含まれる触媒サブユニット（βサブユニット）は，3通りの構造をとる。すなわち，何も結合していない**オープン状態**（O），ADPとPiがゆるく結合した**低親和性状態**（L），ADPとPiが強固に結合し，ATP合成が起こる**強結合状態**（T）である。このとき，プロトンはF_1部位を回転させ，三つの状態を切り替える役割をはたす。たくさんのサブユニットからなる巨大なタンパク質複合体のATP合成酵素が，軸を中心に回転するという大胆な仮説であったが，吉田らの蛍光標識による実験結果[23]もあり，現在では多くの研究者に支持されている。いわば，ATP合成酵素は，現在までに知られている最小の回転モーターである。

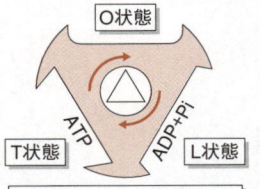

図66　ボイヤーのATP合成酵素モデル

F_1部位が軸を中心に回転することにより，三つの触媒部位が構造変化する。

2-3-13　光合成の地球環境と生命進化への影響
―炭素同化そして酸素呼吸の歴史

■**光合成の始まり**　光合成は，光エネルギーを利用して，二酸化炭素を糖として固定し，酸素を放出する反応である。現在の地球上では，植物と植物プランクトンが光合成の主役を演じているが，光合成細菌やシアノバクテリア（5-3-1参照）など原核生物にも光合成を行うものがいる。シアノバクテリアの化石は，30億年以上前の地層からもみつかるので，光合成はその頃からすでに行われていたものと考えられる。

■**当初，酸素は毒であった**　光合成によって放出される酸素は，きわめて強力な酸化剤である。それゆえ，現在の地球上に存在する好気的生物は，カタラーゼ，ペルオキシダーゼ，スーパーオキシドジスムターゼ[24]などの酵素により，生体成分が酸化されるのを防いでいる。シアノバクテリアが光合成を始めた当時，地球の大気には酸素はほとんどなく，これらの酸素防御システムをもった生物はいなかった。いわば，まったく無防備なところに，**猛毒の光合成廃棄物・酸素による汚染**が起こったのである。

ところが，非常に運がよいことに，**当時の海水中には大量の鉄イオンが存在し，これが酸素を除去してくれた**。酸素と結合した鉄イオンは，酸化鉄として沈殿してくれたのである。鉄鉱床は火山活動などによっても形成されるが，現在，地球上に存在する大部分は，20億年前までに，海水中の鉄分が光合成によって沈殿させられたものと考えられている。光合成が始まってから，海水中の鉄イオンが消費されつくすまで，10億年以上かかったことが，おそらく，生命が酸素防御シス

23　吉田たちの蛍光標識による実験

東京工業大学の吉田賢右たちは，ATP合成酵素が回転するかどうかを確かめるため，F_1部位をガラス上に固定し，蛍光標識したアクチンを人工的にとりつけ，その回転するようすを顕微鏡下で観察した。

24　カタラーゼ，ペルオキシダーゼ，スーパーオキシドジスムターゼ

いずれも，活性酸素を除去する酵素。H_2O_2やO_2^-を反応性の低い水などに変換する役割をもつ。

テムを発達させる時間稼ぎになっただろう。

　シアノバクテリアによる光合成は，また，大気中の二酸化炭素濃度を低減する役割もはたした。このことによって，温室効果が弱まり，地球は水が液体として存在しえない灼熱の惑星となるのをまぬがれた。

■**酸素を利用する生物の誕生**　海水中の鉄イオンの枯渇にともなって，酸素濃度は，20億年前ごろから，徐々に上昇しはじめたと考えられる。酸素濃度の上昇にともない，生命にとって猛毒であった酸素を積極的に利用する生物が現れた。酸素呼吸をする**好気的生物**の登場である。すでに述べたように，酸素を利用するATP生産システムはきわめて効率がよい。このシステムを獲得した生物は，それまでの生物に比べて，はるかに速くタンパク質や核酸を合成でき，つまり，速く増殖することができ，鞭毛などを使って移動することもできただろう。やがて，酸素呼吸できる生物の利点を得るために，これらの生物と共生する生物も出現し，**真核生物**が誕生した（5-3，5-5参照）。

　さらに，大気中の酸素濃度の上昇は，オゾン層の形成をうながした。オゾン層は太陽から照射される有害な紫外線を遮蔽し，このことが，生命が水中から陸上に進出する引き金となった。

　このように，光合成は，地球の歴史上，環境にも生物の進化にも大きな影響を及ぼした。

2-3-14　光合成の概念——呼吸の逆反応

　光合成は，過去の地球にも多大な影響をもたらしたが，現在の地球環境にもきわめて重要な貢献をしている。地球上の光合成生物が固定する炭素の量は，年100億トン以上であり，多くの従属栄養生物（3-3-3，4-2-1参照）が，これによって生産される有機化合物に依存して生きている。森林は，光合成装置であるだけでなく，大量の炭素をセルロースとして維持する機能ももっている。したがって，森林の伐採や燃料としての消費は，大気中の二酸化炭素濃度の上昇に直結する。現在の地球環境は，長年かけて植物が蓄積した炭素を大気中へ放出する状態が続いており，二酸化炭素濃度の上昇にともなう温室効果が懸念されている。

　このように，全地球規模の環境と生命の維持に重要な光合成であるが，その反応をトータルすれば，次式で書き表せる。

$$6CO_2 + 6H_2O \longrightarrow C_6H_{12}O_6 + 6O_2 \qquad (2-7)$$

　これは，まさに**呼吸**（細胞呼吸，**2-3-5**参照）の逆反応である。呼吸が大量のATPを生み出すことの裏返しで，この反応は大量のエネルギーを要求する。そのエネルギーとは，太陽からの光エネルギーである。

2-3-15 クロロフィル
——光で励起しエネルギーを伝達する

　高等植物の集光色素が，**クロロフィル**（Chlorophyll：**葉緑素**）である。クロロフィルは，ヘム（p.65）と同様にポルフィリンをもつが，キレート[25]されている金属原子はマグネシウムであり，側鎖の構造もヘムとはかなり異なる（図67）。

　高等植物のおもなクロロフィルは[26]，**クロロフィルa**と**クロロフィルb**であるが，両者は側鎖が異なっており，吸収する光の波長も異なる。緑色植物は，赤と青色の光をよく吸収するが，これはクロロフィルaとbの光の吸収によるものである。

■**集光・電子励起への流れ**　クロロフィルの集光システムについては，いまだ未解明な部分も多いが，一般的には次のように理解されている。クロロフィルの大部分は，光センサーの役割をする**アンテナクロロフィル分子**である。アンテナクロロフィルに光があたると，電子が励起される。次に，もし，アンテナクロロフィルの近くに別のクロロフィル分子があれば，励起された電子のエネルギーは共鳴伝達される。このエネルギー伝達は，**活性中心**[27]にあるクロロフィル分子の電子が励起されるまで，クロロフィル分子間で次々と起こる。活性中心にあるクロロフィル分子は，タンパク質と複合体を形成しており，電子が励起されるレベルがアンテナクロロフィル分子に比べてわずかに低く，ほかのクロロフィルへエネルギー伝達することはない。このクロロフィルとタンパク質の複合体からなる集光・電子励起システムが，**光化学系**である。植物の二つある光化学系については，あとでくわしく述べる。

2-3-16 光によって進行する反応と化学反応
——光を利用してATPをつくる反応と炭素を同化する反応

　光合成経路は，大きく二つの部分からなりたっている。**光エネルギーを使って水の電子を励起する過程**と，それに続く**化学反応**である。光エネルギーによる反応は，葉緑体のチラコイド膜で行われる（**2-2-4**参照）。それに続く化学反応のうち，$NADP^+$を還元してATPを合成する過程はチラコイド膜で行われ，それらを消費して二酸化炭素と水から糖を合成する過程は，葉緑体のストロマで行われる。植物の光合成速度と光の強度の関係を調べると，クロロフィルのほんの一部が励起される程度の光で，光合成速度は最大値に達する[28]。このことから，光合成系全体の**律速因子**[29]はクロロフィルの集光能力ではなく，化学反応側にあることがわかる。

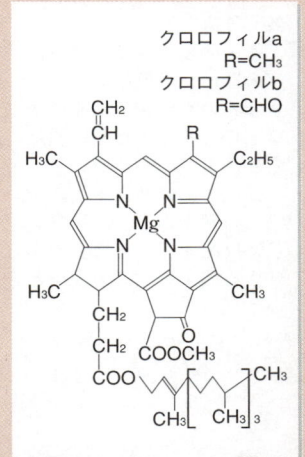

図67　クロロフィルの構造

クロロフィルa　R=CH₃
クロロフィルb　R=CHO

25　キレート化合物
　複数の電子供与基を介して，金属イオンと結合し得る化合物の総称。エチレンジアミン四酢酸（EDTA）などの人工的な化合物があるが，ヘムも一種のキレート化合物である。

26　高等植物以外のクロロフィル
　シアノバクテリアや光合成細菌のクロロフィルは，バクテリオクロロフィルと呼ばれ，構造が異なる。また，褐藻類やケイ藻類には，クロロフィルcがある。

27　活性中心
　酵素は触媒である。その触媒反応に直接関与するアミノ酸残基を活性中心という。複数のアミノ酸残基や補助因子により形成されることも多いが，基質の結合部位や酵素・基質複合体の構造変化などに関与するアミノ酸残基は含めない。

28　クロロフィルの励起と光合成速度
　光合成速度が最大になるには，全クロロフィル分子のうち，わずか2500分の1が励起されればよい。

29 律速因子

多段階反応系で，最も速度の遅い化学反応が，最終生産物の生成速度に直接影響を与える。これを**律速反応**という。

律速反応の基質や反応中間体，制御因子，酵素量など，反応速度に直接影響を与える因子を，**律速因子**という。

30 光化学系の番号

光化学系は，発見された順に，**光化学系Ⅰ，Ⅱ**と呼ばれている。光合成経路で，先に働くのは，光化学系Ⅱである。

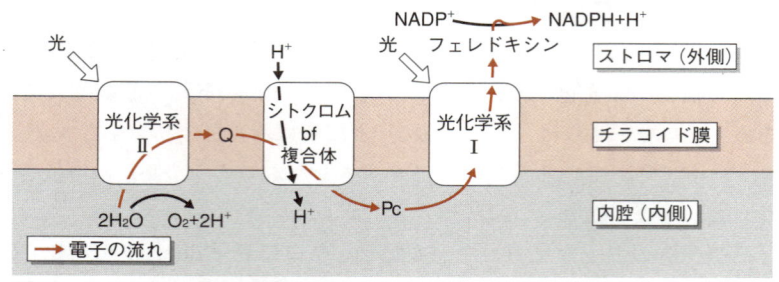

図68 チラコイド膜上の光合成装置

2-3-17 チラコイド膜の光合成装置
── 光で水から酸素とH$^+$をつくり電子を伝達する

光合成装置のうち，光依存性の部分の概略を，図68に示した。

この図に示したように，光合成装置はミトコンドリアの電子伝達系にきわめてよく似ている。ミトコンドリアでは，電子はタンパク質複合体を経由し，酸素に受け渡され，水ができた。光合成装置では逆に，光エネルギーで水の電子を励起し，酸素をつくり，電子は**光化学系Ⅱ**[30]と呼ばれるタンパク質複合体に渡される。次に，電子はプラストキノン（Q）を経由し，シトクロムbf複合体に渡され，さらに，プラストシアニン（Pc）を経て，**光化学系Ⅰ**にわたり，フェレドキシンの還元に使用され，最後にNADP$^+$が還元され，NADPHができる。この流れのうち，光化学系ⅠおよびⅡが，電子の励起装置である。電子の励起状態をわかりやすくするため，**Zスキーム**（Z模式）と呼ばれる表示法を図69に示した。

2-3-18　ATPの合成──呼吸と同じくH$^+$の濃度差を利用

チラコイド膜では，NADPHだけではなく，**ATPの合成**も行われる。電子伝達にともない，シトクロムbf複合体ではストロマ側から内腔側へのプロトン輸送が起こる。また，内腔側では水の分解にともなって，

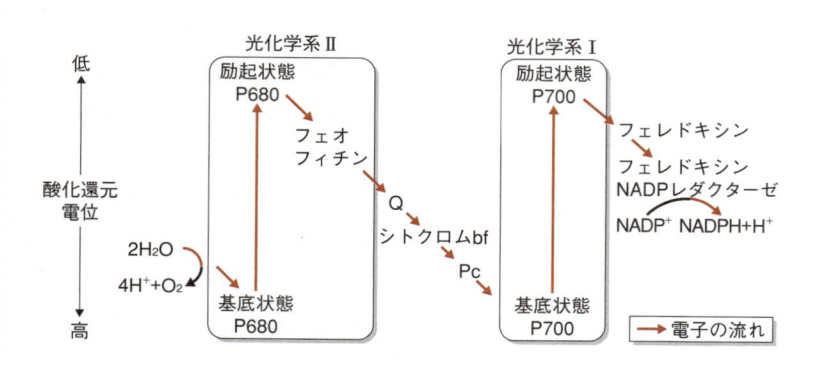

図69 Zスキーム

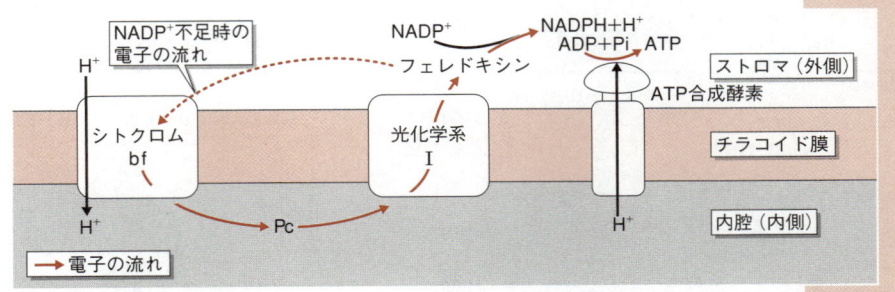

図70 循環的光リン酸化

プロトン濃度が上昇する。さらに，電子伝達が進み，NADP$^+$濃度が低下すると，フェレドキシンは電子をシトクロムbf複合体に戻し，さらにプロトン輸送が加速する。このフェレドキシンからシトクロムbf複合体への電子の還流システムを，**環状電子伝達**といい，それにともなって起こるATP合成を**循環的光リン酸化**という（図70）。

こうして得られたプロトンの濃度勾配差を利用して，チラコイド膜のストロマ側にあるATP合成酵素がATP合成を行う。

2-3-19　カルビン回路──二酸化炭素の固定

二酸化炭素の固定は，**カルビン回路**[31]という循環式酵素反応による（次ページの図71）。

回路の中間体，3-ホスホグリセリン酸から，グルコースへの合成経路はまさに解糖系の逆反応に近い。解糖系では，グルコースを出発として，ATPとNADHを合成しつつ，3-ホスホグリセリン酸を合成した。植物の場合，NADHの代わりにNADPHを使うものの，ほぼ，解糖系の逆反応の流れで，3-ホスホグリセリン酸からグルコース1-リン酸が合成される[32]。問題は，どうやって3-ホスホグリセリン酸を合成するかである。二酸化炭素を固定し，リブロース1，5-ビスリン酸を二分して3-ホスホグリセリン酸を合成する酵素が，**リブロース1，5-ビスリン酸カルボキシラーゼ**（**Rubisco**，ルビスコと読む）である。Rubiscoは，全地球上にもっとも多く存在する酵素であるといわれる。

2-3-20　Rubisco（ルビスコ）は未完成か？

生命が光合成を始めた当時，地球の大気中に酸素は，ほとんどなかった。ゆえに，生産物の酸素が，Rubiscoを阻害するような状況はなかったに違いない。しかしながら，現在の地球大気の20％は酸素であり，Rubiscoは生産物だらけの環境で働かなければならない。実際，現在の植物のRubiscoは，しばしば，酸素分子を二酸化炭素分子の代わりにとりこんでしまう。この結果，光合成効率は約30％ほど減少す

31　カルビン回路の別名
　カルビン回路は，還元的ペントースリン酸回路とも呼ばれる。

32　貯蔵炭水化物の合成
　正確には貯蔵炭水化物のデンプンは，グルコース1-リン酸から合成されるので，グルコースを合成する必要はない。

図71 カルビン回路

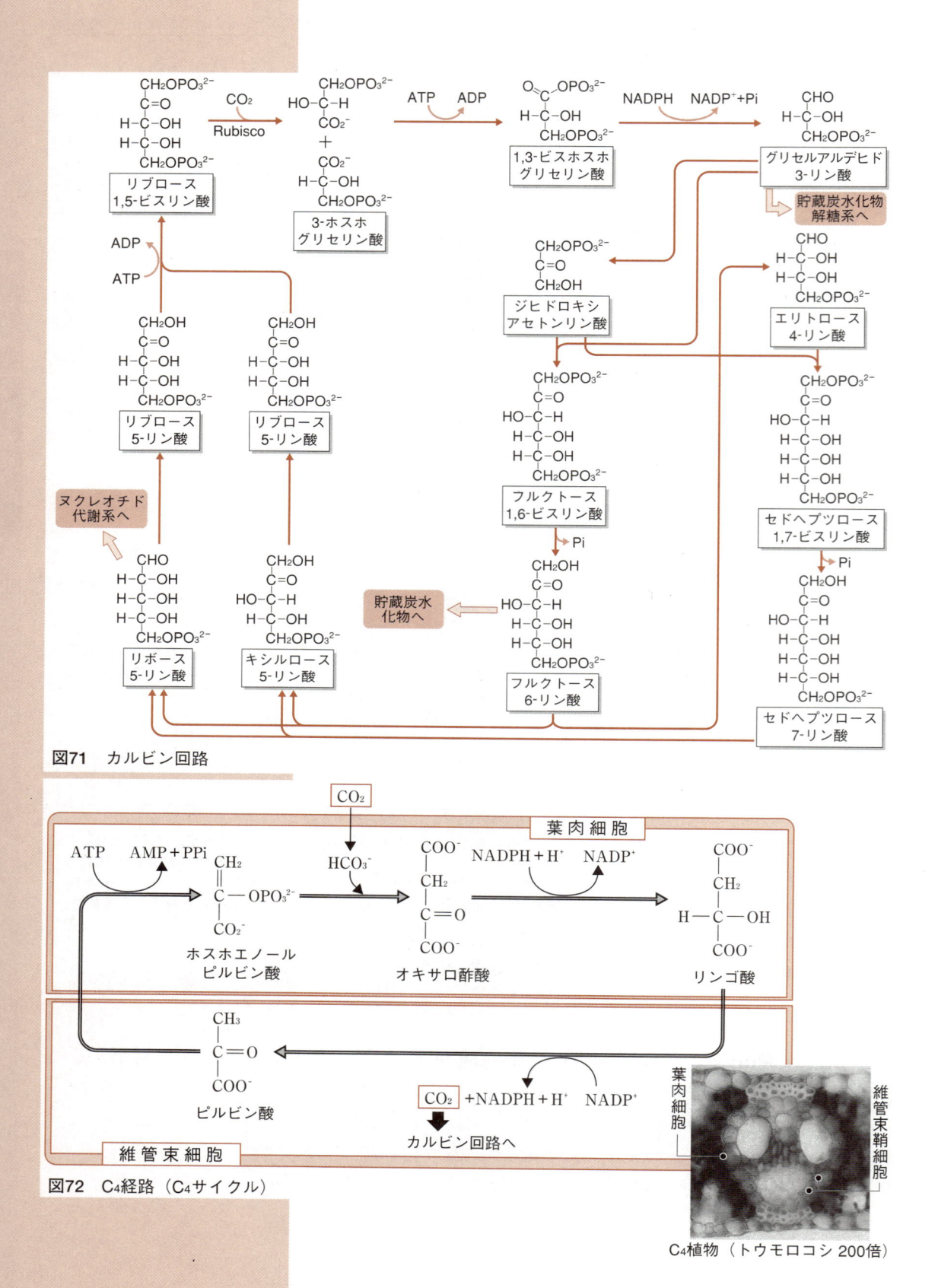

図72 C₄経路（C₄サイクル）

C₄植物（トウモロコシ 200倍）

る。ふつう，このような不利な状況ならば，**新たな酵素が分子進化してしかるべきなのだが，どういうわけか，そのような酵素は出現しなかった**。現在までのところ，Rubiscoが酸素を取り込むことによって有利になるような生理現象は発見されておらず，Rubiscoは未完成のまま，現在でも全地球規模の環境と生命を支えているのかもしれない。

コラム5　C_4植物による二酸化炭素の濃縮 (図72)

高温で光の強い環境下では，植物周辺の大気中の二酸化炭素濃度は減少し，Rubiscoが酸素をとりこんでしまう確率が飛躍的に上昇する。このような状態を**光呼吸**というが，極端な場合，光呼吸の速度が光合成速度に相当することさえ起こる。しかし，トウモロコシやサトウキビなどの単子葉植物では，二酸化炭素を濃縮して，光呼吸をほぼ完全に防ぐメカニズムをもっている。この経路をC_4経路（C_4サイクル）という。この名称は，ふつうの光合成経路（C_3経路）では，二酸化炭素が固定されて3-ホスホグリセリン酸（炭素数，3個）ができるのに対して，C_4経路では，ホスホエノールピルビン酸からオキサロ酢酸（炭素数，4個）が合成されることに由来する。オキサロ酢酸はリンゴ酸に変換され，このリンゴ酸が分解されて，二酸化炭素とピルビン酸に変換される。生じたピルビン酸は，ATPを消費してホスホエノールピルビン酸に再変換され，一連のサイクルが完了する。

C_4経路は，葉肉細胞と維管束細胞にまたがって存在し，二酸化炭素の固定からリンゴ酸の生産までが葉肉細胞で，リンゴ酸の分解が維管束細胞で行われる。単子葉植物の葉肉細胞は維管束細胞を取り囲むように配置されており，Rubiscoをもたない。このことによって，低二酸化炭素の環境でRubiscoが働くのが防がれているのである。

コラム6　砂漠の植物のC_4経路

極度に乾燥した砂漠では，日中，気孔を開いて二酸化炭素を取り込もうとすると，蒸散により，大量の水分を失ってしまう。そこで，ベンケイソウなど砂漠に適応した植物では，昼間は気孔を閉じ，夜間にC_4経路（C_4サイクル）を回してリンゴ酸を蓄えることができるようになっている。日中，リンゴ酸は分解されて二酸化炭素を生じ，カルビン回路へ供給される。また，C_4経路で必要な大量のホスホエノールピルビン酸は，夜間にデンプンを解糖系で分解して調達し，昼間，リンゴ酸の分解で生じたピルビン酸は解糖系を逆行して，デンプンへ再変換される。この砂漠植物のC_4経路は，とくにベンケイソウ型有機酸代謝ともいう。

2-4　生命情報の流れとしての生命活動①〜遺伝学の誕生から分子遺伝学への歴史

2-4-1　はじめに——メンデルの法則からゲノム科学まで

遺伝学とは親の形質が子孫に引き継がれる遺伝現象および遺伝的変異を研究する生物学の一分野である。遺伝の根本法則を明らかにし，遺伝学の基礎をうちたてたのは，オーストリアの僧のメンデル（G. Mendel）である。有名な**メンデルの法則**を発見したのは1860年代半ばであった。

それから90年の間に遺伝学は目覚ましい進歩を遂げ，**遺伝現象は細

胞核内にある染色体がつかさどっていること，染色体上に存在する遺伝子が遺伝の本体であること，遺伝子はDNAという物質でできていることなどが次々と明らかにされたあと，1953年にワトソン（J. Watson）とクリック（F. Crick）により**DNAの二重らせん構造モデル**が発見された。これを契機として，それまでは遺伝子を最小単位として取り扱っていた遺伝学が，遺伝子の内部構造すなわちDNAを構成する塩基という分子のレベルで，**遺伝子の複製，組換え，修復，変異**などを論じられるようになり，さらに遺伝子からタンパク質がつくられる過程である，**転写，翻訳**など遺伝情報発現の研究が盛んになった。こうして遺伝現象を分子レベルで研究する**分子遺伝学**という生物学の一分野が誕生した。

さらに，遺伝子全体を**ゲノム**[1)]という概念でとらえ，ゲノムそのもの，およびそこから生み出されるRNA，タンパク質，糖などのあらゆる生体成分の構造や機能を論じる**ゲノム科学**が現在盛んに行われている。そしてついに30億塩基対からなるヒトゲノムの全塩基配列が主として米，英，日本の共同作業により決定され，2003年4月には**ヒトゲノム解読完了宣言**が出された。今では細胞全体を対象として，そこに存在するすべての分子の構造と機能，さらにそれらの相互作用を通した，細胞構成成分のネットワークの研究が時代の趨勢を占めている。この節では遺伝学の誕生から分子遺伝学に至る道筋の概略を解説し，さらに**2-5**，**2-6**節で遺伝子発現の主たるプロセスである，**複製，転写，翻訳**についてくわしく述べる。

> 1　ゲノム
> 遺伝子を表すgeneに全体を表す語尾であるomeをつけてgenomeという新しい単語が誕生した。

2-4-2　メンデルの「遺伝因子」から「遺伝子」の概念ができるまで——遺伝学の成立

■メンデルの遺伝の法則　メンデルは1856年から1864年にかけて，

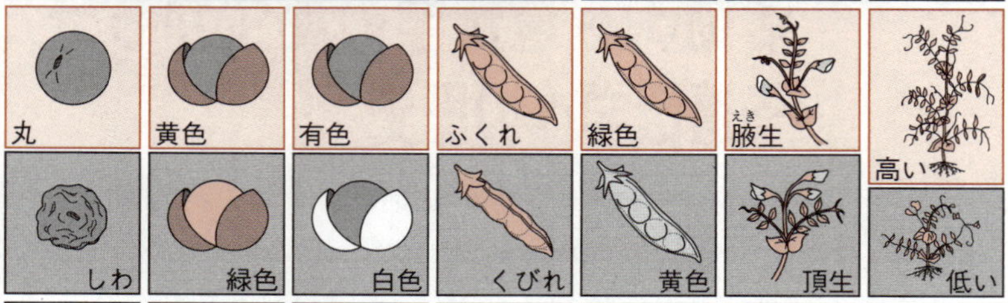

交配したPの対立形質		種子の形	子葉の色	種皮の色	成熟したさやの色	未熟のさやの色	花のつく位置	草たけ
	優性	丸	黄色	有色	ふくれ	緑色	腋生	高い
	劣性	しわ	緑色	白色	くびれ	黄色	頂生	低い
F_1の形質		丸	黄色	有色	ふくれ	緑色	腋生	高い
F_2の形質	優性	丸 5474	黄色 6022	有色 705	ふくれ 882	緑色 428	腋生 651	高い 778
	劣性	しわ 1850	緑色 2001	白色 224	くびれ 299	黄色 152	頂生 207	低い 277
	分離比	2.96：1	3.01：1	3.15：1	2.95：1	2.82：1	3.14：1	2.84：1

図73　メンデルの実験の結果（7対の形質）

2-4 生命情報の流れとしての生命活動① 〜遺伝学の誕生から分子遺伝学への歴史

当時オーストリアのブルーノの修道院の庭園でエンドウマメを栽培し，その交配実験の結果を「雑種植物の研究」という論文にまとめ，1865年にブルーノ自然科学会誌に発表した（1-1-4参照）。

彼は背の高さ（高いものと低いもの），マメの形（丸いものとしわのもの）と色（黄色と緑）など，はっきりと区別できる**形質（対立形質）**をもつ2種類のマメを**交配**させ，その子（第1世代：F_1）にどのような形質をもつものが出現するか，さらにそれを自家受精させると**第2世代（F_2）**にはどのような形質が多く出現するかを統計的に調べた。その結果，次の三つの法則を提案した。

① 対立形質をもつ2個体を交配すると雑種第1代（F_1）は優性形質[2]のみが現れるという**優性の法則**（図74）。

② F_1の自家受精によって得られるF_2には，F_1で隠れていた親の形質が分離して再び現れる（優性と劣性が3：1の割合になる）という**分離の法則**（図74）。

③ 2対以上の対立形質の遺伝では，各対立形質は互いに混じりあわず，それぞれ独立に遺伝するという**独立の法則**（図75）。

彼はこの「**メンデルの法則**」を説明するために「**遺伝要素**」という概念を仮定した。これが遺伝子の原型である。

メンデルの法則は当時あまり注目されず，世界的に評価されるようになったのは，1900年に3人の植物学者，ドイツのコレンス（C. Corens），オランダのド・フリース（H. de Vries），オーストリアのチェルマック（E. Chelmak）がほぼ同時期に，メンデルの法則を再発見し，彼らの論文にメンデルの論文を正当に引用してからである。

> **2 優性形質・劣性形質**
> 一組の対立形質を交配させたとき，F_1（雑種第1代）に現れる形質を**優性形質**，現れない形質を**劣性形質**という。

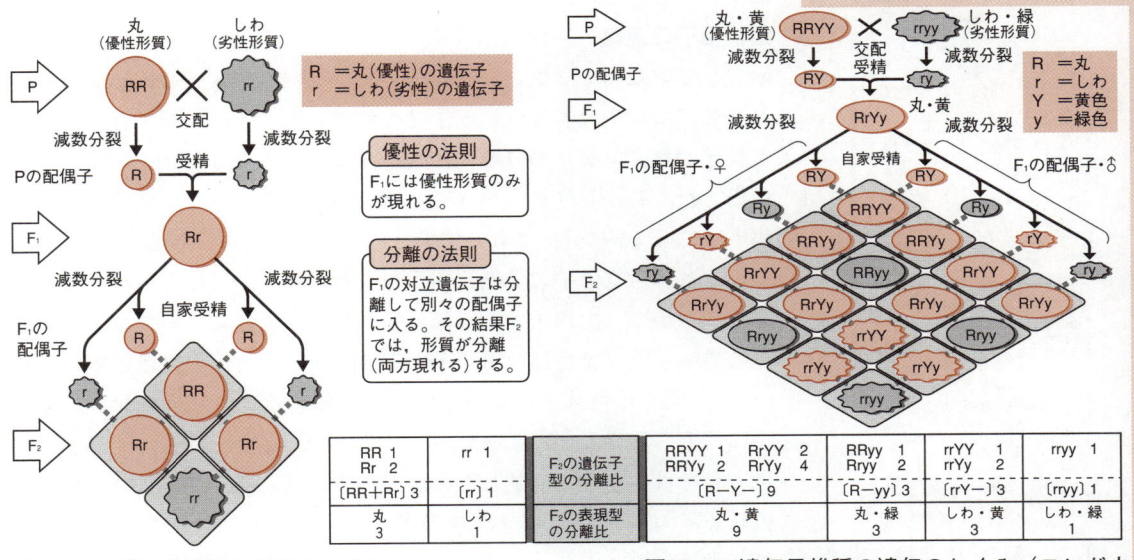

図74 一遺伝子雑種の遺伝のしくみ

図75 二遺伝子雑種の遺伝のしくみ（エンドウの種子の形と子葉の色）

3　相同染色体

体細胞にある染色体は，性染色体を除いて，同じ形同じ大きさのものが二つ一組でペアになって存在している。これを**相同染色体**という。

たとえばヒトでは，23対の相同染色体からなる46本の染色体がある（図76）。

4　担体

ここでは，遺伝子を運ぶための補助をする物体（物質）をさす。

5　連鎖

同じ染色体上にある遺伝子群は，配偶子形成のとき，染色体が切れたりしない限り，つねに同じ配偶子に入る。そしてこの場合，独立の法則はなりたたない。この遺伝子どうしの関係を**連鎖**という。

なお，まれに連鎖している遺伝子の組み合わせが変わることがある。この現象を**遺伝子の組換え**という（図77）。

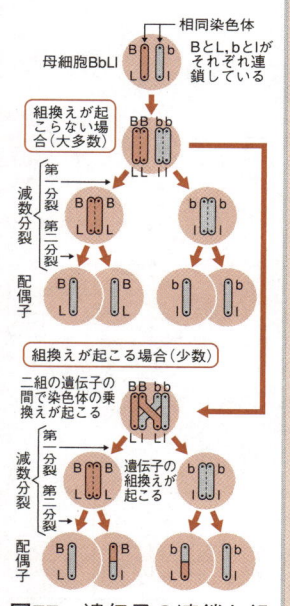

図77　遺伝子の連鎖と組換えのしくみ

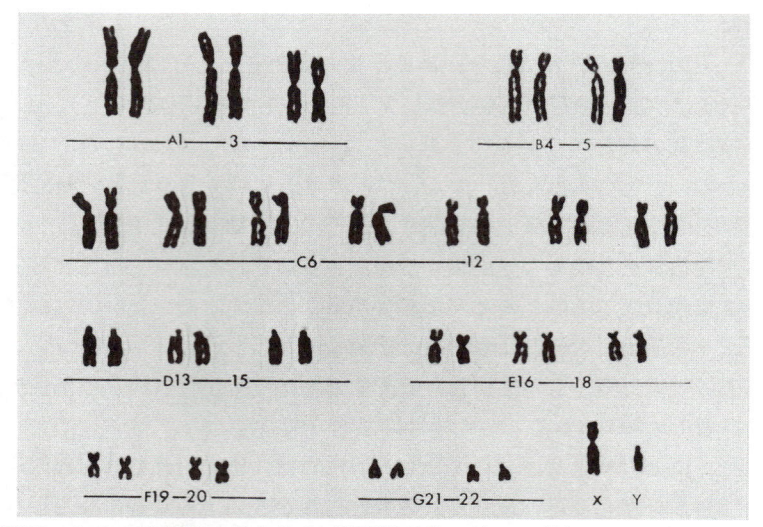

図76　ヒトの体細胞の染色体（光学顕微鏡像，約1200倍）
（写真提供：鳥取大学　稲賀すみれ氏）

体細胞や生殖細胞には，同じ形，同じ大きさの染色体が2本ずつ見られる（相同染色体）。一方は雌親に，もう一方は雄親に由来している。ヒトの染色体数は$2n=46$。

■**染色体の発見**　メンデルの死後1890年代になって，動植物細胞の分裂に先立って形成される紡錘体中に，塩基性色素で強く染まる棒状構造が見出され，それは**染色体**と名付けられた。染色体は対になっていて（**相同染色体**[3]），細胞分裂の前に倍になり，一つずつ娘細胞に分配される。そこでこの染色体が遺伝を支配している**遺伝子の担体**[4]ではないかと多くの研究者達が考えるようになった（図76）。

■**遺伝子の連鎖**　1904年スイートピーの花の色と花粉の形の遺伝を研究していたベーツソン（W. Bateson）とパネット（R. Punnett）は，これら二つの形質の対立遺伝子はそれぞれ配偶子に分配され，雑種第2世代ではメンデルの分離の法則通り，3：1の分離比を示すことを見出した。しかし注目すべきことは二つの形質どうしが高い頻度で**連鎖**[5]して配偶子に分配され，結果としてF_2での組み合わせの分離比は，それぞれの対立因子の分離比を重ね合わせたものにはならないことである。やがて，配偶子に均等に分配される染色体については，メンデルの提唱した「**染色体が遺伝子の担体である**」という**染色体説**に基づいて，「同一染色体上に並ぶ遺伝子は連鎖する」という概念が，しだいに認められるようになった。

これをはっきりと検証したのがモーガン（T. H. Morgan）である。彼はキイロショウジョウバエの多くの突然変異形質の間の連鎖を調べ，染色体対と同じ数の連鎖した4遺伝子群をそれぞれ直線上に配列した遺伝子の**染色体地図**を完成した（図78）。こうして遺伝子は染色

体という塩基性色素で強く染まる棒状構造に存在することが明らかになったが，ではこの染色体，あるいは遺伝子の「化学的な実体は何か」が，次に解決すべき大きな課題となった。

2-4-3　遺伝子はDNAである
——DNAの実態を知る研究の始まり

■**形質転換**　遺伝子がDNAという物質であることの証明には，肺炎双球菌という動物に肺炎を引き起こす病原性細菌が役立った。この細菌は病原性をもつS型ともたないR型があり，それは外被に莢膜という多糖類の膜があるかないかで決まっている。1928年グリフィス（F. Griffith）は，無毒のR型生菌と熱殺菌して感染能をなくしたS型死菌をいっしょにネズミに注射すると，ネズミは肺炎を起こすことを見出し，そこからS型生菌を採取した。その場合，R型生菌とS型死菌を別々に注射するとネズミは発症しない（図79）。したがってネズミの体内で，S型とR型が融合してS型生菌の形質が発現したときだけ，ネズミは肺炎を発症することになる。このような現象を**形質転換**というが，形質転換を起こす原因となる成分が**遺伝子**である。

■**遺伝物質の同定**　この成分の同定（決定）は，1944年になってエーヴリー（アベリー；O. Avery）らによって実現された。彼らは実験を簡単にするため，寒天培地上での形態の違いからS型とR型を容易に判別する方法を考案した。S型菌は培地上になめらかなコロニー[6]をつくるのに対し，R型は表面が粗いコロニーを形成する。そこでS型死菌からタンパク質，DNA，RNA多糖類などを抽出し，それらを別々にR型死菌にかけたところ，DNAだけがR型からS型へ変換する能力をもつことがわかった。こうして形質転換能をもつ**遺伝子はDNA**であることが判明した。

6　コロニー
バクテリアの増殖につれてできる群落のこと。

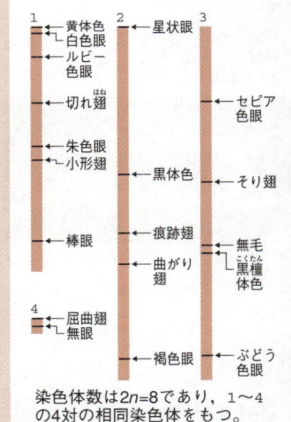

図78　キイロショウジョウバエの雌の染色体地図
染色体数は2n=8であり，1〜4の4対の相同染色体をもつ。

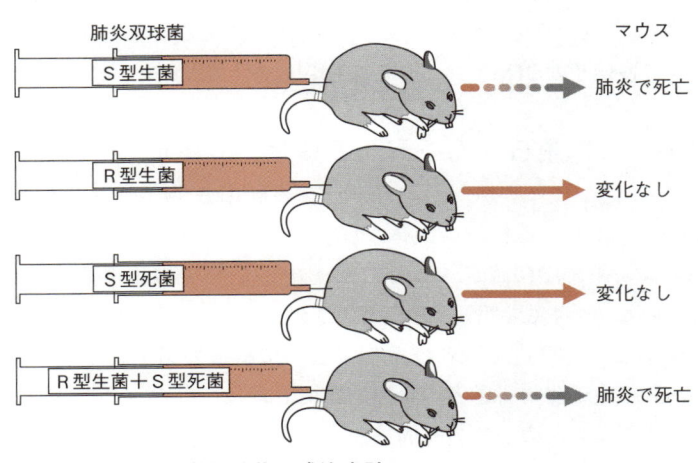

図79　マウスへの肺炎双球菌の感染実験

- S型生菌 → 肺炎で死亡
- R型生菌 → 変化なし
- S型死菌 → 変化なし
- R型生菌＋S型死菌 → 肺炎で死亡

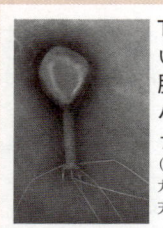

T₂ファージという、原核細胞にとりつくバクテリオファージ。
(写真提供：3点とも九州大学名誉教授天児和暢氏)

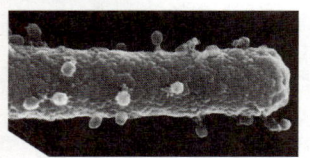

たくさんのバクテリオファージが大腸菌にとりついている。

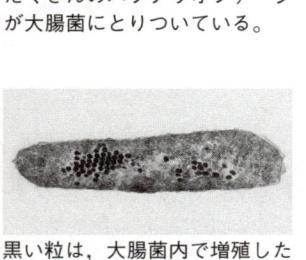

黒い粒は、大腸菌内で増殖したバクテリオファージである。

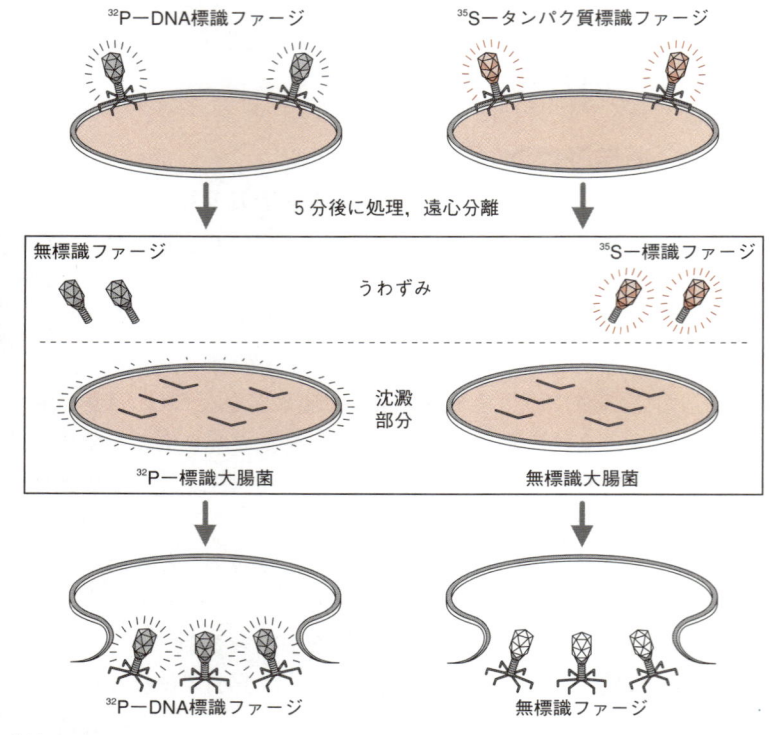

図80 T₂ファージの大腸菌への感染実験

> 7　T₂ファージ
> DNAとタンパク質だけからできていて、大腸菌に感染すると200個もの子ファージを生産するウイルスの一種。

■**ハーシーとチェイスの実験**　さらに明解な実験は、1952年にハーシー（A. Hershey）とチェイス（M. Chase）によって行われた。彼らは、ウイルスの一種であるT₂ファージ[7]を用い、タンパク質は^{35}S、DNAは^{32}Pで別々に標識したファージを大腸菌に感染させた。そうすると、^{32}P標識ファージをかけたときだけ子ファージは^{32}Pで標識されていたが、^{35}S–標識ファージを感染させても、子ファージは放射性標識されていなかった（図80）。このことはファージの成分であるタンパク質とDNAのうちDNAだけが大腸菌体内に入ること、すなわちファージの**遺伝子がDNA**であることを明白に示している。

2-4-4　二重らせんモデルの誕生
——20世紀の生物学最大の発見

このようにして遺伝子の実体がDNAという化学物質であることは1950年代初頭までに確定された。それまでにDNAの化学構造も決定されていた（**2-1-6参照**）。そこで、このような化学構造をもつDNAがいかなる立体構造を取れば遺伝子として機能できるかという問題が、1950年頃の生物科学者の世界的な関心事になった。この問題に明解な解答を与えたのが、当時弱冠25才の米国人ワトソン（J. Watson）と37才の英国人クリック（F. Crick）である。

当時2人がいた英国ケンブリッジのキャベンディッシュ研究所には，X線解析法の開発で有名なブラッグ（W. Bragg）を中心に，ペルツ（M. Perutz）やケンドリュー（J. Kendrew）がタンパク質のX線結晶構造解析を行っていた。ロンドンのキングスカレッジには，DNA繊維をX線解析していたウイルキンス（M. Wilkins）やフランクリン（R. Franklin）たちがいて，DNA繊維のX線解析パターンを見る機会に恵まれていた。DNAの構造を研究するための環境が整っていたという幸運が，彼らの大発見を後押ししたことは周知の事実である。

　そして1953年，ワトソンとクリックは20世紀の生物学の最大の発見と称えられる**DNAの二重らせん構造モデル**を発表したのである。その構造の特徴はすでに**2-1-6**で解説したが，この二重らせんモデルが容易に世界中で受け入れられた背景には，それがDNAの複製機構をよく説明し，遺伝子としての性質を満足するものだったことがある。

2-4-5　セントラルドグマの発表
　　　——このしくみから遺伝子工学が発展，そして生命科学へ

　1941年にビードル（G. Beadle）とテータム(E. Tatum)はアカパンカビを用いた栄養要求性の突然変異の研究によって，一つの遺伝子の変異は一つの反応を触媒する酵素の変異として表現されることを発見し，**一遺伝子一酵素説**を提唱した。酵素はタンパク質でできているから，この説はDNA中に蓄えられている情報（**遺伝情報**）がタンパク質の合成を指令することを意味する。このような考えを基礎にして，1957年クリックは遺伝情報の一方向の流れを想定して，DNAの情報はRNAを介してタンパク質として発現するという，**セントラルドグマ**の概念を発表した（**2-5-1**参照）。中間にRNAを入れる必要があったのは，DNAを**鋳型**[8]として直接タンパク質が合成される分子機構を想定することに，構造的にまったく無理があったためである。

　DNAは，ワトソン・クリックの**塩基対形成**という法則にしたがって，忠実に複製する（**DNAの複製：2-5-2**）。さらに同じ法則にしたがって，DNAの片方の鎖からRNA鎖が合成される（**転写：2-6-1**）。このRNAを鋳型として，アミノ酸を結合したtRNAがリボソーム上でmRNAと結合し，アミノ酸間でペプチド結合を形成してタンパク質となる（**翻訳：2-6-6**）。このセントラルドグマの検証と各ステップの分子機構の解明に約15年の歳月が費やされた。そして1972年，セントラルドグマのしくみを人工的に利用し，遺伝子の解析やタンパク質を生産しようという**遺伝子工学**が誕生した。以後生物科学は**生命科学**に脱皮し，21世紀は生命科学の時代といわれる今日の盛況を生み出したのである。

8　鋳型（いがた）
　本来の意味は，鋳物をつくるときに，とけた金属を流し込む「型」のこと。ここでは，「型にはめるようにして同じものをつくる」という意味で，比喩的に「鋳型」といっている。

2-5 生命情報の流れとしての生命活動②～遺伝情報とその複製

2-5-1 生物における遺伝情報の流れ
──セントラルドグマ：DNA⇒RNA⇒タンパク質

■**セントラルドグマ** 地球のすべての生物が，すべて同じ原理で生を営んでいることがわかってきたのは，たかだかこの40年来のことに過ぎない。それは**DNA**（2-1-6参照）という生命の根幹をつかさどる物質から**遺伝情報**と呼ばれる信号が，RNA中の**塩基配列**という形をとって発信され，それに基づいて**リボソーム**上で情報変換が行われ，アミノ酸の重合体である**タンパク質**が生産されるという原理である。タンパク質こそが生命の活動を担う根本物質であり（2-1-7参照），その情報源が**DNA**なのである。

このような生体における遺伝情報の流れを**セントラルドグマ（中心教義）**というが，これは1957年にDNA二重らせん構造の発見者の1人であるクリック（F. Crick）によって提唱されたものである。

■**セントラルドグマの過程** DNAが遺伝子として自分自身のコピーをつくる過程を**複製**という[1]。また，DNAがタンパク質をつくるために，その仲介役となるRNAに情報を与える過程を**転写**という[2]。RNAの情報からタンパク質を合成する過程は**翻訳**と呼ばれる。それはDNAとRNAからなる「核酸の世界」と，アミノ酸からなる「タンパク質の世界」とでは言語形態が違うからである。

このセントラルドグマは遺伝情報の1方向の流れを示しているが，1970年代になって，がんウイルスなどでRNAからDNAが合成される過程が発見され，この過程は**逆転写**と名付けられた。こうして**DNA-RNA間の情報伝達は，実際に可逆的**であることが実証された。

2-5節では，このセントラルドグマに基づいて，遺伝情報がどのように伝達されてタンパク質の生産へと導かれるか，という遺伝情報の発現過程の概略について述べる。

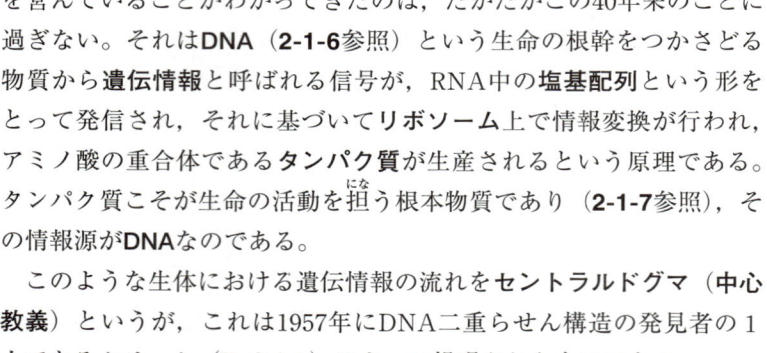

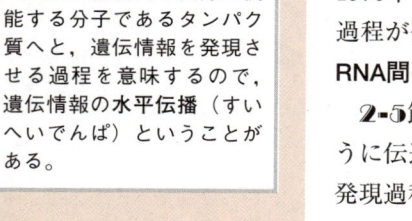

---

1 複製（垂直伝播）
　これは親細胞の遺伝情報が子細胞に伝わる過程を意味するので，遺伝情報の**垂直伝播**（すいちょくでんぱ）ということがある。

2 転写（水平伝播）
　これは細胞内で実際に機能する分子であるタンパク質へと，遺伝情報を発現させる過程を意味するので，遺伝情報の**水平伝播**（すいへいでんぱ）ということがある。

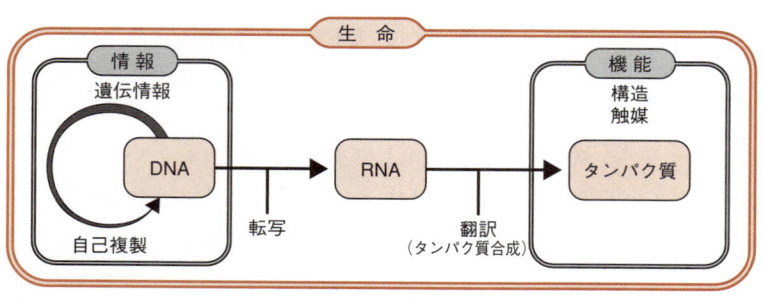

図81　セントラルドグマの概念

2-5-2　DNAの半保存的複製
——自分の遺伝子を残すための複製

いまここに図82(a)のような配列をもつDNAがあったとする。2本のらせん鎖がほどけてそれぞれの鎖を鋳型としてそれに**相補的**[3]な（Aの相手はT, Gの相手はC, など）鎖が合成されれば(b)，初めの二本鎖とまったく同一の二本鎖が合成されることになる(c)。これはDNAの二重らせん構造から論理的に導かれるDNA複製の原理である。

この方式では，親の鎖が半分ずつにわかれ，わかれたそれぞれの鎖を鋳型として子供の鎖が合成されるから，**半保存的複製**（Semi-conservative replication）と呼ばれている。

非放射性同位元素^{15}Nで標識[4]した大腸菌DNAを用いて，メセルソン（M. Meselson）とスタール（F. Stahl）がこの過程が実際に大腸菌細胞内で起こっていることを実験的に証明し（1958年），その後ケンズ（J. Caims）によってオートラジオグラフィー[5]という技術を用いて直接確認された（1963年）。

2-5-3　複製酵素DNAポリメラーゼ
——多彩な能力をもつ酵素

上記の研究と並行してDNAの複製に関与する**DNAポリメラーゼ**と名付けられた酵素が，コーンバーグ（A. Kornberg）らによって発見されたが（1956年），この酵素は以下の特徴をもっていた。

① 重合反応には**鋳型DNA**を必要とする。
② **プライマーRNA**（**2-5-4参照**）を要求する。
③ **基質**[6]は4種類のdNTP, 鋳型DNAと**相補的塩基対**を形成する。
④ 鋳型鎖と逆平行に合成を行い，反応は**5´→3´方向**[7]に進む。

これから考えられる合成の様式（しくみ）は下の式（2—8）のようになり，図解すれば図82(b)に示すようになる。1分子の高エネルギートリリン酸化合物を分解してピロリン酸を放出することにより，

3　相補的
Aの相手はT, Gの相手はC, など，塩基が対をなす関係を**相補性**という。

4　標識
生物体内の物質の追跡や細胞に印をつけて追跡する場合，放射性同位体や蛍光物質を印に利用する。この印を**標識**という。

5　オートラジオグラフィー
放射性物質で標識した分子を写真感光フィルム上で視覚化する技術のこと。

6　基質
酵素によって作用を受ける物質のこと。

7　5´→3´方向
2-1-6参照。

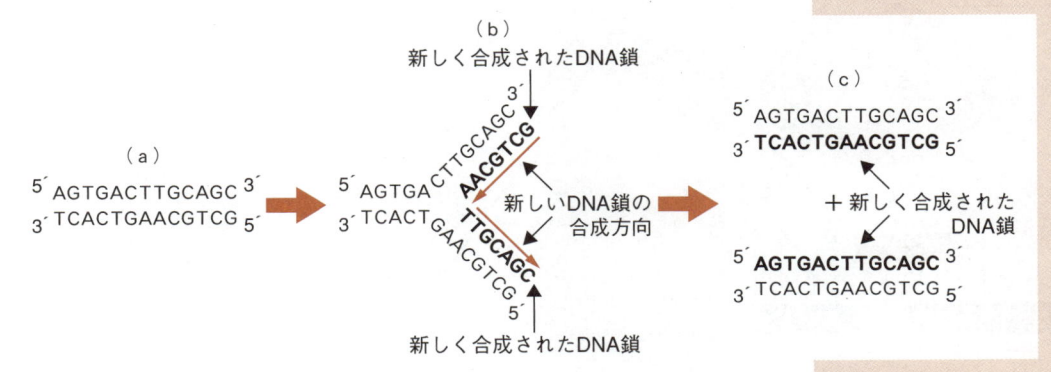

図82　DNAの複製原理

(a)
5´ AGTGACTTGCAGC 3´
3´ TCACTGAACGTCG 5´

(b) 新しく合成されたDNA鎖
5´ AGTGA CTTGCAGC 3´
      AACGTCG
      ↕ 新しいDNA鎖の合成方向
      TTGCAGC
3´ TCACT GAACGTCG 5´
新しく合成されたDNA鎖

(c)
5´ AGTGACTTGCAGC 3´
3´ TCACTGAACGTCG 5´
＋新しく合成されたDNA鎖
5´ AGTGACTTGCAGC 3´
3´ TCACTGAACGTCG 5´

反応が進行するが，生じたピロリン酸（PPi）は細胞内のホスファターゼにより無機リン酸に分解されるので，反応はつねに合成の方向（左から右へ）に進む。

$$(d\text{NMP})_n + d\text{NTP} \underset{\text{Mg}^{2+}}{\overset{\text{鋳型DNA}}{\rightleftharpoons}} (d\text{NMP})_{n+1} + \text{PPi} \qquad (2-8)$$

■**DNAポリメラーゼの活性**　この酵素は，**DNA合成反応を触媒する活性**[8]以外に，5′から3′方向に1ヌクレオチド[9]ずつDNA鎖を分解する活性（**5′→3′エクソヌクレアーゼ活性**，後述），逆に3′から5′方向に1ヌクレオチドずつDNA鎖を分解する活性（**3′→5′エクソヌクレアーゼ活性**）[10]，および式（2-8）の逆反応である**加リン酸分解活性**をもっている。このあと，これと同じ反応様式をもち，大腸菌で実際の複製に関与する酵素（**DNAポリメラーゼⅢ**，ただし5′→3′エクソヌクレアーゼ活性はもたない）が発見され，この最初に発見された酵素（**DNAポリメラーゼⅠ**）は，主として3′→5′エクソヌクレアーゼ活性を発現する修復酵素であることがわかった．

■**クレノウフラグメント**　DNAポリメラーゼⅠをサチライシンやトリプシンなどのプロテアーゼ（タンパク質分解酵素）で限定分解すると，DNA合成活性と3′→5′エクソヌクレアーゼ活性だけを保持した分子量75,000の大フラグメント[11]（large fragment）がとれ，5′→3′エクソヌクレアーゼ活性は小フラグメント（small fragment）として分離される。この大フラグメントは**クレノウ（Klenow）フラグメント**と呼ばれ，遺伝子工学で活用されている。

8　活性
ここでは，触媒や酵素がもつ機能そのものをさして活性といっている。

9　1ヌクレオチド
ここでは，DNAの構成要素で，「塩基・糖・リン酸」からなる一つの単位（ヌクレオチド）をさしている。2-1-6参照。

10　3′→5′エクソヌクレアーゼ活性
これは間違って取り込まれたヌクレオチドを直ちに除去するために必要な修復酵素活性である。

11　フラグメント
フラグメントとは，「断片」という意味。ここでは，DNAやRNAの断片をフラグメントという。

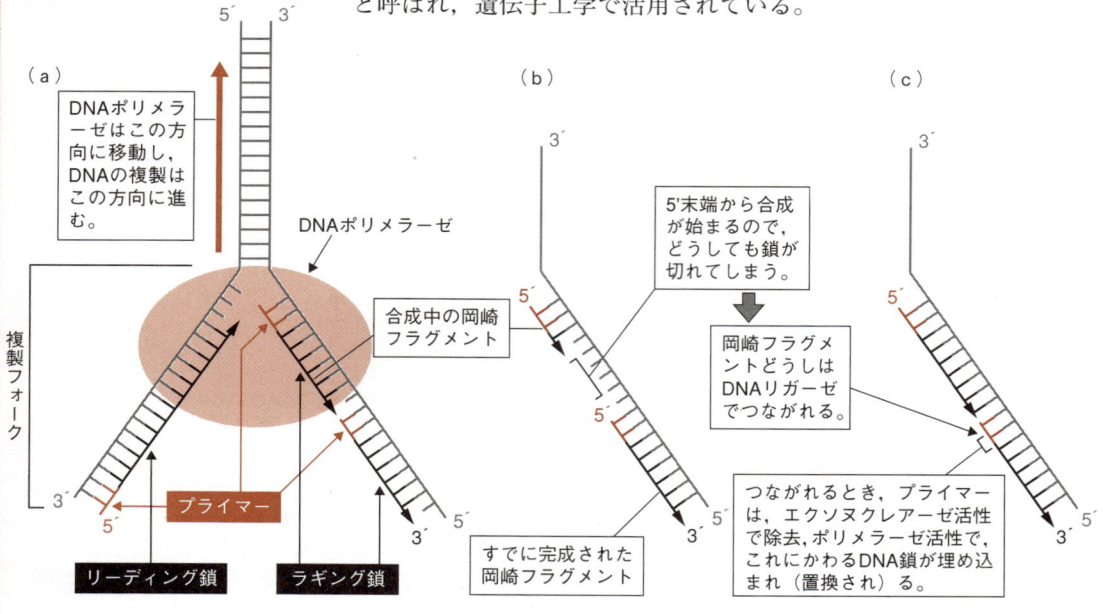

図83　DNAの不連続複製

2-5-4　DNAの不連続複製
——小単位を合成し，あとでつなげる

　上記のように，DNAの複製は通常，図82の(a)→(b)→(c)の経路を通って行われる。しかし，それまでに見つかったDNAポリメラーゼはすべて5′→3′方向に合成を進めるものだけなので，図82(b)の下側の鎖は矢印で示したように，二重鎖がほどけるにしたがって内側（左上）から外向き（右下向き）に合成されなければならない。つまりDNAの複製では少なくとも一方の鎖は不連続に合成されることを意味する（図83）。この事実は岡崎令治らによって証明された（1968年，コラム7参照）。このことから不連続に合成された鎖を**岡崎フラグメント**という。

　図83において，二本の鎖がほどけながら複製が進行する箇所を**複製フォーク**という。複製フォークの移動と同じ方向，すなわち5′→3′方向に連続的に合成されるDNA鎖のことを**リーディング鎖**（leading strand：**先導鎖**），複製フォークの移動と逆向きの，3′→5′の方向に不連続に合成される鎖を**ラギング鎖**（lagging strand：**遅滞鎖**）という。

　その後，実際のDNA複製にはDNA合成に先立って，**プライマー**[12]として短鎖（数ヌクレオチド）のRNAがつくられることが見出された。したがって岡崎フラグメントの先頭にもかならずRNA鎖がついていて，それは修復酵素であるDNAポリメラーゼⅠの5′→3′エクソヌクレアーゼ活性によって除去されながら，ポリメラーゼ活性によってDNA鎖に置換されてゆくのである。

　岡崎フラグメントのDNA部分どうしをつなぐ酵素は**DNAリガーゼ**（ligase＝ligation連結＋ase）という。これは二本鎖の片方の鎖に切れ目の入った（ホスホジエステル結合のみ1か所で欠けている）DNAの修復酵素として最初大腸菌で単離され，後に真核生物やT₄ファージ感染大腸菌にも存在することがわかった。反応にはNAD⁺（ニコチンアミドアデニンジヌクレオチド；大腸菌酵素の場合）またはATP（真核生物やT₄ファージの酵素の場合）が要求され，酵素とAMPが共有結合した中間体を経由する特徴的な反応様式をとってホスホジエステル結合が再生される。

12　プライマー
　酵素の合成反応において，反応の開始時に生成される物質が少量必要な場合があり，このような物質をプライマー（primer：導火線という意味）という。たとえば，DNAポリメラーゼが作用するには，DNAかRNAが少量必要である。

コラム7　岡崎フラグメント

　岡崎らは大腸菌を³H-チミジンでごく短時間標識し（Pulse labelという），その後大量の非放射性チミジンを加えて³Hの取り込みを抑えて（chaseという）から，DNAを抽出した。それをアルカリ処理して塩基対をこわして一本鎖に解離してからショ糖密度勾配遠心で³Hの分布を測定した。この結果は，新生DNAはまず小さなフラグメントとして合成され，あとでそれらがつながって大きなDNA鎖を形成するという，不連続合成のモデルを支持することになった。最初に³H-チミジンが取り込まれる短鎖DNAは岡崎フラグメントと呼ばれるようになった。のちに真核生物でも同じ機構の存在することが示されたが，この場合フラグメントの長さは大腸菌の約1/10の100～200ヌクレオチドである。

2-5-5　複製に関する酵素群と複製開始の詳細

■**複製にかかわる酵素群**　大腸菌DNAの複製にはおよそ表7のようなタンパク質や酵素が関与して行われることがわかっている。

DNAポリメラーゼⅢホロ酵素はα，β，εなど合計10種類のサブユニットタンパク質から構成される巨大な複合体で，その中にDNAポリメラーゼ活性を担うαサブユニット，3′→5′エクソヌクレアーゼ活性をもちエラー修復にあたるεサブユニット，長鎖DNA合成に必須のβサブユニットなどを含む。

表7　大腸菌DNAの複製にかかわるタンパク質や酵素

名　　称	役　　割
DnaAタンパク質	複製起点を認識して結合する。
DNAヘリカーゼ（DnaBともいう）	複製フォークの地点でDNAの二本鎖を巻き戻してほどく。
SSB（singlestrand binding protein）	ほどかれた一本鎖DNAに結合して1本鎖状態を保つ。
プライマーゼ（DnaGともいう）	RNAプライマーを合成する。
DNAポリメラーゼⅢホロ酵素	DNA複製酵素の本体である。
DNAポリメラーゼⅠ	RNAプライマーを除去しながら下流にDNAが存在するところまでDNA合成を行う。
DNAリガーゼ	不連続合成鎖を連結して，1本の連続したDNA鎖にする。
DNAトポイソメラーゼ	複製過程で生じるDNAの高次構造のひずみを解消し，複製した2対のDNA鎖を分離する。

13　Ori領域
A–T塩基対に富み，13bpの類似した3回繰り返し配列と，DNA複製開始に必要なDnaAタンパク質が結合する，四つのDnaAボックス配列からなる領域。

14　会合体
複数の分子が種々の化学結合で結合した（会合），その集合体のこと。

15　bp（base pair：塩基対）
bpとは，「塩基対」の略であるが，この場合のように長さの単位的な意味にも使われる。
たとえば13bpとは，「塩基対13個分の長さ」という意味である。

■**複製の開始**　大腸菌におけるDNAの複製は**Ori領域**[13]が，約30個の**DnaA会合体**[14]を包み込むようにして開始複合体を形成することにより開始する（図84）。この開始複合体が形成されると，ATPの助けを借りて，13bp[15]からなる3回繰り返し配列の領域が一本鎖状態にほどかれる。それをDnaB／DnaC複合体が認識し，DnaCから解離し

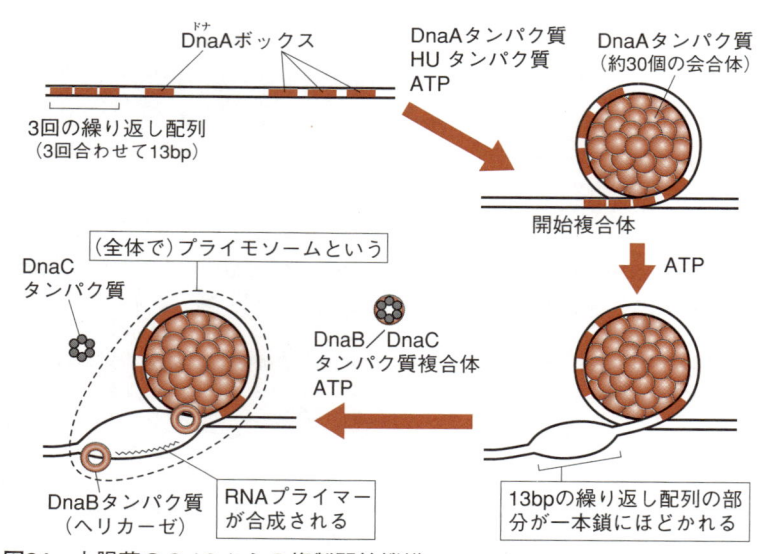

図84　大腸菌のOriCからの複製開始機構

たDNAヘリカーゼ活性をもつDnaBタンパク質が結合して一本鎖領域をさらに押し広げる。このDNA–DnaB複合体を中心としてプライモソーム[16]が形成されRNAプライマーが合成される。そこへDNAポリメラーゼⅢホロ酵素が結合してDNA複製が開始されるのである。

2-5-6　多様なDNA複製様式──環状と線状に大別

■**環状DNAの場合**　細菌染色体，ファージ，プラスミド，動植物のウイルスや酵母のプラスミドなど環状のDNAをもつものでは，通常図85 (a) に示す θ 型2方向の複製を行うが，場合によっては θ 型1方向の複製を行ったり，その特殊型 σ 型displacement様式の複製を行うものもある。

多くのミトコンドリアは**H鎖**と**L鎖**からなる**環状二本鎖DNA**をもつ

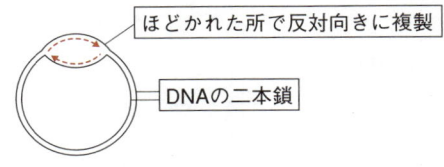

2-5　生命情報の流れとしての生命活動②～遺伝情報とその複製

16　プライモソーム
DNA合成開始反応を行うことのできるタンパク質複合体のこと。

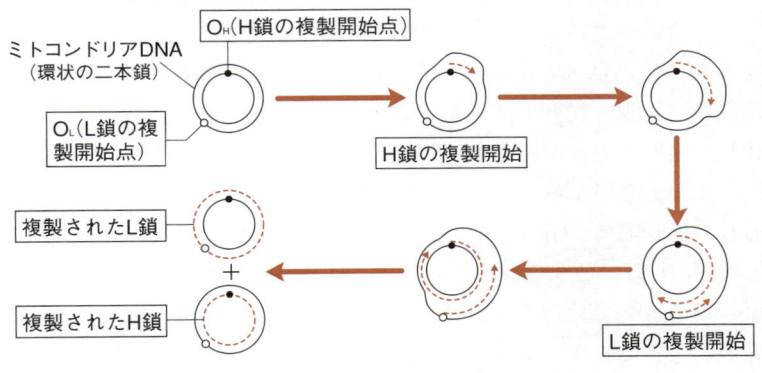

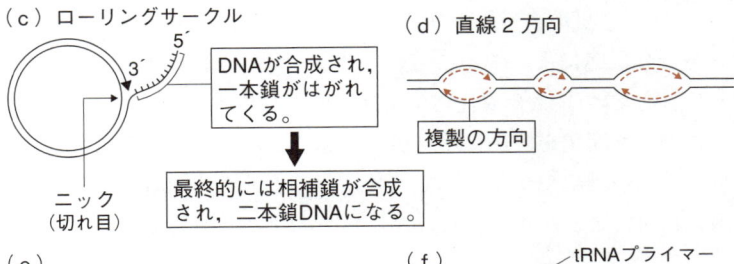

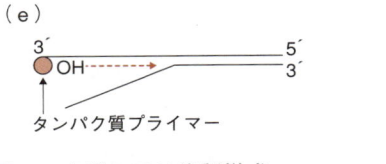

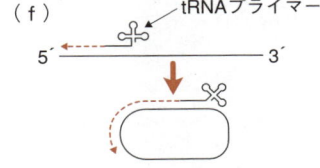

図85　多様なDNA複製様式
(a) θ型2方向
(b) σ型displacement（置換型）
(c) ローリングサークル
(d) 直線2方向
(e) タンパク質プライマー
(f) tRNAプライマー

が，この複製は，まずH鎖だけでθ型1方向の複製を行い，全体の2／3程度いったところにあるL鎖の複製起点が露出されると，はじめてL鎖の複製が開始される（図85(b)）機構が提唱されている（しかし最近これを否定するデータが出され，事態は渾沌としてきた）。

また，一本鎖ファージでは図85(c)に示す**ローリングサークル型の複製様式**[17]をとる。

■**線状DNAの場合**　真核生物の多くのDNAは線状であり，直線2方向の複製様式をとる。巨大なDNAの複製を短時間で可能にするためのしくみであると思われるが，1本のゲノム上に多数の複製起点が存在するものが多い（図85(d)）。また特殊な例としては，アデノウイルスに見られるように，タンパク質プライマーが5′末端に共有結合して複製を開始するものや（図85(e)），レトロウイルスのRNAからのDNA合成時に見られるように，tRNAをプライマーとしてDNA合成を開始するもの（図85(f)）などがある。

2-5-7　線状DNAの末端問題
――複製ごとに短くなってしまう

直線状DNAの3′末端領域は，図86(a)のように，不連続複製によっては完全に複製できず，複製のたびごとに染色体がしだいに短くなるという問題を生じる。これを**線状DNAの末端問題**という。これを回避するために，巨大な直線状DNA分子からなる真核細胞ゲノムでは，単純な繰り返し配列をもった**テロメア**[18]を末端領域に備えることで，複製の完結やゲノムの安定化を計っている。テロメア配列は下等真核生物から高等動植物までよく似ており，それらは3′末端鎖のGTに富む繰り返し配列（G鎖）と5′末端鎖のそれに相補的なCAに富む繰り返し配列（C鎖）とからなっている。テロメアの長さは出芽酵母で数百bp，哺乳動物では数千bpに及び，G鎖の末端には12〜16塩基の一本鎖領域が突き出している。このG鎖の末端は**テロメラーゼ**と呼ばれる酵素により，鋳型DNAの代わりにその酵素内に存在するRNAを鋳型とする逆転写反応によりつねに補修される（図86(b)）。C鎖はG鎖を鋳型として通常のDNA合成反応により合成される。

これが末端問題を解決する自然の知恵である。最近，**テロメラーゼ活性**は，生殖細胞やがん細胞では強いが，正常の体細胞ではほとんど検出されないことが報告され，がん化や老化との関連で強い注目を集めている。

17　ローリングサークル型の複製様式
図85(c)において，特異点にニックが入り，一方の鎖がはがされるにつれて矢印のように両方の鎖で複製が起こり，環状二本鎖と一本鎖を生じる。

18　テロメア
直鎖状染色体の末端部分のことで，同一生物では，すべての染色体で同じような配列をもっている。
本シリーズ「先端技術と倫理」第1部2章「生命はなぜ老いるのか」を参照。

2-6 生命情報の流れとしての生命活動③〜遺伝情報の発現

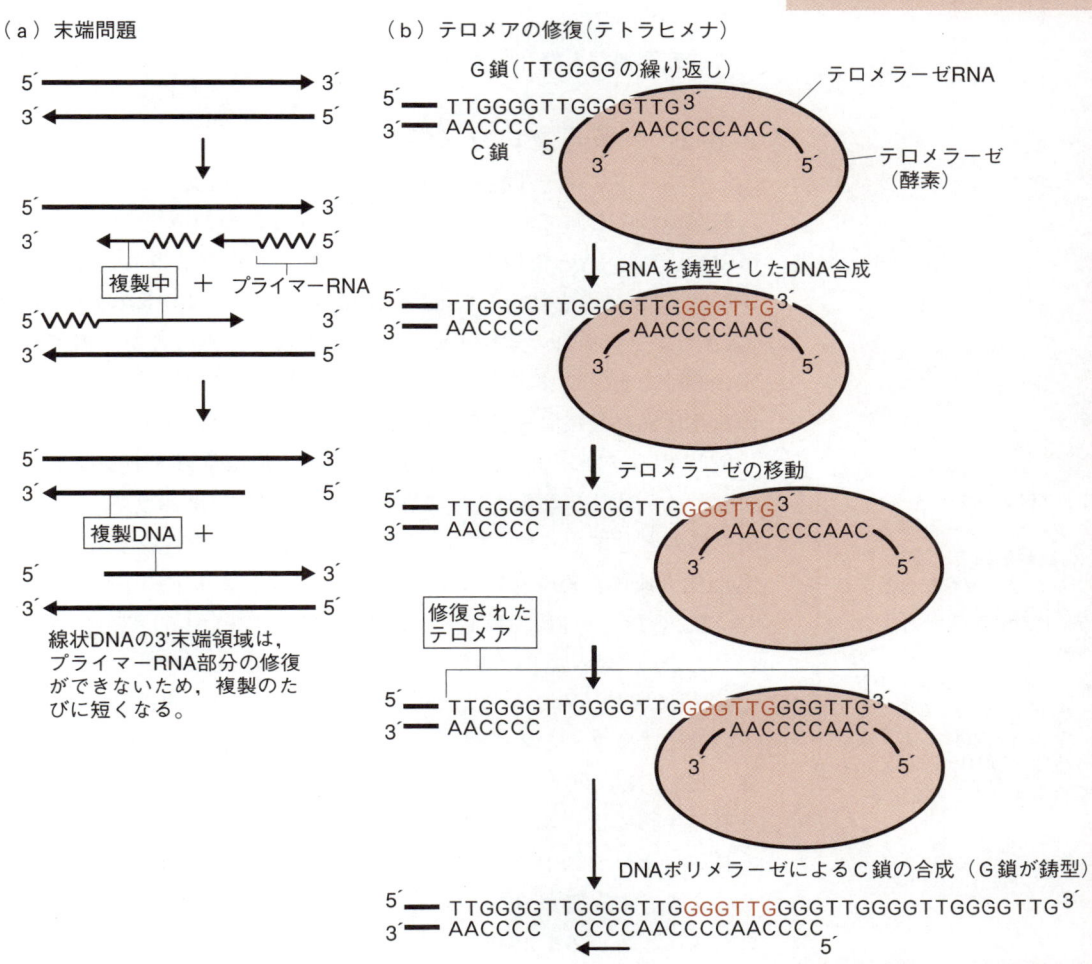

図86 線状DNAの末端問題(a)とテロメラーゼによるテロメア修復機構(b)

2-6 生命情報の流れとしての生命活動③〜遺伝情報の発現

2-6-1　DNAからRNAへの情報伝達（転写）
——RNAは設計図（DNA）からタンパク質をつくる情報を写しとった「情報テープ」

　DNAからRNAへの情報伝達を**転写**というが，この過程も前に述べた複製の場合とまったく同じ原理で行われる。転写の場合はDNAの一方の鎖を鋳型として，それに**相補的な**RNA鎖が合成される（図87）。ただし，DNA上のA（アデニン）にはRNA鎖では**U**（ウラシル）が対合することだけが複製の場合と異なる点である。

　結局，DNAの複製と転写という核酸間の情報伝達は，**A⇌T**（または**U**），**G⇌C**という1：1の**相補的塩基対合**というルールによって行

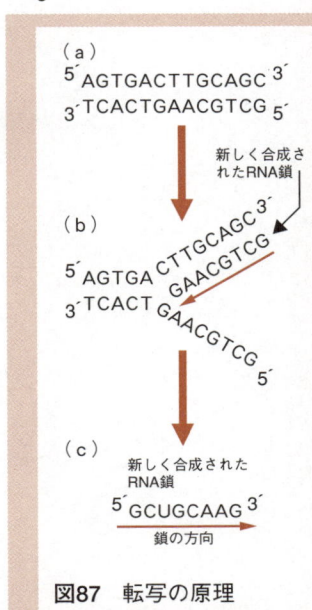

図87　転写の原理

われるのである。この過程は可逆的であるから，当然RNAからDNAへの逆転写過程も存在する（**2-5-1**参照）。

2-6-2　転写プロセスの概略
―― 開始反応⇒伸長反応⇒終結反応という流れ

　転写では主として，タンパク質を合成するための情報テープとなる**mRNA**（メッセンジャーRNA），mRNAの情報をタンパク質に翻訳するための場を提供する**rRNA**（リボソームRNA），アミノ酸を結合してmRNAの暗号を解読する**tRNA**（トランスファーRNA）の3種類のRNAが，それぞれの遺伝子から読み出される。このほか，転写や翻訳の調節を行うさまざまな比較的短鎖のRNAも転写される。これらの転写反応を触媒する酵素を**RNAポリメラーゼ**（**RPase**）という。

　RNAポリメラーゼは通常構造遺伝子の上流に位置する**プロモーター**[1]という配列を認識し，そこの二本鎖をほどき（**開始反応**），片方の鎖を鋳型としてもう片方の鎖と同じ配列のRNA鎖を合成する（図88）。RNA鎖合成のための基質は4種類のリボヌクレオチド-5′-トリリン酸（ATP，GTP，CTP，UTP，まとめてNTPと略称する）で，転写反応にともなってDNA鎖の各塩基に相補的なモノリボヌクレオチド[2]をRNA鎖に取り込みながら，ピロリン酸を放出する（**伸長反応**）。遺伝子の最後には**ターミネーター**という配列が存在し，そこで転写反応は終了してRNAポリメラーゼはDNA鎖から外れる（**終結反応**）（図88）。

　原核生物では，ふつう何個かの遺伝子がつながって転写され，1本の長い（ポリシストロン）RNAができる。**ポリシストロンmRNA**はそのまま5′末端側からリボソームにトラップされ（運ばれ），翻訳プロセスに入る（**2-6-8**参照）。rRNAやtRNAの場合には，ふつうそれらがいくつかつながった前駆体として合成され，その後1個ずつのrRNAやtRNA分子に切り離される。

　真核生物では，3種類の異なるRNAポリメラーゼがrRNA，mRNA，tRNAの合成を分担して行っている。原核生物の場合と同様に，それぞれの構造遺伝子の上流または内部にプロモーター配列をもってい

1　プロモーター
　プロモーター配列ともいう。調節配列の一種で，RNAポリメラーゼが結合して転写を開始する部位。

2　モノリボヌクレオチド
　A，T，U，G，Cのこと。「モノ」とは「1」という意味。「ポリ」はいくつも重合していることをさす。

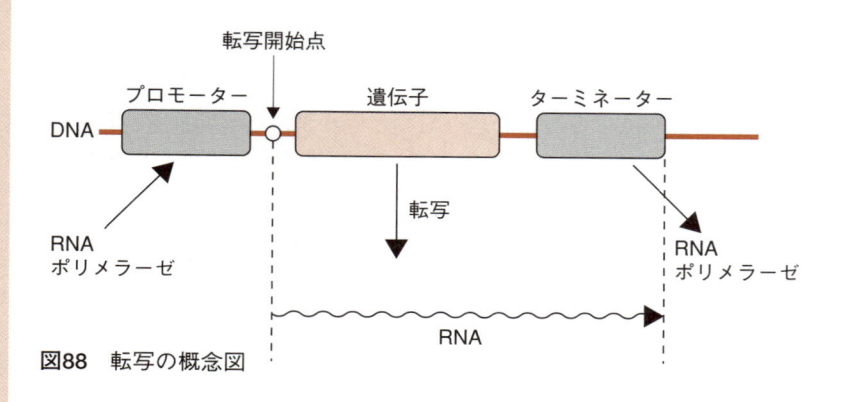

図88　転写の概念図

る。真核生物のmRNAの場合は，ふつうただ１個の遺伝子から転写されたRNAなので，**モノシストロンmRNA**という。

2-6-3　原核生物での転写
——一連の流れと転写の制御を述べる

（１）**RNAポリメラーゼと転写開始**

　大腸菌のRNAポリメラーゼは，$\alpha_2\beta\beta'\omega\sigma$（アルファベータベータオメガシグマ）のサブユニット組成をもつ分子量45万（450kDa[3]）のタンパク質である。

　σサブユニット（シグマ）（または σ因子[4]，分子量70kDa）は，DNA上のプロモーターの認識に必要な成分で，酵素全体（ホロ酵素[5]）がDNAに結合後，転写を開始させる役割のみをもつ。転写開始後，σサブユニットはホロ酵素から離れ，伸長反応は $\alpha_2\beta\beta'\omega$ のコア酵素[6]が行う。**βサブユニット**（分子量151kDa）は，基質のNTPを結合し，実際のRNA合成の触媒作用をもつ[7]。β'（分子量155kDa）はDNAとの結合にかかわり，α（分子量36.5kDa）は $\beta\beta'$の会合・連結を促進すると考えられている。ω の役割は不明である。RNAポリメラーゼの各サブユニットの遺伝子は同定され，コア酵素の立体構造も最近解明された。

■**原核生物のプロモーター**　原核生物のプロモーターは通常２個の共通配列（**コンセンサス配列**）からなっている。転写開始点を＋１とし，その下流域にはプラス，上流域にはマイナスをつけた残基（p.21）の番号で表示すると，一つは－10残基を中心として存在する**TATAAT**[8]，二番目はその上流の－35残基を中心とする**TTGACA**（－35領域という）である。これらの配列は代表的なもので，遺伝子によって一部の塩基が異なっている場合がある（（３）転写制御を参照）。

　上に述べた σサブユニットを介してRNAポリメラーゼがDNAの特定部位に結合すると，二本鎖DNAは－10領域を中心に十数塩基対にわたってそれぞれ一本鎖にほどかれ，＋１の転写開始点から下流に転写が始まる。したがって**プロモーター**は，二本鎖DNAのどちらの鎖のどこから転写を開始するかを決定する役割をもつ（図89）。

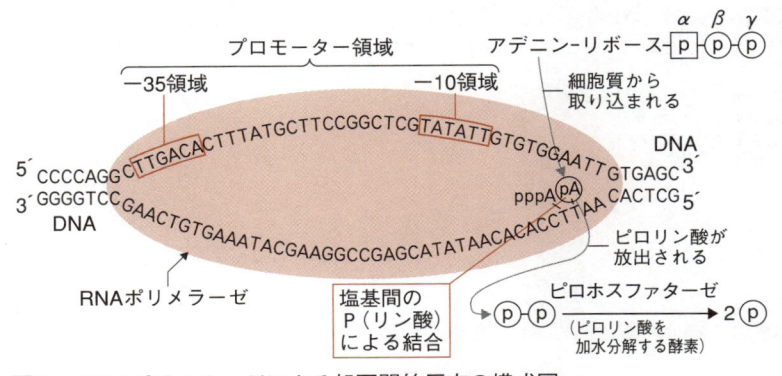

図89　RNAポリメラーゼによる転写開始反応の模式図

3　ダルトン
　ダルトンとは，染色体やタンパク質などの大きな分子の質量を表すのに使用される単位で，記号は**Da**，^{12}C原子１個の質量を12Daと定めている。本文中の「k」はキロ（×1000）の意味。
　1Da＝1.66054×10^{-24}gである（アボガドロ数の逆数）。ダルトンは，質量の単位だが，数値的には分子量（molecular weight：g/mol，MWと略記）と同じなので，本文では，あたかも「分子量の単位」のように示した。

4　サブユニットと因子
　あるタンパク質が，独立したいくつかのタンパク質の会合体であるとき，個々のタンパク質をサブユニットという。
　因子とは，ある機能をもつタンパク質を時にそう呼ぶ。

5　ホロ酵素
　いくつかのサブユニットからなる酵素が，完全な会合状態をとるときの呼び名。

6　コア酵素
　ホロ酵素から，あるサブユニットが解離してもなおある反応を触媒できる酵素のこと。

7　抗生物質の標的になるβサブユニット
　この触媒作用は，「阻害すれば病原体の転写装置は動かなくなる」という着眼から，RNAポリメラーゼの阻害剤として有名なリファンピシンやストレプトリジデインなどの抗生物質の標的でもある。

8　TATAATという配列
発見者の名にちなんでプリブナウボックスあるいは−10領域というが，真核生物にも存在するので，TATAボックスと総称されることがある．

9　DNA-RNAハイブリッド
ハイブリッドとは，一般には雑種のこと．DNAの一本鎖と，RNAポリメラーゼで合成されたDNAと相補的なRNAの一本鎖がくっついて，二重らせん構造になったものをDNA-RNAハイブリッドという．

これは実験的にも形成させることが可能で，tRNA遺伝子やrRNA遺伝子の検出に利用される．

10　転写過程を調べる薬剤
RPaseのおもな阻害剤であるリファンピシンは，RTPのβサブユニットへの結合に拮抗（きっこう：薬物などの作用を妨害すること）して開始反応を阻害し，ストレプトリジディンは開始と伸長の両方の反応を止める．アクチノマイシンDは，DNAに直接結合して複製反応や転写反応における鋳型活性を消失させる．

（2）転写の伸長と終結

■伸長　伸長反応がスタートすると，σサブユニットはポリメラーゼから解離し，残りのコア酵素はDNAに強固に結合したまま転写反応を進行させる．DNAと新生RNAは約12塩基対のDNA-RNAハイブリッド[9]をつねに形成しながら，1ヌクレオチドを付加するたびにRNA鎖を5′方向から1ヌクレオチド分ずつ離していく．二本鎖DNAはRNAポリメラーゼの進行方向の先端でほどかれ，後端で再び巻き戻される．このような転写反応における素過程を調べるのに，さまざまな薬剤が役立っている[10]．

■終結　転写終結には，ρ（分子量84.5kDa）という酵素因子が必要な**ρ-依存性転写終結**と不要な**ρ-非依存性転写終結**の場合がある．後者の場合，転写終結部位（**ターミネーター**[11]）は，数塩基対をへだてて存在するG-C塩基対に富むパリンドローム（点対称）配列とその直後のTの連続配列から構成され，そこから転写されるRNAはG-C塩基対に富むヘアピン構造とそれに続くUに富む配列をもつ（図90）．

RNAポリメラーゼは，自らが合成した安定なヘアピン構造に出会うと停止しやすくなり，その直後のUに富む配列と鋳型DNA上のAに富む配列との間にできたU-A塩基対は，G-C塩基対に比べて弱いため，そこでは新生RNAが鋳型DNAから遊離しやすいと考えられている．

ヘアピン構造のステム領域にG-C塩基対が多くない場合には，**ρ因子**というタンパク質がATPの加水分解エネルギーを用いて新生RNAを鋳型DNAからはぎ取ることにより転写を終結させる．

（3）転写制御——いくつかの方法がある

原核生物はすべて単細胞なので，まわりの環境に大きく影響される．この環境変化にすばやく対応するには，特定の遺伝子発現を促進あるいは抑制する必要がある．そのために細胞は，転写のオンあるいはオ

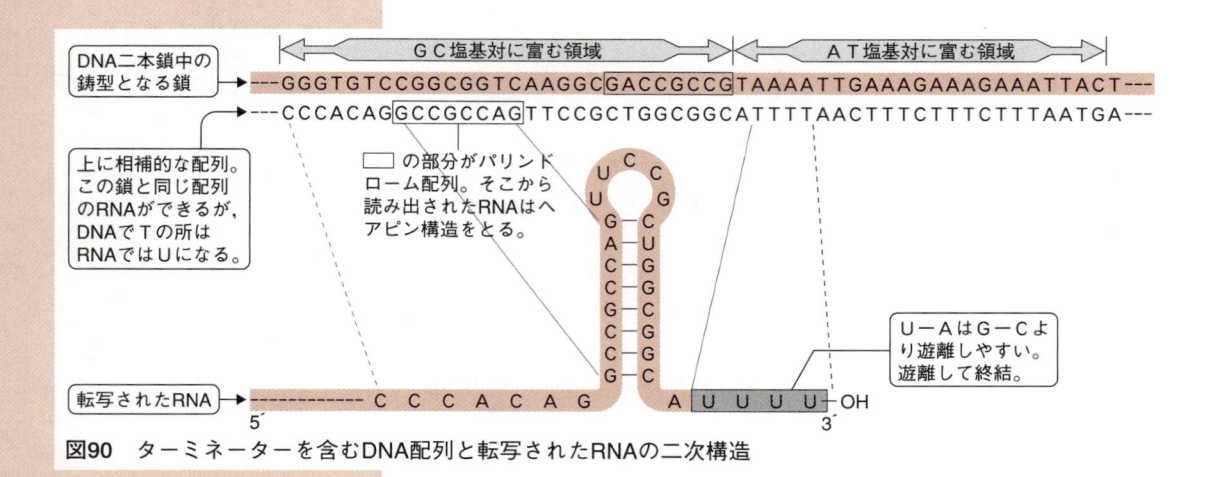

図90　ターミネーターを含むDNA配列と転写されたRNAの二次構造

フという転写レベルの制御によってmRNA量を調節し[12]，結果的にタンパク質合成量を調節している。ここでは一部の代表例を述べる。

■**プロモーターとσ因子**　各遺伝子はそれぞれ微妙に異なったプロモーター配列をもっているので，コンセンサス配列（－10領域はTATAAT，－35領域はTTGACA）に近いものほど発現量が高い傾向がある。

また，RNAポリメラーゼのσ因子（サブユニット）は，通常働いているσ^{70}（70は分子量70kDaの意味）に加えて，特殊環境で発現する種々の特殊なσ因子[13]の存在が知られている。原核生物のゲノムは，環境に適応できるように，異なったプロモーター配列をもつ遺伝子のセットを備えており，**環境に応じて個々のプロモーターに適合するσ因子を発現することにより，新しい環境に適応するような遺伝子発現を行うのである**。

たとえば大腸菌が高温にさらされるとσ^{32}が誘導され，これがσ^{70}の代わりにRPase（RPアーゼ）に結合すると，一連の熱ショックタンパク質[14]mRNAが合成される。代表例としてシャペロニンと呼ばれるHSP70（大腸菌にはDnaK）が知られている。これは変性タンパク質を再生する分子シャペロン[15]としての機能をもっているので，突然高温にさらされて熱変性した多くのタンパク質をもとの活性型に再生するために必要な自然のしくみであろう。

■**誘導と抑制**　代表的な例としてジャコブ（F.Jacob）とモノー（J.Monod）が発見したオペロン説に基づく酵素遺伝子発現の**誘導**と**抑制**がある。大腸菌をグルコース（ブドウ糖）とラクトース（乳糖）の混合培地で培養すると，まずグルコースのみが消費され，それが尽きると大腸菌の増殖が一時停止する。しかし，しばらくすると大腸菌は再び以前と同じ速度で増殖するが，このときはラクトースを消費していることを見出した。

彼らは，グルコースを消費できる間は抑制されていた，ラクトースをグルコースとガラクトースに分解する酵素[16]の遺伝子の発現が，グルコースの欠乏とともに誘導されると考え，実際にその抑制と誘導にかかわる物質を同定し，それぞれ**リプレッサー**と**インデューサー**と命名した。

実際にはこの下流に，ガラクトシドパーミアーゼ（ラクトースを菌体内に取り込む：遺伝子名y）とガラクトシドトランスアセチラーゼ（大腸菌での機能は不明：遺伝子名a）という2個の遺伝子が存在し，これら三つの遺伝子で一つの転写単位（**オペロン**）を構成している。この現象は，遺伝子そのものの解析がまったくできなかった1940〜50年代に，分子遺伝学の手法[17]を用いて解明された。このような，**あるオペロンの発現がリプレッサーによる抑制とインデューサーによる誘**

2-6　生命情報の流れとしての生命活動③〜遺伝情報の発現

11　ターミネーター
DNA上にある，転写を終結させる合図のDNA遺伝子（塩基配列）のこと。

12　mRNA量の調節
この場合，mRNAの寿命は数分とごく短いので，生成量だけを調節すればよい。

13　特殊なσ因子
熱ショック時に働くσ^{32}，窒素代謝にかかわる遺伝子群の発現にかかわるσ^{54}，定常期に発現するσ^{S}など。

14　熱ショックタンパク質
細胞や個体に熱が加えられ，急激な温度変化があったときに合成されるタンパク質の総称。ストレスタンパク質あるいはHSPともいう。

15　分子シャペロン
熱ショックタンパク質のうち，タンパク質の高次構造や生体膜などの形成や修復にかかわるタンパク質。

16　ラクトースを分解する酵素
この酵素をβ-ガラクトシダーゼ（β-galと略す：遺伝子名はz）という。

17　分子遺伝学の手法
つまり，このころは塩基配列そのものを読める時代ではなかったので，遺伝子の破壊による表現型の変化や遺伝子からつくられる物質（タンパク質）の同定などから，遺伝子の発現のしくみをつきとめていく手法，ということである。

導で制御されているという概念を**オペロン説**という。

この説によれば，通常リプレッサーはβ-galのすぐ上流にあるオペレーターに結合しているため，その上流のプロモーターにRPaseが結合してもラクトースオペロンの転写は起こり得ない（**リプレッサーによる抑制**）。しかし大腸菌のエネルギー源であるグルコースがなくなると，ごく少量発現していたβ-galによってラクトースがインデューサー活性をもつβ-1,6-アロラクトースに変換される。これがオペレーターに結合していたリプレッサーをはがす（リプレッサーはオペレーターに結合するよりはるかに強くインデューサーに結合する）ことによりオペレーターを解放するため，ラクトースオペロンの転写が可能になる（**インデューサーによる誘導**）。そこでβ-galを初めとする酵素群が発現し，それらによってラクトースは速やかにグルコースへと分解されるため，大腸菌は生育できるようになるのである。

■**カタボライト（異化代謝産物）抑制**　その後，遺伝子解析手法の発達により，上記の現象が塩基配列のレベルで解明できるようになり，さらに新しい事実が付け加えられた。β-gal遺伝子とその上流プロモーター（p）との間に存在するオペレーターは21残基からなる対称配列（遺伝子名はo）であること，さらにプロモーターの上流には5塩基の対称配列を含む24残基の**CAP結合部位**（CAPはカタボライト遺伝子活性化タンパク質（catabolite gene activator protein）の略）が存在し，そこには**サイクリックAMP**（**cAMP**）存在下で**CAP**が結合することが判明し（図91），グルコース培地で大腸菌を培養するとなぜβ-galの発現が極低レベルに抑制されるのか，という疑問に対するかなり明解な解答が得られた。このシステムの中心的な役割を演ずるのが，真核生物のグリコ

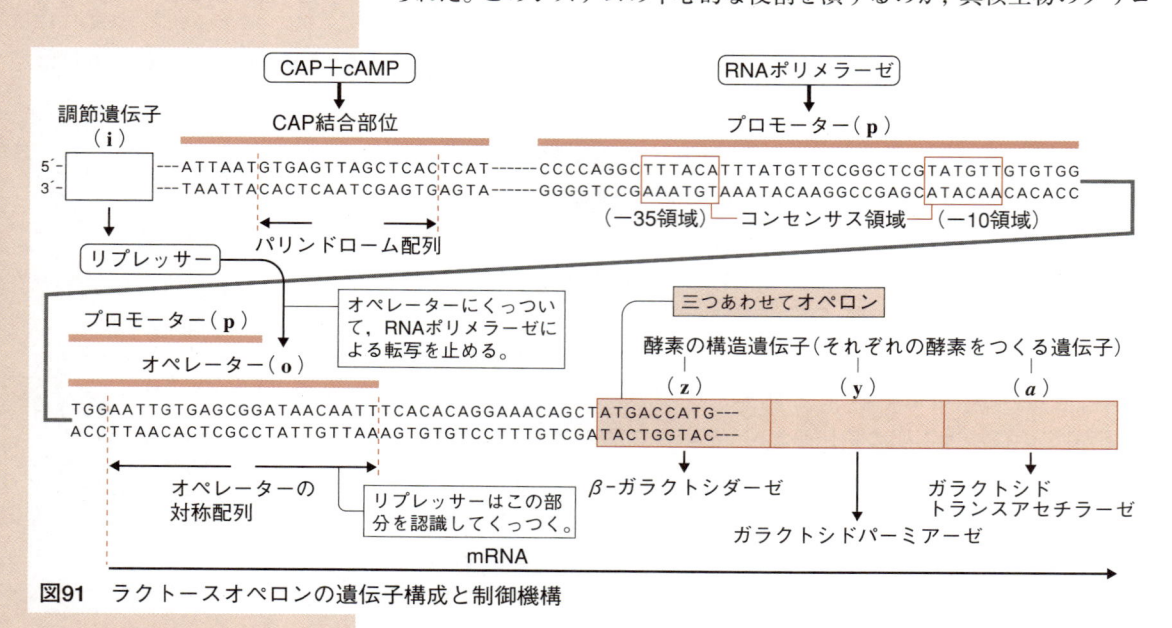

図91　ラクトースオペロンの遺伝子構成と制御機構

ーゲン代謝調節因子として有名になったcAMPである。こうしてオペロン説の複雑化されたオペロン制御機構の全貌(ぜんぼう)が明らかになった。

　CAPはcAMP存在下でこれと複合体をつくり，CAP結合部位に結合できるようになる。これによってRNAポリメラーゼがプロモーターに結合しやすくなり，転写は50倍も促進されることがわかった。むしろcAMP非存在下ではRNAポリメラーゼはほとんどプロモーターからの転写を行えないのである。グルコースとcAMPの因果関係はまだ完全には解明されていないが，グルコースの異化代謝によって生じたある物質（カタボライト）"X"がATPからcAMPの転換反応を触媒するアデニル酸シクラーゼを不活性化し，同時にcAMPを5′-AMPに分解するホスファターゼを活性化すると考えられている。したがってグルコースが存在する間は大腸菌体内のcAMP量は極端に抑えられるため，ラクトースオペロンは不活性のままになり，β-gal遺伝子は転写されないのでβ-galは発現しない。図92には以上の話をまとめ，cAMP(サイクリックAMP)を加えたラクトースオペロンの誘導と抑制の概念図を示した[18]。

　一方，上記とは反対の場合もある。それはリプレッサー自体ではオペレーターに結合できないが，リプレッサーがもう一つの分子（**コリプレッサー**という）と結合すると，オペレーターに結合できるようになり，その下流の構造遺伝子の転写を止めるという場合である。

　トリプトファン（Trp）を合成するトリプトファンオペロンで知られており，この場合コリプレッサーはTrp自身である。Trpが過剰になると，もはやその生合成経路を発現する意味がないので，生産物であるTrpがコリプレッサーとしてリプレッサーに結合し，その複合体がオペレーターに結合して転写を抑制する。ラクトースオペロンの場合の抑制を**負の制御**，Trpオペロンの場合の抑制を**正の制御**という。

> **18　CAPとリプレッサー**
> ラクトースオペロンの誘導と抑制に関わる二つの因子，CAPとリプレッサーについて，転写をONにするCAPは活性化因子，転写をOFFにするリプレッサーは抑制因子と呼ぶ。

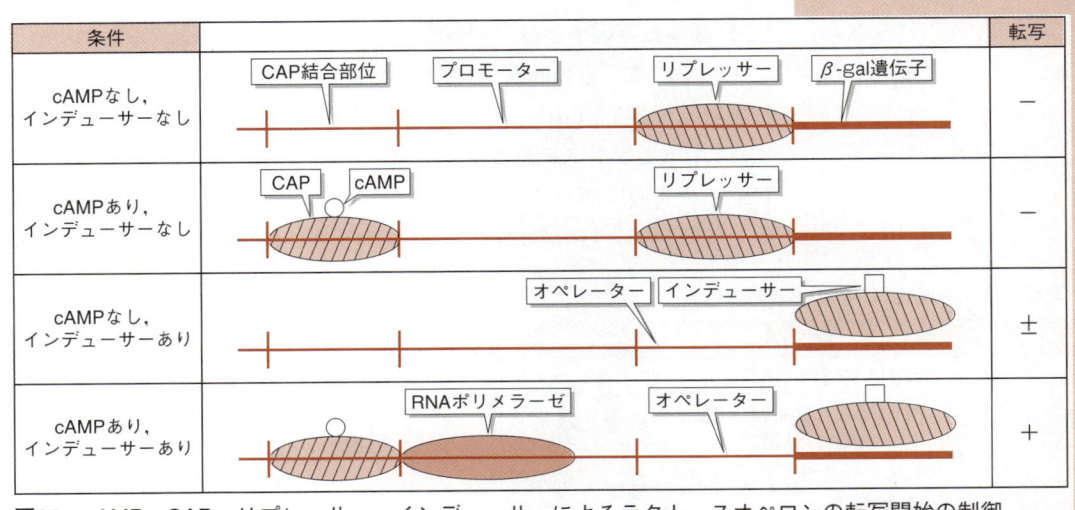

条件		転写
cAMPなし，インデューサーなし	CAP結合部位　プロモーター　リプレッサー　β-gal遺伝子	−
cAMPあり，インデューサーなし	CAP　cAMP　リプレッサー	−
cAMPなし，インデューサーあり	オペレーター　インデューサー	±
cAMPあり，インデューサーあり	RNAポリメラーゼ　オペレーター	＋

図92　cAMP，CAP，リプレッサー，インデューサーによるラクトースオペロンの転写開始の制御

2-6-4　真核生物での転写——まだ不明な部分が多い

（1）RNAポリメラーゼと転写制御領域

　真核細胞では，異なる3種類のRNAポリメラーゼが使われる。**RNAポリメラーゼI**は核小体に存在してrRNAを合成する。IIとIIIは核質に存在し，それぞれmRNA，及びtRNAと5SRNAやほかの小分子RNAを合成する。またミトコンドリアDNAだけの転写に使われる**ミトコンドリア-RNAポリメラーゼ**もある。

　これらの酵素の活性は，タマゴテングダケ由来の毒素αアマニチンに対する感受性で明瞭に区別でき（表8），ミトコンドリア・ポリメラーゼは原核細胞のポリメラーゼと同様にリファンピシンで阻害される。RNAポリメラーゼI，II，IIIはいずれも10〜15個のサブユニットからなり，最大サブユニットと次に大きいサブユニットはそれぞれ大腸菌酵素のβとβ'に相当するが，そのほかのサブユニットの機能はほとんどわかっていない。真核生物の転写系には，原核生物のσ因子に対応するような，**転写因子**（**TF**；transcription factor）と総称されるものが多数のサブユニットにわかれて存在する。

　大部分のタンパク質とrRNAの遺伝子には原核生物のものに類似したTATAボックスからなるプロモーターがあるが，転写制御領域は各遺伝子によって多様化している。RNAポリメラーゼIIが関与する典型的なタンパク質遺伝子では，−30付近にTATAボックスをもち，その上流（−40〜−60）にはGGCGGG配列からなる**GCボックス**やCCAATをコンセンサス配列とする**CAATボックス**（−60〜−100）がしばしば見られる。RNAポリメラーゼIとIIの系では，プロモーターはつねに転写開始点の上流にあるが，RNAポリメラーゼIIIが転写するtRNAや5SRNAの遺伝子では転写される遺伝子の内部に（ボックスA，Bの2個）存在し，**内部プロモーター**という。

（2）基本転写因子と転写制御因子

　すべての遺伝子の転写には，転写開始点付近に存在するAとTに富む領域（rRNAとmRNA遺伝子ではTATAボックス）に特異的に結合する**TATAボックス結合タンパク質**（TATA box-binding protein：**TBP**）が共通に使われ，この結合が起点となって転写開始反応が起こる。このTBPを目的の遺伝子のプロモーターに配置し，転写を活性化

表8　真核生物のRNAポリメラーゼの諸性質

RNAポリメラーゼ	機　能	局在	α-アマニチン感受性	特徴
I	rRNA前駆体の転写	核小体	非感受性	アクチノマイシンで阻害
II	すべてのmRNAと一部のsnRNAの転写	核質	高感受性 （0.02μg/mlで50%阻害）	最大サブユニットにCTD（C末端ドメイン）もつ
III	tRNA, 5SRNA, snRNAの転写	核質	弱感受性 （20μg/mlで50%阻害）	内部プロモーター

するための転写制御系が三つの系でそれぞれ多様化している。TBPを中心として，RNAポリメラーゼによる転写を開始させるために必要な因子を基本転写因子というが，さらにDNAに直接結合して基本転写装置との相互作用を通して結果的に転写を活性化したり，抑制したりするさまざまな転写制御因子も存在する。

このさまざまな転写因子や転写制御因子が，プロモーターや転写制御領域を認識し，それらが会合して巨大な転写開始装置を形成することにより，特定の遺伝子の効率的な発現を可能にしているのである。

2-6-5　転写後プロセシング――余分な部分をカットしたり飾りをつけたり，まるでケーキの仕上げのよう

原核生物でも真核生物でも，転写されてできたRNAは，5´末端や3´末端がトリミングされたり，特定の残基(ざんき)が修飾(しゅうしょく)を受けて初めて成熟分子になる。この過程を**プロセシング**と総称する。プロセシングには，塩基やリボース部分の**修飾**のほか，とくに真核生物のmRNAは，以下に述べる**キャップ**の付加，**ポリ（A）配列**の付加，**イントロンのスプライシング**による切り出し，**RNAエディティング**，などがある。

（1）キャップの付加・ポリ（A）配列の付加

転写直後のmRNA(メッセンジャーRNA)前駆体(ぜんくたい)（hnRNA）の段階で，5´末端には**キャップ（Cap）**と名付けられた7–メチルGをもつ修飾構造（図93），3´末端には200個程度A残基が連続して並んだ**ポリ（A）配列**が付加される。**キャップ構造**は**mRNAの安定化**（m^7GpppNのリン酸結合は特殊なヌクレアーゼ以外では切れない）とタンパク質生合成開始段階における**リボソームへの結合促進**，およびmRNA前駆体の**スプライシングの効率化**，などの機能をもち，ポリ（A）配列は**mRNAの安定化**，**タンパク質合成の効率化**などに寄与している。

（2）イントロンのスプライシング

真核生物の遺伝子は，ほとんどの場合**エキソン**という特定の機能をもつ領域[19]が，このような機能をもたない**イントロン**という領域で分

19　mRNAでエキソンにあたる領域
mRNAではタンパク質の情報をもつ領域でORF（open reading frame）という。

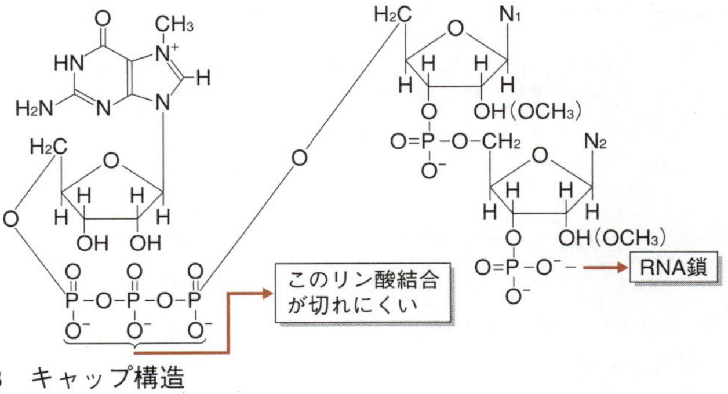

図93　キャップ構造

断されている。遺伝子はひとまずその全領域にわたって転写されてhnRNAを生産するが，その後イントロンが切り出され，エキソンだけがつなぎ合わされる**スプライシング**反応が起こる（図94）。

このスプライシング反応には，数種類の**小分子核内RNA**（**snRNA**）と，それに特異的なRNA結合タンパク質が関与する。両者の複合体を**snRNP**という。スプライシングには少なくともU1, U2, U4, U5, U6snRNPが関与しており，それにRNA前駆体の高次構造をほどくのに必要な**ヘリカーゼ**（helicase）などが加わり，**スプライソソーム**（spliceosome）という巨大なRNA-タンパク質複合体として機能する。

スプライシングは，エキソンとイントロンの境界[20]と，反応経路として必要な3′スプライス部位の10～20塩基上流に存在するCUPuAPy（Pu＝A, G；Py＝C, U）という共通配列からなる**枝わかれ部位**を，それぞれ3種類のsnRNAが塩基対合を介して認識することで正確に進行する（図95）。5′スプライス部位で切断されたイントロンの5′末端がいったん枝わかれ部位にあるこの配列中のA残基のリボース2′位とホスホジエステル結合を形成した中間構造をとり（これを**投げ縄構造**（lariat）**構造**という），その後，3′スプライス部位が切断され，イントロン前後のエキソンが結合してスプライシングは終了する。切り出された投げ縄構造は再び開環して線状分子になる。

（3）RNAエディティング

一部の真核生物では，成熟したRNAの配列が，その遺伝子のイントロンを除いた配列（つまりエキソンのみの配列）と異なる場合がある。転写直後のRNAが成熟するまでに起こるスプライシング以外のプロセス（塩基の挿入と欠失，置換など）を**RNAエディティング**という。

> **20　エキソンとイントロンの境界**
> イントロンの5′末端にはGT，3′末端にはAGが必ず出現し（これをスプライシングにおける**GT／AG則**という），これらの共通配列からなる境界を，それぞれ5′および3′**スプライス部位**という。

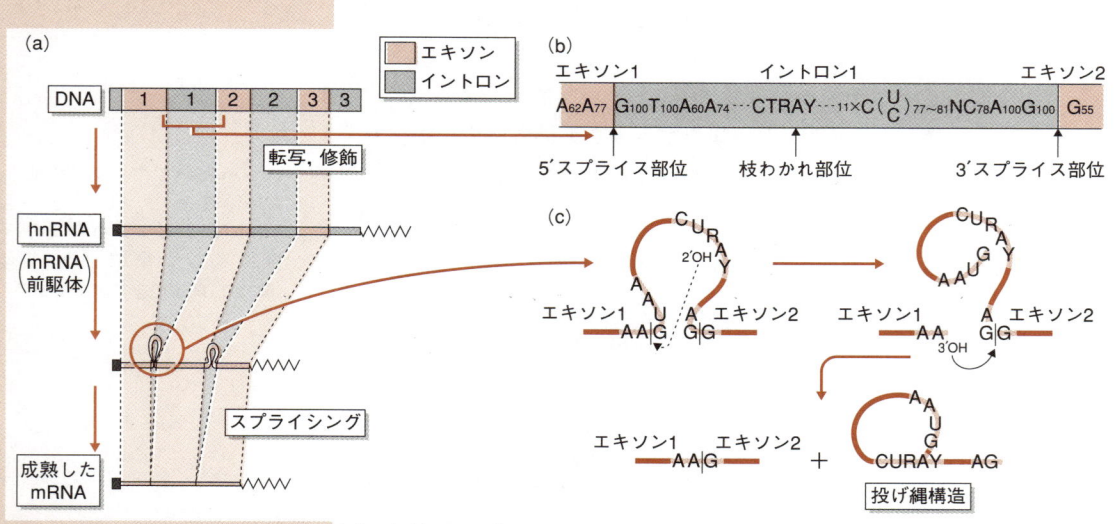

図94　タンパク質遺伝子の構造（(a), (b)）とスプライシングの分子機構(c)
　hnRNAとmRNAの5′末端の■と3′末端の〰〰〰はそれぞれキャップ構造とポリ(A)配列を示す。

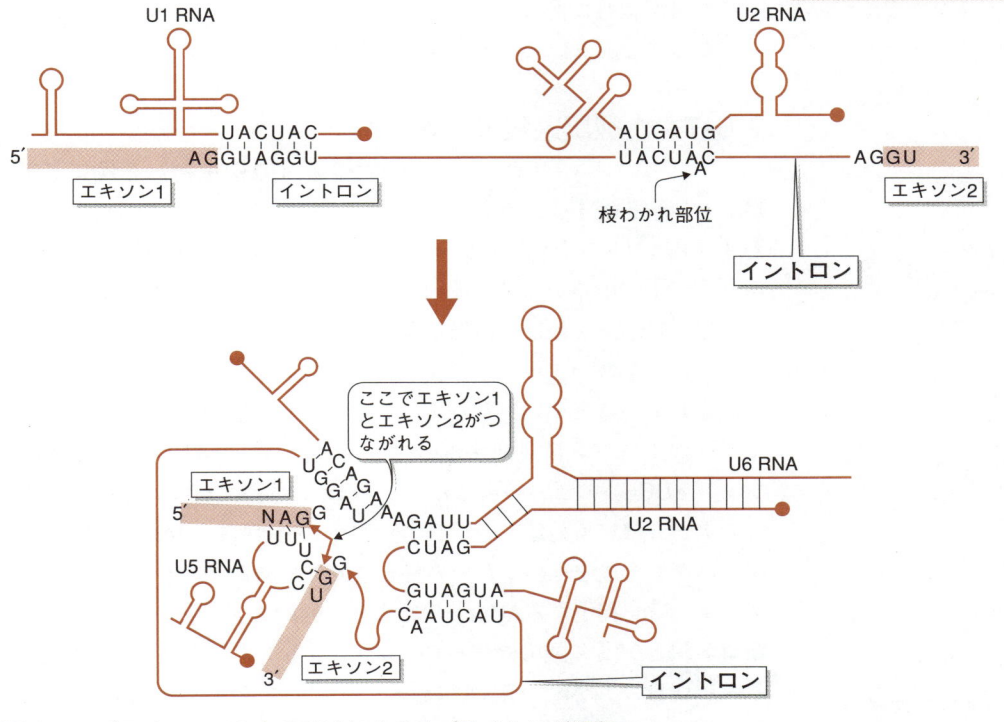

図95 スプライソソーム中のRNAによるスプライシング過程
スプライソソーム中の短いRNAが，それぞれエキソン・イントロンのつなぎ目（2か所）と枝わかれ部位を認識して，正確なスプライシングを起こす。―●はsnRNAの5′末端のキャップ構造を示す。

挿入／欠失エディティングは，原生動物のキネトプラストという特殊なミトコンドリアや真正粘菌のミトコンドリアで見つかっている。キネトプラストでは45〜70ヌクレオチドからなるガイドRNAが鋳型となり，主としてUの挿入や欠失が起こる。挿入の方が高頻度で起こり，転写物の長さがもとの2倍にもなることがある。

置換エディティングは，動植物，粘菌などで報告されており，もっぱらC→U，A→Iなどのデアミネーション反応で生じる。

（4）原核細胞の場合

真核細胞に限らず，原核細胞でも，rRNAやtRNAは長鎖のRNA前駆体として転写され，さまざまなRNA分解酵素（RNase）で切断され，さらにいくつかの塩基やリボース部分が修飾を受けて成熟型となる。

2-6-6　RNAからタンパク質への情報伝達（翻訳）
──RNAからタンパク質をつくる

遺伝情報の発現の最終段階は，DNAから転写されたmRNAの遺伝情報によって，アミノ酸が重合されてポリペプチドへと合成される**タンパク質合成**（すなわち**翻訳**）過程である。この過程は，RNAとタ

ンパク質が複雑にからんで進行する，生体内で最も根本的で複雑な反応プロセスである．ここでは簡単な大腸菌のシステムを例に述べる．

2-6-7　翻訳過程の概略
　　　　　　　　　　　——大腸菌（原核生物）を例にして

■**アミノ酸を表す「文字」～コドン**　　mRNAの塩基配列は，連続した3塩基（**コドン**という）が一つのアミノ酸に対応するという方法で，ポリペプチド中のアミノ酸配列へと変換される．どのコドンがどのアミノ酸に対応するかは，**遺伝暗号表**（表9）でわかる．

　ここで，1個のアミノ酸に複数個のコドンが対応する場合，コドンは**縮重**しているといい，これらのコドンを**同義語**コドンという．1アミノ酸が1コドンに対応するのは，メチオニン（AUG）とトリプトファン（UGG）の二つの場合のみで，ほかはすべて縮重コドンである．どのアミノ酸にも対応しない三つのコドン（UAG，UAA，UGA）は，タンパク質合成を止めるための**終止コドン**である．タンパク質合成は，メチオニンを指定する**AUG**から始まり，**開始コドン**という．

■**コドンとアミノ酸の対応～tRNA**　　コドンとアミノ酸を対応させるのは**tRNA**（トランスファーRNA）である．tRNAはおよそ80個のヌクレオチドからなる比較的短鎖のRNAで，20種類のアミノ酸に対応してそれぞれ特異的なtRNAが存在する（コラム8参照）．

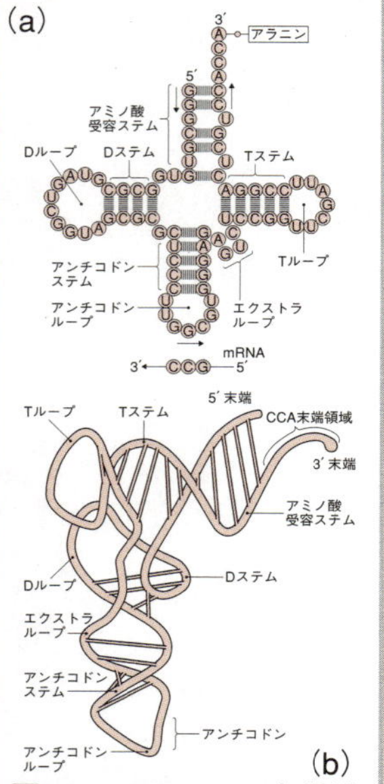

　すべてのtRNAは図96のように，分子内でワトソン-クリックの塩基対（A-U，G-C）を形成してできる二重らせん領域（**ステム**という）と一本鎖領域（**ループ**）が交互に配置された**クローバ葉型構造**と呼ぶ共通の二次構造（a）をもつ．さらに左右のループ部分が折りたたまれて**L型構造**という共通の三次元立体構造（b）をとる．tRNAはその3′末端に特異的なアミノ酸を結合し，中央ループ中の**アンチコドン**でコドンと塩基対を形成することによりmRNAと結合する．

■**暗号解読の場～リボソーム**　　翻訳反応の場であるリボソームは，**70S**[21]という大きさの粒子で，分子量約90万の**30S**サブユニットと160万の**50S**サブユニットの会合体である．30Sは鎖長約1600[22]の16S rRNAと21個のリボソームタンパク質，50Sは鎖長約2900の23S rRNAと鎖長120の5S RNA，34個のタンパク質からなる．30Sと50SサブユニットはともにリボソームRNA-タンパク質複合体で，リボソームの反応部位はほとんどRNAに存在する．

　30Sは，mRNAとtRNAのアンチコドン領域（図96参照）を結合させ，コドン解読反応を行う．3′末端部に機能部位が集中し，mRNAの**SD配列**（2-6-8(2)参照）と塩基対を形成してmRNAをリボソームに固定する**アンチSD配列**，mRNAの2個のコドンを固定する**暗号解読センター**がある．

図96　tRNAの二次構造（a）と三次構造（b）（2-1-6の図7を再録）

21　70S
　遠心をする溶液中の分子の沈降速度の単位で，分子の形や質量に依存し，数値が大きいほど分子の形や質量が大きいことに対応する．

22　鎖長1600
　「ヌクレオチドが1600個つながった」という意味．

表9　遺伝暗号表

1字目 (5´末端)	2字目 U	2字目 C	2字目 A	2字目 G	3字目 (3´末端)
U	UUU ⎫ Phe UUC ⎭ UUA ⎫ Leu UUG ⎭	UCU ⎫ UCC ⎪ Ser UCA ⎪ UCG ⎭	UAU ⎫ Tyr UAC ⎭ UAA* 終止 UAG* 終止	UGU ⎫ Cys UGC ⎭ UGA* 終止 UGG Trp	U C A G
C	CUU ⎫ CUC ⎪ Leu CUA ⎪ CUG ⎭	CCU ⎫ CCC ⎪ Pro CCA ⎪ CCG ⎭	CAU ⎫ His CAC ⎭ CAA ⎫ Gln CAG ⎭	CGU ⎫ CGC ⎪ Arg CGA ⎪ CGG ⎭	U C A G
A	AUU ⎫ AUC ⎬ Ile AUA ⎭ AUG Met	ACU ⎫ ACC ⎪ Thr ACA ⎪ ACG ⎭	AAU ⎫ Asn AAC ⎭ AAA ⎫ Lys AAG ⎭	AGU ⎫ Ser AGC ⎭ AGA ⎫ Arg AGG ⎭	U C A G
G	GUU ⎫ GUC ⎪ Val GUA ⎪ GUG ⎭	GCU ⎫ GCC ⎪ Ala GCA ⎪ GCG ⎭	GAU ⎫ Asp GAC ⎭ GAA ⎫ Glu GAG ⎭	GGU ⎫ GGC ⎪ Gly GGA ⎪ GGG ⎭	U C A G

50Sは，2個のtRNAのCCA末端領域[23]を結合させ，中央部の**ペプチジルトランスフェラーゼセンター**でアミノ酸間のペプチド重合反応を行う。また50Sには，開始反応（IF-2），伸長反応（EF-TuおよびEF-G），終結反応（RF-3）の各ステップにおけるGTP加水分解をつかさどる共通の**GTPaseセンター**が存在する。

リボソーム上には30Sと50SサブユニットにまたがってtRNAの結合部位が3個存在し，mRNAの下流から上流に向かって，アミノアシル-tRNAの取り込み口である**A部位**，開始tRNA（fMet-tRNA）と合成中のペプチドのついたtRNA（ペプチジル-tRNA）のみが結合する**P部位**，ペプチドを失ったtRNAの出口となる**E部位**が位置する（図97）。

2-6-8　翻訳プロセスの素過程——大まかに見て4段階

(1) tRNAのアミノアシル化

tRNAは，アミノアシル-tRNAシンテターゼ（**ARS**または**aaRS**）で

> [23] CCA末端領域
> 3´末端を含む一本鎖領域（図96）。

コラム8　標準遺伝暗号表

表9に示した遺伝暗号は，当初，全生物に共通と思われていたが，いくつかの生物やミトコンドリア内では例外的に「方言」を使うことがわかってきた。

たとえば，ある種の原生生物ではUAAとUAGは終止コドンではなく，グルタミンを規定する。さらに，かなり広範な生物種において，20種以上のアミノ酸に対するコドンが規定されている例も知られ，現在までに遺伝暗号表で規定されるアミノ酸の種類は22種あることがわかっている。21番目はセレノシステイン（コドンはUGA），22番目はピロリシン（コドンはUAG）で，どちらも終止コドンを転用し，それぞれ専用のtRNAも生産されている。そこで，表9に示した暗号表は，「標準暗号表」と呼ぶことがある。

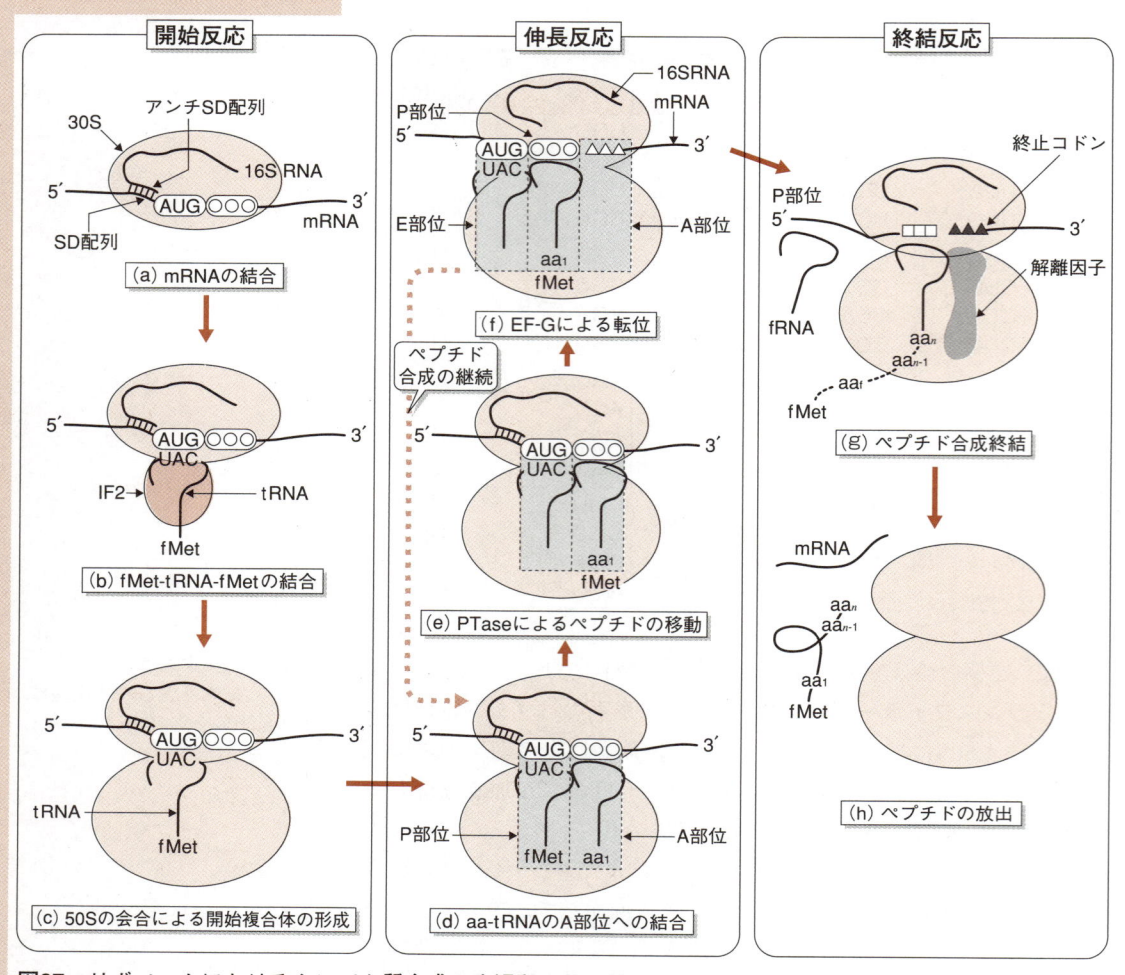

図97 リボソームにおけるタンパク質合成の素過程を示す模式図

触媒される次の2ステップの反応により，そのtRNAに特異的なアミノ酸（aaで示す）を，3′末端アデノシン残基のリボースの水酸基に結合する。この際1分子のATPが消費される。

$$aa_1 + ATP + ARS_1 \leftrightarrows ARS_1 \cdot aa_1 \cdot AMP + PPi \quad (2-9)$$

$$ARS_1 \cdot aa_1 \cdot AMP + tRNA_1 \rightarrow aa_1 - tRNA_1 + ARS_1 + AMP \quad (2-10)$$

こうしてできたアミノアシルtRNA（**aa-tRNA**）がタンパク質合成反応におけるアミノ酸の供与体となる。

（2）翻訳開始反応

mRNAの開始コドン（AUG）から8〜13塩基上流には，プリン塩基[24]に富む**シャイン・ダルガーノ配列**（**SD配列**，代表例：AGGAGGU）が存在する。それに相補的なピリミジン塩基に富む**アンチSD配列**（リボソームの30Sサブユニット中の16S rRNAの3′末端近くに存在，代表例：A_{1534}CCUCCUUA$_{1542}$）との間で塩基対形成が起こり，mRNAは30Sサブ

---

24 プリン塩基とピリミジン塩基

どちらも塩基の構造による名称。九員環がプリン塩基，六員環がピリミジン塩基である。**2-1-6**参照。

ユニットの特定の位置に固定される。これによりP部位には開始tRNAのアンチコドン（CAU）に対合し得るコドンAUGが位置し，A部位にはmRNAの塩基配列によって，その次のコドンが配置される（図97(a)）。

翻訳開始反応には，つねに**メチオニンtRNA**（**tRNA$_f$^{Met}**）が用いられるが，それはMetRS[25]によってメチオニン（Met）を受容し，Met-tRNA$_f$^{Met}となる。原核生物とミトコンドリアやクロロプラストでは，Met-tRNA$_f$^{Met}はさらに，**ホルミルトランスフェラーゼ**（**FTase**）という酵素で**ホルミル化**[26]を受けて，最終的にfMet-tRNA$_f$^{Met}となる。

原核生物の翻訳開始には三つの**開始因子**（initiatoin factor：**IF-1, IF-2, IF-3**）が，次の3段階で機能している。

① 70Sリボソームの50S, 30S各サブユニットへの解離（IF-1, IF-3）
② 30SサブユニットへのmRNAとfMet-tRNA$_f$^{Met}の結合（IF-2）（図97(b)）
③ 30Sと50Sサブユニットの会合による70S開始複合体形成（IF-1, IF-3）（図97(c)）

fMet-tRNAはIF-2とGTPでIF-2・GTP・fMet-tRNAという**3者複合体**（ternary complex）を形成し，30SサブユニットのP部位に結合する（図97(b)）。ついでIF-3の遊離後50Sサブユニットが会合し，リボソームは70Sとなる。P部位においてコドンとアンチコドン間で正しい塩基対合の起こっていることが確認されると，IF-2はGTPを加水分解してGDPを放出し，ついでIF-2自身もIF-1とともに70Sから解離する（図97(c)）。こうしてfMet-tRNA$_f$^{Met}が正しくP部位に結合してできた70Sリボソームを**開始複合体**という。

（3）ペプチド鎖伸長反応

この段階には2種類の**伸長因子**（elongation factor：**EF**），**EF-Tu**と**EF-G**が関与する。A部位のコドンに対応するアンチコドンをもつアミノアシル-tRNA（aa-tRNA）がEF-TuとGTPとで3者複合体を形成し，A部位に導入される。次にGTPの加水分解が起こり，コドンとアンチコドンとの間に正しい塩基対が形成されると，EF-Tu・GDPはA部位にaa-tRNAを残してリボソームから遊離し，P部位にfMet-tRNA，A部位にaa-tRNAが結合した状態になる（図97(d)）。EF-Tu・GDPは，もう一つの翻訳因子EF-TsとGTPによりEF-Tu・GTPに再生される。

ここで23SrRNA中の**ペプチジルトランスフェラーゼ**（**PTase**）により，fMet残基がA部位のaa-tRNAのアミノ酸のアミノ基とペプチド結合を形成して移動する。こうしてP部位には脱アミノアシル化されたtRNA$_f$^{Met}が残り，A部位にはfMet-aa-tRNAが残る（図97(e)）。

次にEF-G[27]がGTPのエネルギーを用いて，mRNAを両tRNAごと1コドン分移動させ，tRNA$_f$^{Met}はP部位の隣のE部位に，A部位の

---

25 MetRS
メチオニン用のtRNAにメチオニンを結合させた酵素のこと。

26 ホルミル化
ホルミル基（HCO—）をくっつける（導入する，修飾する）こと。

27 EF-G
この反応に関与することにより，EF-Gのことをtranslocase（トランスロカーゼ）と呼ぶことがある。

fMet-aa-tRNAはP部位にそれぞれ移動し，A部位には3番目のコドンが入る（図97(f)）。これを**転位反応**（translocation）という。tRNAが空になったA部位には3番目のコドンに対応するaa-tRNAがEF-Tu・GTPにより導入され，E部位のtRNA ^{fMet}は放出される。こうして前述のプロセスが繰り返され，mRNAの各コドンに対応して順次アミノ酸が連結され，ペプチド鎖が（N末端→C末端の向きへ）合成されてゆく。このサイクルは，mRNA中の終止コドンがA部位に出現するまで繰り返される。

(4) 翻訳終結反応

この過程には**解離因子**（release factor：RF）が関与する。リボソームA部位に三つの終止コドン（UAG，UAA，UGA）のうちのどれかが来ると，**RF-1**（UAGとUAAを認識）または**RF-2**（UGAとUAAを認識）が対応する終止コドンを認識してA部位に入り（図97(g)），P部位に付着しているペプチジル-tRNAの加水分解を促進する。こうして完成したペプチドはリボソームから離れる（図97(h)）。その後**RF3**と**GTP**の作用によりRF-1またはRF-2はリボソームから解離する。リボソームはその後リボソーム再生因子（**RRF**）によってtRNA，mRNAを放出し，自らはIF-3によって再び30Sと50Sに解離する。

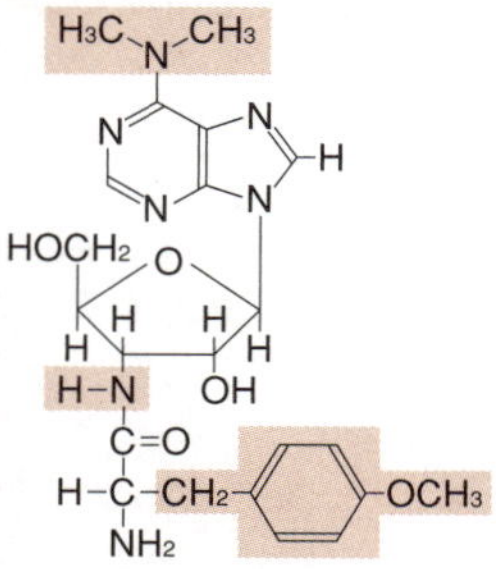

2-6-9　真核生物の翻訳反応——かなり複雑な反応

■**翻訳反応の概要**　真核生物の翻訳装置は，原核生物のものに比べてはるかに複雑である。リボソームは**80S**で，**40S**と**60S**の2個のサブユニットから構成される。40Sは18S rRNAと30個のリボソームタンパク質，60Sは28S，5.8S，5Sという3種類のrRNAと50個のタンパク質からなる。しかし翻訳機能にかかわるRNA領域は完全に保存されており，反応の各ステップも基本的には原核生物のものと同じである。しかし，mRNAの特異構造と関係して翻訳開始因子と開始反応は著し

図98　ピューロマイシンとアミノアシルtRNA（aa-tRNA）の3′末端のアミノアシルアデノシン（aa-A）部分の化学構造の比較

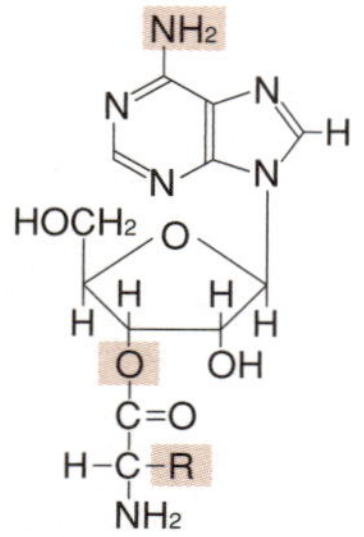

コラム9　翻訳を阻害するもの（図98）

翻訳反応の阻害剤として多くの抗生物質が知られている。たとえばピューロマイシンは，図98に示すように，aa-tRNAの3′末端部のaa-Aと類似した構造をもつため，aa-tRNAの代わりにリボソームのA部位に結合し，P部位のペプチジル-tRNAからペプチドがピューロマイシンに転移され，ペプチジル-ピューロマイシンとなって未成熟のタンパク質がリボソームから遊離するため，翻訳反応はそこで停止する。またテトラサイクリンはaa-tRNAのリボソームA部位への結合を，クロラムフェニコールは原核細胞のペプチジルトランスフェラーゼ反応を，フシジン酸（EF-Gを阻害）や

エリスロマイシン（23S rRNAに結合）は転位反応を，ストレプトマイシンは（mRNAの誤読とともに）開始反応を，それぞれ阻害することが知られている。

このような種々の抗生物質の作用機構のくわしい解析から，上に述べたような翻訳反応の素過程が明らかにされた。抗生物質の中には病原性細菌のような原核細胞の翻訳は阻害するが，ヒトのような真核細胞の翻訳は阻害しないものがある。それらは抗病原菌用の医薬品として有用であり，現にストレプトマイシン，クロラムフェニコール，エリスロマイシンなど多数のものが広く利用されている。

く複雑になっている。すでに述べたように，真核生物のmRNAは核内でhnRNA[28]として転写されたものが**スプライシング**を受けて成熟mRNAとなる。原核生物mRNAに存在するSD配列はなく，代わりに5′末端に**キャップ構造**をもち，3′末端領域には**ポリ（A）配列**が存在する。終止コドンからポリ（A）配列までを**3′-非翻訳領域（3′-UTR：3′-untranslated region）**というが，ここにはmRNAの安定性に影響する特異的なシグナル配列が存在する場合がある。

■**反応に関する因子**　真核細胞には，原核細胞にはない多くの**開始因子（eIF）**が開始反応にかかわっている。80Sリボソームは一部の開始因子により40Sと60Sに解離する。40SサブユニットにmRNAが付着すると，43Sリボソームは5′端から下流にmRNAをスキャンし，最初のAUGが出現した時点で停止する（**scanning model**）。そこで60SとMet-tRNAiを結合した**80S開始複合体**が形成される。一部の開始因子はATP依存のヘリケース（二重らせんをほどく酵素）活性をもち，複合体形成時にmRNAの二次構造をほどく働きをする。また例外的にmRNAの途中のIRES（Internal ribosome entry site）という特殊な二次構造をとる領域から翻訳が始まる場合もある。IRESはウイルスのmRNAに広く存在するほか，いくつかの細胞のmRNAに見出されている。

　真核生物では，**eEF-1α**，**eEF-1βγδ**および**eEF-2**が，原核生物のそれぞれEF-Tu，EF-Ts，EF-Gに対応して同様な機能を担う以外は，図97と同様のスキーム（形式）によってペプチド合成反応が進行する。終結反応では，ただ1種類の**eRF-1**が3種類の終止コドンを認識し，**eRF-3**がその機能を促進する。真核生物ではRRFに相当する因子はまだ見出されておらず，ペプチド鎖合成反応終結後のリボソームのリサイクル機構については現在のところまだわかっていない。

2-6-10　生成タンパク質の局在化
――細胞の内外，膜の3か所

　原核細胞で生成されたタンパク質は，細胞のさまざまな場所に分布する（おもに3か所）。**細胞質**には，エネルギー代謝と栄養輸送にかかわるタンパク質など，**外膜と内膜の細胞膜間（ペリプラズム）**には，栄養物質結合タンパク質やヌクレアーゼ，プロテアーゼなどの加水分解酵素など，**細胞外**に移送されるものは，イオンや栄養の流入を促進するタンパク質やファージの受容体タンパク質などである。

■**外に出すタンパク質と内に残すタンパク質**　通常1個のmRNAには複数個のリボソームが結合し，**ポリソーム**という超分子を形成してタンパク質を合成する。ポリソームには**膜結合型ポリソーム**と**遊離型ポリソーム**があり，前者が細胞膜間や細胞外に移送されるタンパク質を生産し，後者が細胞内に局在するタンパク質を生産する。

> **28　hnRNA**
> 　hnRNA（heterogeneous nuclear RNA）は，ヘテロ核RNAとも呼ばれる。核質に含まれる転写直後のRNA混合物のうち，tRNAとrRNAを含まないものの総称。
> 　多くは，mRNAの前駆体であるが，そのほかの機能未知の転写産物も含まれる。

細胞膜に結合したり埋め込まれたりするタンパク質や，細胞外に分泌されるタンパク質には，それらのN末端領域に膜への結合と分泌の目印となる**シグナルペプチド**が付加されている。それは15～30残基からなり，正に帯電した短いアミノ酸残基のあとに疎水性アミノ酸残基を多く含む。このようなタンパク質は，膜結合型ポリソームで合成され，このシグナルペプチド領域が膜を透過後，**シグナルペプチダーゼ**によって切断される。

■**真核細胞の場合**　真核細胞ではタンパク質の局在化は原核細胞よりはるかに複雑である。膜結合ポリソーム上でタンパク質合成が進行するとともに生成タンパク質は小胞体内腔へ運ばれ，シグナルペプチダーゼによる切断を受ける。C末端にKDELという配列をもつ少数のタンパク質だけが小胞体に留まり，残りはゴルジ体に運ばれ，そこからリソソーム，細胞膜，あるいは細胞外へと運ばれていく。

　一方，遊離型ポリソームで合成されたタンパク質は細胞質内タンパク質以外のものはそれぞれのタンパク質につけられたシグナルに応じて核，ミトコンドリア，葉緑体と行き先がわかれる。

2-6-11　翻訳制御――量的な制御と質的な制御

　翻訳過程にも制御機構が存在する。翻訳効率にかかわる**量的な制御**と，正常なルール外の翻訳による**質的な制御**にわけることができる。

■**量的な制御**　翻訳効率を左右する要素としては，原核生物では，**SD配列とアンチSD配列の適合性**，翻訳開始部位（開始コドンとSD配列）がmRNA上で一本鎖領域にあるか，塩基対形成をした二本鎖領域にあるかという，**mRNAの二次構造**，翻訳されたタンパク質自身がリプレッサーのように，それ自身のmRNAに結合して翻訳を抑制する**オートレギュレーション**，などがよく知られている。また翻訳開始領域に，それに相補的な短鎖RNA（**アンチセンスRNA**）が貼りついて翻訳を止める例が，浸透圧に依存した膜タンパク質や動く遺伝子といわれるトランスポゾン[29]の発現時に見出されている。

■**真核生物の場合（量的な制御）**　真核生物では，動物や植物の発生時に**短鎖RNA（miRNA：microRNA）**が発生分化に関係するmRNAの3′非翻訳領域と相補鎖を形成することにより，翻訳を抑制する例がある。このような現象は植物では約10年程前から知られていたが，この3～4年で線虫を初めとして，ハエ，プラナリア，カエル，ゼブラフィッシュ，マウスなどの哺乳動物に広く存在することが知られるようになり，発生，分化に関連する遺伝子の探索や機能解析の新しい方法として多くの研究者の注目を集めている。

　また，二本鎖RNAを細胞に導入すると，**ダイサー（Dicer）**というRNA分解酵素によりmiRNAと同じサイズに切断され（これを**siRNA**：

29　トランスポゾン
　DNA上である部位からほかの部位へ移動する，DNAのある領域のことをトランスポゾンという。

2-6 生命情報の流れとしての生命活動③〜遺伝情報の発現

small interfering RNAという），その片方の鎖がmRNAと相補鎖を形成すると，そこがリスクというRNA分解酵素により特異的に切断され，やはり翻訳が抑制される**RNAi**（RNA interference）という現象も報告されている。このような小分子RNAによる翻訳制御が一躍注目されるようになった。

真核生物ではまた，開始因子のリン酸化による翻訳開始反応の制御が古くからよく知られている。真核細胞は成長因子の欠乏，ウイルス感染，熱ショック，細胞周期のM期への進入など，さまざまの状況に応じてタンパク質合成全体の速度を減少させる。この調節の大部分は開始因子eIF-2が関与すると考えられているが，それは上記のような細胞の状況変化によって特定の**プロテインキナーゼ**（タンパク質リン酸化酵素）が活性化され，それがeIF-2をリン酸化することに起因している。リン酸化されたeIF-2は翻訳開始反応を抑制する。

■**質的な制御**　質的な制御の代表例は**フレームシフト**である。

RF-2のmRNAは，N末端に近い部位に読み枠（フレーム[30]）の合った終止コドン（UGA）をもつ（図99）。正常な翻訳では反応がここで停止する。RF-2が十分にある場合，RF-2は自己のmRNA中の終止コドンを認識して翻訳を停止させるため，完全長のRF-2はできない。

しかしRF-2が少ししか存在しない場合は，RF-2はUGAコドンを認識できず，リボソームはその場所で一時停滞する。このときフレームが1塩基分下流にずれて（フレームシフト）翻訳は続行され，完全なRF-2タンパク質ができあがる。このように自己の遺伝子中に終止コドンを挿入し，自己の存在量の多少によって自己のmRNAの翻訳を抑制して，タンパク質の生産量を調節するのが**フレームシフト**である。同様なフレームシフトによる調節は，真核生物のオルニチン脱炭酸酵素阻害剤（タンパク質，核酸合成や細胞分裂にかかわる重要な酵素の阻害剤）の翻訳においても見られる。

> **30　フレーム**
> フレームとは，三つ組の塩基（コドン）の並び方のことで，ある配列に対して3通りのフレームが存在する。
> コドン
> ACCACCU……
> フレーム（3通りの読み方）

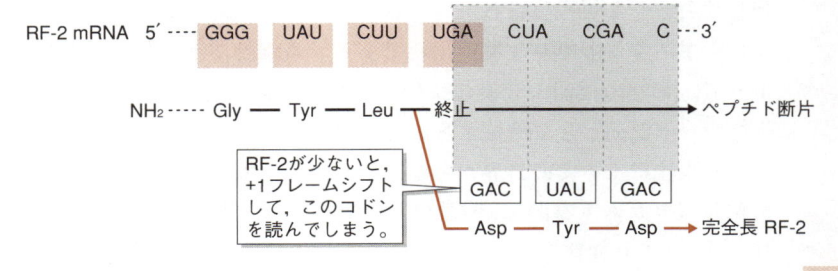

```
RF-2 mRNA  5′……| GGG | UAU | CUU | UGA | CUA | CGA | C …3′
           NH₂……Gly — Tyr — Leu —  終止  ──────────→ ペプチド断片

           RF-2が少ないと，
           +1フレームシフト
           して，このコドン
           を読んでしまう。
                           | GAC | UAU | GAC |
                           Asp — Tyr — Asp → 完全長 RF-2
```

図99　大腸菌RF-2 mRNAの翻訳におけるオートレギュレーション

第3章　個体の生物学

3-1　個体の構造と機能

3-1-1　はじめに──第3章の構成

本章では，多数の細胞からなる個体の組織化と構築，個体の統一性を維持する上で欠くことのできない制御系のしくみ，および個体の形成と再生産について学ぶ。このレベルになると動物と植物ではかなり異なっている面があるので，3-1節および3-2節で動物を中心に述べ，3-3節で植物についてまとめてある。

多細胞生物では細胞はいわば部品と化しており，生殖細胞を除いては単一の細胞が自然条件の下で自立的に生存し，新個体をつくることはできない。言い換えれば，細胞を集積して組織・器官・器官系へと順次組織化することによって構築された個体こそが，活動の単位となっており，たとえ直接的には細胞活動の制御にかかわる事柄であっても，**個体という視点を抜きにしては生物学的な意味を見失う**といっても過言ではない。優れた大脳の働きも，内分泌系や免疫系のみごとな働きも，すべては環境の変動を乗り越えて個体という高次システムの**統一性を維持するためのものであり**，発生や生殖は個体の再生産にかかわるものであることを忘れてはならない。

3-1-2　単細胞体から多細胞体へ
──環境への適応幅は広がった

第5章で述べるように，約20億年前に原核細胞の一部から細胞内共生を通じて，より大型で複雑な構造をもつ真核細胞が出現し，やがて現生の真核単細胞生物に見られるような多様なものへと進化していった。細胞の大型化は，外部との境界として外部からの情報を受け止め，外部と物質を受け渡す場である細胞膜の面積が相対的に小さくなることを意味し，細胞の大型化にはこの面からも制約がある[1]。

しかし，この壁は10億年足らずにして打ち破られた。多数の細胞が細胞社会として組織化され，統一されたシステムとして整合性を保ちながら生活する**多細胞生物**の出現である。**多細胞体制**[2]をとることによって，細胞の機能の分業化が可能となり，特殊化（**分化**[3]）した細胞をいわば部品として集積することができるようになった。

多細胞化によって，外界から独立した内部環境をより保ち，より大型化し（コラム1参照），形態がより多様化し，環境への適応幅をより広げ[4]，より複雑な生活を営むことが可能になった。しかし，同時に単細胞生物には見られない「個体の自然死」を避けることができな

1　細胞の大きさの制約
　細胞の大きさには本文のような制約もあって，動物の大型化は基本的には細胞数の増加による。細胞を極端に扁平にしたり（例，神経の髄鞘細胞　3-1-5参照），表面を内部にくぼみこませるなどをして（例，一部の上皮細胞），細胞の体積を変えずに表面積をある程度増すことは可能であるが，細胞レベルではあまり大がかりなものはない。個体レベルになると，このようなしくみを非常に発達させた器官をもつものがある。肺や鰓（えら）はそのような構造になっており，たとえば成人の肺の内表面積はテニスコートほどにもなる。

2　体制
　生物の体のつくり（構造のようす）のこと。

3　分化
　多細胞生物の一部の細胞が，ほかとは違う機能をもつようになる過程とそのなった状態を分化という。胚発生は，その代表例である。

4　環境への適応幅
　たとえば，陸上への進出を考えても，単細胞生物が生理的な活動を保ちながら陸上での乾燥に耐えるのは不可能であろうと思われるが，発達したクチクラなどで表皮をおおった多細胞生物なら，活動を維持したまま陸上へ進出することも可能であったろう。

3-1 個体の構造と機能

くなった（3-2-2参照）。多細胞体制の出現は，細胞とは階層の異なる「個体」の確立でもあり，この意味において，真核細胞の出現にも相当する大きな一歩であった。

単細胞から多細胞体制への道筋は一つではなかったと考えられている。現生生物の形態や発生を比較すると，多細胞化への道として，おもに次の二つが考えられる。

① 細胞性群体[5]から多細胞体へ
② 多核細胞から多細胞体へ

①の説は，鞭毛虫類の群体から多細胞生物ができたとするものである。緑藻類に属する植物性鞭毛虫類には，もっとも単純な体制の緑藻である単細胞性のコナヒゲムシ（*Chlamidomonas*）から出発し，群体を構成する細胞の数と統合の程度が増す一連の系列が認められる。

最も発達した群体をつくるオオヒゲマワリ（*Volvox*）では，生殖細胞・体細胞の完全な分化と群体の自然死が認められる上，栄養的機能[6]を営む前方部分と生殖的機能を営む後方部分を人為的に分割すると，再生することなく死滅するので，多細胞体制と呼んでもおかしくないほどである（図1）。

動物性鞭毛虫類に属する立襟鞭毛虫類（*Choanoflagellina*）には，単細胞性，群体性（図2），淡水産，海産といろいろなものが含まれているが，海綿動物に特有の襟細胞（図4）にきわめてよく似ている。このことから，両者の類縁関係が古くからいわれているが，最近の分子生物学からの知見によってもこの仮説は支持されている。

②の説は，緑藻類のイワヅタ（*Caulerpa*）のように，細胞質の分裂なしに核分裂を繰り返し，大きな多核細胞となっているものが存在することや，昆虫などの胚が，最初は核分裂のみが進行して多核となり，胚表層に並んだ核の間に仕切りが入って，一気に多細胞化[7]することなどからの推定である。

緑藻類，コケ，シダ，種子植物は共通の祖先に由来し，系統的にま

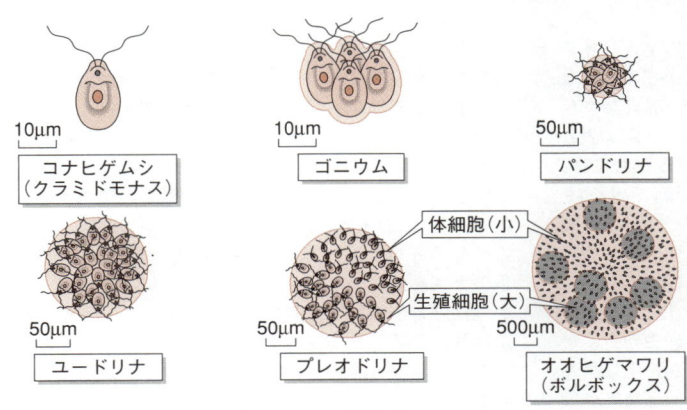

図1 多細胞への道1．緑藻における群体化

5 細胞性群体
無性生殖の結果できた母個体と娘個体あるいは娘個体どうしの分離が不完全で組織的に連続している場合，その全体を群体という。単細胞生物がそのような連結体を構成するときには，細胞性群体という。細胞性群体であるか多細胞生物の個体であるかを判断するのは微妙な問題であるが，個々の細胞の独立性がどの程度あるかによって決める（向井，2001）。

6 栄養的機能
養分のとり入れ，代謝など，群体の維持にかかわる機能のこと。

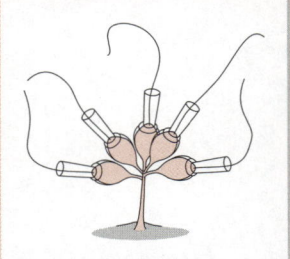

図2 多細胞への道2．群体性立襟鞭毛虫

7 多核と多細胞化
たとえば，キイロショウジョウバエでは8200核になったあとに細胞質分裂が起こる。

とまったグループ（**単系統群**という，5章参照）をつくっている。この系統の多細胞化は，オオヒゲマワリのように高度に発達した群体からではなく，「分裂した細胞が分離独立しない」といった程度のものからできてきたと考えられている。多細胞動物も分子進化学などの知見から，全体として単系統群であることが確立されているが，その祖先は群体性の立襟鞭毛虫類であろうと信じられている。

なお，細胞性粘菌は生活史の一部をナメクジ状の多細胞体として過ごすが，これはおそらく進化の袋小路で，多細胞生物への進化につながるものではないと判断されている（図3）。

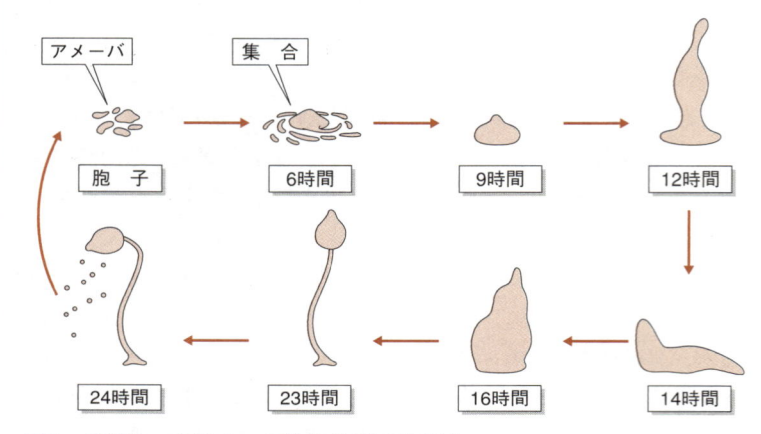

図3　多細胞への道3．細胞性粘菌の生活史

コラム1　生物の体のサイズによる生活への影響

体の大きさは生活様式などにも大きな影響を与える。大型の動物ではほとんど問題にならない水の粘性や表面張力も，小さな昆虫にとっては無視できない大きさで，アリなどは水滴から脱出できない。

哺乳類はきわめて大型の動物で，最小のトガリネズミでも1グラム程度の体重がある。体が小さくなると「表面積／体積」の比が大きくなるので，哺乳類や鳥類のように体温が気温より高い恒温動物では，体表から奪われる熱量が大きくなる。これを補うためには，体重あたりの食物消費量や呼吸量などを増し，脈拍を多くする必要がある。実際，トガリネズミなどでは短時間の絶食によって餓死してしまう。また，クマやシカなどで典型的に見られるように，哺乳類では一般に寒冷地に生息するものほど大型になる傾向があるのも，このためであると考えられる。同じ理由から，最も小型の鳥であるハチドリは，餌も摂れない上に気温が下がる夜になると，体温を下げて（いわば毎晩冬眠して）この問題を解決している。逆に大型の動物になると，激しい運動などをしたときに発生する熱をいかに逃がすかが重要となる。

ガリバーが小人国に漂着したとき，小人たちは彼にどれだけの食物を与えるべきか見積もっているが，その計算は現在の知識から見ても的を射たものである。このような知識が科学的に確立する前であったにもかかわらず，著者スイフトはすでに知識をもっていたのであろう。

陸上動物では，熱の問題以上に深刻なのが重力の問題である。体の大きさが2倍になれば体重は8倍になり，この体重を支えるには足底の面積も8倍必要となり，足の太さを2.83倍にしなければならない。ただし，水中では浮力が働き重力の負担が小さくなる。実際，海には最大の陸上動物（アフリカゾウ）よりもはるかに大きなクジラ（最大はシロナガスクジラ）が生活している。

3-1-3　個体の構築
——単なる細胞の集合ではなく役割分担がある

■**最もゆるい組織化〜海綿動物**　多細胞動物の中で，組織化の程度が最も低いのは**海綿動物**である（図4）。襟細胞やアメーバ細胞など数種類の細胞が真の組織とはいえない程度のゆるい結合をして，多くの小孔が開いた体壁をつくっているに過ぎない。体壁で囲まれた空間は胃腔と呼ばれ，襟細胞の鞭毛運動によって生じた水流は体壁の小孔から入り，合流して胃腔の開口部から排出される。胃腔は単なる流路に過ぎず，消化するための内部構造になっていない。襟細胞が濾しとったプランクトンは，近くにいる細胞が消化吸収している。また，個々の細胞は外界の変化に反応できるが，神経も筋肉もない。

■**消化管などをもった組織化〜刺胞細胞**　次に単純な体制の**刺胞動物**（図5）では，体は内胚葉と外胚葉に相当する内外二層の上皮細胞（後述，3-2-12参照）でおおわれており，両者の間には細胞が分泌したゲル様物質が存在する。クラゲではこの層（中膠）がよく発達している。細胞の一部はよく配向したアクチン繊維（**2-2-4参照**）をもち，一種の筋細胞となっている。単一の開口部をもつ内腔は，餌を消化する内部環境となっていて腔腸という。その内壁には，消化酵素を腔腸内に分泌する細胞と，消化酵素により腔腸内で分解されたものを吸収してさらに消化する細胞とが分化している。また，散在する神経細胞のネットワークが外胚葉層の外側を取り巻いているが，神経の中枢はない。肉食性で，触手にある刺胞から毒針を発射して餌を捕らえる。

■**神経中枢と運動機能をもった組織化〜扁形動物**　**扁形動物**は，内中外の三胚葉が区別でき，左右相称で，脳と呼べる神経中枢をもつ。体の前方に眼をもち，餌を追いかけることができる体制となっているが，体腔はなく，消化管も出入り口が共通のまま（咽頭）である（図6）。

■**高等な組織化〜哺乳類**　**哺乳類**などでは，さまざまな機能と形態をもつ膨大な数の細胞が，それぞれにあるべき空間を占め，なすべき機能を営むことによって個体が維持されている。たとえば成人は受精卵に由来する約200種類，約60兆のクローン細胞集団からなりたって

図4　海綿動物（カイメンの断面）

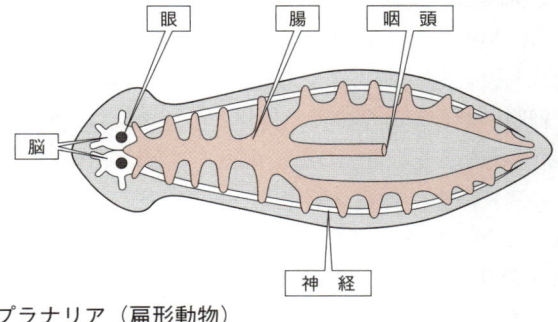

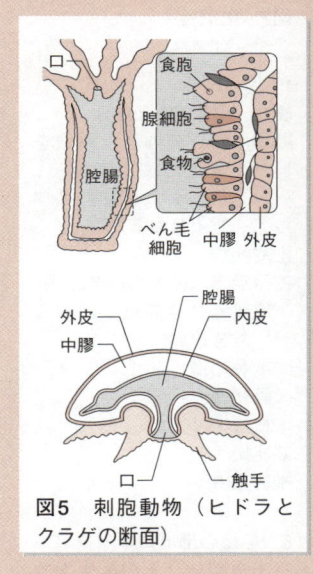

図5　刺胞動物（ヒドラとクラゲの断面）

図6　プラナリア（扁形動物）

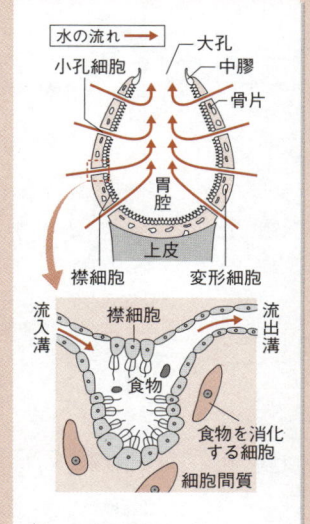

いるが，受精に始まって，老化し，死に至るまでの全過程を通じて，個体は常に統一されたシステムとして整合性を保っている。このような複雑なシステムが一時も中断することなしに，次々と変化をとげながら，数十年にわたって存続しつづけるという事実は，それ自体がじつに驚くべきことではなかろうか。さらに，生殖細胞を通じて，同じような個体をつくり，個体の死を超えて同じようなシステムを連綿と再生産している事実を思うと，個体をなりたたせているしくみの精妙さが推測される。

■**組織化の階層**　部品化した細胞は，**組織・器官・器官系・個体**と段階的に組織化されている（図7）。組織とは，同一の機能と構造を備えた細胞集団で，細胞および細胞が分泌した細胞間物質よりなる。

動物の組織は**上皮組織**，**支持組織**（広義の**結合組織**），**筋組織**，**神経組織**にわけられる。支持組織はさらに，**繊維性結合組織**（狭義の**結合組織**），**軟骨組織**，**骨組織**および**造血組織**に分類される（表1）。

（1）**上皮組織**　上皮組織は体の内外すべての遊離面をおおっているが，外表面（体表）であるか内表面（消化管や気管・肺の管腔面）であるかの違いはもとより，同じ消化管であっても食道から肛門に至るまで，部域ごとに形態も機能も異なっている[8]。

（2）**支持組織**　支持組織は**間充織**（3-2-12参照）に由来し，細胞間物質に富み，繊維性結合組織は，組織や器官を支持固定する。その一部である血液やリンパでは，細胞間物質は液体である。

（3）**筋組織**　筋組織は中胚葉に由来し，収縮弛緩性の筋細胞を主構成要素とする。

（4）**神経組織**　神経組織は外胚葉に由来し，神経細胞と神経細胞を支持し栄養を与える**神経膠**（中枢神経のグリア細胞や，末梢神経のシュワン細胞を含む）からなる。

これらの**組織**が集まって，心臓，大脳，腎臓などの諸**器官**を形成し，器官はさらに**器官系**をつくり，直接的には器官系が**個体**を構築している。

■**器官の発達**　上記のように複雑な細胞社会システムをなりたたせるには，内外の状況を的確に把握して個体全体として対応する能力が必要となり，**感覚器官・神経・運動器官**などが発達した。同時に，内部環境や生理機能を安定して調節するための制御系として，**神経系**や**内分泌系**が発達した。個体が大きくなり，その細胞数が増すにつれ，外界と接する細胞の割合が減るので，外界とのガス交換，養分の取り入れ，老廃物の排出などを拡散[9]のみにたよることはできなくなった。そこで，体内の隅々にまで物資（栄養成分，老廃物，ホルモンを始めとする情報分子など）を輸送できる発達した**循環系**（コラム2参照）と，**呼吸器系・消化器系・排出器系**が必要となった（図8）。また，病原菌などの異物や，自分の細胞であっても感染・発癌・老化・損

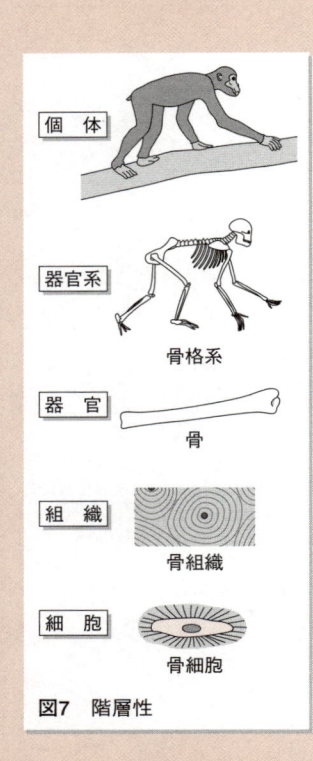

図7　階層性

表1　組織（Tissues）
組織：同一の機能と構造を備えた細胞集団で，細胞および細胞間物質よりなる。
上皮組織
支持組織（広義の結合組織）
　繊維性結合組織（狭義の結合組織）
　軟骨組織
　骨組織
　血液・リンパ
筋組織
神経組織

8　組織の部域による違い
　上皮組織はその発生学的由来（内胚葉性上皮，中胚葉性上皮，外胚葉性上皮），機能（保護上皮，吸収上皮，分泌上皮，感覚上皮，生殖上皮など），細胞層の数（単層上皮，重層上皮），細胞の形態（扁平上皮，立方上皮，円柱上皮など），付属物（繊毛上皮，鞭毛上皮，色素上皮など）などによってさらに分類されている。

傷・死亡したものを処理する**免疫系**が発達した。

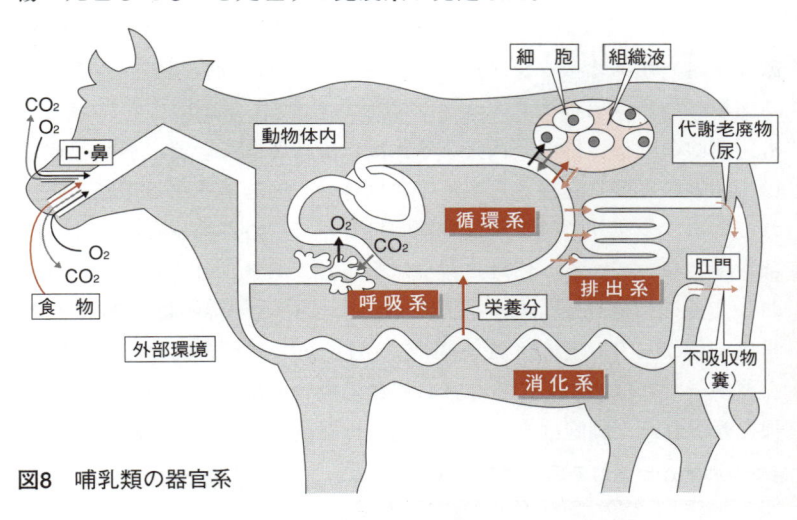

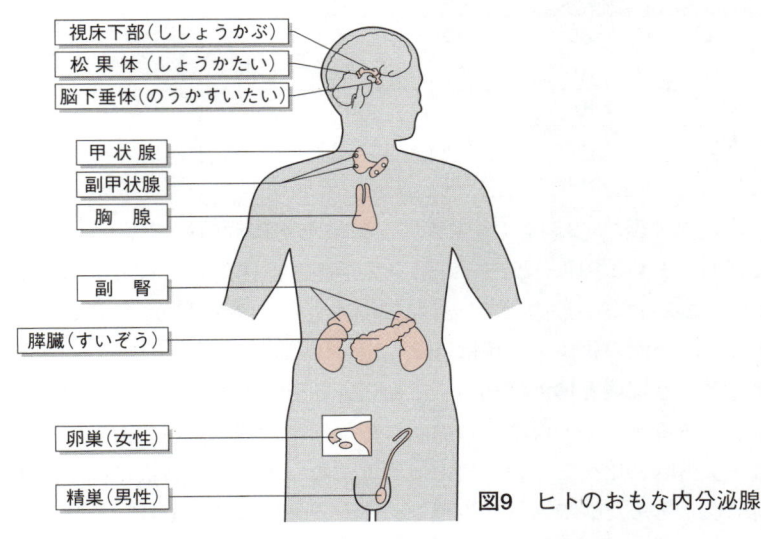

図8 哺乳類の器官系

図9 ヒトのおもな内分泌腺

> **9 拡散**
> この場合の拡散とは，物質の濃度勾配（濃い→薄い）による拡散である。
> たとえば，単細胞では外から栄養成分が拡散によって入ってくる場合があるが，サカナはこのような栄養摂取では間に合わない。

コラム2　循環系

　成人の血管の総延長は10万km（2-2-10参照）におよび，血液の総量は体重の約7.7％を占める。また，体積で血液の55％が液性成分（**血漿**），45％が細胞性成分（**血液細胞：血球**とも呼ぶ）である。血漿の大部分は水であるが，ほかに各種の無機イオン（浸透圧やpHの調節，細胞膜透過性の調節），タンパク質（浸透圧やpHの調節ならびに水に溶けにくい物質の運搬に重要な**血清アルブミン**，免疫にかかわる**抗体**〈**免疫グロブリン**〉，血液凝固にかかわるフィブリノーゲンなど）ならびに血液によって輸送されるさまざまな物質（グルコース，脂肪酸，ビタミンなどの栄養分，尿素など老廃物，各種ホルモン，酸素や二酸化炭素）が含まれている。

　血球は，酸素を運搬するとともに二酸化炭素の運搬にもかかわる**赤血球**（約$5×10^9$個/mℓ），生体防御と免疫を担当する数種類の**白血球**（約$5～10×10^6$個/mℓ），および血液凝固で重要な役割を演じる**血小板**（約$3～4×10^8$個/mℓ）に分類される。これらの細胞はすべて**造血幹細胞**に由来し，成人では**骨髄**が造血器官である。ほとんどの哺乳類で，赤血球は核やリボソームなどの細胞小器官をもたず，ヘモグロビンの詰まった袋と化している。また，血小板は巨核細胞の細胞質断片である。白血球については，p.124コラム7を参照。

3-1-4　内部環境の維持
——神経系と内分泌系の2系統の制御

■**恒常性（ホメオスタシス）**　　一般に細胞は，細胞膜の内外を異なる環境に維持する能力をもっているが（表2），単細胞生物においても，細胞の内部は外部とは異なる状況に維持されている。多細胞体では，体外の環境に直接さらされるのは体の表面を構成する細胞に限られている。つまり，ほとんどの細胞にとっての外部環境とは，体の内部環境となっている。体外の環境は不安定であり，とくに陸上生活においてその傾向は著しい。細胞が浸されている**組織液**は，**体液**[10]と常に交流があり，そのイオン組成，pH，タンパク質成分，栄養成分などが一定に保たれている。さらに**恒温動物**では，温度もほぼ一定に保たれており，細胞はきわめて安定した環境におかれている。

表2　海水とヒト血液のイオン組成　　　　（単位 mM）

	海水	血漿	赤血球
Na^+	465	140	8
K^+	10	4	93
Ca^{2+}	10	2.5	10^{-4}
Mg^{2+}	54	1.5	3
Cl^-	545	100	78

体の内部環境の維持（**恒常性**[11]）に果たす体液の役割は大きいが，神経系（**3-1-5**参照）と内分泌系（2章図37，図9）による制御（**2-2-10**，**2-2-11**参照）の下で，各組織や器官の活動が調整されることによって，体液の組成・性状はほぼ一定に保たれている。

■**海という環境と体液調節**　　生命のふるさとである海は，安定した環境であるが，その塩濃度は徐々に増加している。現在の海水は，生命誕生当時と比べると約3倍の塩濃度になっている。体液は動物が体内に取り込んだ海であると表現されるが，体液の塩組成は，動物が海から離れた時代の海水の組成に似ている。

体液の塩濃度は，淡水にすむ動物では外部環境よりも高く，海水にすむ動物では逆に外部環境よりも低くなる。細胞膜は半透性で，イオンの透過率は水の10^{-9}程度しかない。つまり，生物にとって，淡水では水ぶくれの，海水では脱水の危険がある。海水と淡水の間を行き来する動物や，河口周辺の動物では，外部環境のイオン濃度の変動が大きく，体液の浸透圧調節は切実な問題となる。

脊椎動物では，体液の塩濃度は脳で感知され，そのシグナルが間脳視床下部の神経分泌細胞からのバソプレシン放出を制御する。バソプレシンは腎臓に働いて水の排出を抑制する。これとは別に，尿細管においてナトリウムを回収させる**副腎皮質ホルモン**（鉱質コルチコイド）の分泌制御による系も働いている（図10）。淡水硬骨魚類は大量の薄

10　組織液と体液

多細胞動物の体内の液のことを**体液**という。血液，リンパ液，組織液などを総称している。

組織液とは，細胞のまわりにあって，細胞の環境になっている液のこと。

11　恒常性

ホメオスタシス（homeostasis）ともいう。

生体や生物システムが，常に内外の諸変化にさらされながらも，自身を形態的にも機能的にも安定な範囲内に保つ性質のこと。これこそが生命の一般的原理であるとして，キャノン（W. Cannon）が1932年に提唱した。

ホメオスタシスは，検出器（センサー）→制御中枢→効果器という回路で，負のフィードバック制御を行うことによって可能となっている。この意味では，エアコンが室温を一定に保つしくみと本質的に同じである。

3-1 個体の構造と機能

内分泌腺	おもなホルモン	ホルモンの化学的本体	ホルモンのおもな機能	ホルモンを制御する因子
視床下部 	視床下部ホルモン*	ペプチド	脳下垂体前葉ホルモンの分泌制御	さまざまな神経および脳の部域
脳下垂体 後葉**	オキシトシン	ペプチド	乳腺をとりまく筋上皮細胞および子宮の収縮促進	神経系
	バソプレシン	ペプチド	腎臓における水の再吸収を促進（抗利尿作用）血圧上昇（毛細血管などの収縮促進）	体液の浸透圧，体液量
前葉 	成長ホルモン	タンパク質	成長（特に骨）の促進，糖新生の促進	視床下部ホルモン
	プロラクチン	タンパク質	乳汁の生産と分泌の促進	視床下部ホルモン
	濾胞刺激ホルモン	タンパク質	濾胞の発達（♀），精子形成（♂）を促進	視床下部ホルモン
	黄体形成ホルモン	タンパク質	排卵，黄体形成，発情ホルモン・黄体ホルモンの分泌促進（♀）雄性ホルモンの分泌促進（♂）	視床下部ホルモン
	甲状腺刺激ホルモン	タンパク質	甲状腺ホルモンの分泌促進	チロキシンの血中濃度，視床下部ホルモン
	副腎皮質刺激ホルモン	ペプチド	糖質コルチコイドの分泌促進	糖質コルチコイドの血中濃度，視床下部ホルモン
甲状腺 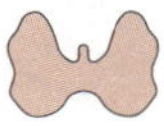	甲状腺ホルモン（チロキシンおよびトリヨードチロニン）カルシトニン	アミノ酸誘導体	代謝活性の制御，変態（両生類）の促進や換羽（トリ）	甲状腺刺激ホルモン
		ペプチド	骨からカルシウム，リンの溶出を抑制	カルシウムの血中濃度
副甲状腺 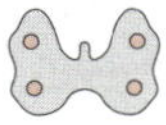	パラトルモン	ペプチド	骨からカルシウム，リンの溶出を促進	カルシウムの血中濃度
膵臓 	インスリン	タンパク質	血糖の低下（グルコースの消費促進）	血糖値
	グルカゴン	タンパク質	血糖の上昇（肝臓からのグルコース放出を促進）	血糖値
副腎 髄質	アドレナリン（エピネフリン）	アミン	血糖の上昇（肝臓からのグルコース放出を促進），心臓の活動を亢進	神経系
	ノルアドレナリン（ノルエピネフリン）	アミン	血圧上昇（毛細血管などの収縮促進）	神経系
皮質 	糖質コルチコイド	ステロイド	血糖の上昇（糖消費の抑制と肝臓における糖新生の促進），炎症の抑制	副腎皮質刺激ホルモン
	鉱質コルチコイド	ステロイド	腎臓におけるナトリウムの再吸収とカリウムの排出を促進	カリウムの血中濃度
生殖巣 精巣	雄性ホルモン（アンドロゲン）	ステロイド	生殖器官の発達，性徴の発現と維持，精子形成の維持	濾胞刺激ホルモンと黄体形成ホルモン
卵巣 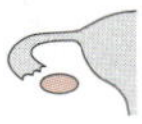	発情ホルモン（エストロゲン）	ステロイド	生殖器官の発達，性徴の発現と維持	濾胞刺激ホルモンと黄体形成ホルモン
	黄体ホルモン（プロゲステロン）	ステロイド	受精卵の着床，妊娠の維持	濾胞刺激ホルモンと黄体形成ホルモン
松果体 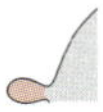	メラトニン	アミン	黒色素胞の収縮，生体リズムに関与	光条件，光周期
胸腺 	チモシン	タンパク質	リンパ球（T細胞）の分化を誘導	不明

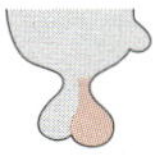

*成長ホルモン放出ホルモン，成長ホルモン抑制ホルモンなど，脳下垂体前葉ホルモンのそれぞれの分泌を制御するホルモンの総称。
**脳下垂体の後葉は脳の突起（視床下部の延長）で，脳下垂体後葉のホルモンはいずれも視床下部でつくられたものである。

図10 脊椎動物のおもな内分泌腺とホルモン

い尿を排出するとともに，鰓から塩を取り込んでいる。逆に海産硬骨魚類は海水を大量に飲み込んで水を得る一方で，余分な塩類を鰓から排出するとともに高塩濃度の尿を排出している。なお，棘皮動物など一部の海産無脊椎動物では，体液の塩濃度調節を行わず，細胞は海水と同じ浸透圧（等調という）を示す。

■**体液中の糖質の制御**　生命活動に必要なエネルギーはATP（2-3-3参照）によってまかなわれるが，動物では必要に応じてただちにATP合成を行えるよう，その原料となるグルコースを血流に乗せている。血流中のグルコース濃度（**血糖値**[12]）は，血液の浸透圧にも大きな影響を与えるので，その意味でも血糖値をきちんと制御する必要がある。血糖の調節も**内分泌系・神経系**・肝臓や筋肉などを動員した複雑なしくみで制御されている（図11）。

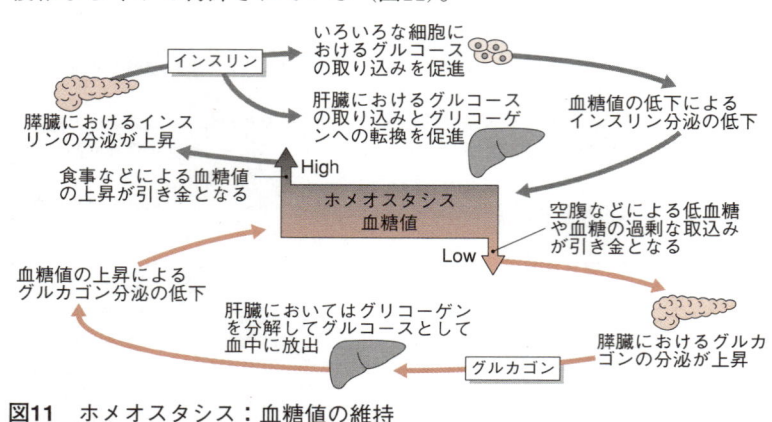

> **12　血糖値**
> 成人では血糖の正常値は1.0mg/mℓ程度である。食後約1時間位は1.5〜2.0mg/mℓ程度になるが，しばらくすると平常値に戻る。血糖値が常時2.0mg/mℓ程度になると尿中に糖が排出される（糖尿）。

図11　ホメオスタシス：血糖値の維持

■**体温の調節**　細胞の温度は，酵素反応などの速度，細胞膜を始めとする膜系の流動性，感染したウイルスの排除などにも大きな影響を与える。ヒトにおける**体温調節**を図12にまとめてある。無駄に熱を奪われないようにするために，体表に向かう動脈血と体表から戻る静脈血とが熱交換する解剖学的なしくみが発達しているものも少なくない（図13）。マグロのように激しく運動する魚類や，低温下で飛翔する一部の昆虫などでも類似の構造が見られる。また，コラム1で触れたように，体の大きさは体温調節に大きな影響を与えている。

コラム3　自律神経による調節

ヒトの体内環境の恒常性を保つための一つの機構が**自律神経系**（意思と無関係に自動的に働くことから，この名が与えられている）である。上記の糖質の調節も自律神経が深くかかわっている。

自律神経系は，**交感神経**と**副交感神経**の2系統からなり，これらをまとめている最高の中枢は**間脳**（視床下部はその一部）である。交感神経と副交感神経が，各臓器に拮抗的に作用しながら，体内環境を調節している（表3）。

3-1 個体の構造と機能

表3 交感神経と副交感神経の作用

組織・器官（働き）		交感神経	副交感神経
眼	瞳孔	拡大	縮小
	毛様体	―	収縮
	涙腺（分泌）	軽度促進	促進
皮膚	汗腺（分泌）	促進	―
	立毛筋	収縮	―
循環	血管	一般に収縮	―
	心臓（はく動）	増加	減少
呼吸	呼吸運動	促進	抑制
	気管	拡張	収縮
消化	唾液腺（分泌）	促進	促進（うすい唾液）
	胃腸のぜん動	抑制	促進
	胃腸の分泌（胃液・腸液）		
	膵臓・肝臓の分泌（膵液・胆汁）		
	副腎髄質（アドレナリンの分泌）	促進	―
排尿	ぼうこう	し緩	収縮
	ぼうこう括約筋	収縮	し緩
	肛門括約筋	収縮	し緩

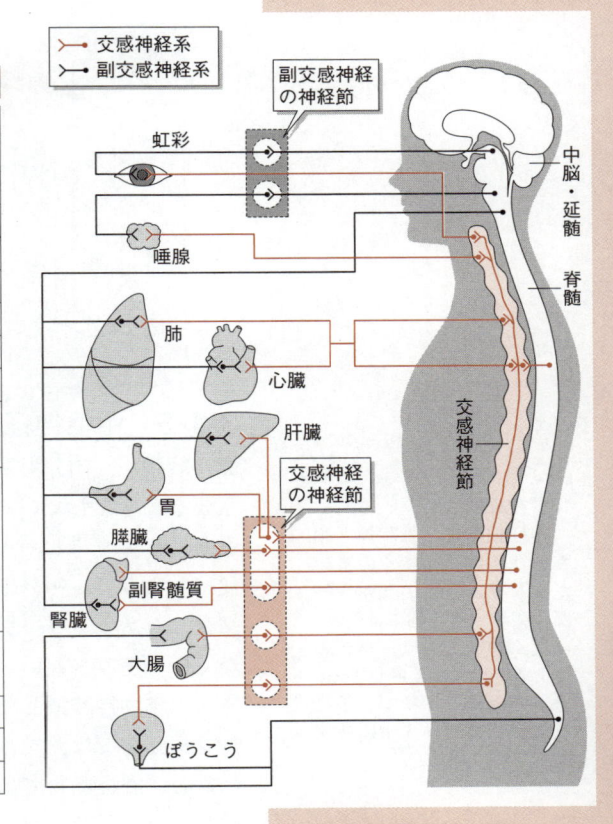

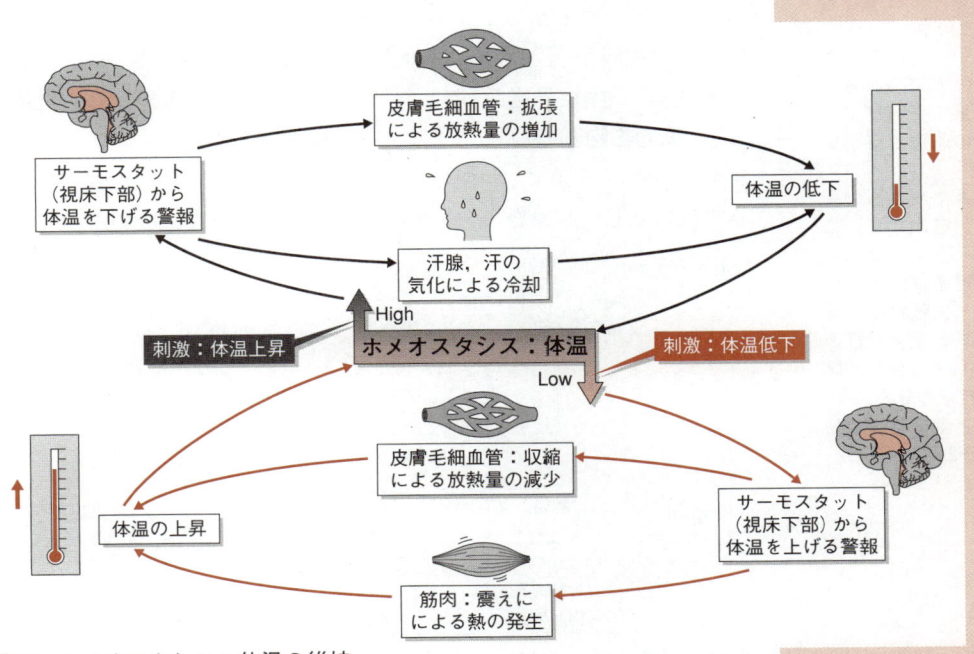

図12 ホメオスタシス：体温の維持

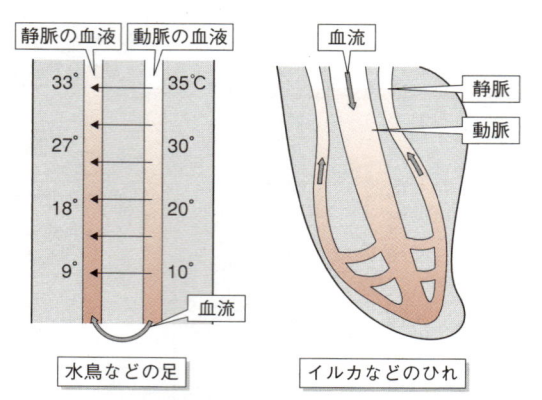

図13 動脈血と静脈血との熱交換

3-1-5 中枢神経系——情報・刺激の流れと統合

■**神経系**　内分泌系とともに個体としてのまとまりを実現する上で重要な働きをしているのが**神経系**である。**神経細胞**（図14）[13]は神経系というネットワークをつくることによって機能している。3-1-3で述べたように，神経細胞は刺胞類から見られ，この仲間では網目状に結合したネットワーク（**散在神経系**）をつくっているが，中枢はまだなく伝導速度も遅い。扁形動物以上になると，神経系は神経細胞が集まった**集中神経系**となり，情報を統合・整理する中枢が発達してくる。無脊椎動物では，複雑な行動を行う昆虫においても微小脳型であるのに対し，脊椎動物では中枢化が著しく発達しており，**中枢神経系**と**末梢神経系**の区別が明瞭である[14]（図15）。無脊椎動物では，パソコンの並列回路で情報処理を行っているのに対し，哺乳類はスーパーコンピュータ型とたとえることができよう。

■**ヒトの神経系**　ヒトの神経系は，**感覚細胞**—**求心性神経**（おもに感覚神経）—**中枢神経系**（脳と脊髄）—**遠心性神経**（運動神経や自律神経）—**標的細胞**（筋細胞など）によって構成されている。哺乳類の中枢神経系の神経細胞は，胎児のうちにすべてがつくられ，それぞれが担う役割に応じて脳や脊髄の中で特定の位置を占めている。したがって，

13　神経細胞

神経細胞は，細胞体と細胞体から伸びた多くの突起からなりたっているが，一部の突起（典型的には一本）は長く伸びており，神経繊維あるいは軸索と呼ばれる。ヒトの坐骨（ざこつ）神経では神経繊維は1mに達する。

14　脊椎動物の神経系

脊椎動物では，脳と脊髄を**中枢神経系**，それ以外を**末梢神経系**という。

末梢神経系には次の2系統がある（おもに感覚神経）。
求心性神経系：受容器（感覚器）からの刺激を脳に伝える。
遠心性神経系：脳からの指令を効果器（筋肉など）に伝える。

遠心性神経系は，さらに**体性神経系**（運動神経；骨格筋を支配）と**自律神経系**（内臓と分泌腺を支配）に区別される。自律神経系には，**交感神経系**と**副交感神経系**がある（コラム3参照）。

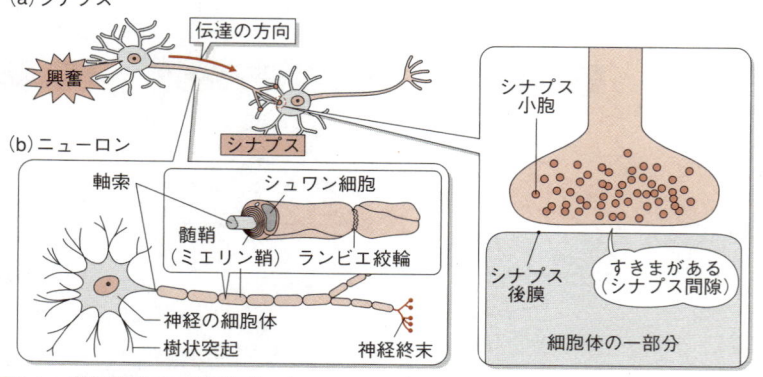

図14　脊椎動物の神経細胞（ニューロン）

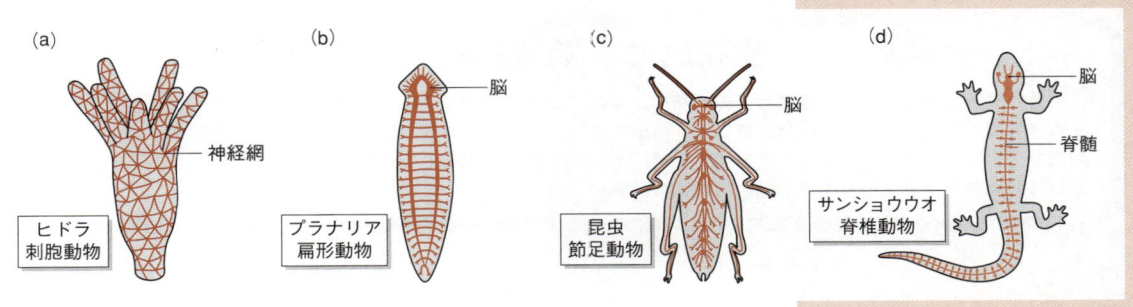

図15 神経系の進化

(a) ヒドラ 刺胞動物 — 神経網
(b) プラナリア 扁形動物 — 脳
(c) 昆虫 節足動物 — 脳
(d) サンショウウオ 脊椎動物 — 脳、脊髄

このようなシステムが誤りなく働くためには，身体各部と中枢の特定の神経細胞とが対応するように接続されなければならない。胎児が発達する過程で，脳や脊髄から出た末梢神経細胞は，神経繊維を長く延ばしながら正確に目的の部位に到達する。この機構について詳細は不明であるが，神経繊維が到達すべき部位から，対応する神経細胞の神経繊維だけを誘引する物質が出されていると考えられている。

■刺激の伝わり方　すべての細胞は細胞膜の内外で電位差があり，細胞の内部は外液に対して負に帯電（**分極**）している。この電位差を**膜電位**[15]といい，動物細胞の多くでその値は－50〜－100mV程度である。神経や筋細胞などの興奮性細胞は**刺激**によって興奮すると膜電位が変化するので，静止状態の膜電位を**静止電位**，興奮時の膜電位を**活動電位**という（コラム5参照）。活動電位の大きさは刺激の強さに関係なく一定（全か無かの法則）で，いわばデジタル信号となっている。刺激の強さは，発生する活動電位の頻度に反映されている。

神経細胞は，受け取った情報を電気信号に変え，**軸索**をいわばケーブルとして末端にまで伝え（コラム6参照），**シナプス**を介して**標的細胞**に伝達する。したがって，ホルモン分子の拡散による内分泌系の伝達に比べて，はるかに速く特定の細胞に情報を伝えられる。

興奮がシナプスに伝わると，シナプスの**カルシウムチャネル**が開いてシナプス内のカルシウム濃度が一時的に上昇する。その結果，**シナプス小胞**が細胞膜と融合して開口し，小胞中の**神経伝達物質**が**シナプス間隙**に放出される（図14，2-2-10参照）。伝達物質が**シナプス後膜**（信号を受ける神経細胞の細胞膜）にある受容体と結合すると，その部分のイオン透過性が変化する。その変化はシナプスや伝達物質の種類によって異なるが，局所的に膜の透過性が変わるために膜電位が変化する。なお，神経伝達物質は酵素によって速やかに分解され，次の情報伝達に対応できるよう静止状態に戻る。

シナプス後膜の電位が**脱分極**（コラム5参照）の方に変化して活動電位を生じさせるシナプスを**興奮性シナプス**，膜電位が**過分極**の方に変化し活動電位の発生を抑制するシナプスを**抑制性シナプス**という。

15　膜電位

細胞膜に存在するナトリウム－カリウム交換ポンプが，ATPを消費して能動的にNa^+を細胞外にくみ出し，K^+を細胞内に取り入れるため，細胞の内部はK^+が高く，外部はNa^+が高く保たれている。このため，K^+は内から外へ，Na^+は外から内へ，それぞれを通すチャンネルを介して拡散する傾向にある。しかし，両チャンネルの数に大きな差があるため，K^+の漏れ出しの方がNa^+のしみ込みよりもはるかに大きい。これが，膜電位を生じるおもな原因である。

コラム4 感覚器と，効果器としての筋肉 （図16〜20）

触覚，嗅覚，味覚，視覚，聴覚などの感覚は，対応する**感覚器官**で受容される。感覚器官には，対応する刺激を受容する感覚細胞があり，その興奮を対応する感覚神経繊維の興奮に転換する。筋肉細胞は，代表的な細胞骨格である微小繊維（アクチンフィラメント）とその上を走るモータータンパク質であるミオシンが極度に発達した細胞としてとらえることができる。

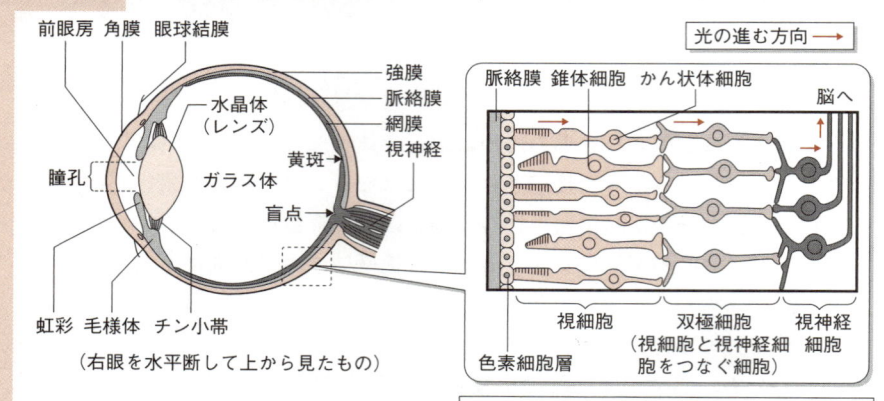

図16 ヒトの視覚器
（図16〜20は，「生物総合資料 改訂版」，実教出版，より）

光は，網膜の視神経細胞や双極細胞の層を通過した後，視細胞で受容される。この情報が，双極細胞・視神経細胞を通って脳に伝えられる。

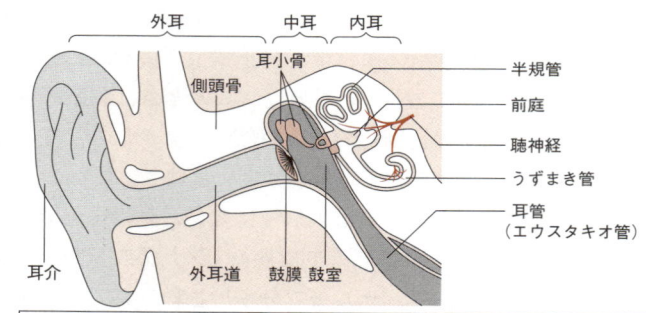

耳は外耳・中耳・内耳からできている。内耳のうずまき管は聴覚器として働き，前庭の一部と半規管が平衡器として働く。

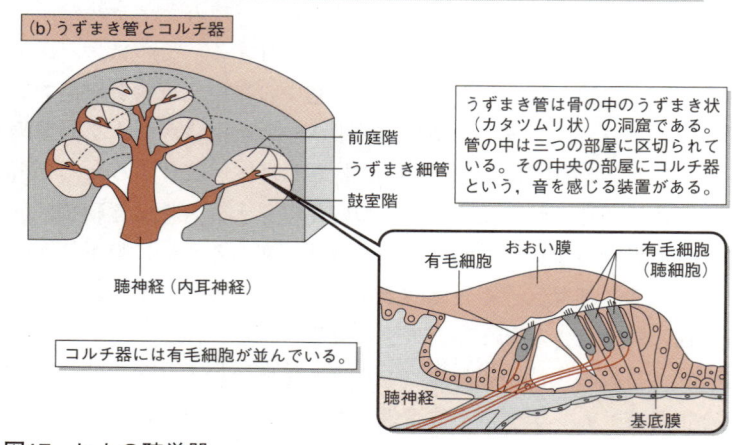

(b) うずまき管とコルチ器

うずまき管は骨の中のうずまき状（カタツムリ状）の洞窟である。管の中は三つの部屋に区切られている。その中央の部屋にコルチ器という，音を感じる装置がある。

コルチ器には有毛細胞が並んでいる。

図17 ヒトの聴覚器

3-1 個体の構造と機能

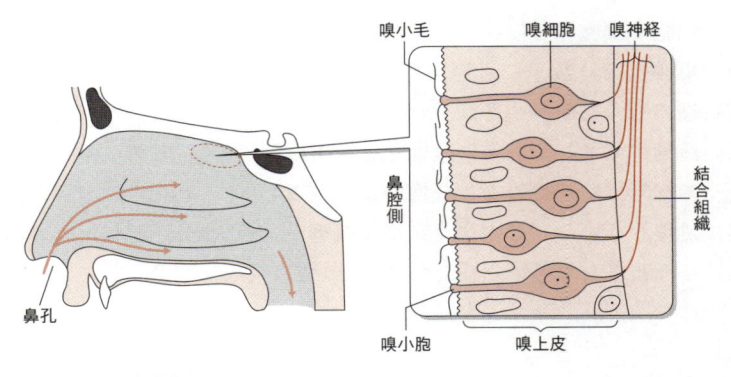

図18　ヒトの嗅覚器

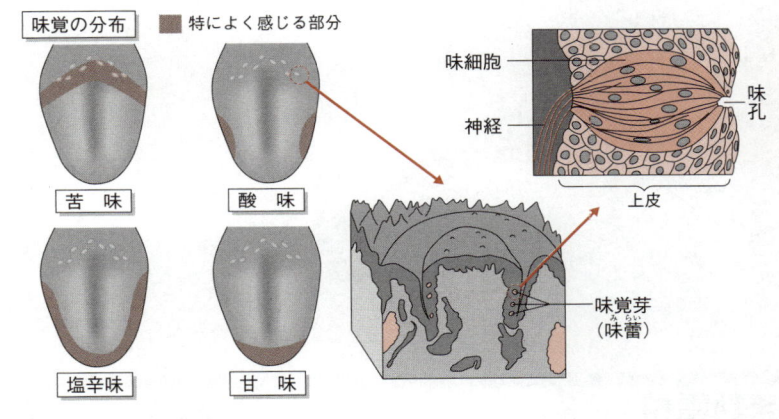

図19　ヒトの味覚器

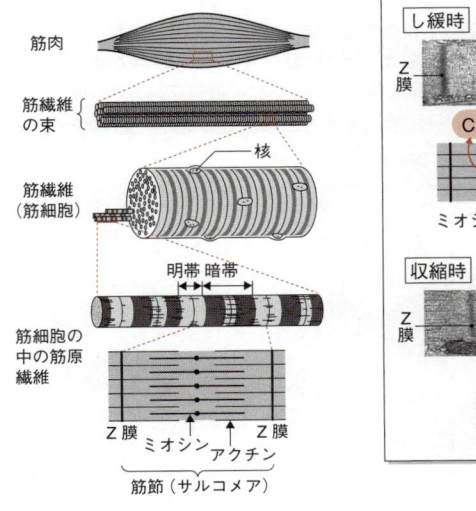

図20　筋肉の構造と収縮

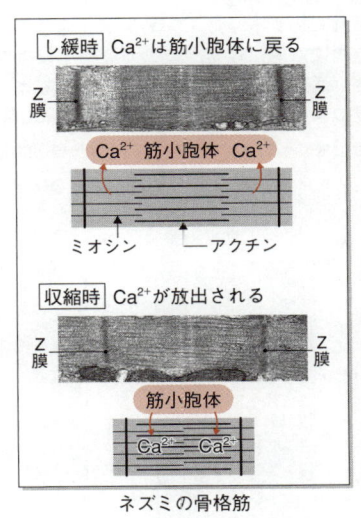

（写真提供：埼玉医科大学　駒崎伸二氏）

神経細胞の細胞体と**樹状突起**には，通常多数のシナプスがあり哺乳類の中枢神経では数千にも達する（図21）。その中には興奮性のものも抑制性のものもあり，それぞれからの入力を統合して，その結果を軸索の活動電位として次の神経細胞へと出力している。このようにして，多くの神経細胞が複雑な神経回路網を形成して，さまざまな情報を迅速に処理している。このような情報処理システムが，記憶や学習を可能にし，複雑な思考や意識をなりたたせている。

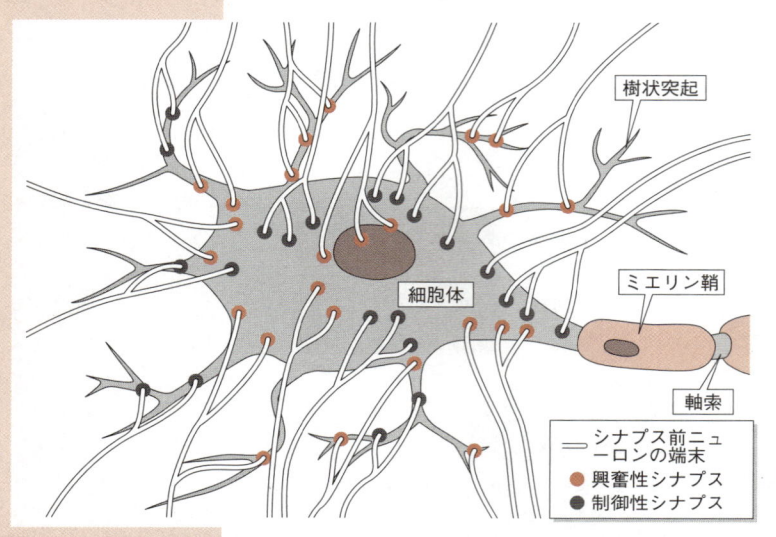

図21　さまざまなシナプスからの信号の統合

コラム5　活動電位

　細胞が興奮すると，細胞膜のナトリウムチャネルの一部が開いてNa⁺が細胞内に流入するため，膜電位は分極が小さくなる方向に変化する（脱分極）。膜電位が一定の値（閾値）にまで達すると，残りのナトリウムチャネルが一気に開き，Na⁺が細胞内に急速になだれ込み，膜電位が＋40〜＋50mV程度（活動電位）にまで上昇する。しかし，開いたナトリウムチャネルは速やか（軸索では1ミリ秒以内）に閉じ，かわってカリウムチャネルが開くため，Na⁺の流入が止まるとともにK⁺の流出が起こり膜電位は再び分極の方向に進む。静止電位のレベルまで下がってもカリウムチャネルはただちには閉まらないため，膜電位はさらに分極の方向に進むが（過分極），速やか（軸索では1〜2ミリ秒後）に静止電位に戻り，次の興奮に備える（図22）。

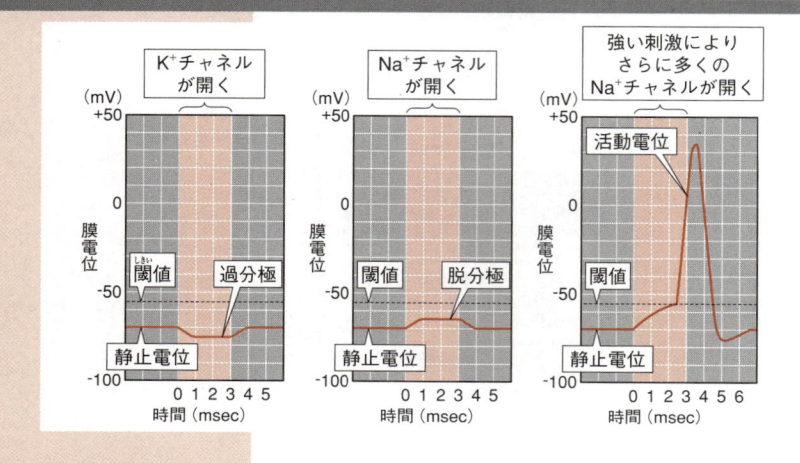

図22　イオンチャネルの開閉と膜電位の変化

コラム6　興奮の伝導

軸索の一部に活動電位が発生すると、隣接部分とは膜電位が異なるために局所的な電流が生じる。この電流によって隣接部に脱分極が起こり、そこにも活動電位が発生する。このようにして反応が連鎖的に進み、活動電位が軸索を伝わっていくことを**興奮の伝導**という。その伝導速度は軸索の太さや温度によっても異なるが、毎秒1 m程度である（図23a）。脊椎動物の末梢神経では、軸索がミエリン鞘（髄鞘）でとぎれとぎれにおおわれているものが多い。ミエリン鞘の本体は何重にも巻きついたシュワン細胞の細胞膜で、絶縁性が高いため軸索に沿って1～2 mmおきに存在する軸索の露出部分だけで活動電位が発生する。このようにして起こる興奮の伝導を**跳躍伝導**という。その伝導速度はきわめて速く、哺乳類では毎秒100 m程度に達する（図23b）。

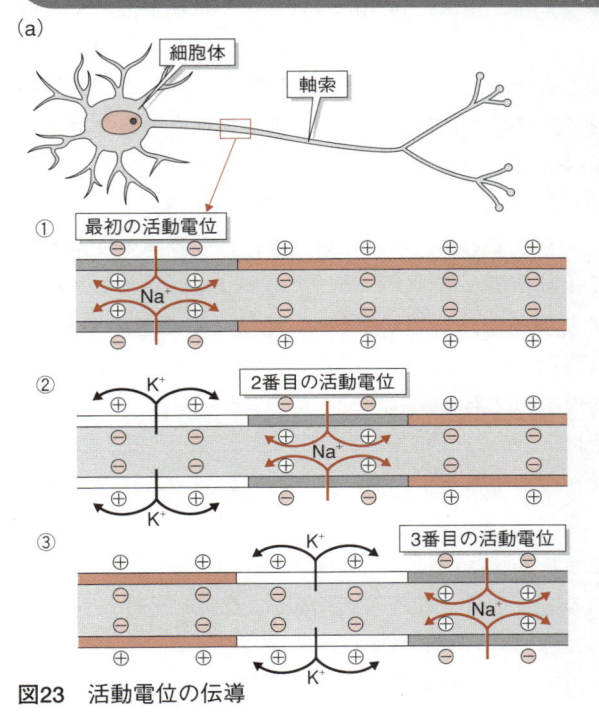

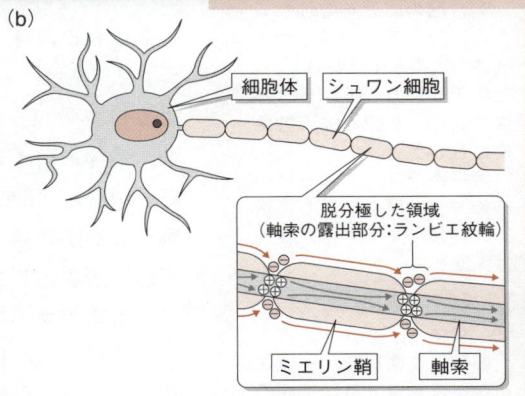

図23　活動電位の伝導

3-1-6　個体の認識と生体防御──細胞が「自分」を知るしくみ

生体を損なう因子に対処して損傷を回避したり、損傷を排除・修復することは、すべて**生体防御機構**といえる。そのような機構は、分子、細胞、組織、個体はもとより、個体社会に至るまで見ることができるが、ここでは個体レベルでの生体防御に限って述べる。

■**第一次防衛線**　あらゆる生物は、ほかの生物とのせめぎ合いの中で生きている。多細胞体制になり、大型化し、寿命が長くなった動物では、多種多様な微生物の感染や寄生の問題は深刻である。外界との接点である皮膚や、気道・消化管・生殖器道などの粘膜にさまざまな工夫をして、病原微生物の侵入を物理的・化学的・生物学的に防いでいる。たとえば、弱酸性に保ったり、常在細菌[16]を利用して病原微生物を排除するなどである。また、気道の壁では、粘液によって病原体

16　常在細菌
　つねに体内にいる細菌のこと。

17 植物の防御機構
植物でも，サリチル酸やジャスモン酸などをシグナル物質として傷害誘導性タンパク質生産をうながす傷害応答反応が知られている。これは動物の炎症反応に相当する防御機構である（3-3-8-4参照）。

18 免疫についての補足
非自己の成分を排除するために起こる，細胞性や体液性の反応を免疫という。
先天的にもっている（白血球など）免疫を先天性免疫ともいう。
獲得免疫は，一つ一つの感染源（抗原）に対して後天的に獲得するので，後天性免疫ともいう。

19 補体
感染，炎症反応，免疫反応などに動員され，抗体の反応を補って殺菌反応などの生物活性を示す血清中の反応系。
その反応は，多数の因子（補体成分）の連鎖反応によって引き起こされる。

などを捕捉し，繊毛運動によって体外に排出している。また，粘液，唾液，涙などの分泌液に含まれているリゾチームは，細菌細胞壁の多糖類を分解する酵素で，抗菌作用がある。

しかし，微小な傷などによってこの第一次防衛線は突破されてしまう。止血は血液の喪失を防ぐのみならず，傷口を速やかにふさぐ上でも重要で，血球の一つである**血小板**が重要な役割を担っている。

■**第二次防衛線** 病原微生物に比べて宿主細胞（たとえばヒトの細胞など）は大型であり，分裂速度も必然的に遅くなるので，感染した微生物を希釈することはできず，積極的に殺したり増殖を抑える必要がある。**白血球**（コラム7参照）の一種である**好中球**や**マクロファージ**による捕食（**食作用**：p.37注17），やはり白血球に属する**好酸球**による住血吸虫などの攻撃と**NK細胞**によるウイルス感染細胞などの破壊，**補体系**や**インターフェロン**などの抗菌タンパク質の作用，**炎症反応**（図24），**発熱**などは重要な第二次防衛線となっている[17]。

■**第三次防衛線** それでも防ぎきれないときには，**獲得免疫系**が第三次防衛線として出動する。第一次，第二次の二つは，異物であれば何でも攻撃する非特異的な，そして先天的にもっているものである。これに対して，獲得免疫反応は，それぞれの感染源に対して後天的に獲得された特異的なものである[18]。

獲得免疫の特徴は，次の三つである。
① **抗原**（抗体が認識する相手，病原体など）に対する特異性が高いこと。
② 抗原が記憶されること。
③ 膨大な種類の抗原に対して対応できるが，自分の分子に対しては反応しないこと。

■**リンパ球** 獲得免疫を担当するものが**リンパ球**である。リンパ球

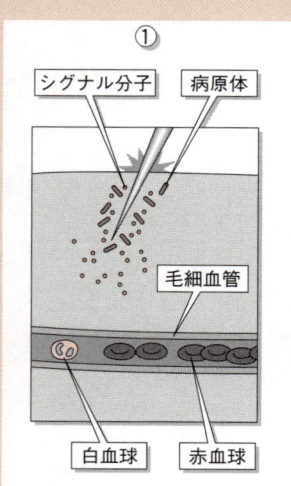

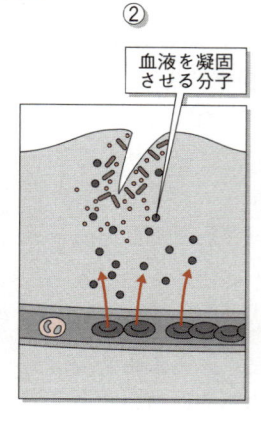

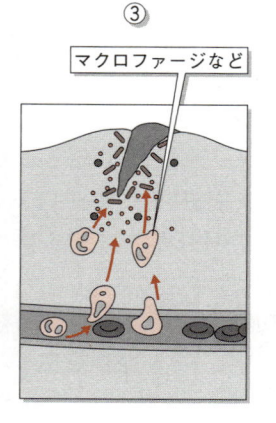

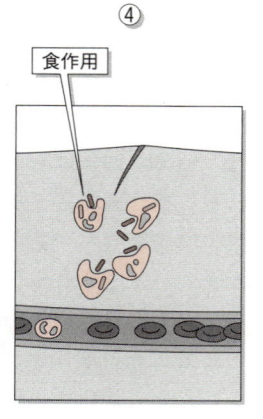

図24 炎症反応

にはB細胞とT細胞の2種類がある。

　B細胞は，細胞外で増殖する病原体に対抗することをおもな任務としており，ウイルスや菌体あるいはそれらが生産する毒素などに特異的に結合する**抗体**（免疫グロブリン：immunoglobulin：**Ig**）を体液中に分泌する（**体液性免疫反応**）。リンパ球は，一つにつき1種類のIgしか分泌しない。したがって，抗原の種類だけ，それに応じた種類のリンパ球をつくることになる。抗体が結合した菌体は，**補体**[19]によって分解されたり，**マクロファージ**によって捕食される。

　T細胞は，病原体が感染した細胞を殺すことによって，細胞内で増殖する病原体に対抗する（**細胞性免疫反応**）。T細胞には，感染細胞などを殺す**キラーT細胞**以外に，B細胞やマクロファージなどの活性を刺激する**ヘルパーT細胞**[20]がある。

■**抗原の認識から攻撃まで**　リンパ球が個体を認識する際に重要な働きをするのが**主要組織適合抗原**（**MHC**）で，この分子は移植臓器の拒絶にもかかわる抗原でもある。MHCには**クラスⅠ分子**と**クラスⅡ分子**の2種類があり，前者は広く全身の細胞の表面に発現されているが，後者は免疫細胞に抗原を提示する細胞（マクロファージなど）の表面に発現されている。

　病原体が感染した細胞の内部で，病原体のタンパク質は酵素によってアミノ酸10個程度のペプチドに分解されたのち，MHCクラスⅠ分子に結合して細胞表面に提示される。キラーT細胞はこれを認識して，感染細胞を攻撃する（図25 a）。

　病原体を捕食したマクロファージでも同様の機構により，病原体由来の小さなペプチドがMHCクラスⅡ分子に結合して細胞表面に提示される。この複合体を，ヘルパーT細胞がその表面にあるT細胞受容体によって認識すると，ヘルパーT細胞は活性化され，同じペプチドを認識する未分化なB細胞（抗体を分泌せず細胞膜に受容体として付着させている）のみを刺激して分裂を促進させるとともに，分泌型の抗体を産生する**プラズマ細胞**へと分化させるが，一部は未分化のまま残す（図25 b）。

　プラズマ細胞は抗体を分泌すると死んでしまうが，未分化のまま残ったB細胞は記憶細胞として生き残り，次に同じ抗原によって刺激されたときには，初めて刺激されたときに比べて速やかな免疫応答を可能にする（**獲得免疫の記憶**：図26）。

■**抗原を認識する機構～膨大な数の抗原に対抗するには**

　抗原認識の特異性と多様性は，どのようにして可能になっているのだろうか。ヒトの遺伝子の数は3万あまりなので，仮にそのすべてを異なる抗体をつくるために使ったとしても，3万種あまりの抗体（Ig）タンパク質しかできない。この矛盾の解決が利根川進らの研究である。

20　AIDSとヘルパーT細胞
human immunodeficiency virus（HIV）の感染によって引き起こされるAIDS（acquired immunodeficiency syndrome）では，ヘルパーT細胞がおもに破壊される。その症状を考えれば，ヘルパーT細胞が獲得免疫系に果たす役割の大きさがうかがいしれよう。

凡例：→ 提示・分泌　⇨ 認識　→ 攻撃

(a) 細胞性免疫
- 病原体に感染した細胞①
- キラーT細胞 ③
- ②
- MHCクラスⅠ分子

(b) 体液性免疫
抗原を認識してIg（免疫グロブリン）を出す
- β細胞 ②
- ① Ig
- 病原体（抗原）
- ③ Igがついた抗原を捕食
- マクロファージ
- ④ MHCクラスⅡ分子＋抗原のペプチド
- ⑤ 捕食するとこれを表面に出す
- ヘルパーT細胞
- ⑥ 未分化β細胞を刺激
- β細胞 ⑦
- ・プラズマ細胞へ分化
- 抗原をさらに攻撃
- ・抗原を記憶（次回感染の対策）

図25　抗原を攻撃する手順

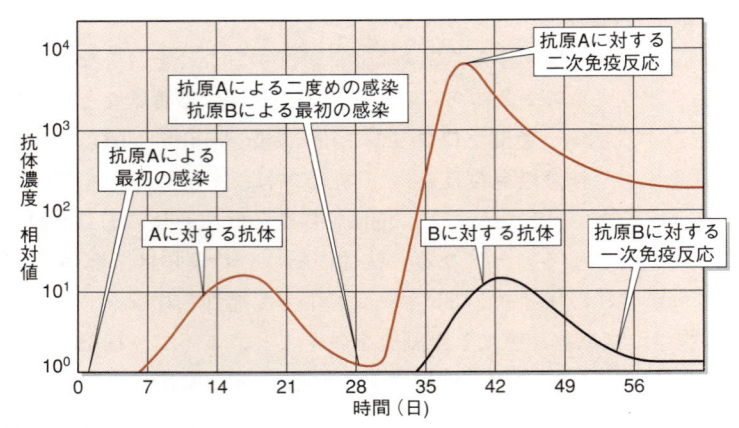

図26 獲得免疫の記憶

　抗原を認識する抗体やT細胞表面のT細胞受容体はタンパク質であるが，抗原の特定部分（アミノ酸10個程度）の構造と相補的な構造をもっているため，抗原と特異的に結合することができる。

　Igは約200アミノ酸残基からなる**軽鎖**（**L鎖**：light chain）と400から500アミノ酸残基からなる**重鎖**（**H鎖**：heavy chain）のそれぞれ2本ずつが，ジスルフィド結合によって連結されたY字型のタンパク質である（図27）。図にあるように，抗原はYの両先端部分に結合するが，この部分は抗原に対応した相補的な構造，つまり抗体ごとに異なる構造で，**可変領域**（**V域**：variable region，H鎖L鎖ともにそれぞれアミノ酸約110残基）である。一方，Yの幹の部分は，抗体のクラス（IgM，IgG，IgA，IgD，IgEの5クラス）によって少し異なるが，認識する抗原によらない**不変領域**（**C域**：constant region）である。

　H鎖L鎖のそれぞれをコードしている遺伝子には，それぞれ4種類および3種類の分節がある。しかもたとえばV域に対応して，L鎖では約300種のV遺伝子と4種のJ遺伝子（C域につながるが短い分節），H鎖では数100〜1000種のV遺伝子，4種のJ遺伝子，さらに12種のD遺伝子が同一染色体上に散在している。C域に対応する遺伝子は，H鎖とL鎖のいずれも抗体のクラスに対応して5種類ある。B細胞ができる過程では，それらの遺伝子から，分節につき一つずつがランダムに選ばれてつなげられるために，膨大な種類の抗体をつくり得ることになる。しかも，V域をコードする部分は非常に変異しやすく，特定のIgをつくるB細胞の子孫に若干異なるIgをつくるものが出現しやすい。抗原によって刺激されると，抗原との親和性が高い（つまり結合しやすい）IgをつくるB細胞が選ばれるため，多様な抗体に対して特異性の高いIgをつくるB細胞の集団がつくり出される。

　T細胞受容体は，IgのY字の枝の部分だけのような構造となっているが，類似の機構により，多様かつ特異性の高いものができる。B細

3-1 個体の構造と機能

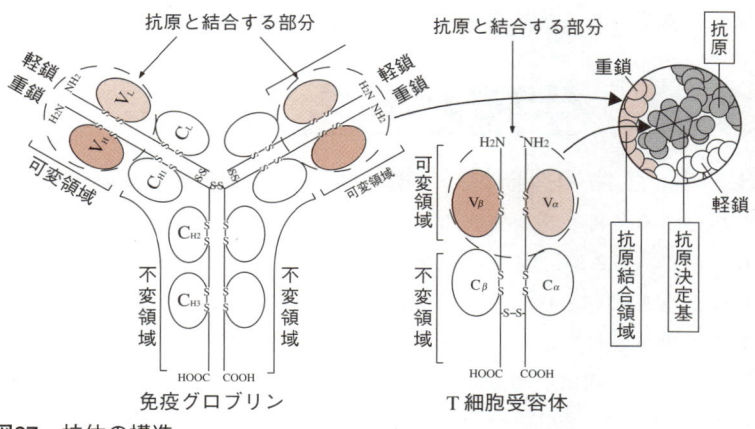

図27　抗体の構造
　B細胞には免疫グロブリンが，T細胞にはT細胞受容体が抗原受容体として細胞表面に出ている。(「先端技術と倫理」，実教出版，第1部　第4章　図1より改変)

胞にしても，T細胞にしても，たまたま自己の分子に対して抗体や受容体をつくるものは，不良品として処分され血流に乗ることはないが，この監視に異常が起こると自己免疫疾患になる。

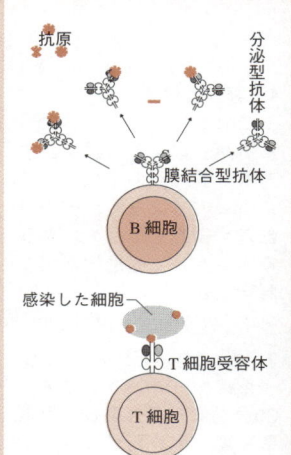

■**同種異個体の認識〜免疫と生殖の関係**　感染や寄生は，原核生物などの系統的に遠い生物によるものであるが，脊椎動物において発達した複雑で精密な免疫系は同種異個体をも認識している。自分でないものは敵という判断であるが，免疫細胞が自己を攻撃しないためには自己を認識する必要がある。実際，免疫細胞の形成過程では，自己を攻撃するような細胞はでき損ないとして排除されている。動物の中でも際立って大型で寿命の長い脊椎動物においては，感染した細胞のみならず，癌化した細胞や異常な細胞が出現する機会も多く，これらを排除するためにこのような高度の認識が必要になったと説明されることも多い。しかし，同種異個体の細胞が直接触れ合うのは，有性生殖にかかわる現象を除いては，本来ありえない。高度の免疫系を発達させている哺乳類において，同種異個体の細胞が長く接触する必要がある胎生が可能なのはなぜかという問題を考えあわせると，免疫系と生

図28　B細胞とT細胞
　B細胞は細胞膜表面上に抗体分子を突き出して異物の存在を感知する役割をしているが，異物の存在を感知すると大量に抗体分子を細胞外に分泌して，異物を無毒化するように働く。T細胞はT細胞受容体とよばれる分子を細胞膜表面に突き出している。
(「先端技術と倫理」，実教出版，第1部　第4章　図2より改変)

コラム7　白血球

　脊椎動物の白血球は，骨髄にある幹細胞からつくられ，**多型核白血球（顆粒性白血球），リンパ球，単球**に大別される。多型核白血球はさらに食作用が強い**好中球**（ヒト血液中の白血球の40〜75％），**好酸球**（同2〜6％），**好塩基球**（同0.5〜1％：組織内ではマスト細胞）に分類される。単球（同2〜10％）はもっとも大きな血球で，直径は20μmに達するものがある。食作用が強く，組織内では**マクロファージ**（**大食細胞，貪食細胞**ともいう）となる。**リンパ球**は，骨髄（bone marrow）に由来するB細胞と，骨髄由来ではあるが胸腺（thymus）で成熟するT細胞（ヒト血液中のリンパ球の60〜80％）に分類される。起源が不明であった**NK**（natural killer）**細胞**（同5〜15％）は，T細胞の1グループであることが最近判明した。

殖系の密接な関係が推測されよう（**3-2-9参照**）。

3-2 生殖と発生

3-2-1 生命の連続性――遺伝情報には38億年の歴史がある

　現存する多種多様な生物は，すべて共通の祖先に由来すると考えられている（**1-2-3参照**）。細胞を構成する分子は，時々刻々と入れ替わりながらも細胞というシステムは継続する。個体を構成する細胞は，次々と更新されながらも，個体というシステムはその死に至るまで存続している。個体が類似の新しい個体をつくり出すことによって，個体の死を超えて種は維持される。さらには種の誕生や絶滅を繰り返しながらも，生命システム自体はその起源より現在に至るまで連綿と続いている。したがって，現存するあらゆる生物は，ヒトを含めて38億年の歴史を背負っていることになる。この生命の連続性は，生物の特性である生殖する能力（個体の再生産による種の維持）と進化する能力（種分化による生命システムの維持）とに支えられている。この節では，多細胞動物を中心にして，親から子への生命の伝達と，親から受け継がれた生命が子の世代でどのように展開するか，いいかえれば遺伝情報が世代を越えてどのように伝達されるのかを学習する。

3-2-2 生殖
――個体は死ぬが，「生命」としては細胞系譜が続くシステム

　生殖（reproduction）とは，個体が自己と似た個体を生産することと定義される。生物によっては，ある個体とその子（次世代の個体）は必ずしも同じ形態や生殖の様式をとらないが，そのような場合でも一定の世代を重ねたあとには同型で同じ生殖方法をとる個体が出現する。生物学では，このように生殖方法が違う世代が現れることを**世代交代**という。生殖は原則として個体数の増加をともない，この面に重点をおいた場合には**繁殖**[1]という。

　単細胞生物では細胞分裂がすなわち生殖となる。この過程では，母細胞のすべては娘細胞に引き継がれ，母細胞自体は消滅するが死んだわけではない。また，個々の細胞が事故死することはあっても自然死はなく，個体としてはいわば不死である[2]。しかし，多細胞体制をとる生物においては，細胞分裂は発生，成長，あるいは組織や器官の更新にとどまり，直接的には生殖とはならない。多細胞体では，個体の日々の生活を支える**体細胞**（soma）と世代を越えて生命の連続を支える**生殖細胞**（germ）とが**分化**[3]しており，生命は生殖細胞を通じて次世代へと引き継がれるが，個体の生命は有限で，たとえ事故がなくとも，自然死という形で個体は廃棄される。このシステムは，死による

1　繁殖と増殖
　これを増殖ということもあるが，本来この語は必ずしも「個体」の増加を意味するものではなく，細胞小器官や細胞をはじめ，あらゆるレベルでの量的増加を意味するものである。

2　もしも事故死がなかったら
　体積$1\mu m^3$のバクテリアが30分弱に一回分裂し（大腸菌程度）事故死がまったくなくて増え続けると仮定すると，2日間でバクテリアの全体積は$10^{10}m^3$を超える計算になる。この値は全人類（60億人）の体積をはるかに凌駕するもので，実際にはバクテリアといえどもすべての細胞（個体）が分裂を繰り返し続けるわけではないことは明らかである。

3　体細胞と生殖細胞の分化
　体細胞と生殖細胞の分化は，植物においてはあまり厳密でないが，動物においては一般に厳密で発生の早い段階から両者は区別されている。しかし，栄養生殖を行う動物では，一生を通じて全能性をもった体細胞（ヒドラの間細胞やプラナリアの新生細胞など）を維持し，そこから生殖細胞を分化させることができる。

個体の廃棄を代償として遺伝情報のエラーの蓄積を避け，生命体の大型化と複雑化を可能にしながら，単細胞生物と同じように全能性[4]にして不死の細胞系譜を維持することを可能にするものである。

生涯に一度だけ生殖を行うものから，生涯に何度も生殖を繰り返すものまで，個体の生と生殖の関係にはいろいろなタイプがあるが，その違いは生態学的に大きな意味をもっている。

3-2-3　生殖と性——有性生殖にはそれだけのメリットがある

成人の体は約60兆の細胞からなりたっているが，これらの細胞は生命の伝達という観点からすると，3-2-2で述べたように，体細胞と生殖細胞に分化している。親から子，子から孫へと連綿と続く生命の系譜は，生殖細胞の系譜と表現することも可能で，これを**生殖系列**という。哺乳類などでは，生殖すなわち新しい個体の形成は性とわけては考えられないが，生殖と性は別の生物現象である。性は，同種異系統[5]の細胞がその融合を通じて遺伝子を混合・再配分し，新しい遺伝子構成をもった細胞をつくるしくみと定義できる。このような現象は，程度の差こそあるものの，バクテリアに至るまで生物界に広く認められる。多細胞生物では，こうしてできた新しい細胞が分裂を繰り返して，クローン細胞集団からなる新個体というシステムを形成する。

■**単細胞生物の性～接合**　単細胞生物であるゾウリムシは，次々と分裂・成長を繰り返してその数を増やしている（**無性生殖**）。その過程では遺伝子は忠実に複製されるだけで，突然変異が起こらない限り，すべての子孫が同じ遺伝子構成をもったクローン集団となる。このクローン集団は，分裂をある回数（200～300回程度）繰り返すと，クローン全体が突如として死に絶えてしまう。そのようすは，受精卵が分裂を繰り返してつくり上げたクローン細胞集団（多細胞個体）が，個体の死とともにいっせいに死に至るのと似ている。このような破局を避ける唯一の道は，同じ種の別のタイプに属する細胞と融合し，遺伝子を混合・再配分することである。この過程（**接合**）では，ゾウリムシの数は増えないが，これまでにない遺伝子構成をもったゾウリムシに変わっており，この意味で，ゾウリムシなどの接合は純粋な「性」の営みといえる（図29）。また，この過程を通じてゾウリムシは若返っており，再び分裂を繰り返すことができる。これは，多細胞生物においても，有性生殖によって生まれてくる子は親の老化を引き継がず，老化のプログラムがリセットされていて必ず若いということに通じる。ゾウリムシは，大小二つの核をもっているが，多細胞生物の体細胞と生殖細胞の分化に対応して，**大核**は日々の生活に，**小核**は接合においてのみ使われている。

4　全能性
分化全能性ともいう。受精卵のように，個体を構成するすべての細胞に分化し得る能力。**3-2-15**を参照

5　同種異系統
異個体を意味しているが，多細胞生物とは個体の意味が多少異なる単細胞生物を含めるために，このような表現にした。

6 無性生殖

無性生殖は配偶子によらない生殖様式の総称として用いられるが、遺伝子の混合・再配分をともなわないという意味で減数分裂なしの単為生殖を無性生殖に含めることもある。狭義には減数分裂および接合・受精をともなわない生殖様式（amixis）の意味にも用いられる。生殖の様式には、狭義の無性生殖から完全な両性生殖まで、さまざまなものが知られている。なお、ゾウリムシの接合は減数分裂をともなう。

7 無性生殖のみの多細胞生物

無性生殖のみしかしない多細胞動物はヒルガタワムシ類などごくごく少数の例しか知られていないが、多細胞植物においてはかなりの例が知られている。

8 生活環

個体の誕生から死までを生活史といい、さらに生殖をつけ加えて、死と誕生をつなげた表現法。3-2-4参照。

9 減数分裂を経てつくられる胞子

胞子と呼ばれるものには、これとはまったく別系統のものもあるので、このような胞子をとくに真正胞子という。

10 ヒドラの出芽

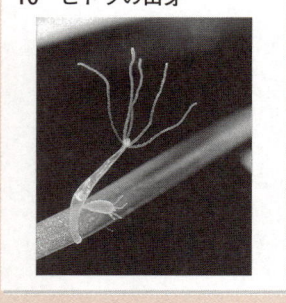

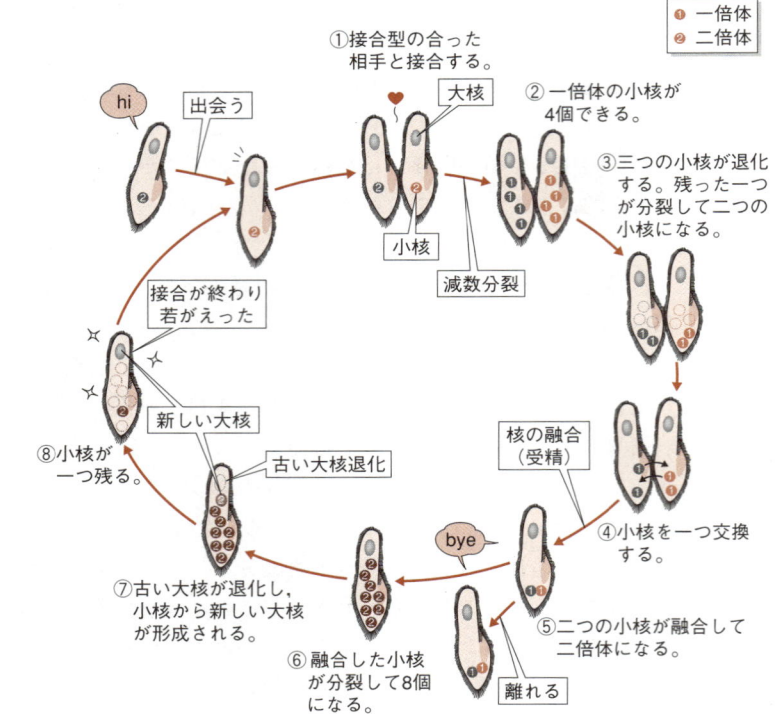

図29 ゾウリムシの接合

■**無性生殖**　　**無性生殖**[6]は哺乳類や鳥類などには見られないものの、生物界で広く行われる生殖法である。しかし、無性生殖しかしない多細胞生物[7]は例外的で、無性生殖を行う多細胞生物の多くは、生活環[8]のどこかで遺伝子の混合・再配分（**有性生殖**）を行っている。おそらく、生殖コストと個体の多様性とのバランスから、無性生殖と有性生殖をうまく使いわけているのであろう。

無性生殖は細胞単位で行われる**無配偶子生殖**（単細胞生物の細胞分裂や、胞子などによる生殖）と、多細胞の生殖体による**栄養生殖**に分類する。植物、菌類、原生生物に見られる胞子は、特定の細胞から減数分裂を経てつくられる生殖細胞であるが[9]、**配偶子**（卵子・精子）とは異なって単独で新個体になる。種子植物の胚嚢細胞は雌性の大胞子、花粉は雄性の小胞子である（**3-2-4**参照）。減数分裂なしで卵をつくり、これがそのままで発生する場合を**アポミクシス**（apomixis）というが、多くの陸上植物やごく一部の多細胞動物（輪形動物ヒルガタワムシ類、節足動物カイムシ類など）で知られている。

一般に植物細胞は**全能性**をもっており、植物における**栄養生殖**はごくふつうで、地下茎、むかご、走出枝（ランナー）などによるものが知られている。動物における栄養生殖には、**分裂**と**再生**（刺胞動物のイソギンチャク、扁形動物のプラナリア、棘皮動物のヒトデなど）、**出芽**[10]と**成長**（刺胞動物のヒドラ、環形動物のゴカイ、脊索動物の

3-2 生殖と発生

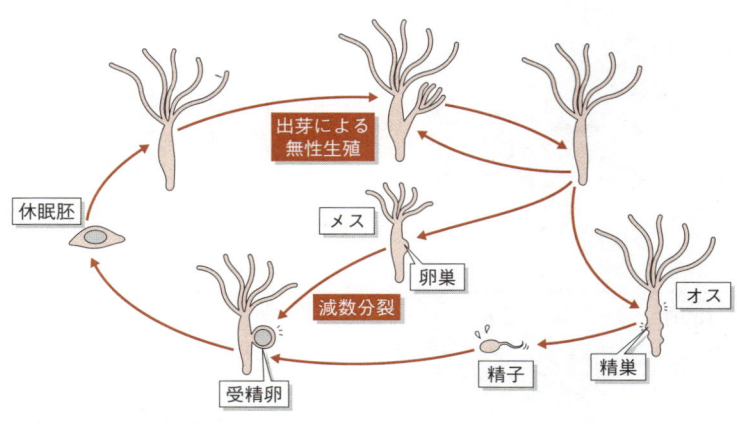

図30 ヒドラの生活環

ホヤなど：図30)，**芽球**の形成（カイメン），**横分体形成**（刺胞動物ミズクラゲのポリプや一部のホヤなど）などがある。分裂によるものには，全体が一気に多数の小片になるもの（ヒモムシ）や体の小部分がちぎれる細片（砕片）分離（イソギンチャク）などの変形もある。一個の受精卵から複数の胚が生じる**多胚形成**[11]（**多胚生殖**）は，有性生殖の途中で起こる無性生殖と考えることもできる。

多細胞動物の栄養生殖は，ヒドラの間細胞やプラナリアの新生細胞のような全能性をもつ体細胞の存在によるが，ややまれな例としては細胞が**脱分化**[12]したあとに再分化することがクラゲで知られている。

■**有性生殖** 一方，有性生殖は**減数分裂**（meiosis：3-2-5参照）と**接合・受精**（syngamy：3-2-8参照）を要として進行し，雌雄両方の配偶子が受精する**両性生殖**を典型とするが，雌雄同体生物における**自家受精**，卵子が受精なしに発生する**単為生殖**などの変形もある。

単為生殖には，減数分裂した一倍体の卵が発生するもの（ミツバチの雄），第一減数分裂のみをした二倍体の卵が発生するもの（アリマキの夏卵），減数分裂を完了したあとに卵核と第二極体[13]の核が融合して二倍体にもどり，そのまま発生するもの（ミジンコ），異種動物の精子を卵子の活性化だけに用いて精子由来の核を排除してしまう**雌性発生**（三倍体のギンブナなどの魚類や両生類の一部）[14]，幼生のうちに起こるもの（タマバエや扁形動物のカンテツ）などが知られており，生態学的あるいは進化生物学的興味の対象となっている。きわめて珍しい例として，ある種のシジミでは，受精後に卵子の核を排除してしまうことが最近明らかになった。これらの各々に対応するものが陸上植物や藻類で知られている。藻類などには減数分裂を完了したのちに核が倍加・融合し，必ずすべての**遺伝子座**[15]において**ホモ**[16]（完全ホモ）となるものすらある。

卵子と精子のように，形態，機能の上で著しい雌雄性を示す配偶子

11 多胚形成
寄生蜂や哺乳類のアルマジロなどで知られている。アルマジロでは，1個の胚盤胞（初期胚）に複数の胚軸を生じ，4〜12匹（種によって異なる）の胎児が生理的にできる。

12 脱分化
一度分化した細胞が，その特徴をなくし，単純な形態の細胞になることをいう。たとえば，植物のカルス，動物の傷の再生細胞などである。

13 極体
卵の形成時に，減数分裂でできる極端に小さな細胞を極体という。減数分裂の第一分裂でできる極体を第一極体，第二分裂の場合は第二極体という。
3-2-7，図37参照。

14 雌性発生〜ギンブナの場合
少なくともギンブナの場合には，親と子のゲノムがまったく変わらないという意味で，無性生殖に入れられるべきであろう。

15 遺伝子座
遺伝子座とは，染色体上の，注目する遺伝子が占める位置のこと。

16 ホモ
2本の相同染色体上で，同じ遺伝子座（座位）の対立形質が，同じ場合をホモ，違う場合をヘテロという。たとえば，2章の図75で，RRはホモ，Rrはヘテロである。

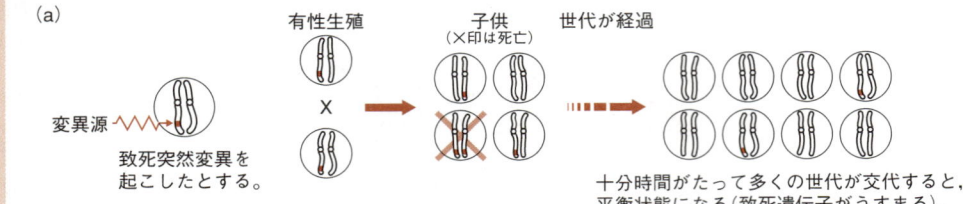

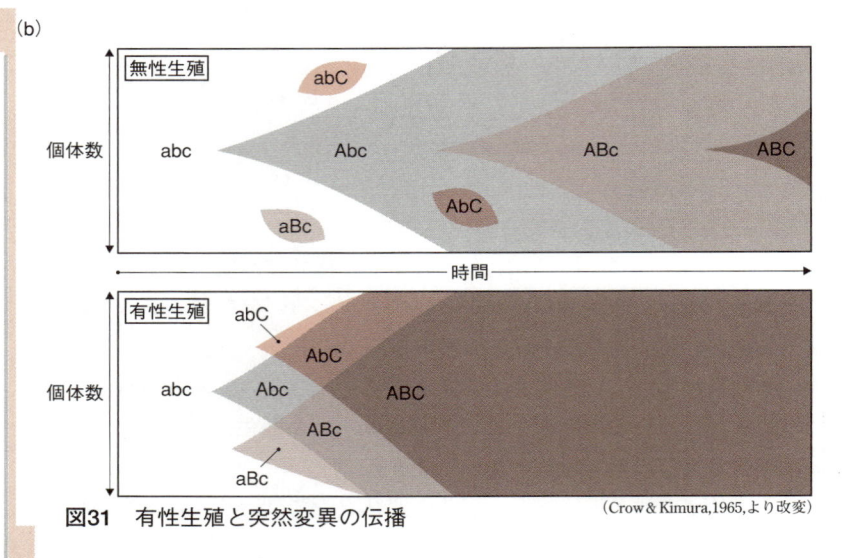

(a) 変異源 → 致死突然変異を起こしたとする。　有性生殖 × → 子供（×印は死亡）→ 世代が経過 → 十分時間がたって多くの世代が交代すると，平衡状態になる（致死遺伝子がうすまる）。

(b) 無性生殖／有性生殖　個体数／時間

図31　有性生殖と突然変異の伝播　（Crow & Kimura, 1965, より改変）

17　同型配偶

　有性生殖の利点のほとんどすべては，2組の遺伝子をもつこと（二倍体の形成）で実現でき，2個の細胞が1個体の出発となること自体は必ずしも重要ではない。しかし，二倍体を機能的に維持するためには別個体由来の遺伝子を混合すること（有性生殖）が必要となる。1組の完全な遺伝子をもつが分裂などの能力を失った不完全な細胞である精子と，1組の完全な遺伝子をもつのみならず細胞としても完全な卵子という極端な異型配偶子の組み合わせは，2組の遺伝子と1個の細胞という組み合わせに限りなく近づいた，いわば進化の極致とみなすこともできる。

18　遺伝子の修理と整理

　とくに相同配列（そうどうはいれつ；1対の2本鎖DNAのほぼ同じ塩基配列をもつ部分）を利用した組換え修復は性の起源にもかかわると考えられる。突然変異をもった個体と正常な個体の交配により，表現型（p.8）としては正常なものをつくり得る（修理）。また，不利な突然変異をもった染色体の比率は，無性生殖を繰り返しても変わらないが，有性生殖を繰り返せば，突然変異をホモでもつ個体が出現して死ぬことが期待できるので，そのような突然変異をもった染色体の比率を減少させ得る（整理：図31）。

をつくる生物（異形配偶）が多いが，そのような差のない配偶子が合体するもの（同形配偶）も藻類などで多く知られている。ゾウリムシの接合もその一つといえる。同形配偶の方が進化的には古いものと推測されている[17]。

■**有性生殖の始まりとメリット**　有性生殖はおそらく15億年程度の歴史をもつが，その始まりは相補性を利用したDNAの修復機構に由来するものと思われる。実際，有性生殖の過程は，遺伝子の事実上の修理と整理を行う過程にもなっており[18]（図31），子は親が受けた遺伝子損傷の大部分や老化を引き継がない。

　有性生殖では，種内で遺伝子を混合・再配分するため，種内の多様性を高めることができ，環境（とくに病原菌や寄生者など生物学的な環境）への対応として優れている。また，不利な突然変異を除く上でも，たまたま生じた有利な突然変異を伝える上でも，無性生殖に比べはるかに能率がよい（図31）。しかし，これらの利点を生かすには，かなりの世代数が必要なので，無性生殖に比べてはるかにコストが高い上，増殖速度が遅い有性個体は，その前に無性個体や単為生殖個体に駆逐されてしまうはずである[19]。その上，性は個体の存続にとって負担となっても利益にはならない。自然選択はおもに個体にかかっていることを考えると，個体の存続にとって負担にしかならない有性生

殖を，かくも多くの生物が生活環のどこかで行っているという事実はきわめて不思議なことで，進化生物学の一大課題となっている。

　菌類などには多くの性（接合における型）をもつ生物もいるが，大部分は雌雄両性である。これは，性の目的を達成するには両性で十分であり，その数を増やすことは適切な相手を見つける上で能率を悪くするからであろうと解釈されている。

3-2-4　生殖様式と生活環——生活環の三つの基本形

　3-2-3で述べたように，有性生殖は減数分裂と接合・受精を要として進行するので，有性生殖を行う生物の**生活環**を両者のタイミングによって，**核相**[20]と世代の関係としてまとめることができる（図32）。このようにしてみると，三つの基本形が浮かび上がってくる。

■**複相型**　第一は**後生動物**[21]などで典型的に見られる**複相型**で，受精卵は体細胞分裂を繰り返して二倍体の多細胞個体をつくる。成熟した個体の生殖巣（生殖腺）で，減数分裂を経て一倍体の配偶子をつくり，これが受精して二倍体に戻り，次の世代となる。成熟個体はやがて老化して死ぬ。この型では，一倍体であるのは配偶子のみで，生活環の大部分が**複相**となっている。

■**単相型**　第二は**単相型**で，多くの菌類や一部の藻類などに見られる。受精卵は，多細胞になることなく直接減数分裂に入り，一倍体の胞子となる。胞子は，発芽し体細胞分裂を繰り返して，一倍体の多細胞個体をつくる。成熟した多細胞個体は，体細胞分裂によって一倍体の配偶子をつくる。この型では，二倍体であるのは受精卵（**接合子**[22]）のみで，生活環の大部分は**単相**となっている。

■**単複相型**　第三はおもに**植物や一部の藻類**に見られる**単複相（単相—複相）型**で，二倍体の多細胞個体と一倍体の多細胞個体を交互にバランスよくつくり，**世代交代**を行うものである。受精卵は，体細胞分裂によって二倍体の多細胞個体（**胞子体**）をつくり，成熟した胞子体は，減数分裂を経て一倍体の胞子をつくる。胞子は，発芽したのち体細胞分裂を繰り返して，一倍体の多細胞個体（**配偶体**）を形成する。一見したところ，胞子体と配偶体の区別がほとんどつかないものもある。配偶体は成熟すると体細胞分裂によって生殖器官内に配偶子をつくり，両配偶子が受精して二倍体の次世代となる。

■**生活環から進化をたどると**　単複相型を中心に考えれば，複相型は配偶体世代が配偶子のみに短縮されたものであり，単相型は胞子体世代が接合子のみに短縮されたものとみなすことができよう。また，この観点から陸上植物の進化をたどってみると，コケでは配偶体が発達してコケの本体となり，胞子体は配偶体に寄生した蒴と呼ばれる構造になっている。シダでは逆に胞子体が発達して本体となり，配偶体

19　増殖速度が速い無性生殖
無性生殖（および単為生殖）では全個体が卵をつくるが，両性生殖では半数の個体（雌）のみしか卵を作れないので，雌1個体がつくる子の数や，それらが成長して次世代をつくる能力などに差がないとすると，無性生殖は有性生殖の倍の速度で子孫が増える。このようなことは，トカゲなどの単為生殖化において実際に観察されている。

20　核相
細胞に染色体のセット（ゲノム）が何組あるかを表したもの。たとえば，配偶子は1組（単相），受精卵は2組（複相）である。

21　後生動物
原生動物以外の動物をさす。つまり，多細胞動物のこと。

22　接合子
2個の配偶子が接合（3-2-3参照）してできた細胞のこと。

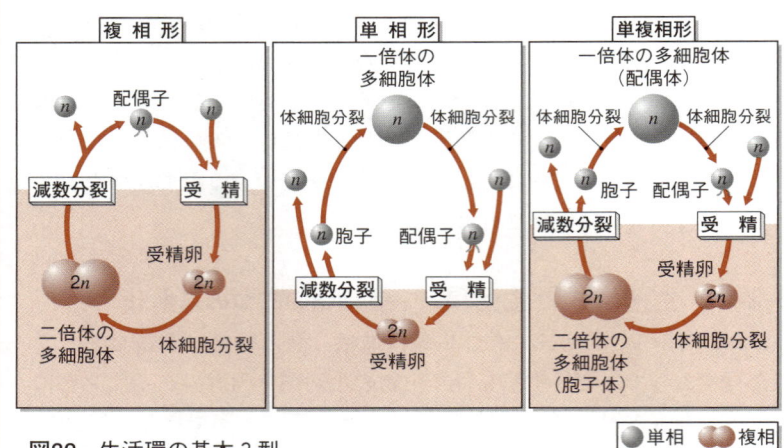

図32 生活環の基本3型

は小さな前葉体となっている。種子植物では，シダ同様に胞子体が本体となっているが，配偶体はさらに退縮[23]して胞子体の大胞子葉（雌蕊，めしべ）と小胞子葉（雄蕊，おしべ）に寄生した形となっている。花は大胞子葉と小胞子葉の集合体である（**3-3-7-3**参照）。一見複雑なようすを示す生活環も，この三つの基本型をいろいろに修飾したものとしてとらえることができる。どの型においても，多細胞個体は核相のいかんによらず，いずれ老化して死ぬ。

3-2-5 減数分裂──遺伝子を多様にする「生命」の戦術

減数分裂（meiosis）は，生殖細胞の形成時にのみ見られる特殊な細胞分裂であるが，体細胞の分裂（**体細胞分裂**：mitosis）[24]との違いをここで簡単にまとめておこう（図33）。

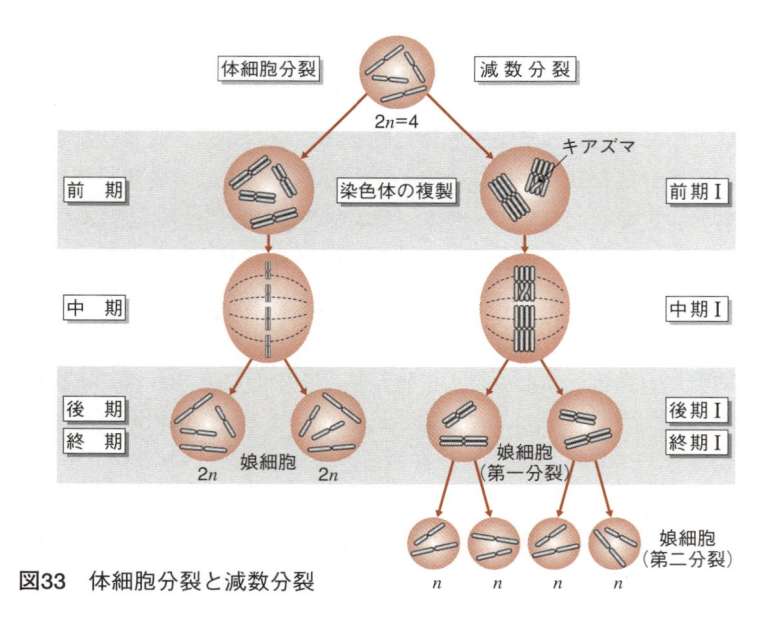

図33 体細胞分裂と減数分裂

---

23 退縮
器官などが縮小すること。

24 体細胞分裂
配偶子形成では，減数分裂に先立って体細胞分裂を繰り返し，生殖細胞の数を増やす（分裂過程は**2-2-9**参照）。

体細胞分裂では，一連の過程によりDNAを正確に倍増するとともに，DNAを一組ずつ正確に二つの娘細胞の核に分配し，さらにほかの核質や細胞質も二分している[25]（分裂の過程は**2-2-9**参照）。

一方，**減数分裂**は2回の引き続いた細胞分裂からなるが，**第一分裂**では**相同染色体**が対合して**二価染色体**[26]となり，**キアズマ**[27]ができ，赤道面に並んだあとに両極に二分される。この過程で，染色体の一部が入れ替わる，**交さ（乗換え）**がある頻度で起こる。次に，核の再構成もDNAの複製もなしに**第二分裂**に入り，体細胞分裂に準ずる過程を経て，一倍体の娘細胞が四つできる。

染色体は遺伝子の担体（p.75）であるが，その数は数組から数十組のものが多い[28]。ゲノム（p.5）には，数千から数万の遺伝子が含まれているので，各染色体には，かなり多くの遺伝子が座を占めていることになる。メンデルの**独立の法則**（p.74）は，それぞれの遺伝子が別の染色体に座を占めているときになりたつもので，独立の法則の例外となる**連鎖**[29]は，メンデルの法則の再発見から間もない1905年に発見されている。連鎖は多くの場合に完全ではないが，これは減数分裂において**交さ**が起こり，その結果として遺伝子の**組換え**を生ずるからである。連鎖する遺伝子間の染色体上の距離が大きいほど，**交さ率**（したがって**組換え率**）が高くなると考えられるので，組換え率によって遺伝子間の距離を表すことができる[30]。

モーガン（T. H. Morgan）の弟子スツルテバント（A. Sturtevant）は，キイロショウジョウバエのX染色体上のいろいろな遺伝子につき，組換え率を測定して遺伝子間の距離を調べ，これらの遺伝子を染色体上に直線的に並べられることを示して，**遺伝子地図（遺伝学的地図）**[31]をつくった。この遺伝子地図は，唾腺染色体の横縞模様のパターンを利用した細胞学的遺伝子地図と，遺伝子の順番はよく対応している。

3-2-6　性の決定——遺伝的に決まるものばかりではない

有性生殖の基本は両性生殖であると述べたが，「性」は細胞（**配偶子**），器官（**生殖器**），個体のレベルでそれぞれ考えることができる。

動物では，**生殖器**は配偶子をつくる**生殖巣（生殖腺）**，配偶子の排出にかかわる**生殖輸管**，それらの付属腺などからなる。雄は**精巣**をもち，その中で**精子**をつくり，雌は**卵巣**をもち，その中で**卵子**をつくる。しかし，成熟した卵巣と精巣を同時にもつ**雌雄同体動物**も少なくはないし，軟体動物腹足類（ウミウシ，カタツムリの仲間）のように**両性腺（卵精巣）**をもつものすらいる[32]。

種子植物では，**雌雄異株**と**雌雄同株**があるが，**単性花（雄花と雌花）**をつけるもの，雌雄同株で**両性花**（一つの花がめしべ：**雌蕊**とおしべ：**雄蕊**をもつ）をつけるものと，やや複雑になっている。ここでは，

25　細胞質分裂の違い

細胞の移動性を維持しながら多細胞体をつくる動物（後述）と，細胞の移動性を放棄して丈夫な細胞壁を発達させ，細胞の積み上げによって多細胞体を形成する植物との，基本的な戦略の違いを反映して，両者では細胞質分裂の仕方が異なる。動物細胞では，分裂面に沿って細胞膜のすぐ内側にアクチンとミオシンの繊維からなる収縮環という構造ができ，細胞膜と結合したまま，筋肉とまったく同じ機構により収縮して細胞を二つにしぼりきる。一方，植物細胞では分裂面に沿って小胞が並び，これらが相互に膜融合して仕切り（細胞板）をつくってゆく。これに細胞壁の合成・伸展が重なり二つの細胞になる。

26　二価染色体

対合とは，相同染色体が接着することである。二価染色体は，2本の相同染色体が対合したものなので，4本の染色分体からなる。

27　キアズマ

対合した相同染色体の4本の染色分体の間で，相手を交換する部分が見られる。この部位がX字型となっているので，キアズマと呼ばれる（図の↓の部分）。

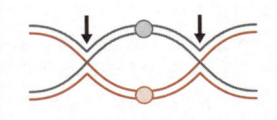

28　染色体の数

染色体の数が最も少ないものとしては，基本数（一倍体の細胞に含まれる染色体数）が1しかないアリが知られている。また，ウマノカイチュウは基本数が2である。

29 連鎖（p.75参照）	

連鎖は二つの遺伝子が同一染色体に座を占めるために起こることは、モーガンによって1912年に指摘された。いろいろな遺伝子について連鎖を解析すると、染色体の基本数と同数の連鎖群にまとめられる。

30 遺伝子間の距離

組換え率が100％となるときを1モルガン単位として、センチモルガン（1/10モルガン）で遺伝子間の距離を表す。

なお、単位の名称は、遺伝子の研究者モーガンにちなんでつけられている。

31 遺伝子地図（2-4の図78）

双翅類の唾液腺細胞などでは、細胞の分裂をともなわずに染色糸の複製を繰り返し、染色糸が分離せずに対合したままの状態になっており多糸染色体と呼ばれる。キイロショウジョウバエでは10回ほど複製を繰り返し、約1000本の染色糸が密着している。この染色体を染色すると、それぞれの染色体に固有の横縞像が見られ、これを利用して染色体地図（細胞学的地図）をつくることができる。野性型と突然変異体では特定の横縞に差があり、染色体上におけるその遺伝子の位置を推定できるが、現在では、分子生物学的染色技術によって、染色体上の遺伝子の位置を決めることもできる。

おもに動物について述べる（植物については3-3-6, 3-3-7参照）。

■**動物の性はいつはっきりするのか～性分化**　脊椎動物の生殖巣は、背側の腸間膜の近くで体腔上皮組織が結合組織（ともに中胚葉起源）を包み込むようにして帯状に肥厚した（ヒトでは妊娠4週頃に始まる）**生殖隆起**に由来する。生殖隆起には移動してきた**始原生殖細胞**が入り込む。羊膜類（爬虫類，鳥類，哺乳類）では、始原生殖細胞を含む上皮組織（生殖上皮）が増殖して結合組織中に数本の突起（**一次性索：髄索**）として伸びて、やがて生殖上皮本体から切り離される。

精巣では、一次性索が発達して**細精管**（精細管）となり、その壁から精細胞や、抗ミュラーホルモンを合成・分泌する**セルトリ細胞**が分化するが、生殖上皮本体は増殖をやめて薄膜となる。なお、雄性ホルモンを合成・分泌する**ライディッヒ細胞**は、精巣の間質細胞から分化してくる。

一方、**卵巣**では一次性索は退化するが、生殖上皮は増殖を続けて比較的短い突起（**二次性索：皮索**）を形成し、やがてその中に**卵原細胞**とそれを取り囲む**濾胞細胞**からなる**卵胞**が多数分化してくる。濾胞細胞は**雌性ホルモン**を合成・分泌する。

生殖巣が発達してくると、そこから分泌される性ホルモンなどの影響によって、ほかの生殖器や付属腺などの性依存的な形態や機能が二次的に決定されるので、生殖巣そのものの特徴（雌雄の差）を**一次性徴**、一次性徴以外の性別を示す特徴（上記の性ホルモンの影響など）を**二次性徴**という。

■**性決定の要因**　性を決定する要因には、次の三つがある。
① **性染色体の有無**（哺乳類など）
② **性染色体と常染色体**[33]**の比**（キイロショウジョウバエなど）な

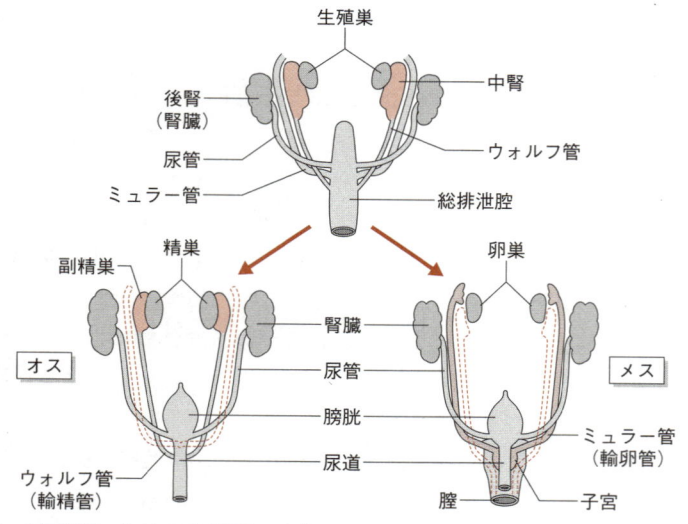

図34　哺乳類における生殖器の分化

どによって遺伝的に決まるもの
③ **環境要因**によるもの

　形態的に区別のつく二種類の性染色体をもっているもののうち，哺乳類のように雄ヘテロの場合には性染色体をXとYで表し，XYが雄，XXが雌となる[34]。哺乳類の雄では，減数分裂時にXとYが対合するので，精子にはXをもつものとYをもつものとが1：1で出現するが，卵子はすべてXをもつことになる。その結果，子供の性比は1：1となる。哺乳類では雌が基準型で，Y（厳密にはその上にある精巣決定遺伝子）があれば雄に，なければ雌になる。したがって，XXYの個体は雄に，X0個体は雌になる。

■**染色体の有無による性決定**　マウスでは，Y染色体のうちでX染色体と相同部位[35]のない領域にある*Sry*（sex-determining region of Y：ヒトでは*SRY*）遺伝子がY染色体から除かれると，XYマウスは雌になり卵細胞までつくる。逆に，雌になるべきXXマウスにSryを遺伝子導入すると，精巣をもった雄のマウスになる（ただし精子はできない）。これらの事実から，この遺伝子が精巣決定遺伝子であるとされている[36]。胎児精巣のライディッヒ細胞から出る高濃度の雄性ホルモンが脳に作用すると，脳が雄型になり将来雄としての配偶行動などをとるようになる。しかし，そのような作用がないと，雌型の脳となり，将来雌として行動し，性周期をもつようになる。また，雌では卵巣の発達につれて中腎由来の二本の管のうち，ミュラー管が輸卵管へと分化し，ウォルフ管は退化する。一方，雄では胎児精巣のセルトリ細胞から抗ミュラーホルモン（ミュラー管阻害物質）が分泌されてミュラー管が破壊され，残ったウォルフ管が輸精管に分化する（図34）。

■**染色体の比による性決定**　キイロショウジョウバエもXY型であるが，性はYの有無ではなく，Xと常染色体の比で決まっている（表4）。X/A値の分子および分母を決める遺伝子として，一群の転写因子（**2-6-4**とp.150注73参照）の遺伝子がそれぞれ想定されている（図35 a）。

表4　キイロショウジョウバエの性決定

性	X染色体と常染色体（A）の組成	X/A
超雌	3X＋2A	1.50
雌	4X＋4A	1.00
雌	3X＋3A	1.00
雌	<u>2X＋2A</u>	1.00
雌	1X＋1A	1.00
間性	3X＋4A	0.75
間性	2X＋3A	0.67
雄	<u>1X＋2A</u>	0.50
雄	2X＋4A	0.50
超雄	1X＋3A	0.33

下線は野生型を示す。

3-2　生殖と発生

32　卵巣と精巣を同時にもつ場合

　成熟した卵巣と精巣を同時にもつ場合，機能的雌雄同体とよぶ。
　脊索動物のホヤもその一例である。両性腺の多くは，まず精子をつくり，放精後に卵子をつくるが，同一生殖腺内に精子をつくる部分と卵子をつくる部分を同時にもつものもある。なお，間性や雌雄モザイクなどの異常現象は，正常な生理的現象である雌雄同体とは区別される。

33　常染色体

　性染色体以外の染色体を常染色体という。

34　雌ヘテロの場合

　カイコや鳥類のように雌ヘテロの場合には性染色体をZとWで表し，ZZが雄，ZWが雌となる。ゴキブリなどでは，雄はXを1本，雌はXを2本もっておりX0（Xゼロ）型とよぶ。ガにはZ0型のものが知られている。ZW型，X0型，Z0型の動物でも，XY型と同様な原理により性比は1：1となる。
　ミツバチのように性染色体と呼べるものをもたず，単為生殖による一倍体は雄に，受精卵（二倍体）は雌になるものは，ハチやアリの仲間以外にも，カイガラムシ，ダニ，ワムシなどで知られている（3-2-3の■有性生殖を参照）。なお，植物にも性染色体は見られ，XY型（スイバ），X0型（サンショウ），ZW型（オランダイチゴ）などが知られている。

35　相同

　染色体上に同数の同一遺伝子（あるいは対立遺伝子）が同じ順序で並んでいると，その部分は対合でき，相同であるという。

36 性決定にかかわる遺伝子
 *Sry*遺伝子以外にも性決定にかかわる遺伝子が複数あり，その多くは常染色体上にあることが知られている。性はいくつもの分岐点からなる複雑な過程を通じて決定されるもので，*Sry*はそのような分岐点の一つで，どちらへ行くかを決めているものと解釈されている。

37 カスケード
 もとの意味は「段階的瀑布(滝)」。生体における反応が，段階的に次々と活性化していくような系列のこと。

キイロショウジョウバエでは，図35(a)にまとめた転写因子のカスケード[37]によって性の決定が行われている。このカスケードでは性に依存した転写因子のスプライシング(p.94)が重要な意味をもっている(図34 b)。

雌化スイッチ遺伝子である*Sxl*(*sex-lethal*)は，X/Aの値が低いときには初期発生を通じて不活性のままに保たれる(雄)が，この値が

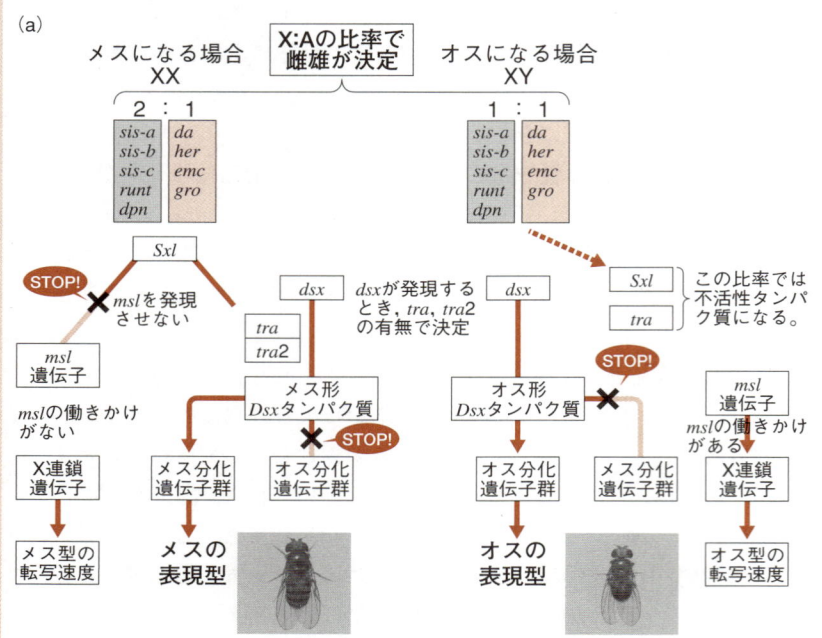

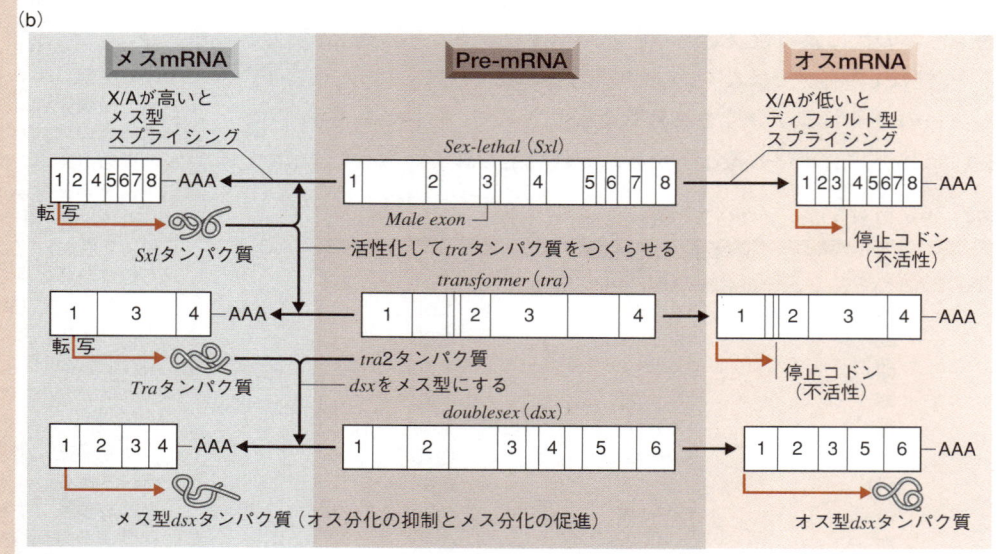

図35 キイロショウジョウバエにおける性決定カスケード(a)と性に依存したスプライシング(b)

高いと受精後速やかに活性化され，雌型のスプライシングを受けたmRNAがつくられ，活性をもったSxlタンパク質に翻訳される。このタンパク質は，Sxlのスプライシングを雌型にして自分自身の合成を促進するとともに，tra（transformer）のスプライシングを雌型にして活性のあるTraタンパク質をつくらせる。Traタンパク質はtra2タンパク質と共同してdsx（doublesex）のスプライシングを雌型にして雌型Dsxタンパク質を生成させる。このタンパク質は雄分化遺伝子群の発現を抑制するとともに，雌分化遺伝子群の発現を促進する。他方，Sxlタンパク質はmsl（masculinizing：オス化する）遺伝子の発現を抑え，その結果X連鎖遺伝子の転写速度を雌型（雄型の半分）にする。

X/Aが低いときには，Sxl，tra，tra2のいずれも活性型タンパク質ができず，結果的に雌分化遺伝子群の発現が抑えられ，かわりに雄分化遺伝子群が表現される。またX連鎖遺伝子の転写速度は雄型になる。

■**環境要因による性決定**　環境要因による性決定の代表的なものは，爬虫類に見られるもので，特定の発生段階における温度環境によって性が決定される[38]。環形動物のボネリムシでは，幼生が成熟した雌の出すフェロモン（性決定因子）の影響を受けると雄に，そうでなければ雌になる。これらの動物では，キイロショウジョウバエと同じような機構で性が決まるが，そのカスケードのどこかに，温度やフェロモンに依存した段階があるのではないかと想像される。

3-2-7　配偶子形成（動物の場合，植物は3-3-6，3-3-7参照）
──生殖細胞が早めに分離

■**生殖細胞にする因子がある**　動物では発生の早い時期に，生殖細胞と体細胞が分離する。線虫，キイロショウジョウバエ，カエルなどでは，受精卵の特定の部域（**植物極**（p.145図42，注61）近くが多い）に局在する**細胞質因子**（**生殖質**，**生殖細胞質**，**生殖細胞決定因子**などという）を受け継ぐか否かによって，生殖細胞になるか否かが決まる。
■**細胞系譜のわかっているウマノカイチュウの例**　たとえばウマノ

38　温度環境による性決定
カメの多くは，低温側で雄に，高温側で雌になる。トカゲの多くおよびアリゲーター（ワニ）では，逆に低温側で雌に，高温側で雄になる。クロコダイル（ワニ）および一部のカメやトカゲでは，ある温度幅では雄になり，それより低温側でも高温側でも雌になる。

39　雌雄同体
雄から雌に転換するもの（クロダイ，カキなど），逆に雌から雄に転換するもの（ベラなど），雄・雌・雄・雌と交代するもの（フナクイムシ）が知られている。

なお，生理的には性転換しないものでも，性ホルモン処理によって性転換を容易に誘導できる魚類も少なくない。このような操作により，遺伝的には雌なものを雄に（あるいはその逆）した上で本来の性をもった個体と交配することによって，一方の性をもったもののみを作出することが行われている。

コラム8　そのほかの性決定要因

なお，一部の魚類のように成長そのほかによって性転換するものも少なくないが，これらは，**雄相と雌相が異時的に発現される雌雄同体**[39]と考えることができる。面白い例として，グループ内の順位によって性転換するものを紹介しよう。ハワイ産のベラの一種には，生まれつきの雄（一次雄）とは別に，大型になった雌が性転換した雄（二次雄）がいて，4～5匹の雌とハーレムをつくっている。二次雄が死ぬと最も大きい雌が雄になる。この性転換では，視覚からの情報が重要であることが知られている。また，サンゴ礁の美しい魚，クマノミ類は，雌，雄各1尾のペアおよび未成魚からなる群れをつくっているが，雌が一番大きい。雌が死ぬと雄が雌に性転換して，未成魚の中から成熟した雄とペアをつくる。

これらの事実からうかがわれるように，性は必ずしも絶対的なものではない。性に関連して，内分泌かく乱物質（いわゆる環境ホルモン）が問題となるゆえんである。

40 染色質削減	染色体の特定部域の染色質が失われる染色質削減と、タマバエなどの一部の昆虫の胚で、核分裂時に特定の染色体が核に入らずに失われる染色体削減とは区別されていたが、最近は両者をまとめて染色体削減ということが多い。

カイチュウでは，この因子を受け取らなかった割球は染色質の一部が崩壊，消失し（**染色質削減**[40]）体細胞に分化するが，この因子を受け継いだ細胞のみが完全な染色体（したがってゲノム全体）を維持し，生殖細胞に分化する。このことは，19世紀末～20世紀初めのボヴェリ[41]（T. Boveri）によるくわしい観察と実験によって明らかにされた。なお，この不等な配分は，すでに第一分裂から始まる。

■ **よく研究されているショウジョウバエの例**　キイロショウジョウバエでは，この因子は卵の後端部に局在し，**極細胞**[42]に受け継がれ，この細胞は生殖巣に入り生殖細胞に分化する。次の実験から，卵の後端部に生殖細胞決定因子が存在することが確認されている。

① 卵の後端部の細胞質を卵の前端に移植すると，そちらにも極細胞が形成される。
② 後端部を紫外線照射すると，極細胞が形成されず**不稔**[43]になる。
③ 紫外線照射後に未照射卵の後端部の細胞質を移植すれば，正常な生殖能力のあるハエとなる。

形態学的に生殖細胞質が認められる動物では，そのような部分にはRNAを含む特有の顆粒が認められることが古くより知られていた。キイロショウジョウバエではその本体がミトコンドリアリボソームの大型RNA（mtlrRNA）であることが明らかにされ，その形成機構や作用の発現機構がくわしく解析されている（図36）。

41 ボヴェリ	ボヴェリは，染色体の基本数（p.132注28）が2のウマノカイチュウ（3-2-15も参照）で，この現象を発見した（1898）。全発生過程を通じて染色体の挙動を観察した最初の研究者で，染色質削減と生殖細胞質との関係を実験的に証明した。発生学における最後の偉大な観察者そして最初の偉大な実験家と呼ばれている。
42 極細胞	昆虫類の発生において，胚が形成される前に，ほかの部分とは区別されてできる細胞。将来，生殖細胞になる。
43 不稔（ふねん）	生殖細胞ができないことを不稔という。子孫ができないことをさすことになる。
44 始原生殖細胞	哺乳類の始原生殖細胞は，胚体外中胚葉に大型でアルカリホスファターゼ染色に陽性の細胞として出現する。次にこの細胞は移動を開始し，尿膜，卵黄嚢，後腸，背側腸間膜を経て生殖巣原基に入り，配偶子へ分化する。
45 原基	個体発生において，ある器官が形成されるとき，そのもとになる胚の部分。

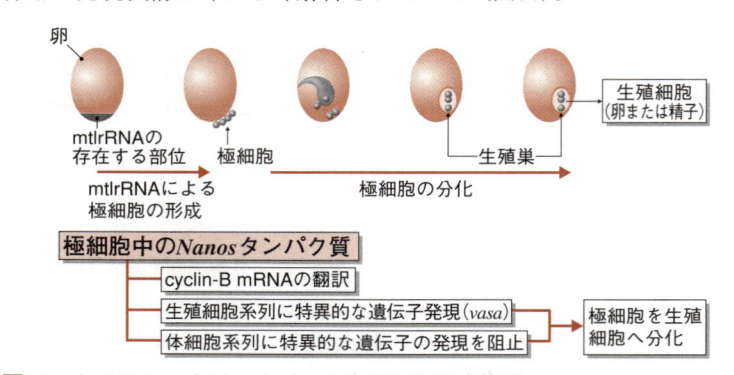

図36　キイロショウジョウバエの生殖細胞形成機構

　極細胞で発現される*Nanos*タンパク質が，生殖細胞系列に特異的な*vasa*遺伝子を発現させるとともに，体細胞系列に特異的な遺伝子群の発現を阻止することによって，極細胞を生殖細胞へと分化させる。

■ **生殖細胞の熟成**　このようにして形成された**始原生殖細胞**[44]は，**生殖巣の原基**[45]に移動し**卵原細胞**（**精原細胞**），**卵母細胞**（**精母細胞**）へと分化し，**減数分裂**に入る。始原生殖細胞の分化は，生殖巣という環境によって初めて完成するもので，生殖巣原基への移動に失敗した始原生殖細胞が生殖細胞になることはない。いいかえれば，始原生殖細胞は，体細胞からの適切な支援があって初めて生殖細胞になり得る

ものである。

卵と精子の形成は段階的に進行するが，そのようすは両者で大きく異なる（図37）。卵形成では，減数分裂によって一倍体細胞を形成することに加えて，胚発生に必要なさまざまな養分，細胞小器官などを蓄積する必要がある（表5）。これに対し，精子形成では，一倍体の核と，それを卵に持ち込むために必要な少数の装置以外の細胞小器官などをすべて放出してしまう[46]。

46 最大の細胞「卵子」と最小の細胞「精子」

ほとんどの生物では，卵子が最大の細胞，精子が最小の細胞である。哺乳類以外の脊椎動物の卵子は大きく，肉眼でも観察できる。とくにニワトリの発生はアリストテレスらにも研究されていた。1651年にハーヴェイは，ヒトや植物も含めてすべての生物は卵からと断言したが，哺乳類の卵が発見されるのは200年程後のことになる。

一方，精子の発見（レーウェンフックが1679年にヒトの精子を発見）は顕微鏡の発明を待たねばならなかった。精虫（spermatozoa）という名前には，精子が寄生虫と考えられていた名残が見られる。精子の発見は精子と卵子のどちらが新個体の形成に本質的な役割を果たすかという論争（古代ギリシャ以来の男女のどちらが本質かという論争の再燃）を引き起こし，1870年代半ばの受精の発見まで決着がつかなかった。

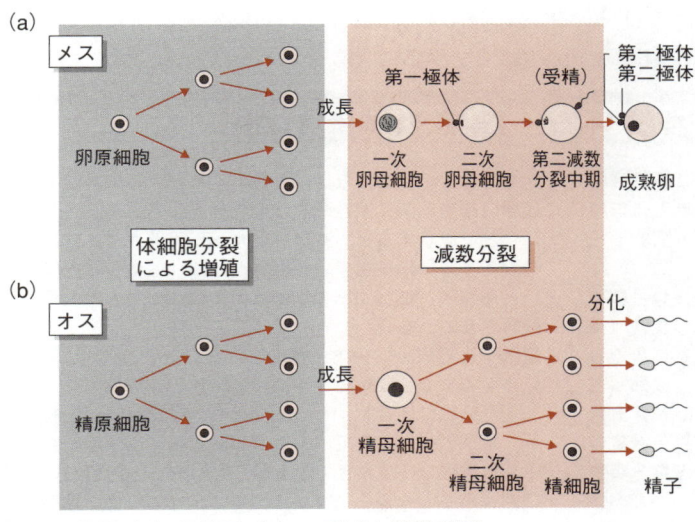

図37 卵子（a）と精子（b）の形成と減数分裂

表5 アフリカツメガエルの卵に蓄えられている細胞構成要素

細胞構成要素	幼生細胞に対する倍率
核	1
ミトコンドリア	100000
RNAポリメラーゼ	63000-100000
DNAポリメラーゼ	100000
リボゾーム	200000
tRNA	10000
ヒストン	15000
デオキシリボヌクレオシド三リン酸	2500

（Laskey, 1974, より改変）

■**ヒトの卵子形成〜受精まで**　ヒトの胎児の卵巣では，2000個弱の始原生殖細胞から出発し，体細胞分裂を繰り返すことによって，妊娠2〜7か月の間に約700万個の卵原細胞がつくられる。その後，卵原細胞は急速に数を減らして，出生時には約200万個の**一次卵母細胞**となり，第一減数分裂前期で休止している。

思春期に入ると，内分泌系の影響によって，周期的にいくつかの細胞が**卵胞形成**という過程に入る。卵母細胞の体積が約500倍程度増加するとともに，外側にウニなどの**卵黄膜**に相当する糖タンパク質の厚

い層（透明帯）を形成し，さらにその外を多くの濾胞細胞が取り囲んだ**卵胞**という構造をつくる。一部の卵胞のみが卵胞形成の終わりにまで到達し，生殖巣刺激ホルモンの急激な上昇に反応して**排卵**に至る。この段階では，卵母細胞は第二減数分裂中期で休止している。

さらに**受精**に成功すると，精子との融合が刺激となって減数分裂が再開され，減数分裂完了後に卵の核（**卵前核**）と精子の核（**精前核**）が融合し，二倍体に戻る。ヒトでは，いったん700万個もの卵原細胞をつくりながら，生涯にわずか400個程度しか成熟卵にならず，そのうちの数個のみが誕生にまで至ることになる。

> **47　卵の減数分裂の補足**
> 精子との融合が刺激となって卵子が減数分裂を開始あるいは再開する場合でも，卵子の減数分裂完了後に精子の核と卵子の核の融合が起こる。

コラム9　卵の減数分裂・精子の形成の補足

■**卵の減数分裂**　卵の減数分裂は極端な**不等分裂**で，細胞質のほとんどすべてを受け継ぐ細胞とほぼ核のみしか受け継がない細胞（**極体**）とになる（図37a）。これは，ため込んだ養分などをほとんど失うことなく，核を単相にするしくみである。なお，卵が減数分裂に入る時期と場所は動物によってさまざまで，受精（精子の侵入）後に第一次卵母細胞の成長・成熟に入るもの（カギムシや一部の環形動物など）から，成熟した第一次卵母細胞が受精によって減数分裂に入るもの（イヌ，ホッキガイ，一部の多毛類など），第一減数分裂中期（多くの昆虫やヒトデなど）や第二減数分裂中期（多くの哺乳類，両生類，魚類など）でいったん休止し，受精の刺激によって減数分裂を再開するもの，卵巣内で減数分裂を完了してしまうもの（ウニやイソギンチャクなど）までさまざまである[47]。ヒトでは，すでに胎児期に第一減数分裂前期で休止し，思春期以降になると周期的にいくつかの第一次卵母細胞が減数分裂を再開するとともに急激に大きくなり卵胞という構造を作る。その一部は，排卵に至るが，この段階では卵母細胞は第二減数分裂中期で休止している。さらに受精に成功すると，減数分裂が再度再開され，減数分裂完了後に精子由来の核と融合する。減数分裂の停止と再開は，細胞周期の制御という観点からくわしく解析されている。

■**精子の形成**　一方，精子の形成は，思春期以降，死に至るまでほぼ休みなく続けられる。精原細胞はセルトリ細胞に結合し，その援助のもとに精子形成を行う。精子形成においては，精原細胞が第一次精母細胞になる過程で多少大きくなるが，それ以外の過程では，細胞は小さくなる一方である。また，1個の精原細胞は4個の精子となり，この点でも卵形成とは大きく異なる。精原細胞が精子形成に入ってから精子を完成するまで，細胞は完全には分裂せず，互いに細胞質を連結したままでおり，すべての変化はよく同調して進行する。成人では，毎秒1000個あまりの精子をつくり続ける計算になる。（図37b）

> **48　両配偶子間の認識について**
> 親の配偶行動が種などの認識に重要な意味をもつ。とくに体内受精する動物では，このレベルにおける認識が発達しており，複雑な求愛行動をするものが多い。水中に放卵・放精する動物でも，そのタイミングの一致に向けて行動などがよく制御されている。また，卵子またはその近くの構造が分泌するフェロモンの濃度勾配を精子が認識する化学走性（濃度勾配によって，向かうか逃げる性質）が発達したものも多い。

3-2-8　受精（動物の場合，植物は3-3-7参照）
―― 異個体由来の細胞が融合する不思議な現象

受精は，同種異個体由来の遺伝子を混合・再構成するために行われるので，両核の融合を待って「受精した」ということができるが，未受精卵と精子の細胞融合は休止状態にある未受精卵を覚醒させ，発生を開始させるという意味をもっており，受精はこの意味でも用いられる。

精子が裸の細胞であるのに対し，卵子は一般に糖－タンパク質複合体や細胞からなる1～数層の**卵外被**（卵保護層）によって包まれている。精子細胞膜と卵細胞膜との融合は比較的簡単に起こり（特異性が低く），両配偶子間の厳密な認識はおもに**精子・卵外被相互作用**によっている[48]。両配偶子が生殖巣を離れてから出会うまでの間に細胞表面や卵外被はさまざまな修飾を受け，細胞の生理状態・環境もまた変化する。

体内受精をする動物では，精子が雌の生殖器道の中で受ける影響も著しく，哺乳類ではそのような過程が受精の前段階として不可欠であり，精子の**受精能獲得**と呼ばれている。いいかえれば，受精は卵子（およびその付属細胞や生殖器道など）と精子の間で，種に特有の様式にしたがって進行する相互認識・相互作用を経ることで，初めて成功する。この過程では，種や個体性が認識されるだけではなく，両配偶子がこのドラマのどの段階にいるかということまで認識されていて，きわめて精妙な系である。

■**精子の先体反応** 卵の近くに到達した精子は，卵外被に結合し，卵外被中の特定の分子を認識して**先体反応**[49]を行う。たとえばウニではゼリー層で先体反応を行い，卵黄膜に結合する（図38）。これらの過程では，精子が卵側の糖鎖構造を認識しているが，そのような糖鎖構造の詳細はほとんど明らかになっていない。精子は，先体反応によって露出（放出）される加水分解酵素群などを用いて，卵外被に小さな孔を開けて通り抜ける。そして，新たに露出された特定部位の細胞膜で卵細胞膜と融合する。したがって，ほとんどの多細胞動物において，先体反応は受精に必要な精子の変化である（図38）。

> **49 先体反応**
> 精子先端部に一個だけ存在する分泌胞である先体のエキソサイトーシス（p.37注21とp.43）をともなう劇的な構造変化のこと。

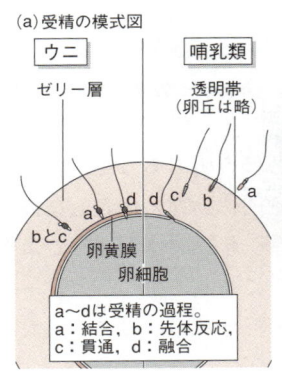

(a) 受精の模式図　　(b) エゾバフンウニの卵に精子が侵入するときのようす（①×1000，②〜⑤×4000）

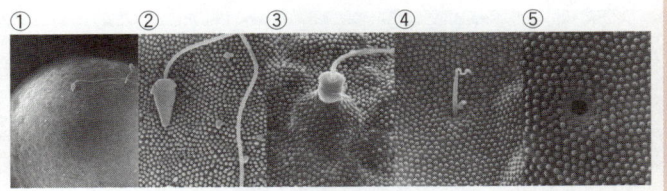

図38　受精
ウニでは先体反応は1〜2秒で完了する。

a〜dは受精の過程。
a：結合，b：先体反応，c：貫通，d：融合

3-2-9 有性生殖と自他の認識——免疫との関係が興味深い

多細胞体制を維持するために，個体を構成するクローン細胞集団と，ほかの細胞とは識別されており，たとえ同種であっても異個体の細胞が混ざることはない。このような，同種異個体間の認識を**アロ認識**という。アロ認識は多細胞体制を維持する上での原則で，一般にアロの関係にある細胞が接触や融合することはなく，とくに脊椎動物などでは強い禁忌となっている。しかしながら，有性生殖においてはこの禁忌に抵触せざるを得ない。実際，同種異個体の細胞が長く接触したり，融合したりすることが許容されているのは次の4例に限られている。

① 受精　② 着床・妊娠　③ 群体ホヤなどにおける群体間の融合
④ 雌に半寄生している雄[50]

> **50 半寄生する雄**
> 一部の魚類やボネリムシでは，雌に比べて雄はきわめて小さく，雌の体表に（半）寄生している（p.149注70参照）。

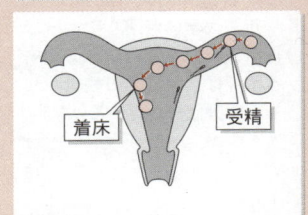

図39　アロ認識としての受精と着床

コラム10　多精

　多くの動物では、1個の卵子に複数の精子が入ること（**多精**）はないが、これは**多精拒否機構**と呼ばれるしくみによって保障されている。

　魚類では、精子には先体がなく、精子は厚く丈夫な卵黄膜の1か所に開いている精子がやっと通れる程度の穴（**卵門**）を通ってでしか卵細胞膜に到達できない。また、哺乳類では卵表層に到達する精子はきわめて少なく（ヒトでは2～3億個の精子が射出されるが、卵表層に到達する精子はせいぜい10個程度）、多精になる可能性は少ないが、表層粒[51]の崩壊による卵黄膜（透明帯）精子受容体の失活（不活性化）は認められる。なお、有尾類（イモリなど）などでは、生理的に多精となっているが、そのような場合でも卵前核と融合する精前核は1個のみである。

　ウニなどでは、二重の多精拒否機構が働いており、第一弾は細胞膜電位のすばやい変化に、第二弾は卵外被の構造変化（受精膜形成）によっている。精子が卵黄膜（卵細胞膜に密着している）に到達すると、すぐに卵細胞膜のナトリウムチャネルが開き、外部からナトリウムイオンが急速に流入するために膜電位が上昇し、その結果精子細胞膜が融合できなくなる。この変化は、精子が卵黄膜に到着してから1～2秒で起こるが、膜電位は1～2分でもとに戻ってしまう。しかし、精子が侵入すると、卵細胞膜直下に並んでいる表層粒が精子侵入点から卵全表面に向かって次々とエキソサイトーシスし、内容物を放出する。表層粒に含まれるプロテアーゼなどは、卵黄膜に存在する精子受容体を失活（不活性化）させるとともに、先体反応誘起物質を失活させたり、先体反応誘起物質を含むゼリー層などを破壊し分散させる。その結果、遅れてきた精子の結合や先体反応は防止される。表層粒に含まれるプロテアーゼの一部は卵黄膜と細胞膜の結合を切断し、同時に表層粒に含まれるプロテオグリカンという物質が急速に吸水膨潤するので、卵黄膜は細胞膜から遠ざけられ、卵黄膜に到着していてもまだ卵黄膜を通過していない精子は、卵黄膜とともに卵の表面から離されてしまう。このような卵黄膜を**受精膜**という。受精膜は、表層粒に含まれるパーオキシダーゼなどの作用により、多くの分子間架橋（分子間をつなぐ結合）が形成されて硬化し、精子先体に含まれる加水分解酵素などに耐性となる。このため、精子は受精膜に結合することも通過することもできない。受精膜の形成は精子侵入後30秒くらいから始まり、1分程度で完了する（くわしくは図40）。このような機構があっても、ときには多精になることもあるが、そのような胚では細胞分裂や発生が正常に進まず、ほとんどの場合に発生の途中で死ぬ。

[51] **表層粒**
　哺乳類をはじめ多くの動物の卵に見出されるゴルジ装置由来の分泌胞で表層胞ともいう。ウニでは直径約1μmで、卵あたり15000程度存在する。

[52] **群体間のアロ認識**
　筑波大学の渡辺らによって行われた群体間の認識に関する研究は、免疫学の観点からも高く評価されている。

　①、②、④が有性生殖に関連していることは自明であるが、③もまた受精とかかわっている。ホヤは機能的雌雄同体動物の代表的な例であるが、**3-2-3**で述べたように無性生殖を行うものがいる。そのようなホヤは群体ホヤと総称されるが、無性生殖によって生じたクローン個体群は、血管系を共有して薄いシート状の群体となって岩の表面などに付着している。隣接した同種の2群体が成長して接したときに、互いに自己と認識して融合する場合と、他と見なして融合を拒否する場合がある。群体ホヤが有性生殖を行うときには、同一個体や同一群体由来の卵子と精子では受精できないが、群体が融合するような2群体の間でも受精できない。受精は融合を拒否しあう2群体の間でのみ成立し、群体におけるアロ認識[52]と配偶子におけるアロ認識は、同じ遺伝子の支配を受けていると考えられている。したがって、③もまた有性生殖に深く関連した現象といえる。受精や着床はこの意味できわめて特異な現象であり、免疫学的な現象に通じる基盤の上になりたっている。この点からも、ホヤなどにおける自家不和合性（同じ個体由来の卵子と精子では受精できないこと）の研究は重要であるが、その分子機構の解析はあまり進んでいない。

　■**胎生について**　　　胎生[53]は、哺乳類に限らず、広く動物界に散発

的に見られる。安全確実にある段階まで子を育てるという点では優れているが，アロ認識という観点から免疫学的には難しい点が多く[54]，そのような機構の発達した脊椎動物の一部でのみ，一定の成功を収めている生殖法といえる。哺乳類においても，単孔類（カモノハシやハリモグラ）は卵生であり，有袋類（カンガルー，コアラなど）では超早産のあと，体外で哺育することによって免疫学的な困難を避けているようである。真獣類（有胎盤類）においても，胎盤のでき方や構造はかなりまちまちで，この「技術」がいわば発展途上にあることを示しているようにみえる。胎児は母親の免疫系を刺激しており，妊娠の維持には母子間でかわす複雑な免疫学的対話が必要とされるが，その詳細は不明である。

3-2-10 個体発生の開始──
一つの細胞から多様な形態と役割の細胞ができる不思議

両性生殖を行う多細胞生物においては，**受精卵（接合子）** が個体の始まりである。私たちの体は，総数60兆（成人）にもおよぶ約200種類の細胞が，組織・器官・器官系と組織化されており，それぞれにあるべき場所で，あるべき形をして，あるべき機能を営んでいることによってなりたっている。配偶子の形成から受精に至る過程については**3-2-7～3-2-8**で学んだが，ここから**3-2-15**までは，1個の細胞である受精卵から個体という多細胞体が形成される過程，すなわち**個体発生**について動物を中心に基本を学ぶ（植物は**3-3-3**参照）[55]。

■**卵割期～受精直後から胞胚までの間**　未受精卵は代謝速度も非常に低く，いわば休眠状態にあるが，受精にともない細胞の諸活性が急激に上昇する（図40）。受精後，卵（胚全体）の大きさは変わらないが，分裂を繰り返して細胞を増やす時期を**卵割期**という。たとえばウ

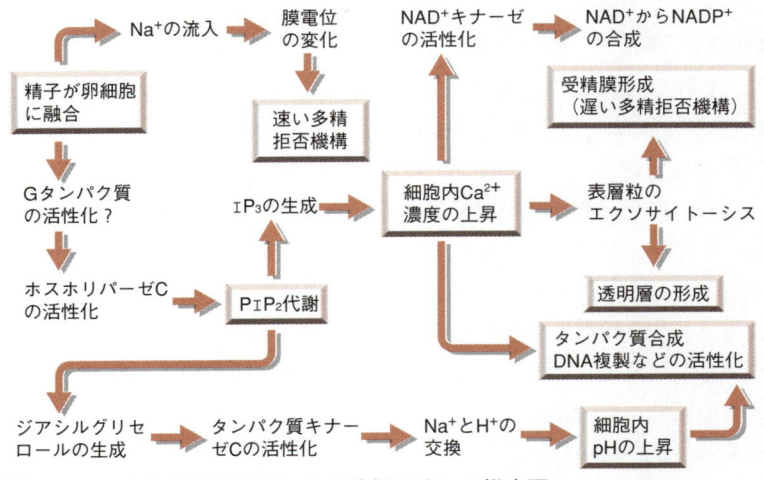

図40　ウニの発生開始期における情報の流れの推定図 (Epel, 1980を改変)

53　胎生についての補足
ここでは，受精卵が親の体内で発生・成長するというだけでなく，親子の間で養分や老廃物の授受をしている場合にのみ「胎生」としている。この意味での胎生が認められる動物は，脊索動物門（軟骨魚類，爬虫類，哺乳類），外肛（がいこう）動物門（コケムシ類），節足動物門（アリマキ類，サソリ類），有爪（ゆうそう）動物門（カギムシ）に広がっている。これらほど完全ではないが胎生と呼んでもよさそうなものは，脊索動物門（尾索類：硬骨魚類，両生類），棘皮動物門（ナマコ類，ヒトデ，クモヒトデ類），節足動物門（甲殻類），軟体動物門，線形動物門，有櫛動物門，刺胞動物門，海綿動物門にも見られる。

54　免疫学の視点から見た妊娠
皮膚移植に関する1950年代の一連の研究によって，移植拒絶反応が免疫反応であることを明らかにしたメダワー（P. Medawar）は，妊娠がいかに不思議な，あり得べからざる生物現象であるかを指摘している。

55　植物の発生の場合
植物などでは，胞子から出発する多細胞体の形成があることを**3-2-4**で学んだ。また，単細胞生物でも，多細胞生物の発生に対応する，増殖・分化・形態形成が見られる。カサノリ，*Naegleria*（アメーバ），ゾウリムシ，クラミドモナス，ボルボックス，細胞性粘菌など，発生現象の理解によいモデルとなった単細胞生物（ボルボックスや細胞性粘菌は多細胞体と呼んでもよいような群体をつくる）も少なくない。**3-3-3**を参照。

56 卵割と割球（かっきゅう） 受精卵とそれに続く初期胚において，継続して速やかに起こる細胞分裂を卵割，その結果生ずる細胞を割球と伝統的に呼んでいる。ウニでは実験室内でも受精率はほぼ100%で，すべての受精卵がきわめてよく同調して分裂するので，細胞分裂研究のよい材料でもある。ウニ初期胚のこの特性を利用した研究から，細胞周期を制御する2主要因子の一つであるサイクリンが発見された。	ニの受精卵は直径が0.1mm程度で大腸菌の約100万倍の体積をもつが，第一卵割[56]後しばらくの間は，大腸菌と同じ速度（ほぼ30分に1回）で分裂を繰り返す。キイロショウジョウバエ[57]では12時間で約5万細胞に，カエルでは43時間で約3万7000細胞になるが，これらの受精卵の大きさを考えると（大きいものは卵割に時間がかかる），卵割速度がいかに凄まじいものであるか理解できるだろう。カエルでは卵割期から胞胚中期まではG_1，G_2期を欠くこと，M期が終了しないうちに次のS期が始まることが知られている[58]。 　ただし，哺乳類では卵割速度は遅い。マウスの受精卵はウニの受精卵と同じ程度の大きさであるが，最初の卵割までに24時間，8細胞期までに60時間かかる。母親の胎内という，外敵もきわめて少なく，安定した恵まれた環境で発生するため，急いで胞胚にまで進める必要がないのかもしれない。 ■**細胞質の再配置と精子の役割**　ホヤや両生類をはじめ，受精後に**細胞質の再配置**を行う動物も多い。この現象は，このあとの体軸の決定などにかかわるもので，発生にとって重要な意味をもっている（**3-2-12**および**3-2-14**参照）。 　たとえば，カエルの未受精卵は，動物極と植物極（図42，注61）を結ぶ軸にほぼ**放射相称**となっている。受精すると，精子が偶然入った点に向かって表層の細胞質が内部細胞質に対して約30度回転したのち，第一卵割面が両極と精子侵入点を含むよう入る。ほとんどの場合，第一卵割面は，あとで精子侵入側を腹側とする正中面となる。 　このように，精子は**遺伝子を持ち込む**とともに，発生プログラムのスイッチを入れて**卵子を活性化する**[59]という二重の役割を担っている。受精卵の活性化に至る経路には，いろいろな細胞内情報伝達系が複雑にからみ合って関与しているが，その詳細が徐々に明らかにされつつある（図40）。 ■**卵割の様式**　卵割の様式は卵黄の含量と分布などによっても異なり，それぞれの種に特有のプログラムにしたがって進行する（図41，図42）[60]。ウニでは，最初の3回は等割で，第一および第二分裂は動物極と植物極（図42，注61）を通り互いに直交する面で，第三分裂はこれらと直交して赤道面で分裂する。第四分裂は，動物極側（動物半球）と植物極側（植物半球）で分裂の仕方が異なる。動物半球では第一，第二分裂と同じ向きで等割し8個の中割球をつくり，植物半球では第三分裂と平行な面で著しい不等割を行い大割球と小割球を4個ずつつくり，放射相称となっている。小割球由来の細胞は胞胚期の終わりに胞胚腔中に遊出して一次間充織細胞となり，嚢胚期には骨格を形成する（**3-2-12**参照）。 ■**卵割の意味**　卵割期を通じて，胚全体としては大きくならず，細
57 キイロショウジョウバエの分裂の速さ 昆虫では，まず核分裂が繰り返されたのちに，一気に多細胞になる。キイロショウジョウバエでは，核分裂のみが13回同調して進行し8200核になったのち（産卵後約230分），14回目の分裂（同調しない）で胚本体が多細胞化する。ただし，512核の時期（9回目の核分裂終了後，産卵後約130分）に4個の極細胞がくびれだし，胚本体とは同調せずに分裂して4100核になる頃8個になる。	
58 細胞周期 細胞周期は，M期（Mitosis：細胞分裂期）→G_1期（一番目のGap）→S期（Synthesis：DNA合成期）→G_2期（二番目のGap）→M期と進行する（**2-2-9**）。	
59 卵子の活性化にまつわる話 異種動物の精子を卵子の付活（活性化）だけに用いて，受精後には精子由来の核を排除してしまう魚類や両生類が知られている。	

3-2 生殖と発生

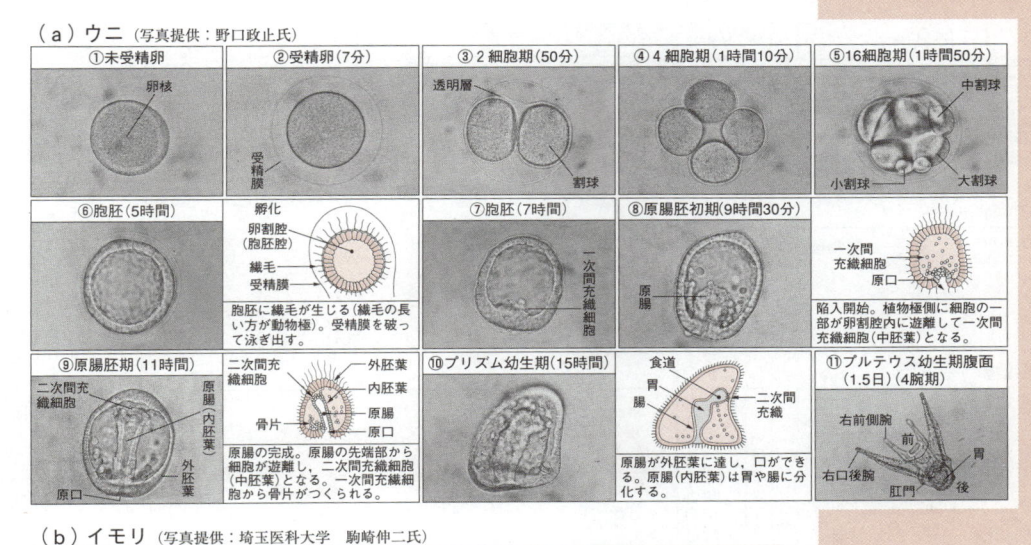

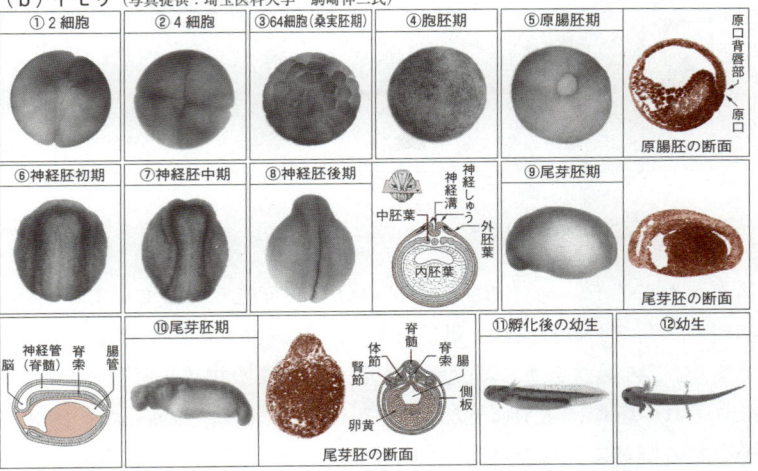

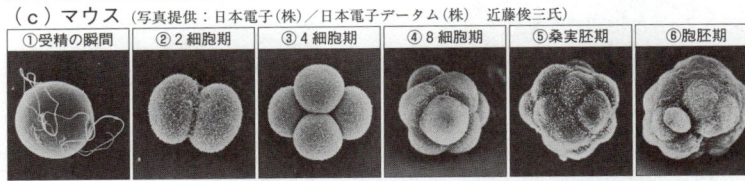

(a) ウニ（写真提供：野口政止氏）

①未受精卵　②受精卵(7分)　③2細胞期(50分)　④4細胞期(1時間10分)　⑤16細胞期(1時間50分)
⑥胞胚(5時間)　孵化　⑦胞胚(7時間)　⑧原腸胚初期(9時間30分)
⑨原腸胚期(11時間)　⑩プリズム幼生期(15時間)　⑪プルテウス幼生期腹面(1.5日)(4腕期)

(b) イモリ（写真提供：埼玉医科大学　駒崎伸二氏）

①2細胞　②4細胞　③64細胞(桑実胚期)　④胞胚期　⑤原腸胚期
⑥神経胚初期　⑦神経胚中期　⑧神経胚後期　⑨尾芽胚期
⑩尾芽胚期　⑪孵化後の幼生　⑫幼生

(c) マウス（写真提供：日本電子(株)／日本電子データム(株)　近藤俊三氏）

①受精の瞬間　②2細胞期　③4細胞期　④8細胞期　⑤桑実胚期　⑥胞胚期

図41　ウニ（a），イモリ（b）およびマウスの初期発生（c）

哺乳類では，割球が同調して分裂せず，3細胞期や5細胞期がみとめられる。初期の割球は互いにほとんど接着せず，それぞれがほぼ球形となっているが，8細胞期ごろになると急に強く接着する。

胞の大きさは卵割ごとに小さくなる。したがって，細胞数の増加につれて胚内に空所（**卵割腔**）ができてくる。卵割は建築に必要なレンガを増やす過程であるのみならず，卵形成時に極端に偏ってしまった核と細胞質の比や，細胞の体積と表面積（細胞膜の面積）の比を，「通常」の体細胞と同じようなレベルにまで戻す過程ともいえる。逆にいえば，卵形成過程で十分な情報分子，栄養分，細胞小器官などをため

60　卵割の様式のいろいろ

卵割の様式（卵割型）は，卵黄の含量と分布状態の影響を受ける。

卵黄の分布がほぼ一様ないしは極端な偏在を示さず卵割面が割球どうしを完全に仕切る**全割**（棘皮動物，軟体動物の多く，ホヤ類，両生類，哺乳類など）と，卵黄が極端な偏在を示し，そのような部分までは卵割が進行せず，卵割面が割球どうしを完全には仕切らない**部分割**に分類する。

部分割には，大量の卵黄が卵の中心部に局在し，卵割が卵表層でのみ進行する**表割**（節足動物の大部分）と，大量の卵黄が卵の一端（植物極）側に局在し，卵割が他端（動物極）でのみ進行する**盤割**（頭足類，魚類，爬虫類，鳥類）がある。

全割でも割球の大きさが同じか否かで，**等割**（哺乳類や棘皮動物の初期卵割）と**不等割**（両生類）を区別する。

なお，卵割面の幾何学的関係から**放射卵割**（棘皮動物），**左右相称卵割**（ホヤ），**二相称卵割**（クシクラゲ），**らせん卵割**（貝類）などが区別される。

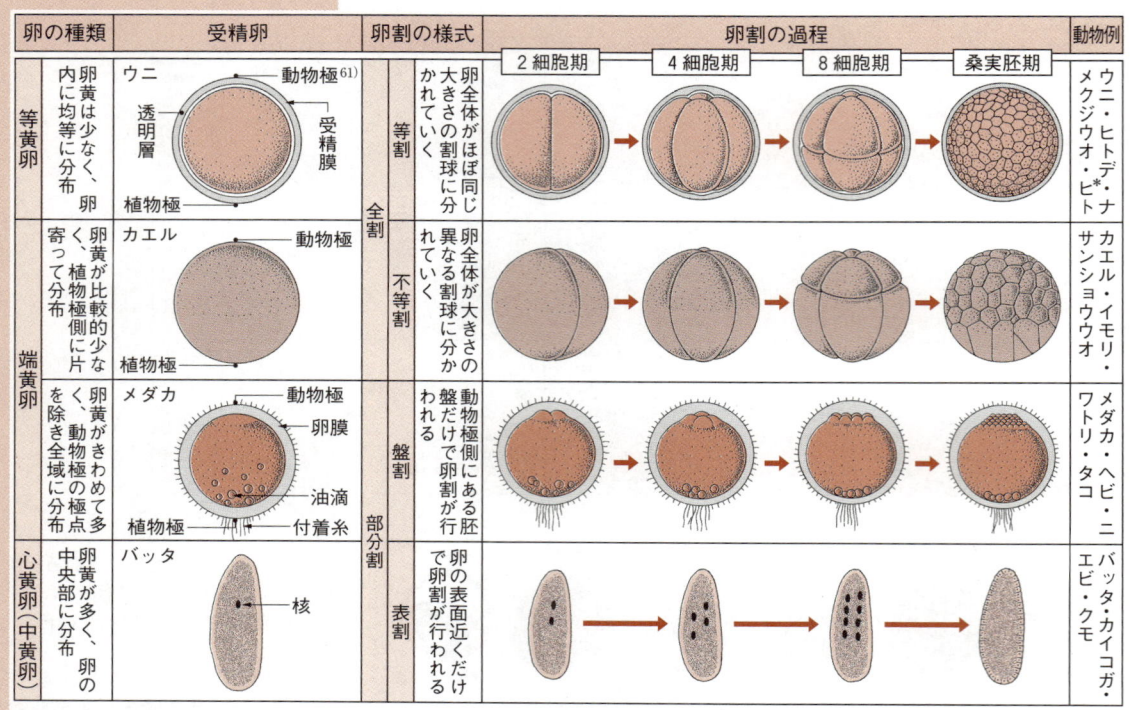

卵の種類		受精卵		卵割の様式		卵割の過程				動物例
						2細胞期	4細胞期	8細胞期	桑実胚期	
等黄卵	卵黄は少なく、卵内に均等に分布	ウニ 透明層 受精膜 植物極	動物極[61]	全割	等割	卵全体がほぼ同じ大きさの割球に分かれていく				ウニ・ヒトデ・ナメクジウオ*・ヒト
端黄卵	卵黄が比較的少なく、植物極側に片寄って分布	カエル 植物極	動物極		不等割	卵全体が大きさの異なる割球に分かれていく				カエル・イモリ・サンショウウオ
	卵黄がきわめて多く、動物極の極点を除く全域に分布	メダカ 植物極	動物極 卵膜 油滴 付着糸	部分割	盤割	動物極側にある胚盤だけで卵割が行われる				メダカ・ヘビ・ニワトリ・タコ
心黄卵(中黄卵)	卵黄が多く、卵の中央部に分布	バッタ	核		表割	卵の表面近くだけで卵割が行われる				バッタ・カイコガ・エビ・クモ

図42 卵の種類と卵割様式
*哺乳類の卵割の過程は、ウニなどとは異なる。(「生物総合資料 改訂版」実教出版, より)

61 動物極と植物極

多細胞動物の卵細胞で、極体の生ずる側を**動物極**、その対極を**植物極**という。初期胚でこれらに相当する部分も同様に呼ぶ。

もともとは、動物極近辺から神経系、感覚器官、運動器官などの動物的器官ができてくると考えられて、「動物」極という名称が与えられたものであるが、現在ではこのような考えは必ずしも正しくないことが知られている。

卵を静置したときに上下の極をそれぞれ動物極および植物極と呼ぶこともあるが、上の定義による両極とは必ずしも一致しない。赤道面から動物極側を**動物半球**、植物極側を**植物半球**と呼ぶ。

込んだからこそ、発生初期の素早い分裂が可能となっている。実際、初期のタンパク質合成は、母性mRNAの翻訳によるものである。

また、この過程を通じて受精卵内のさまざまな物質や細胞小器官が、それぞれの割球に適切に分配されている。とくに、母親由来の情報因子をどの割球にどれだけ配分するかは、その後の発生に大きな意味をもっている(3-2-14参照)。

■**胞胚になる～安定した内部環境の獲得**　卵割の後期に達すると、最も外側の細胞[62]が強く接着して胚は中空の球になる。このような胚を**胞胚**、胞胚の表面をおおう細胞の壁を**胞胚壁**、卵割腔と呼んできた内部の空所を**胞胚腔**、胞胚の形成過程を**胞胚化**という。ウニでは細胞が200個程度になると胞胚化が始まり、約1000細胞になるころに完成する。胞胚化によって、胚は胞胚壁によって外界から隔離された安定した内部環境を獲得したことになり、発生過程における大きな転機である。胞胚壁は体壁や管腔内壁など、動物体内外の遊離面をあまねくおおう**上皮組織**の基本形で、胞胚期以降の発生はこの安定した内部環境の中に上皮をくびれこませて新しい機能と形態をもたせてゆく過程とすらいえる。

また、胞胚中期を越えるころに分裂速度は低下する(図43)。このころになると、細胞分裂の周期のみならず、細胞分裂の同調性、細胞

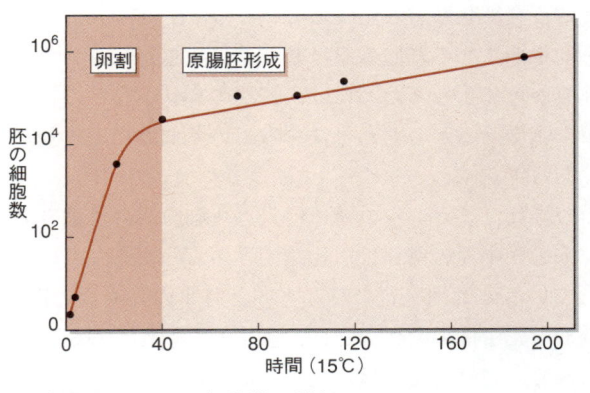

図43　カエル初期胚における細胞数の増加（Sze, 1953を改変）

の運動性ならびに遺伝子発現の活性にも大きな変化が起こることが，ハエ，ウニ，カエルなどで見出されており，**中期胞胚変移**という。
　ウニや哺乳類の胚では，胞胚期に孵化酵素（プロテアーゼの一種）を分泌して卵外被（受精膜）から脱出し，遊泳生活あるいは着床へと向かう。

3-2-11　細胞系譜──細胞の「家系図」

　私たちの体を構成する約60兆の細胞は，すべて受精卵に由来するので，それぞれの細胞の系譜をていねいにたどり，ヒトの細胞の家系図を描くことが原理的にはできそうである。残念ながら脊椎動物では，あとに述べるように，そのような作業は原理的にもできない。しかし，1983年には線虫の一種*Caenorhabditis elegans*[63]で，受精卵から成体までの全細胞系譜が，途中で**アポトーシス**（プログラムされた細胞死，p.149注72参照）を起こすものを含めて完成した（図44）。

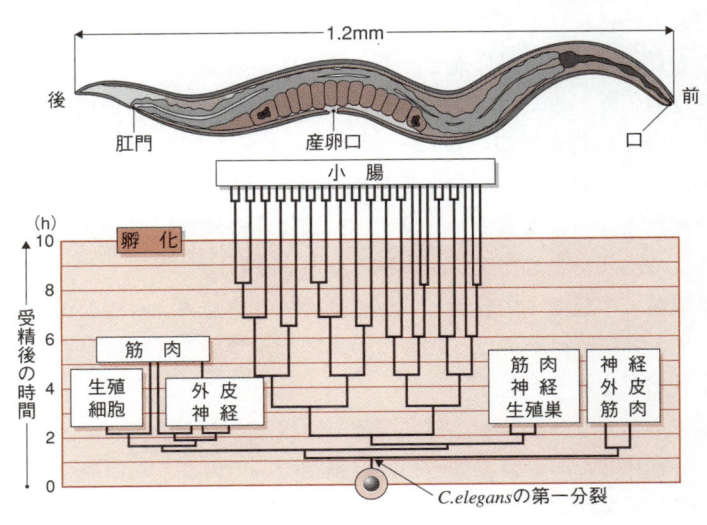

図44　*C. elegans*の細胞系譜の概略

62　卵割後期の外側の細胞
　ウニなどではすべての割球が胞胚壁となって胚表面に並ぶ。哺乳類では，外側の細胞は胎盤の胎児側を形成し，胚本体は内部の細胞（内部細胞塊）から形成される。

63　*C. elegans*（コラム11も参照）
　この自由生活性土壌線虫は，1960年代初めにブレンナー（S. Brenner）によって，発生および神経研究の材料として選ばれた。小型（成体で体長約1.2mm），飼育が容易，世代時間が20℃で約3日と短い，自家受精する雌雄同体（XX）のほかに雄（X0）がいて交雑が可能（遺伝学的解析が可能），ゲノムサイズ（約1億塩基対）および遺伝子数（約18000）が小さい，体細胞数が少ない（成虫の雌雄同体で959個，雄で1031個），体制（体のつくり）が単純，卵から成虫まで透明，凍結保存が可能，など実験動物として多くの利点をもつ。1983年に雌雄同体の全細胞系譜が完成。1986年に302個の神経細胞からなる雌雄同体成虫の全神経回路が判明。1998年にゲノム解析が終了している。

64　C. elegansの細胞系譜

　C. elegansの細胞系譜は，基本的に個体差はないが，厳密にはごくわずか個体差を生じ得る部分がある。脊索動物尾索類（ホヤ），有櫛動物（クシクラゲ），環形動物（ミミズ，ヒル），軟体動物腹足類（二枚貝）なども細胞系譜が一定である。扁形動物（ヒラムシ），紐形動物（ヒモムシ），輪形動物（ワムシ），節足動物甲殻類（ミジンコ，フジツボ）などでは，少なくとも初期発生においては個体差なく分裂していく。

65　胚葉の構造

　このような構造を基本としてくぼみに消化酵素などを発現させ，そこに溜まった餌を利用するという体制をとるのが腔腸動物（刺胞動物と有櫛動物）と考えられる。このように考えると，内胚葉，中胚葉，外胚葉の最も基本的なあり方は，それぞれ原腸（腔腸），結合組織，表皮となる。

66　旧口動物と新口動物

　旧口（先口）動物には，扁形動物，顎口動物，輪形動物，肛門動物，鰓曳動物，腕足動物，内肛動物，紐形動物，環形動物，軟体動物，星口動物，毛顎動物，有爪動物，線形動物，類線形動物，緩歩動物，有爪動物，節足動物

などの諸門がある。

　新口（後口）動物には，棘皮動物，半索動物，脊索動物

の諸門がある。この区分は分子進化学からも基本的に支持されている。

　今のところ全細胞系譜が完成しているのはC. elegansのみであるが，ホヤでも幼生期までの細胞系譜は基本的に明らかにされている。このような作業が可能となるためには，観察の容易さなどの技術的問題のみならず，細胞系譜がきちんと決まっていて個体による差がないことが必要である[64]。

　3-2-10で触れた，カエルの精子侵入点，細胞質の移動方向，第一卵割面，将来の正中面の関係は，比較的きちんと決まっているが，完全に対応しているのは細胞質の移動方向と将来の正中面の関係だけで，第一卵割面と正中面の関係などには多少とも個体差が認められる。じつは，大部分の脊椎動物では，発生初期の細胞分裂とあとの発生運命の間にはっきりした関係が見出せず，発生過程で大規模で不規則に細胞が混ぜ合わさると考えられている。しかし，これらの動物でも種に特有のきちんとした構造をもった個体を形成するのであるから，発生がでたらめであるはずはない。これらの動物では，次で述べる原腸陥入などの終了後に，その細胞が置かれた位置によって発生運命が決まると考えられているが，これについては**3-2-14**で述べる。

3-2-12　胚葉の形成——胞胚後の段階，各組織へのわかれ始め

■**胚葉ができるまで**　ウニやカエルなどでは胞胚中期以降になると，植物極側の細胞が変形したり運動性を増したりし，やがてこの部分にくぼみをつくり，そこから胚表面の細胞が胞胚腔内にもぐり込む。その結果，一層の細胞壁からできていた胞胚が，内外二層の壁をもつようになる。このくぼみの入り口が**原口**，その内部が**原腸**，内外二層の壁がそれぞれ**内胚葉**および胚体表面の**外胚葉**である[65]（図41a）。そのような胚を**原腸胚**（**嚢胚**）と呼び，胞胚から原腸胚になる過程は**原腸形成**と呼ばれ，形態形成の上で大きな転機となっている。内胚葉が原口と反対側の外胚葉に達し，そこで両胚葉の細胞がつながって開口すれば消化管となる。原口が口になる動物を**旧口**（**先口**・**前口**）**動物**[66]，肛門になる動物を**新口**（**後口**）**動物**[66] という。両胚葉間の空所が**原体腔**，内外の両胚葉を支持するために原体腔内に落ち込んだ細胞群が結合組織となったものが**中胚葉**[65]で，胚の結合組織を**間充織**という。中胚葉の内部に生じた空所が**体腔**となる（図45）。

■**外胚葉・中胚葉・内胚葉**　海綿動物，刺胞動物，有櫛動物を除くすべての多細胞動物では，この三つの胚葉がさまざまな組織や器官をつくり出してゆく。

　体表をおおう**外胚葉**が，外部環境の情報をとらえて内部に伝えるために特殊化したのが**感覚細胞**や**神経細胞**で，そのような機能をもった背側の外胚葉が内部に落ち込んだのが**神経管**（後に**中枢神経系**になる）であると考えられる[67]（**3-1-5**参照）。

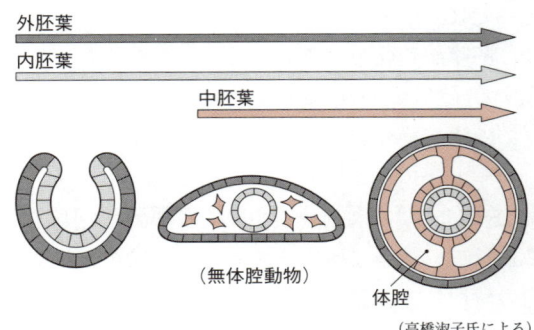

図45 胚葉の形成

中胚葉が分化したもののうち，背側の中胚葉が胚体の中軸構造となったのが脊索，硬化したものが骨格系，骨格系を支点として運動のために特殊化したのが筋肉系，複雑化した体内で物資の輸送系として特殊化したのが血管系，血液浄化のために排出器系として特殊化したのが腎臓，腎臓の管が二次的に転用されたのが生殖輸管，体腔の上皮のふくれだしが脊椎動物の生殖巣（生殖細胞を除く）と考えられる[67]。

消化管には食道，胃，腸などの部域化が起こり，消化管からふくれだした内胚葉が肝臓，膵臓，胸腺，膀胱，浮き袋などの内臓で，浮き袋がさらに変化したのが肺などの呼吸器系である[67]。

3-2-13 胚膜と胎盤の形成——陸上生活への適応の一つ

羊膜類（爬虫類，鳥類，哺乳類）の胚は，胚の一部がふくれだしてできた数種の胚膜で包まれている（図46）。陸上生活への適応にともない，卵生の爬虫類や鳥類では胚をかたい卵殻（ようするに卵のから）で包んで空気にさらすようになった[68]。卵殻の内部では，胚は擬似海水である羊水の中で無重力のように浮かんで発生するが，その水の量は限られており外部から補給することはできない。このような状況のもとで時間をかけて発生するために，卵殻内の空間を宇宙船のように区わけし，生活空間，食料庫，ゴミ貯蔵庫などをきちんとわけている。

胚の一部が広がった膜が，胚の背側に襞となって盛り上がり，胚の背側におおいかぶさって融合して二重の膜ができる。この二重膜の内側の羊膜（羊水を包んでいる）と外側の漿膜（卵殻の内表面に接する）によって，胚は保護されている。胚が必要な養分は卵黄嚢（卵黄を包み込む二重になった細胞性の膜）から取り入れ，老廃物（とくに窒素代謝の最終産物）を尿嚢（腸管の後方腹壁が胚外にふくらみ出て羊膜と漿膜の間に広がったもので，尿膜からできている）にためる。ガス交換[69]は卵殻のすぐ内側に広がる漿尿膜（外側の尿膜が漿膜に接して融合したもの）で行っている。漿尿膜表面からは塩酸が分泌され，炭酸カルシウムを主成分とする卵殻を溶かして骨の成長に使う。また，

67 器官形成の補足

ここでは，器官形成を単純化して述べているが，実際には三つの胚葉が分化し，それぞれに陥入，褶曲，おおいかぶさりなどが生じて管や索をつくり，さらにそれらが分岐したり，くびれたり，融合したりするなどの複雑な経路を経て器官は形成されている。また，器官はいろいろな組織からできており，必ずしも単一の胚葉からできるものではない。

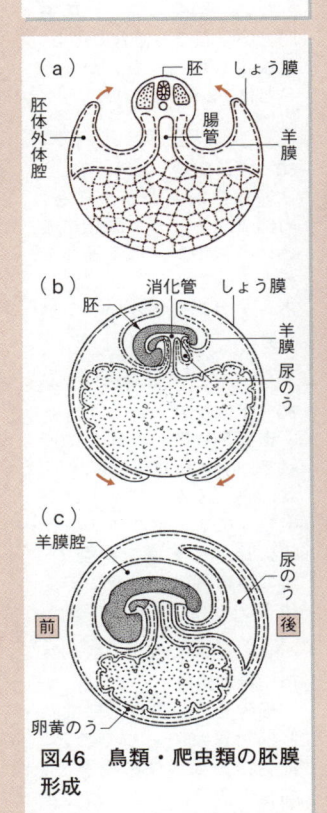

図46 鳥類・爬虫類の胚膜形成

卵白も養分として吸収する。

哺乳類では，胚膜が変化してその一部は子宮壁にくいこみ，胎児側の胎盤を形成する。胚は羊水中で発生し，養分補給，老廃物排出，ガス交換のすべては胎盤を介して母体に依存して行う[69]。

3-2-14 発生運命の決定──卵のどの部分が何になるのか

■しくみは2通り　　受精に始まる新個体の形成が正しく進行するためには，特定の時期に，特定の場所で，特定の細胞（群）に，特定の遺伝情報を正しく発現させねばならない。そのような指令は，転写因子やシグナル伝達因子といった遺伝子発現を調節するタンパク質によって行われている。それぞれの細胞の発生運命を決めるしくみは，大きくわけて次の二つがある。

① 細胞質に含まれる**発生運命決定因子**（**細胞質決定因子**）によるもの
② **誘導**のように細胞間の相互作用によるもの

上記①は，3-2-7で述べた生殖細胞決定機構の例，上記②は，たとえばボネリア[70]の性決定機構が代表的な例である。決定因子による機構は，ある意味では単純で，その因子を正しく配分しさえすれば発生はかなり自律的に進むが，調節がむずかしい。それに対して細胞間の相互作用によるものは，情報の交換を何度も繰り返すことが多くて複雑ではあるが，周囲の状況に応じて分化の微調節が可能である。発生の初期に大まかな区画を決めていくには決定因子を利用し，その先で細部を仕上げていくには相互作用によるのが便利である。ハエなどの発生は，大ざっぱにいえばそのような図式になっている。

細胞接着[71]や**アポトーシス**[72]も，発生に深くかかわっているが，紙幅の関係でここでは取り上げない。

■卵の中に初期の発生の因子がある　　受精卵の核に含まれる遺伝情報に関しては，卵子と精子は対等に影響しているが，受精卵の細胞質はほとんどすべてが未受精卵に（したがって母親に）由来する（3-2-10参照）。卵の細胞質には，卵黄などの養分のみならず，発生初期のタンパク質合成に必要な装置と情報（mRNA）などが組み込まれている。多くの動物において，初期の発生をつかさどる重要な情報分子は卵の細胞質に組み込まれた**母性因子**である。言い換えれば，ごく初期の発生に関しては，父親の発言権はほとんどなく，もっぱら母親によって牛耳られている。その典型的な例として，キイロショウジョウバエの発生初期における体つくりを次に述べる。

■昆虫（ハエ）の場合　　球形で，一見およそ方向性がないように見えるウニ卵にも極性がある。動物極・植物極が区別できることは3-2-10でも述べたが，昆虫の卵には，さらにはっきりした極性が認められる。

ハエなどの卵形成においては，卵原細胞が4回分裂して16個の細胞

68　陸上生活への適応
体内受精は陸上生活への適応の一つである。陸上生活の覇者である昆虫は，小型（相対的に表面積大）でありながら，体表や受精卵をクチクラ層やワックスで被うことによって乾燥を防いでいる。昆虫では，爬虫類や両生類に比べ受精卵ははるかに小さく，発生開始から卵殻脱出までの時間もはるかに短かいので，胚膜等の構造は必要ないと思われる。
なお，胎生は陸上への適応という面でも優れている。昆虫にも胎生のものがいることは3-2-9で述べた。

69　ガス交換
卵殻におおわれた卵も，内部で発生した二酸化炭素と外の酸素が，殻を通して行き来している。ここでは，これをガス交換といっている。

70　ボネリア
環形動物門のユムシに近縁で，ボネリムシともいう。長い吻（ふん）で泥中のデトリタスを摂取する。雄は雌に比べて非常に小型で，雌の体に寄生し，そこで受精する。

71　細胞接着
細胞どうし，または細胞と他物質がくっつくこと。細胞接着受容体の働きで，細胞の種類による接着性が違う。

72　アポトーシス
細胞自身がもっている遺伝子の働きで，細胞が自殺死すること。オタマジャクシの尻尾がなくなっていくのは，アポトーシスによる。

になる過程で細胞は完全にはくびれ切らない。このうち1個のみが卵母細胞となる。残りの15個は卵母細胞前端に結合した哺育細胞となり，リボソームRNA，mRNA，タンパク質などを卵母細胞に送り込む。

最も早くから送り込まれるのが**ビコイド**（bicoid）**mRNA**で，卵母細胞の前端部に蓄積し，胚の前後軸を決める**母性因子（細胞質決定因子）**の一つとなる。受精後，ビコイドは翻訳され，胚の前端から後端に向かって転写因子であるビコイドタンパク質の勾配をつくる。ビコイドは濃度依存的に，転写因子[73]である**ハンチバック**（hunchback）の転写量を増やす。したがってビコイドの濃度勾配に沿ってハンチバックの濃度勾配ができる。ハンチバックは複数の遺伝子を制御するが，それぞれの遺伝子がハンチバックに反応する濃度が異なっている。その結果，体の前後軸に沿っていろいろな遺伝子の発現調節が起こり，ビコイドの濃度が高いところでは体の前部をつくるための遺伝子群が発現し，ビコイドの濃度が低ければ後部をつくる遺伝子群が発現する。背腹の軸も類似した機構で決まる。胚の極性は，転写因子のみならず，細胞成長因子などの情報伝達物質によっても決められている。

昆虫では**体節**という繰り返し構造が明確であるが，哺乳類にも体節構造があることは脊椎骨を見れば明らかである。繰り返し構造の発達は，体の大型化ならびに複雑化の基盤となっている。この**分節化**も母性の細胞質決定因子によって決められている。

母性転写因子群は，胚の分節遺伝子群の発現を調節する。分節遺伝子は，ギャップ（gap）遺伝子，ペアルール（pair-rule）遺伝子，セグメントポラリティー（segment polarity）遺伝子に分類されるが，これらは**母性因子→ギャップ遺伝子→ペアルール遺伝子→セグメントポラリティー遺伝子**という制御のカスケード（p.135注37参照）をつくっている（図47）。これらの遺伝子の産物はいずれも転写因子で，セグメントポラリティー遺伝子の産物は各体節に特徴を与える上で中心となる**ホメオティック**（homeotic）**遺伝子群**（この産物も転写因子である）の転写を制御する。こうして，頭部，胸部，腹部の違いができ，さらにそれぞれ脚を一対ずつもつ胸部でも，翅は第二胸部体節に，後翅が変化した平均棍は第三胸部体節に形成されるようになる。

いろいろな動物でホメオティック遺伝子が調べられた結果，驚くべき事実が明らかになった。系統進化的に昆虫とは遠く離れた哺乳類でも，同じ遺伝子を使って体つくりをしており，しかも染色体上の配列順に，それぞれの遺伝子が支配する部域が体の前から後ろへと並んでいる。さらに，種子植物における花の形成にもホメオティック遺伝子が関与していることが明らかになった（図48）。

■**哺乳類の卵子の場合**　母性細胞質因子による発生運命の決定が，哺乳類でもあるのではないかと考えられるが，次のような事実からそ

[73]　**転写因子**（2-6-4参照）
遺伝子の発現の第1段階の転写にかかわる物質のこと。この場合はハンチバックタンパク質をさしている。転写は**2-6-1**を参照。

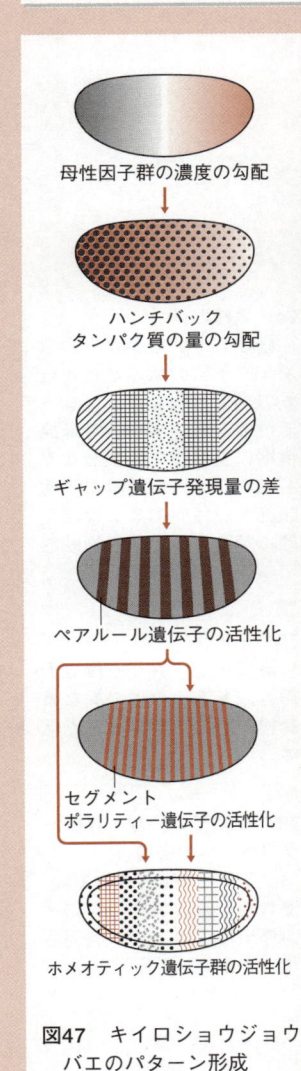

母性因子群の濃度の勾配

ハンチバックタンパク質の量の勾配

ギャップ遺伝子発現量の差

ペアルール遺伝子の活性化

セグメントポラリティー遺伝子の活性化

ホメオティック遺伝子群の活性化

図47　キイロショウジョウバエのパターン形成

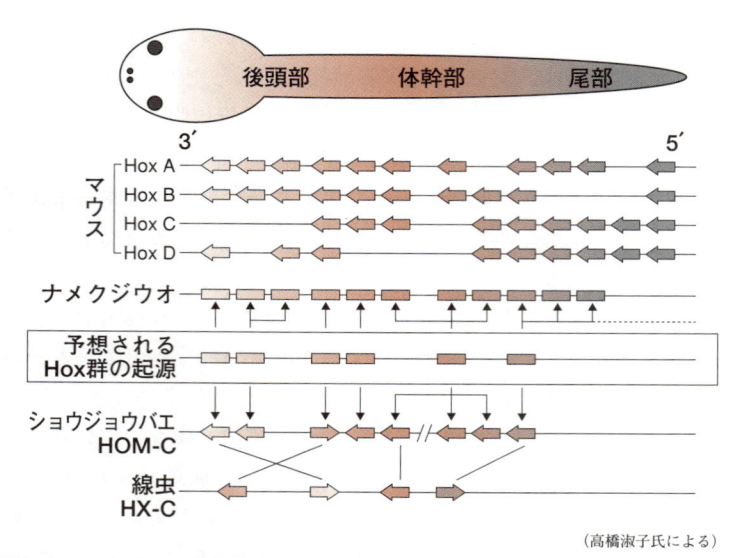

図48　ホメオティック遺伝子の相同性

（高橋淑子氏による）

の可能性はきわめて低いものと思われる。マウスでは，2個の8細胞期胚を透明帯から取り出してから軽く押し付け合うと，1個の大きな融合胚になるので，これを試験管内で育てると正常なものの2倍の大きさをもった胚盤胞（着床直前の胚）になる。

この大きな胚盤胞を偽妊娠マウス[74]の子宮の中に移植すると着床し，やがて正常な大きさのキメラマウス[75]が誕生する。このとき，適当な遺伝的マーカーを利用してキメラマウスの細胞の由来を調べてみると，細胞，組織，器官のいずれにおいても初めに用いた両方の胚由来の細胞が混在していた。

逆に，8細胞期胚の割球数を減らしたり，8細胞期より少し発生の進んだ桑実胚を切断して小さな胚にしたものを培養すると，通常より小さな胚盤胞に成長するので，これを移植すると，着床して育ち，大きさも含めて正常な個体が誕生する[76]。

したがって，マウスでは8細胞期胚においては細胞の発生運命はまったく決まっていないこと，着床後に胚の形のみならず大きさも調節されていることが明らかである。このような特徴は，哺乳類に共通なものであり，哺乳類の卵子には母性決定因子は含まれていないのではないかと推測される。

■**両生類の場合**　カエルでは生殖質の存在が古くより知られており（**3-2-7参照**），母性細胞質決定因子の存在は疑いない。両生類では80年程前にシュペーマン（H. Spemann）とマンゴルド（H. Mngold）によって発見された**オーガナイザー**による**誘導**が有名であるが，オーガナイザーの本体追及の過程で**アクチビン**という細胞成長因子が中胚葉を誘導する母性因子としてカエルのごく初期の胚に含まれていること

74　偽妊娠
　妊娠していないが，内分泌系や子宮の状態などが妊娠の早期と同じようになっているもの。マウスでは発情期に交尾して妊娠しなかった場合や，発情期に子宮頸部を機械的あるいは電気的に刺激すると偽妊娠状態になる。

75　キメラ
　遺伝子型の異なる複数の細胞，あるいは種の異なる動物の組織で構成された個体。

76　桑実胚の分割・移植～クローンへの応用
　ウシなどの畜産動物では，優れた形質の個体のクローン作出にこの方法が利用されている。

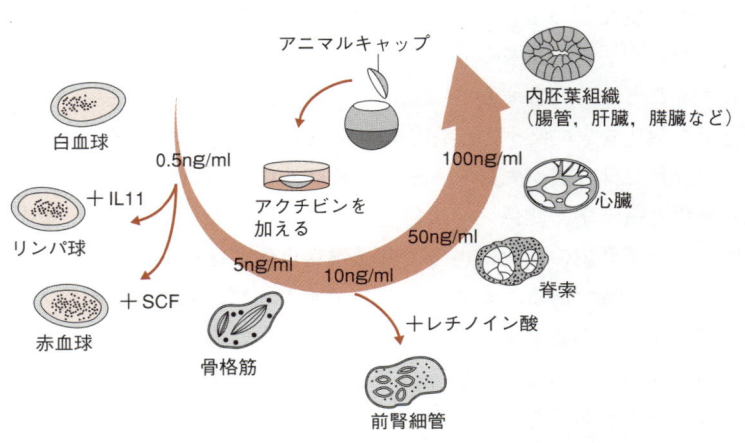

図49 アクチビンによる中胚葉誘導（『先端技術と倫理』実教出版, 第1部, 第3章, より）

図50 誘導の例
前脳の左右に生じた眼胞は，表皮に接して水晶体を誘導し，自らは眼杯になる。
水晶体は表皮に接して角膜を誘導する。

が明らかになっている（図49）。

シュペーマンたちは，イモリ初期原腸胚の原口背唇部（原口に接した動物極側の領域で中胚葉に分化する）を切り出して，別の胚の胞胚腔に移植した。すると，本来は皮膚などに分化するはずであった隣接する細胞が神経，体節などに分化し，ときには宿主胚によく似た胚（二次胚）をつくることを見出した。そして，原口背唇部を**オーガナイザー**と呼んだ。

それに先立って，目のレンズ形成の研究などから，シュペーマンは**誘導**という概念を導いていた。そして彼は，誘導は脊椎動物における形つくりの基本的な機構であると考えた。実際，脊椎動物の体つくりでは，誘導の連鎖がかなり広い範囲に働いていることが知られている。誘導は，代表的な細胞間相互作用による発生運命の決定機構である。誘導の制御では，誘導する側とともに，誘導される側の反応能が重要であることはいうまでもない（図50）。

3-2-15 分化は遺伝子の改変をともなうか
―― クローン実験のテーマの一つである

発生の進行につれてそれぞれの細胞の機能，形態や位置が定まってくる。いいかえれば，**発生の進行は分化能力や発生の自由度が限定されてゆく過程でもある**。分化し全能性を失った細胞は，遺伝子の発現レベルで特殊化しただけであるのか，それとも遺伝情報自体に変化が起きてしまっているのかという問いかけは，発生現象を見るものの誰もが抱く疑問であろう。この節の最後にこの点を取り上げたい。

■**分化と分裂～分裂しない分化もある**　分化するということは，それに先立つ細胞分裂に何らかの意味での不等性があるということを内包している。では，分化に細胞分裂は必須であるかというと，小腸柔

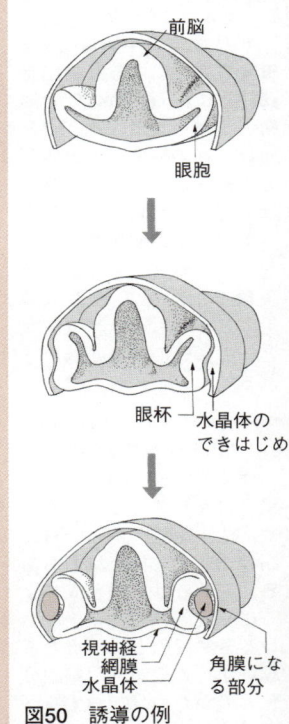

毛壁の上皮などのように分裂をともなわない分化はとくに珍しいことではない[77]。また，*Naegleria*という原生生物は，水浸しにすると分裂することなく，わずか2時間ほどの間に，典型的なアメーバ型から見事な鞭毛を2本もった鞭毛虫型に変化する。したがって，多くの細胞の分化では分裂が先行するが，分裂は分化に必須ではない。

■**分化と遺伝子の関係**　次に分化と遺伝子の変化であるが，**細胞分化は遺伝子発現の変化であって遺伝情報自体には変化がない**というのが一般的常識である。実際，あとで示すように，分化した細胞の核には個体発生に必要なすべての情報が含まれていることが，いろいろな生物で知られている。しかし，項目**3-2-7**で触れたウマノカイチュウでは，体細胞の系譜はその始まりから染色質削減を行っているので，体細胞では，かなりの遺伝子が捨てられていると思われる[78]。

1950〜60年代に，核移植技術を使ってこの問題に立ち向かったのがブリッグス（R. Briggs）とキング（T. King）である。彼らはトノサマガエルによく似たヒョウガエルを材料として，核の継代[79]によってより先まで発生させるなど，多くの画期的な成果をあげたが，分化した細胞の核を移植した除核未受精卵（核を除いた未受精卵）から成体は得られなかった。しかし，アフリカツメガエルを用いてこの問題に挑戦したガードン（J. Gurdon）は，1960年代末には，小腸や水かき由来の核を移植した除核未受精卵から，生殖能をもったカエルを作出することに成功した。したがって，小腸や水かきのような分化した細胞の核にも，完全な遺伝子セットが保持されていることが明らかとなった[80]。

1997年には哺乳類として初めて，分化した体細胞の核を遺伝子原とする**クローンヒツジ**（ドリー）がつくりだされ，翌年にはウシおよびマウスでも**クローン動物**がつくりだされてこの問題に一応の決着がついた。このような中で，ヒトの**胚性幹細胞**（**ES細胞**）[81]を確立し，再生医療などに利用しようとする動きが急となっている。

77　分裂をともなわない分化

ザリガニの中腸腺では，細管の盲端にある胚様細胞（幹細胞の一種）が次々と形態と機能を変えながら3日かけて細管基底部へと押し出されるが，この間に分裂はしない。これは，細胞の一生（細胞の個体発生）における変態とでも呼ぶべき現象で，小腸の柔毛（絨毛：じゅうもう）や皮膚などにも類似の現象が認められる。

78　遺伝子を捨てる細胞

哺乳類の赤血球のように，核自体を捨ててしまう細胞や，抗体産生細胞のように，DNAの編集を行う細胞もある。これらは前項と同じように，細胞の個体発生における最終段階という点から理解すべき問題で，細胞分化とのかかわりで論ずるべきではないであろう。

79　核の継代

ある程度発生させたところで再度核をとり，新しい除核未受精卵に移植することを繰り返す。

80　遺伝子セットの保持〜植物の場合

植物では，分化全能性をもつ細胞ともたないものとの分離が，動物に比べてあまり明確ではない。1960年代には，ニンジンの根のように分化した組織由来の細胞1個から，花を咲かせたり種子を実らせる植物個体をつくりだすことに成功している。

3-2 生殖と発生

コラム11　発生学的に等価な細胞が異なる発生運命をたどる理由

最近，線虫 C. elegans を用いた研究で，やはり細胞間相互作用による発生運命の決定機構ではあるが，誘導とは異なる機構が明らかになった（図51）。線虫の親は腹部中央に産卵口があるが，孵化したばかりの子虫では，ちょうど産卵口に対応する位置に3個の細胞がある。発生の進行につれてこれら3個の細胞は分裂し，真ん中にあった細胞から産卵口中央部が，その両側にあった2個の細胞からは産卵口の端の部分が形成される。子虫のときに真ん中の細胞をレーザーで焼き殺すと，両側の細胞の一方が失われた細胞の代わりをつとめ，正常な産卵口ができる。しかし，子虫のときに真ん中の細胞ではなくその両側にある細胞の一方をレーザーで処理すると，親になっても産卵口の一端が欠けたままになる。これら3個の細胞は，いずれも産卵口中央部となるのが優先運命であるが，中央の細胞が正常であれば，両側の細胞は優先運命を放棄し，産卵口の端となると解釈される。したがって，これら3個の細胞は本来同じ潜在能力をもっており発生学的に等価である（等価群）が，何らかの理由により中央の細胞のみがその能力を発揮するべく指名されており，そうなると両側の細胞がその潜在能力を発揮しないように抑制している（側方抑制）と推測される。

線虫は突然変異をとりやすいのが利点の一つであるが，産卵口形成に関するものもたくさんとられている。lin-12という変異体では，3個の細胞がいずれも産卵口中央部を形成してしまうので，側方抑制が効かなくなったと考えられる。この変異体では，線虫の発生で知られている五つの等価群のいずれでも側方抑制が働かなくなっている。現在では，側方抑制シグナル分子も同定されており，lin-12遺伝子はその受容体の遺伝子であることが判明している。なお，中央の細胞が選択的に優先運命をとるのは，この細胞のすぐ背側に位置するアンカー細胞（錨細胞）から優先運命をとらせるシグナルが出ているため，結果として両側の細胞より高濃度のシグナルを受け取るためである。

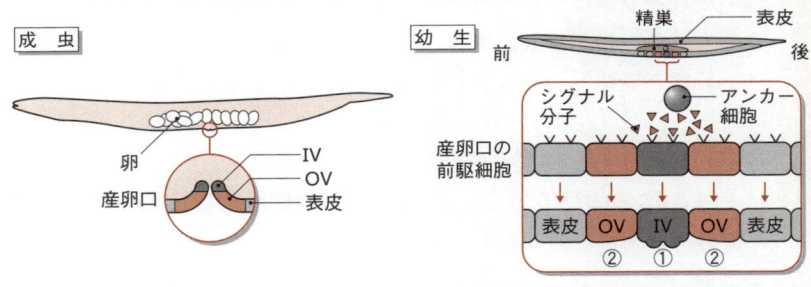

図51　産卵口等価群の側方抑制

①シグナル分子を受け取ると産卵口中央部(IV)になる
②中央の細胞が順調に分化すると左右の細胞は産卵口の端の部分(OV)になる

81　胚性幹細胞（ES細胞）

ES細胞とは，Embryonic Stem Cellの略。マウスなど哺乳類のごく初期の胚から確立した幹細胞（未分化な細胞で，いろいろなものに分化するとともに，自身を再生産・維持することのできる細胞）で，何にでも分化し得る分化全能性をもつ。

再生医療への応用が期待されている。

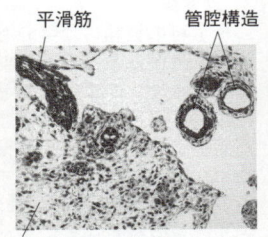

未分化　ES細胞（ネズミ）
（写真提供：埼玉医科大学　駒崎伸二氏）

3-3 植物の構造と機能

3-3-1 植物の構造——縦に長い体軸が特徴である
3-3-1-1 成長様式——分裂組織の局在が体軸形成の一要因

地球上には多種多様な生物が生存しているが，その中に**植物**として区分される一群の生物がいて，動物とは異なった特徴的な体のつくりをしている。植物の中でも日ごろ，私たちが一番よく目にする**種子植物**[1]の幼植物を見てみると，基本的には**茎**，**葉**，**根**の三つの器官からなり，動物と比較すると単純な構造をしている。

茎と根の先端には，細胞分裂を維持している**分裂組織**があり，細胞を既存の細胞の上に積み上げていく。また，分裂した細胞が成熟するにつれ，縦方向への**伸長**が起きる。その結果として，**茎頂分裂組織**と**根端分裂組織**を結んだ方向に長い**体軸**が形成される（3-3-2参照）。すなわち，茎，根それぞれの基部にいくほど早い時期に分裂した細胞が配列するような，体軸に沿った**齢の勾配**ができる（図52）。樹木で基部の幹が腐朽して空洞化しているのに，枝の先端は新しく緑の葉を展開して成長を続けているという，よく見かける光景から理解されるであろう。言い換えれば，植物には個体の齢の進行と並んで，個体内に若い細胞と老化した細胞が共存しているという特徴がある。

3-3-1-2 伸長成長の制御
——細胞の伸びる方向も縦に長い体軸形成の要因の一つである

植物の縦方向に長い体軸の形成には，茎頂と根端の分裂組織における細胞分裂による細胞の付加もあるが，分裂組織の下部の組織の縦方向への伸長成長も大きく寄与している。植物の茎あるいは**単子葉植物**[2]の**幼葉鞘**[3]の先端を切除すると下部組織の成長は止まるが，切除した先端部をすぐ切り口に戻したものは伸長する。また，切除した先端部と切り口の間に寒天片をはさんでも下部組織は伸長する。このような実験から先端部で成長を促進する物質が合成され，下部に移動して下部組織の成長を促進するものと考えられた。

この物質は**インドール酢酸**（IAA）と同定された。インドール酢酸と同様にマカラスムギの幼葉鞘の伸長成長を促進する物質を総称して**オーキシン**という。

3-3-1-3 オーキシンによる伸長成長の促進
——伸長成長にともなって吸水が起きる

オーキシンによる伸長成長の解析には，オートムギの幼葉鞘やエンドウ，アズキなどの芽生えの茎の切片がよく用いられる。先端からやや下部の組織を切り出して水に浮かべるとほとんど伸長しないが，イ

1　種子植物
種子をつくる植物の総称。

2　単子葉植物
胚珠（花の中で将来種子になる構造）が子房に包まれている被子植物のうち，子葉が1枚であるとみなされる一群の植物をさす。
これに対し，子葉が2枚の一群を双子葉植物という。

3　幼葉鞘
イネ科の植物の幼芽のもっとも外側にあって，内部を鞘（さや）のようにおおっている構造のこと。構造が簡単で外界の諸因子や植物ホルモンに敏感に反応するので，光屈性，重力屈性，伸長成長の解析などによく用いられる。

ンドール酢酸の溶液に浮かべたものは著しく伸長する。このとき，オーキシンを与えた切片ではっきり認められる現象は，吸水が起きるということである。

■**オーキシンは細胞壁の構造をゆるめて吸水を促進する**　オーキシンによる伸長成長にともなう吸水の場合，細胞内の浸透ポテンシャルは減少しないので，吸水は細胞壁がゆるんで圧ポテンシャルの低下したためと考えられる。細胞壁の構造はセルロースの微繊維の間をヘミ

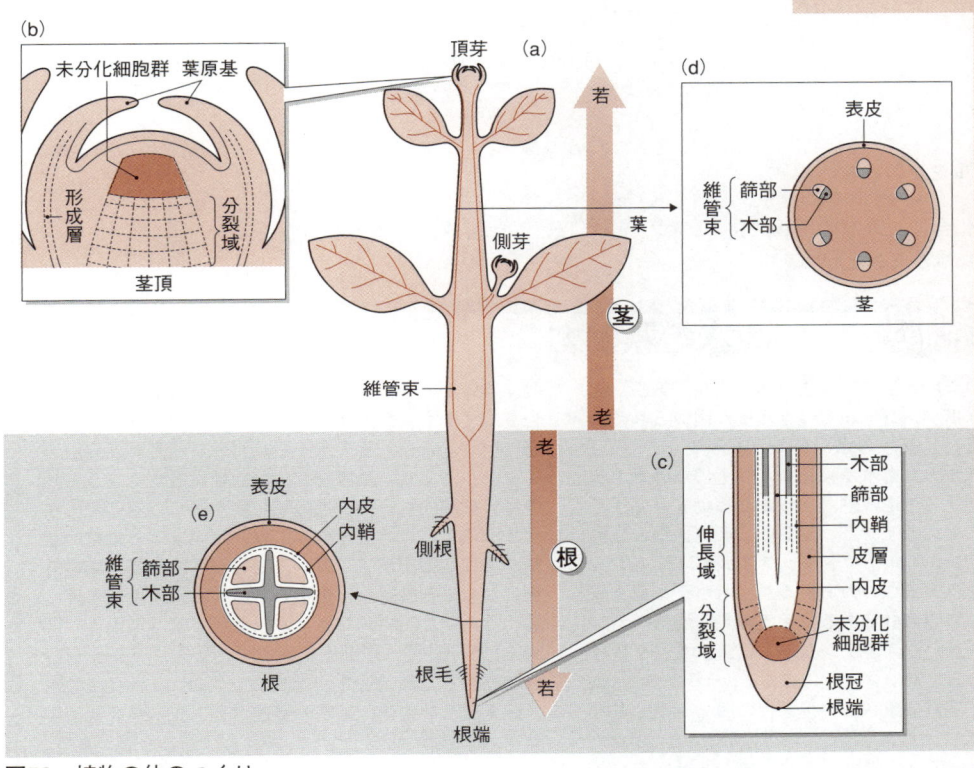

図52　植物の体のつくり
(a) 頂芽と根端を結んだ方向に長い体軸が形成される。側方器官として，葉，側芽，側根を分化する。側芽や側根も細い体軸を形成する。
(b) 頂芽の拡大図：茎頂分裂組織は葉の原基を形成しながら分裂を続ける。
(c) 根端の拡大図：根端分裂組織で分裂した細胞は，齢の進行にともなって伸長し，維管束の細胞などに分化する。先端には根冠が存在し，分裂組織をおおう。
(d), (e) 茎および根の横断模式図：齢の進んだ組織には維管束系が分化してくる。維管束系の木部と篩部の配置は茎と根で異なる。

コラム12　植物ホルモン

インドール酢酸のように天然に広く分布し，微量で植物の成長，分化，生理作用を調節する有機化合物を**植物ホルモン**という。植物ホルモンにはオーキシンのほかに，ジベレリン，サイトカイニン，エチレン，アブシシン酸，ブラシノステロイドなどがある（図53）。最近では，病害や傷害関連物質のジャスモン酸も植物ホルモンと考える人が増えている（**3-3-8-4**も参照）。

図53 植物ホルモンのいろいろ
（記号については**2-1-6**の注23を参照）

(a) オーキシン
- 3-インドール酢酸（IAA）
- 2,4-ジクロロフェノキシ酢酸※（2,4-D）
- α-ナフタレン酢酸※

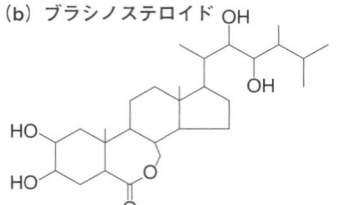

(b) ブラシノステロイド

(c) サイトカイニン
- ゼアチン
- カイネチン（6-フルフリルアミノプリン）※

(d) ジベレリン
- GA_1
- GA_3

(e) アブシシン酸

(f) エチレン　$H_2C=CH_2$

(g) ジャスモン酸

※印は合成化合物。天然の植物成長調節物質を植物ホルモンという。

コラム13　吸水の原動力

　水の移動の尺度としては，圧（パスカル，気圧）を単位とした**水ポテンシャル**という尺度が用いられている。この尺度は，純水の水ポテンシャルを0として，ある点から純水の方へ水が移動すればその点の水ポテンシャルはプラス，逆に純水から水が移動すればマイナスということにしている（図54）。水の移動の原動力は**浸透ポテンシャル，マトリックスポテンシャル**[4]，**圧ポテンシャル**の三つの力であるが，水ポテンシャルはこの三つの力の合計である。その中で，浸透ポテンシャルとマトリックスポテンシャルは，水を引き付ける力を生ずるので常にマイナスである。

　水は通すが溶質は通さない半透性の膜をへだてて水と溶液を容器に入れた場合，溶質は移動できないが，水は拡散によって水の濃度[5]の高い方から低い方へ移動する。その移動を止めるためには，溶液の容器に圧力を加える必要がある。その移動を止める圧力を**浸透圧**という。また，その水を吸い寄せる能力が浸透ポテンシャルである。植物細胞の吸水は浸透ポテンシャルの低い細胞内へ，半透性の細胞膜を通して水の流入が起きることによる。細胞内に水が流入すると細胞の容積が増加し膨圧が生じるが，植物細胞には細胞膜の外側にかたい細胞壁が存在するため，容積の増加を押し戻そうという圧ポテンシャル（**壁圧**）が増加する（図55）。その結果，浸透ポテンシャルと圧ポテンシャルが釣り合った所で吸水が止まる（図56）。さらに吸水が起きるためには，細胞の浸透ポテンシャルが低下するか，細胞壁の圧ポテンシャルが減少する必要がある。

4　マトリックスポテンシャル
　毛管現象や粒子の表面の吸着力に基づく水ポテンシャル。植物体では無視できるほどに小さいが，水の欠乏している土壌や粘土のように粒子の細かい土壌はマトリックスポテンシャルが高く，水を保持する力が強いため，植物が水を吸収しにくい。水移動の主要な要因になる（**2-1-3**も参照）。

5　水の濃度
　純水はほかの物質で薄められていないので，最も濃度が高い（**2-1-3**も参照）。

セルロース[6]やペクチンなどの多糖が架橋をつくって埋めているが（図57），オーキシン処理するとオートムギの幼葉鞘の場合は，ヘミセルロース分画の中の高分子β-1,3-グルカンの低分子化が起きることが知られている。また，双子葉植物，単子葉植物ともに，ヘミセルロース中にキシログルカン[7]が存在するが，伸長成長が起きる場合，キシログルカン転移酵素の働きで，ヘミセルロース中のキシログルカンに切断，つなぎ換えなどが起こることで，セルロース繊維間にゆるみが生じることが知られている。オーキシン処理した組織の細胞壁の力学的性質を調べると，可塑性[8]の増加が見られるが，可塑性の増加は細胞壁の構成成分の低分子化という化学的な変化と対応している（図

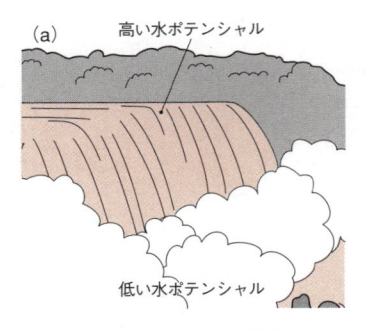

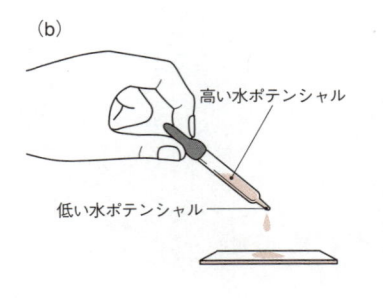

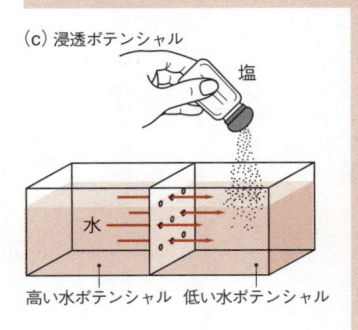

図54 水ポテンシャルの概念
水は高い所から低い方へ，強い圧力のかかる方から弱い方へ，また，半透性の膜を通って溶質濃度の低い（水分子の多い）方から高い（水分子の少ない）方へ移動する。

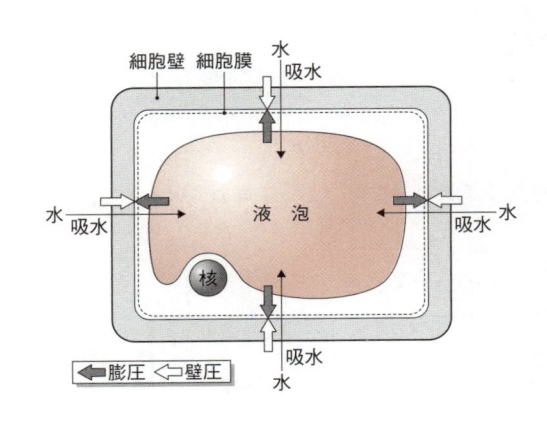

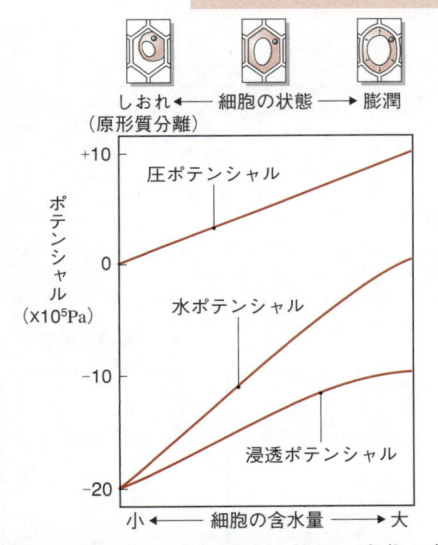

図55 植物細胞の吸水の原理
溶質が溶けて水ポテンシャルの低い細胞内へ，半透性の細胞膜を通って水が移動する（吸水）。吸水によって生じた膨圧とそれに対する細胞壁の壁圧が釣り合った所で水ポテンシャルは0になり，吸水は止まる。

図56 吸水にともなう細胞の状態の変化と各ポテンシャルの関係
水ポテンシャル＝浸透ポテンシャルプラス圧ポテンシャル　という関係がある。浸透ポテンシャルはマイナスの値であることに注意。

58)。また，弾性[9]の変化も見られるが，これにはエクスパンシンと呼ばれるタンパク質が関与することが最近報告されている。

3-3-1-4　ジベレリンによる伸長成長の促進
── オーキシンとは異なった方法で体軸方向へ伸びやすくする

ジベレリンも植物の伸長成長を促進する植物ホルモンであるが（図59），無傷の植物に与えても効果が見られるなど，オーキシンとは異なった働きをする。ジベレリンは，ent-ジベレランを基本骨格[10]にもつ化合物の総称で，発見順にGA_1, GA_2,………という略号がつけられる。

> **6　ヘミセルロース**
> 細胞のセルロース微繊維の間を埋める基質多糖類のうち，ペクチン類以外の多糖類の総称。β-1,3-グルカン，キシログルカン，キシランなど。細胞壁の希アルカリ可溶性分画である。糖については**2-1-8**参照。

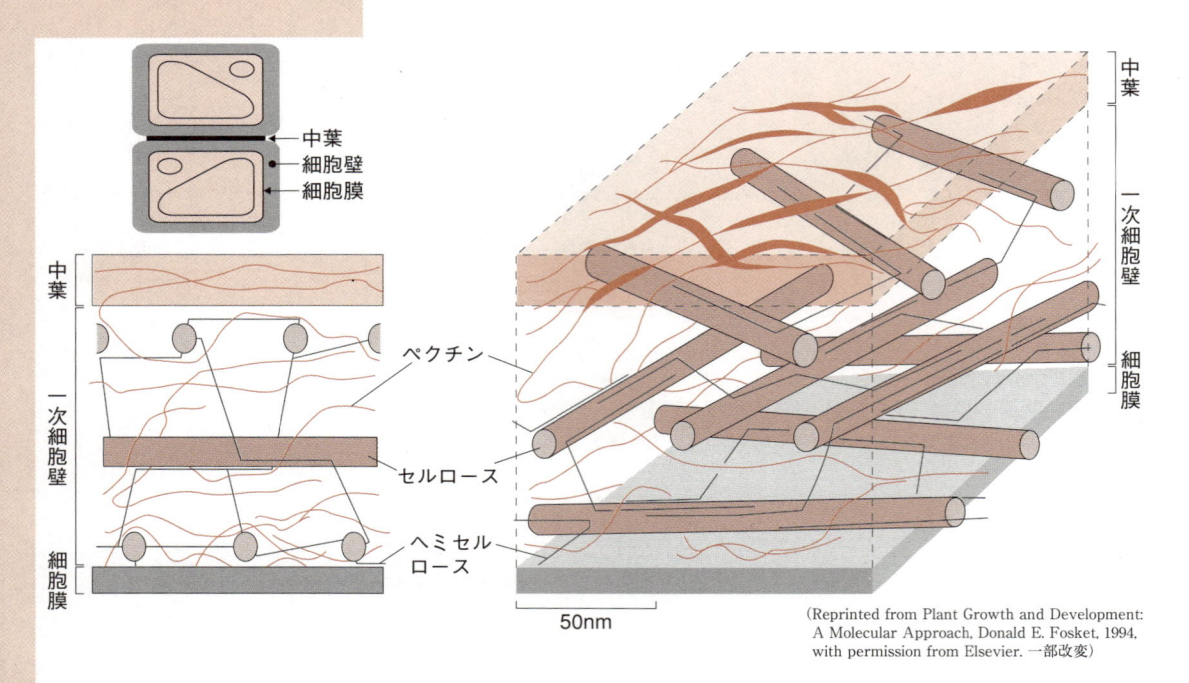

図57　細胞壁の構造モデル
セルロースのミクロフィブリルの間をヘミセルロースやペクチンが架橋をつくって埋めている。

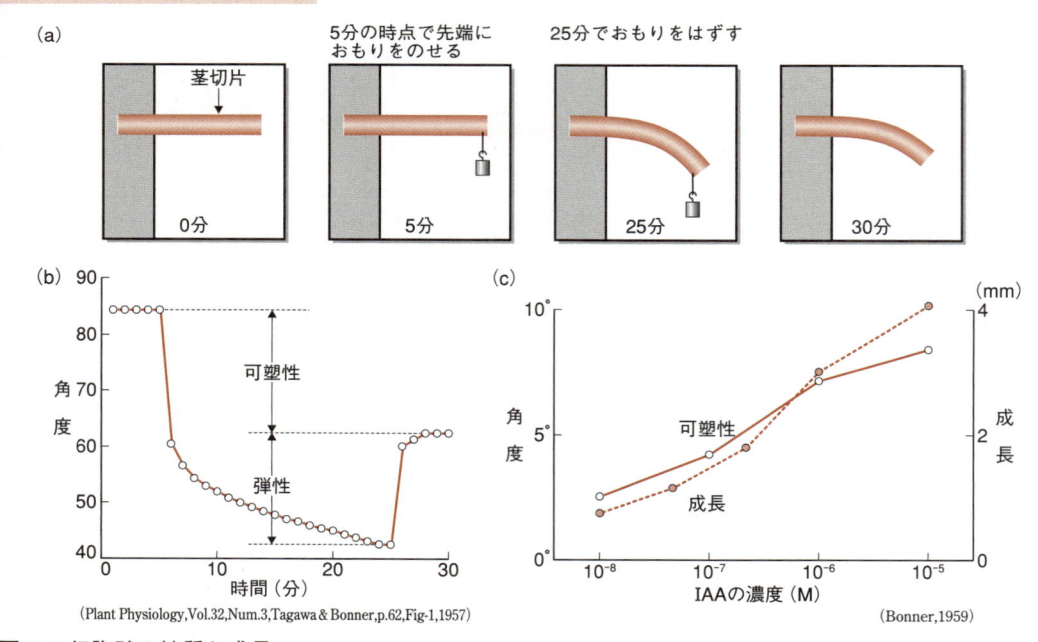

図58　細胞壁の性質と成長
（a）茎切片に，おもりを乗せて屈曲させてから，しばらくしておもりを除くともとに戻るが，完全には戻らない。
（b）Aのようすをグラフに示した図。細胞壁が弾性的な性質と可塑的な性質をもつことを示す。
（c）オーキシン（IAA）による伸長成長の促進と細胞壁の可塑性の増大との関係を示す。

今までに100を超える化合物が見つかっているが，植物ホルモンとして強い活性を示すものはGA_1, GA_3, GA_4, GA_7などその内の一部である。

アズキの茎の切片にオーキシンを与えると吸水して，長さ，重さともに増加する。ジベレリン単独では切片の伸長に効果はないが，オーキシンとジベレリンを同時に与えるとオーキシンだけを与えたものより著しく長くなる。しかし，重さの増加にはそれほど差が見られない。この実験からジベレリンには植物の体軸方向に伸びやすくするように伸長の方向を制御していると考えられた。

■ジベレリンによる縦方向への伸びの促進は微小管や表層微小管のならび方と関係がある　　オーキシンの存在下で縦方向への伸長を促進するジベレリンのこの働きは，オーキシン，ジベレリンと共に微小管を壊す働きのあるコルヒチンという試薬を与えると打ち消されることから，微小管の働きとの関係が解析された。植物の細胞内には細胞膜に接して表層微小管と呼ばれる微小管が存在しており，その配列方向とセルロース繊維の配向（並びの向き）が一致していることが知られている。オーキシンが作用し，茎の伸長成長を制御している表皮細胞の微小管の配列方向を調べてみると，ジベレリンの処理によって縦方向に著しく伸長する切片では，植物の長軸に直交して配列していた。また，セルロースの繊維も同じ方向に配列していた。その後，ミカズキモや培養細胞などいろいろな細胞で伸長方向に直交したセルロース繊維と微小管の配列が確かめられている[11]。また，コルヒチン処理によって，等方向への伸びにより細胞は球形を示すが，このときセルロース繊維の配向が乱れていることが確認されている。

ジベレリンによる長軸方向への伸長促進は，長軸方向に直交したセルロース繊維の配向によって横方向への伸びが制限され，より力の弱い縦方向への伸長が促進されるということで説明される（図60）。

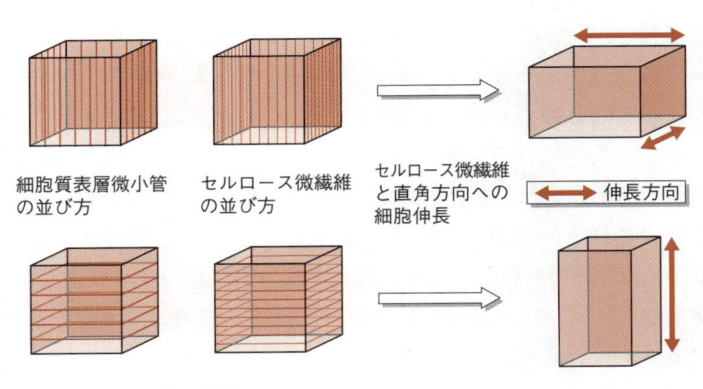

図60　細胞の伸長方向の制御
細胞の伸長方向は，微小管の配向によって制御されたセルロースミクロフィブリルの配向によって決まる。

3-3　植物の構造と機能

7　キシログルカン
β-1,4-結合のグルコース残基を主鎖とし，その一部にキシロースがα-1,6-結合した構造を基本とする多糖のこと。糖については**2-1-8**参照。

8　可塑性
力を加えることによって生じた変形が，力を除いてもそのまま維持される性質のこと。

9　弾性
ゴムのように力を加えて生じた変形がもとの形に戻る性質のこと。

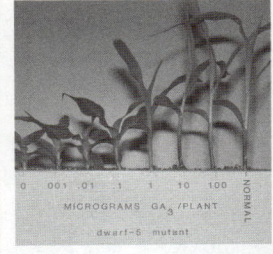

図59　ジベレリン生合成の欠損による矮性（わいせい）
　矮性（p.170）トウモロコシd5の芽生えにジベレリン（GA_3）を投与すると正常な背丈になる。右端は正常なトウモロコシの芽生え。
(写真提供：勝見允行氏)

10　ent-ジベレラン骨格
A，B，C，Dの四つの環からなる，下図のような構造。ジテルペンの一種である。

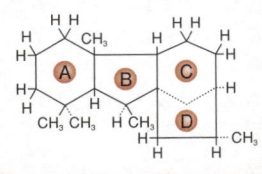

コラム14　ジベレリンの発見

ジベレリンの発見の歴史には日本の研究者が深くかかわっている。イネの病気に，苗がやたらに伸びる馬鹿苗病という病気がある。その病気の原因が馬鹿苗病菌（*Gibberella fujikuroi*）の寄生によることは1898年にすでにわかっていたが，1926年になって当時，台湾の農事試験場にいた黒沢英一は，それが馬鹿苗病菌の出す一種の毒素によることを報告した。その後，藪田貞次郎と住木諭介がその物質を結晶としてとりだし，ジベレリンと命名した。ジベレリンは当初，菌の出す毒素と考えられていたが，植物にも広く分布して，**伸長成長の促進**，**休眠打破**（休眠状態の著しい短縮），**雄花形成の促進**，**加水分解酵素の活性増加**など，いろいろな機能の調節に関与する植物ホルモンであることが明らかにされた。

11　培養細胞の伸長方向と微小管の配列
培養細胞のプロトプラスト（細胞壁を除いた細胞）を，適当な条件下で培養すると，細胞壁を再生して伸び出す。そのとき，微小管を蛍光抗体法（**2-2-2**参照）で染色すると，伸長方向に直交して配列していた。写真上：プロトプラスト，写真下：伸長している細胞壁を再生したプロトプラスト。
（写真提供：馳沢盛一郎氏）

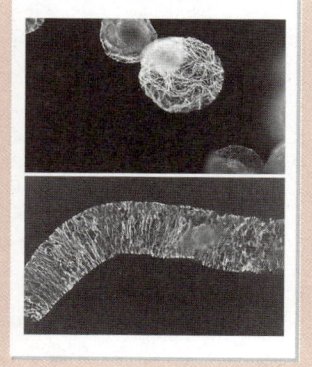

12　原基
ある器官が成熟した器官に分化する前の，まだ胚のような性質をもっている状態をいう。

3-3-1-5　側方への成長──頂芽は側芽の伸長を抑制する

茎と葉の間には**側芽の原基**[12]が存在する。通常，側芽の伸長は茎頂によって抑制されている。茎頂が活発に分裂，成長しているときは，側芽の伸長は抑制されているが，成長が弱まった場合や，茎の下部で茎頂の影響が弱くなった部位では側芽が伸びだす。この現象を**頂芽優勢**という。また，茎の先端を切除すると側芽は伸びだすが，切除した先端部の代わりにオーキシンを塗布すると側芽の伸長は抑制され，オーキシンは茎頂による頂芽優勢の代替ができる。茎頂が存在しても，側芽にサイトカイニンを与えると側芽が伸びだすので（図61），側芽の伸長はオーキシンとサイトカイニンの両方で制御されていると考えられる。根においても，基部では側根の原基が形成され，側方への成長を始める。

側枝や側根も先端には分裂組織が存在しており，基本的な成長様式は幼植物に見られる体軸形成におけるものと変わらない。

3-3-2　植物の器官
──体軸を形成する器官（茎，根）と側方器官（葉）からなりたつ

3-3-2-1　体軸を形成する器官①──茎

茎の先端にはドーム状の分裂組織があり，**茎頂分裂組織**という。**被子植物**[13]では，1～数層からなる細胞が表面をおおい，その内側に未分化な細胞からなる分裂組織が存在している（図62）。茎頂は側方に表層組織を押し上げるようにして，次々と葉の原基を形成しながら無限に成長を続ける。茎の横断面を観察すると，最外層に**表皮組織**，内側の**木部**，**篩部**，**髄**，**形成層**などの組織からなる**中心柱**，そして表皮と中心柱との中間に位置する**柔組織**[14]である**皮層組織**がある。表皮組織は，通常一層からなる細胞で構成され，植物体を保護している。

■**木部**　中心柱を構成する木部は，**導管**，**仮導管**，**木部柔組織**，**木部繊維**から形成され，水や土中から吸収した無機イオンなどを通している。実際に水が通るのは導管あるいは仮導管である。導管は細胞の上下に**穿孔**という孔があり，水の移動に都合よくなっている。仮導管は両端の尖った紡錘形をした細胞からなる。どちらの細胞ともに死ん

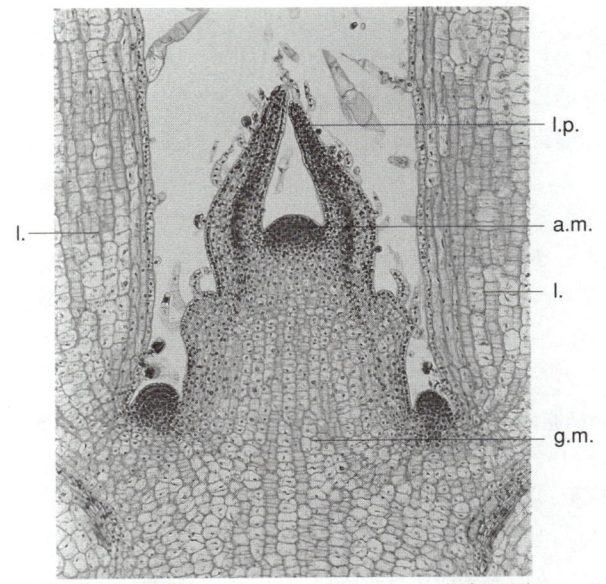

図62 茎頂の構造（縦断面） （写真はOPO）
a.m.：茎頂分裂組織　l.p.：葉の原基　l.：葉　g.m.：基本分裂組織（将来基本組織に分化する分裂部位。基本組織とは表皮と維管束以外の組織）

だ細胞で，細胞壁には局所的に肥厚した紋様がある。仮導管しかもたない植物も多い。

■**篩部（師部）**　篩部[15]は，**篩管**，**篩部柔組織**，**篩部繊維**，篩管に近接して存在する**伴細胞**などからなる。篩部の機能は，通常，光合成産物などの養分を通すことであるが，実際の移動は**篩細胞**を通して行われる。篩細胞と篩細胞の間には，篩のような孔がたくさんあり，隣接した細胞どうしが連絡しているが，孔が特殊化して大きくなったものを**篩板**といい，篩板をもつものを**篩管**という。

■**維管束とその配列**　篩管や導管は葉，茎，根とつながっており，水分や養分の通路として，動物の血管のような役割を果している。木部と篩部からなる組織を**維管束**という。

　植物によって木部と篩部の配列にはいろいろあるが，多くの双子葉植物の茎によく見られる配列は，形成層を中間にして，外側に篩部，内側に木部が配列したものである（図52 d）。また，維管束の配列によっていろいろな**中心柱**が形成される（図63）。

3-3-2-2　体軸を形成する器官②——根

　根の組織も**表皮**，**皮層**，**中心柱**からなるが，表皮の細胞には**根毛**という突起をもつ細胞が存在する。また，中心柱は篩部と木部が交互に配列する放射中心柱である。根には皮層の最も内側の一層の細胞からなる内皮と中心柱の最外層の**内鞘**が存在する。内皮の細胞にはリグニ

図61　サイトカイニンの側芽伸長促進作用
野生のタバコ（*Nicotiana glauca*）の側芽にゼアチンを繰り返し与えると，頂芽があっても処理された側芽が伸びだす。
（写真は「植物ホルモン」増田芳雄・勝見允行・今関英雄，図4・8，朝倉書店，より）

13　被子植物
種子植物のうち，胚珠が子房によって保護されている植物のこと。単子葉植物と双子葉植物に大別できる。現在最も優勢な植物群である。
これに対し，胚珠がおおわれていない植物を裸子植物という。ソテツ，イチョウ，針葉樹類などである。

14　柔組織
一次壁のみの薄い細胞壁，大きな液胞をもつ，等径あるいは多少細長い多面体の柔細胞から構成される組織。物質の合成，分解，貯蔵などの重要な生理作用を行う。

15　篩部
ふつうは「しぶ」と読むが，まれに「ふるいぶ」ということもある。最近は「師部」と書くことも多いが，本書では，もともと使われていた「篩部」とした。

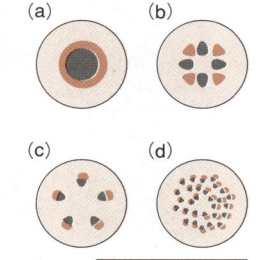

図63 いろいろな中心柱
(a) 原生中心柱（シダに多い）(b) 放射中心柱（根に見られる）図52（e）も放射中心柱のもう一つの型である。(c) 真正中心柱（双子葉植物に多い，図52 d）(d) 不整中心柱（単子葉植物に見られる）

16 リグニン
フェニルプロパノイドと総称される炭素3個の側鎖と炭素6個の芳香環をもつ化合物が複雑に重合した化合物。導管，仮導管，木部繊維などの細胞壁に蓄積する（3-3-5-6参照）。

17 スベリン
長い炭素鎖をもつ脂肪酸が重合した化合物で，コルク化した細胞壁に堆積する。水，空気を通しにくい。

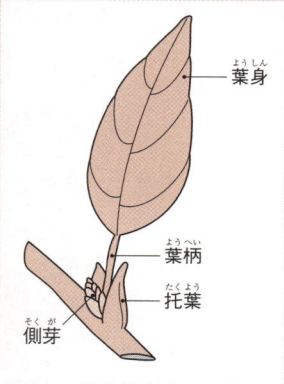

図64 葉を構成する要素
葉身，葉柄，托葉からなる葉を完全葉という。

ン[16]やスベリン[17]が沈着した**カスパリー線**という構造がある。水や溶質を透過しないので，物質移動のバリアーになる。

根の先端には**根端分裂組織**があるが，その先端部に分裂しない組織があり，**静止中心**という。この組織からの影響でまわりの細胞が分裂する。一方，分裂組織を保護するようにおおっている，**根冠**という組織が存在する。根冠は根の重力を感受する組織でもある。

根端の分裂組織から基部に向かって，しだいに維管束組織などの分化が始まる。植物の細胞にはかたい細胞壁があり，また細胞分裂が細胞の中央に**細胞板**という仕切りをつくる様式であるために，移動しにくい。そのため，細胞列をたどると，それぞれの組織を構成する細胞が，どの細胞からどのように分化したかという時間経過を追跡できる。

3-3-2-3 側方器官——葉の構造

葉は茎のまわりに規則的に配列した，扁平な形をした器官である。**葉緑体**に富み，**光合成**を行う細胞を多く含む**葉身**，葉身と茎をつなぎ葉身を支える**葉柄**，葉柄の基部に付随する**托葉**からなる（図64）。単子葉植物の場合は，葉の下部が茎を抱くようになった部分である**葉鞘**をもつものが多い。葉鞘は葉柄，あるいは，葉柄と托葉が合わさった部分であると考えられている。

葉は茎や根と同様，**表皮系**，**維管束系**，そして**柔細胞**からなる**基本組織系**からなる。葉の組織の表と裏の両面には表皮組織がある。表皮組織を構成する表皮細胞の外界に接する表面には**クチクラ層**[18]がおおい，内部の組織の保護や，水の蒸散[19]を防いでいる。また，表皮組織では，光合成や水の蒸散と関連して多数の**気孔**が分化し，表皮細胞の変形した多様な毛をもつものも多い。表と裏の表皮細胞にはさまれた部分には，葉緑体を多数含む柔細胞である**葉肉細胞**が存在する。葉肉細胞には上部表面に近い部分に細長い細胞が密に並んだ**柵状組織**と下面に近い，**細胞間隙**に富んだ**海綿状組織**から構成されている。葉

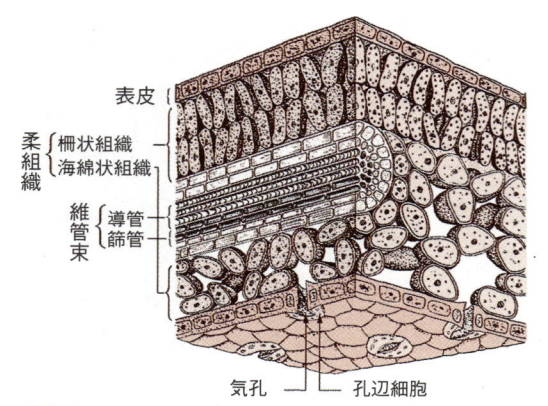

図65 葉の構造（「新版 生物ⅠB」実教出版より）

肉細胞間の間隙は気孔を通して外界とのガス交換がしやすい構造になっている（図65）。

葉の維管束は**葉脈**と呼ばれ，葉肉組織の中を網目状に枝わかれして茎の維管束に連絡している。葉の維管束は上部に木部，下部に篩部が配列した構造になっている。

3-3-3 従属栄養[20]から独立栄養[21]へ
――植物の発生から発芽，そして成熟した植物体へ

3-3-3-1 植物の発生――胚の形成は親の栄養に依存する

分裂によって性質の異なる二つの細胞を生じるような細胞分裂を**不等分裂**という。受精卵の最初の分裂は不等分裂であり，細胞質の密な小さな細胞と液胞の大きい大きな細胞を生じる。小さな方の細胞はさらに分裂を繰り返し，球状胚，心臓型胚，魚雷型胚を経て成熟した胚になる（次ページの図66，67）。魚雷型胚は二つに枝わかれして，将来**子葉**になる部分，**幼根**，子葉になる部分と幼根の間の**胚軸**にわけられる。さらに，成熟した胚では子葉になる部分にはさまれて茎頂分裂組織が，また，幼根の先端部分に根端分裂組織が形成される。

一方，最初の不等分裂で生じた大きな細胞は，細胞分裂を繰り返して，**胚柄**を形成する。胚柄は親植物に付着して栄養の供給など胚の形成を助ける働きをする。

3-3-3-2 休眠――胚は完成後成長を一時停止する

発生の過程で形成された胚は，種子の中で完成後成長を一時停止する。この状態を**休眠**という。休眠期間は植物によって異なり，数日から数ヶ月，長いものは数年にわたるものもある。休眠中の種子は温度，水の条件が発芽に適している場合でも発芽しない。休眠期間を発芽能力を獲得するまでの時期として見た場合は**後熟**という。

■光や低温によって休眠が破られる　休眠は光や低温などの環境要因によって取り除かれる場合があり，**休眠打破**といわれる。光によって休眠が打破される種子を**光発芽種子**という。休眠打破に有効な波長は赤色光（560〜690nm）で，赤色光照射後すぐに遠赤色光[22]（690〜800nm）を照射すると赤色光の効果は打ち消される（図68）。このような現象が赤色光を吸収して遠赤色光を吸収する型に変化し，また，遠赤色光を吸収して赤色光を吸収する型に戻る，可逆的な色素タンパク質である**フィトクローム**[23]の発見の契機となった（図69）。低温によって休眠が打破される種子は，0〜5℃に通常数週間から10週間ほどさらされることが必要である。植物ホルモンのジベレリンが光や低温を代替することが多い。

18　クチクラ層
不飽和度の高い脂肪酸類が重合したクチンやロウを主成分とした膜層で，体の表面をおおっている。

19　蒸散
植物体からの水の蒸発であるが，気孔の開閉による調節を受けている点で単なる蒸発とは異なる。

20　従属栄養
体外から取り入れた有機物に栄養源を依存している栄養の形式をいう。

21　独立栄養
従属栄養と相対する栄養形式で，栄養源を無機物だけに依存しているもの。

22　遠赤色光
従来，近赤外光という語が使われてきた。

23　フィトクローム
フィトクロームにはいくつかの種類がある。種子発芽の促進や後述の花芽形成阻害（光中断）は，光合成が最適に起きる光強度の1/500程度の強さの光を，5分程度照射すれば起こる。このような反応は低光量反応と呼ばれ，フィトクロームBが光受容体である。また，種子発芽の促進は種子の培養状態によっては，低光量反応の1/10000で起こる場合があるが，このときの光受容体はフィトクロームAである。光形態形成は長時間照射が必要なので，総光量は低光量反応の100倍にもなり，高光量反応と呼ばれる。高光量反応にはフィトクロームAもBも光受容体になる。

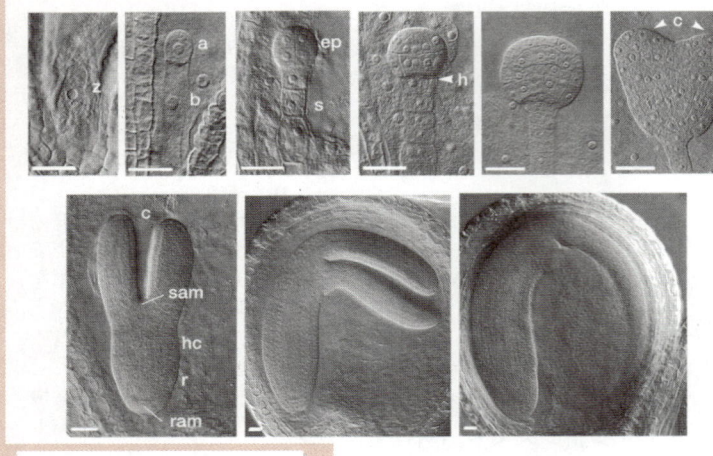

図66 シロイヌナズナ[24]の胚発生
微分干渉顕微鏡像。a 頂端細胞 b 基部細胞 c 子葉原基 ep 胚本体 h 原根層[25] hc 胚軸 r 幼根 ram 根端分裂組織 s 胚柄 sam 茎頂分裂組織 z 受精卵 スケールバーは20μm
（写真提供：田坂昌生氏「細胞工学別冊 植物細胞工学シリーズ12 新版 植物の形を決める分子機構」p. 24, 図2, 秀潤社, より）

24 シロイヌナズナ

目立たないアブラナ科の野生植物であるが，
① 細胞あたりのDNAが少なく，遺伝子解析がしやすい。
② 再分化が容易で遺伝子を導入した植物がつくりやすい。
③ 1世代の長さが短く，遺伝解析がしやすい。
④ 小型で育てやすい。
⑤ ゲノムプロジェクトが進み，全DNAの塩基配列が決まっている。
などの利点があるため，分子遺伝学的解析に適したモデル植物として広く使われ，多くの新しい知見を提供している。

シロイヌナズナ
(*Arabidopsis thaliama*)

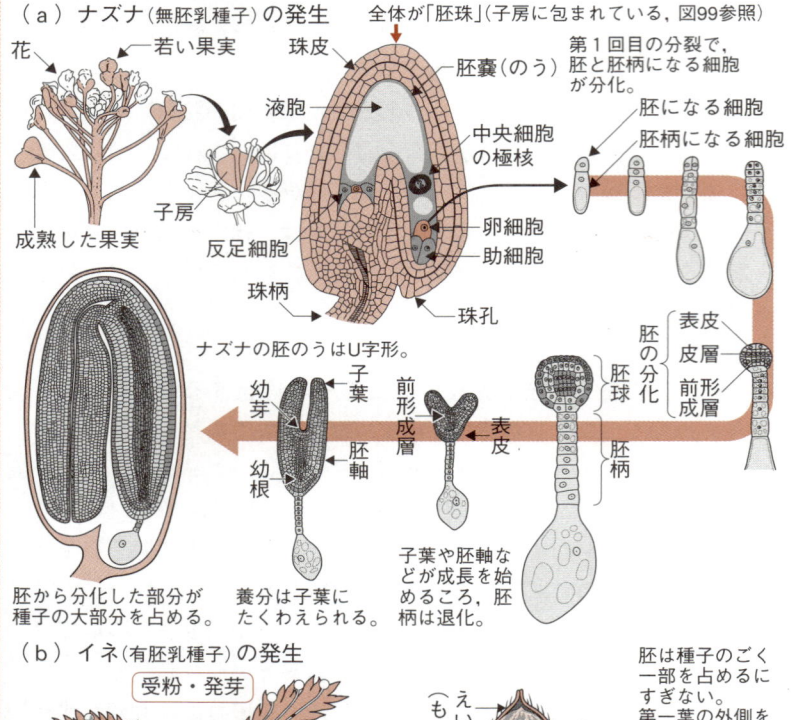

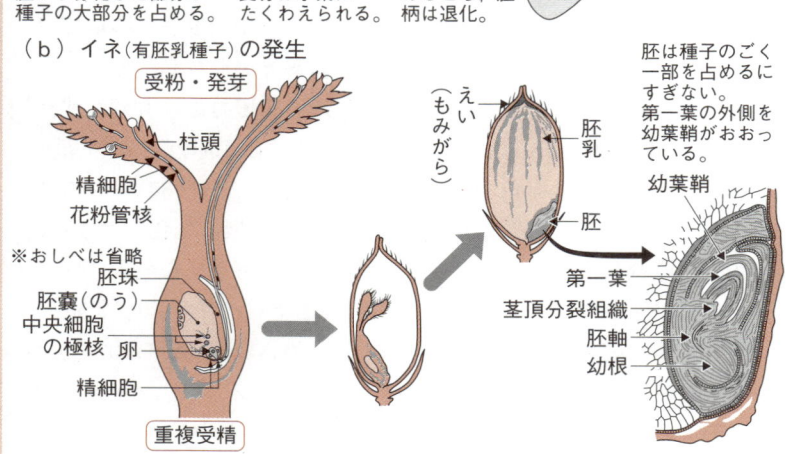

（a）ナズナ（無胚乳種子）の発生

全体が「胚珠」（子房に包まれている，図99参照）

ナズナの胚のうはU字形。

胚から分化した部分が種子の大部分を占める。

養分は子葉にたくわえられる。

子葉や胚軸などが成長を始めるころ，胚柄は退化。

第1回目の分裂で，胚と胚柄になる細胞が分化。

（b）イネ（有胚乳種子）の発生

胚は種子のごく一部を占めるにすぎない。第一葉の外側を幼葉鞘がおおっている。

図67 植物の発生（「生物総合資料 改訂版」, 実教出版, より）

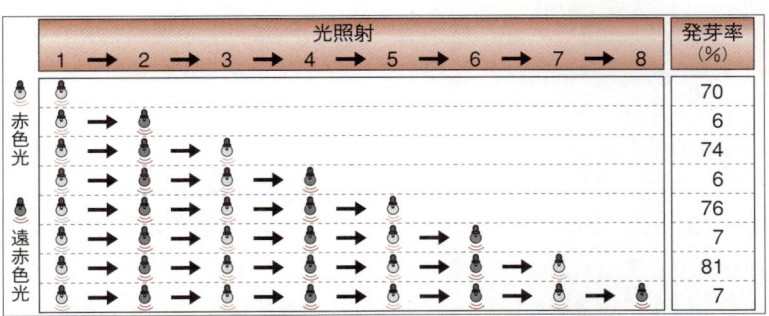

光照射									発芽率(%)
1	2	3	4	5	6	7	8		
赤									70
赤→赤									6
赤→赤→赤									74
赤→赤→赤→赤									6
赤→赤→赤→赤→赤									76
遠赤									7
遠赤→遠赤→…→遠赤→遠赤									81
遠赤→…→遠赤→遠赤→遠赤									7

図68 種子発芽の赤色光と遠赤色光による可逆的制御（Borthwick, 1952, より）

赤色光による発芽促進効果は，引き続いて照射された遠赤色光により打ち消される。

> **25 原根層**
> 受精卵の不等分裂で生じた基部細胞は，数回分裂して胚柄を形成するが，その胚に最も近い細胞が原根層と呼ばれ，将来，幼根の先端部分の根端分裂組織になる。

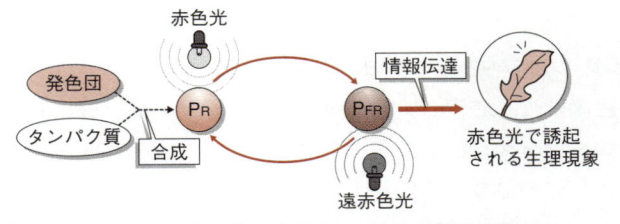

図69 フィトクロームの生合成と光吸収による可逆的変換

P_R型は赤色光を吸収して，遠赤色光を吸収するP_{FR}型に，また，P_{FR}型は遠赤色光を吸収してP_R型に構造を変換する。

■休眠は発芽後に生育を続けられる環境を限定する意味がある

　休眠が光や低温で打破されることは，種子の発芽後，成育を続けられる場所や時期を限定するのに役立っている。光発芽種子は貯蔵物質が少ない，小さな種子に多い。発芽後すぐ光合成を始められる，土の浅いところで発芽するように限定されている。低温処理を数週間必要とする種子は，寒い冬の期間が十分経過して，冬の終わりに発芽するように限定されている。

■休眠には種皮が重要な役割を果している　　光発芽種子でも，一定期間低温にさらすことが必要な種子でも，種皮を除くと発芽することが多い。休眠における種皮の役割の一つは，水の透過を制限して，種子中の水分含量を低く保つことである。また，酸素の透過も制限する働きもある。そのような種子は，外の酸素の濃度を高めると発芽する。種子に存在する発芽阻害物質が発芽を抑えている場合もある。

3-3-3-3 発芽——初期の成長は種子中の貯蔵物質に依存

　種子が吸水して**発芽**の過程が開始すると，乾燥種子中にすでに存在していた一部のプロテアーゼ（タンパク質を分解する酵素）やアミロペクチングルコシダーゼのmRNAや新たに合成されたmRNAによるタンパク質合成が始まる。つくられた加水分解酵素によって，種子内の**子葉**や**胚乳**に蓄積されていたでんぷん，タンパク質，脂肪などが分

解され，成長を始めた**胚**や**胚軸**の成長に必要な素材やエネルギーを供給する。オオムギの種子の場合，胚がついていると胚乳でのデンプンの分解は進行するが，胚を切除したものでは進行しない。

　胚乳でのデンプン分解に対する胚の作用の一つは，吸水した胚から分泌されたジベレリンが胚乳組織の周囲にある**糊粉層**（アリューロン層）に働いて，そこでのα-アミラーゼの合成を誘導することである。糊粉層で合成されたα-アミラーゼは胚乳に送られ，デンプンを分解し，生じたグルコースが胚に送られて成長に利用される（図70）。もう一つの働きは，胚がグルコースを消費して，胚乳内のグルコースを取り除くことにある。胚乳中にグルコースが蓄積すると糊粉層でのα-アミラーゼの合成が停止するからである。

3-3-3-4　独立栄養への対応①——屈性

　窓際に置かれた植物の芽生えが，そろって光の強い外に向かって屈曲しているようすは，よく見かける光景である（図71）。このように刺激に対して一定の関係で屈曲する性質を**屈性**という。刺激の方向への屈曲を正の屈性，反対方向への屈曲を負の屈性という。植物は，いろいろな刺激に対して屈性を示すが，光に対する屈性は**光屈性**という。植物を横に倒すと，重力に反応して根は地面の方向に，茎は地面とは逆の方向に屈曲する。すなわち，根は正の重力屈性を，茎は負の重力屈性を示す。また，根は水屈性を示し，湿度の高い方に屈曲する。植物が示すこれらの屈性は，運動できない植物が成育を始めた場所の環境に対応して，生き残るのに都合のよい性質になっている。

■**光は幼葉鞘の先端部で感じる**　光に対する屈曲がどのようにして起こるかを調べた実験は，進化論を提唱したことで有名なダーウィン（C. Darwin）の実験にさかのぼる（1880，第1章コラム1も参照）。ダーウィンは，光に敏感に応答する単子葉植物の幼葉鞘を用いた実験で，幼葉鞘の先端を切除したり，光を通さないキャップでおおうと屈曲が起きないことを示した。また，下部の組織を砂に埋めて光をさえぎり，先端部のみに光を当てた場合でも屈曲が起きることを示した。これらの実験を通して，ダーウィンは光を感じるのは先端部に限られており，実際に屈曲が起きるのは下部の組織であることから，先端で感じた光の刺激を下部の組織に伝達するしくみがあると考えた。

■**先端部で感じた光の情報は化学物質によって下部に伝わる**　その後ボイセン-イェンセン（Boysen-Jensen）は，先端と下部の組織の間にゼラチン片を挿入しても屈曲が起きることを示し，先端から下部組織への刺激の伝達が物質によることを示した（1913）。また，パール（A. Paal）は，切り離した先端部を下部組織の切り口にずらして乗せることによって，光がなくても屈曲が起きることを見出し，先端部か

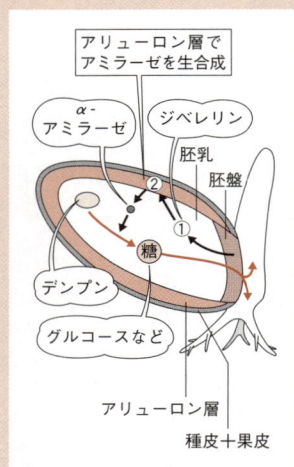

図70　オオムギの発芽時におけるジベレリンの働き
　吸水した胚で合成されたジベレリンが，アリューロン層に働いて，アミラーゼなどの加水分解酵素を誘導する。合成された酵素によって分解された胚乳の貯蔵デンプンは，胚の成長に利用される。

図71　光屈性
　暗所で育てた芽生えに一方から光を当てると，芽生えはそろって光源の方へ屈曲する。

らの情報が均等に下部に伝わるとまっすぐ成長するが，偏りがあると偏差成長[26]が起こり，屈曲すると考えた（1919）。このことは，先端部をしばらく置いた寒天片を下部組織の切り口の片側にずらして乗せると，乗せた側とは反対側に屈曲することを示したウェント（F. Went）の実験（1928）によって決定的になった（図72）。

この屈曲を起こす物質は，天然に広く分布することが知られるようになり，クモノスカビ（*Rhizopus*）の培養ろ液中の活性物質がインドール酢酸であるという，ティーマン（K. Thimann）による同定（1935）へとつながった。

> **26 偏差成長**
> 対称軸の両側で成長速度に差が見られる成長。

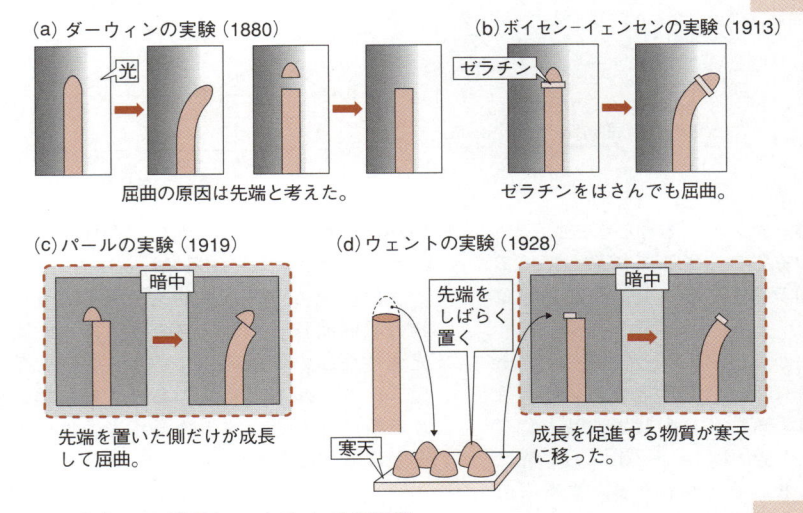

図72 オーキシンの発見にいたるまでの実験

■**屈曲は光の当たっている側と影側の成長の差による**　光屈性においては，先端部で受容した光の刺激によって影側にインドール酢酸が移動して，下部組織の影側の成長をより促進する（図73）。そのため，光の当たっている側と影側で偏差成長が起こり，光側に屈曲する。このような屈曲は成長をともなう運動なので**成長運動**という。成長運動は植物に特徴的な環境要因に対する応答である。

■**光屈性を引き起こす信号には青色光が有効**　光屈性において，光が屈曲を引き起こす刺激になるわけだが，いろいろな波長で屈曲を調べてみると青色光が有効である。このようにいろいろな波長の光に対する生物の反応をプロットしたものを**作用（アクション）スペクトル**という（図74）。作用スペクトルから青色光を吸収する受容体[27]が存在することが考えられ，作用スペクトルと同様な吸収を示す物質からフラビン化合物が受容体であると推定された。シロイヌナズナの芽生えで，青色光に対し屈性を示さない突然変異体が得られ，その原因遺伝子がクローニングされた結果，予想通りフラビンタンパク質をコードする遺伝子であったことから確認された。

> **27 青色光受容体**
> 光屈性反応に関与する青色光受容体はフォトトロピンと呼ばれるフラビンタンパク質である。青色光は茎の伸長を阻害するが，このときの光受容体はクリプトクロムという別のフラビンタンパク質である。

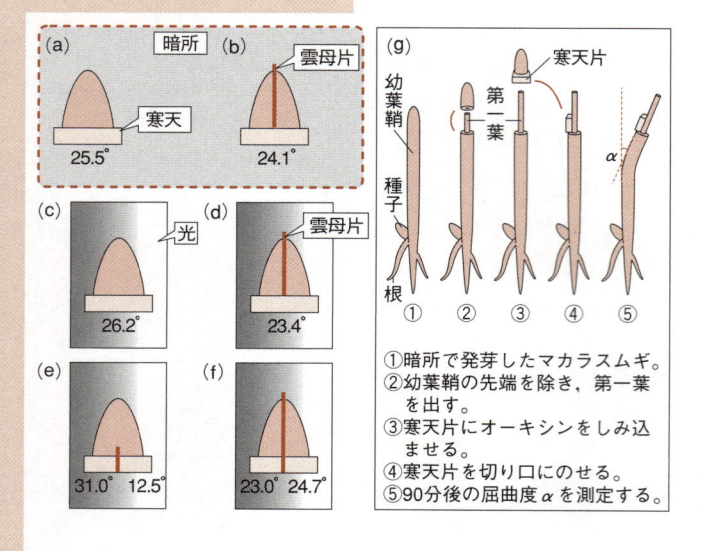

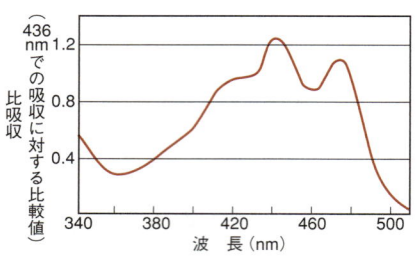

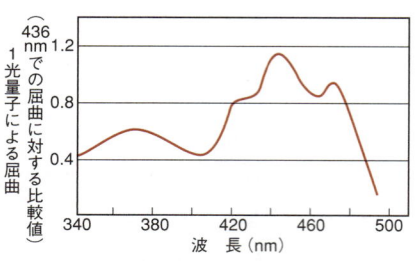

図73 幼葉鞘の先端におけるオーキシンの横移動と光屈性

切断したアベナ幼葉鞘の先端から寒天に拡散してくるオーキシンをアベナの屈曲テストで調べた。下の数字は屈曲角。

(a)と(b)は暗所，(c)〜(f)は右側から光照射。(b)と(d)〜(f)は幼葉鞘と寒天片に，光の方向と垂直に雲母片をさしこむ（(b)と(d)は幼葉鞘のみ，(e)は寒天片と幼葉鞘下部，(f)は幼葉鞘と寒天片全体）。(a)〜(d)より，光によってオーキシンが分解しないことがわかる。また(e)と(f)から，影側へオーキシンが移動することがわかる。

図74 光の吸収曲線と光屈性の作用スペクトル（マカラスムギ幼葉鞘）(Curry et al. より)

上は，マカラスムギ幼葉鞘のヘキサン吸収物の吸収曲線。下は，マカラスムギ幼葉鞘の光屈性屈曲の作用スペクトル。吸収曲線と作用スペクトルがよく似ており，幼葉鞘に含まれる青色光を吸収する物質が光屈性における光受容体と推定された。

3-3-3-5 独立栄養への対応②・光形態形成
── 明所で育った芽生えと暗所で育った芽生えでは形が異なる

　単子葉植物の芽生えの葉は，土の中では幼葉鞘に包まれ保護されており，成長するのは幼葉鞘（コレオプチル）の下部の**メソコチル**と呼ばれる組織である。幼葉鞘の先端に光が当たるとメソコチルの成長が止まり，第一葉が伸びだしてくる。また，双子葉植物では，茎の先端は釣り針状に屈曲し，**フック**という構造をつくっている。フックは土を押し退けながら伸長する際に茎頂を保護する役割をしている。地上に出て光が当たると，屈曲が直って葉が展開し始める（図75）。

　光の当たらない土の中で成長した芽生えは，茎は細く，長く，葉は展開していない。明所で育てた植物は，茎が太く，がっちりしており，葉が広く展開する。植物にとっては，種子の中の貯蔵物質を消費しつくす前に光合成を始める必要があるので，いかに早く光のある場所に到達できるかは死活問題である。暗所での形は，できるだけ早く土中を抜け出すのに適したものになっている。また，明所での形は，光を受容して光合成を開始するのに適したものになっている。このように

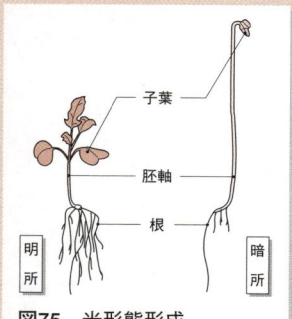

図75 光形態形成
明所（左）と暗所（右）で育てたシロカラシ（*Sinapis alba* L.）の芽生え。

植物は，光の信号を利用して，従属栄養から独立栄養への切り換えをスムースに行えるように調節している。

■**明所で正常に成長するにはブラシノステロイドが必要**　シロイヌナズナで，暗所でも明所で育った植物のような形態を示す突然変異体が単離された。この変異体は明所では矮性[28]で，正常に成育するのにはブラシノステロイドが必要である。このようにして，ブラシノステロイドが，明所で正常な成育をするのに必要な植物ホルモンであることが明らかになった（図76）。

3-3-4　分化の柔軟性
3-3-4-1　植物体の再生
——植物の茎頂は分化に対して大変柔軟な性質をもっている

本来なら一本の枝になるはずの茎頂に縦に割れ目を入れると，それぞれの部分が新たな茎頂になり，二本の茎にわかれる（図77）。組織培養の技術を用いて茎頂を培養すると，条件によっては多数の細胞塊を生ずる。それぞれの細胞塊は，芽と根を分化し植物体を再生できる。茎頂（meristem）から同じ遺伝的性質をもった個体（clone）をつくるということで**メリクロン培養**といわれ，西洋ランなど多くの植物で

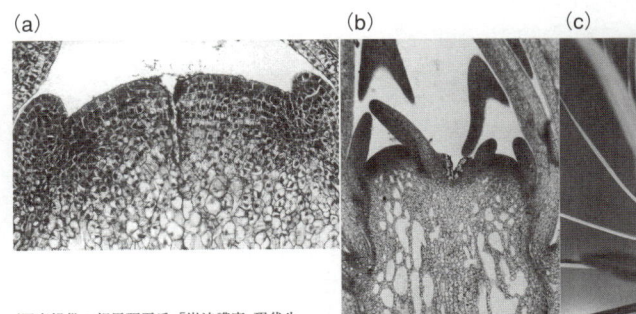

(a)　(b)　(c)

（写真提供：相馬研吾氏「岩波講座 現代生物科学 4 発生」p.95, 図4.7, より）

図77　茎頂の柔軟性
ホルトソウの茎頂を二分割する（a）とそれぞれから茎頂が再生し（b），二本のシュート[29]になる（c）。

28　矮性
形態が萎縮しているものを矮性という。植物の場合，茎の成長が抑えられたもののこと。

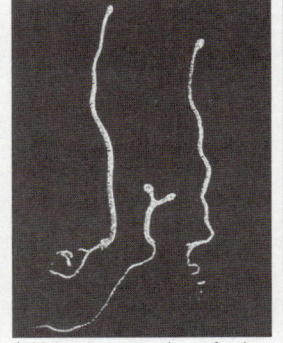

(Molecular genetics of plant development, Stephen H. Howell, p. 95, Fig. 4・9, 1998, CAMBRIDGE UNIVERSITY PRESS)

図76　光形態形成とブラシノステロイド
暗所で育てたシロイヌナズナ（左）暗所でも光を当てたときのような形状を示す突然変異体（中）変異体にブラシノステロイドをあたえた芽生え（右）。
正常な黄化植物の形状を示すのにはブラシノステロイドが必要であることがわかる。

29　シュート
植物体を構成する葉，茎，根の3器官のうち，同じ分裂組織から形成される葉と茎をまとめて一つの単位としてさす言葉。

コラム15　ブラシノステロイド

ブラシノステロイドは，アメリカ，メイン州のベルツビルにある米国農務省研究所のミッチェル（J. Mitchell）たちにより，セイヨウアブラナの花粉に新しいタイプの植物成長調節物質として発見された。その後，同研究所でミツバチの集めた40kgのセイヨウアブラナの花粉から1979年に約4 mgの結晶として単離された。動物では性ホルモンなどステロイドホルモンが重要な働きをしていることはよく知られているが，ブラシノステロイドは植物で初めて見つけられたステロイド骨格をもった植物ホルモンである（ステロイドについては**2-1-9**を参照）。ブラシノステロイドは，伸長成長と細胞分裂の両方を促進し，花と蕾の数，莢の重さ，平均種子重量の増加と多面的な作用を示し，特徴がはっきりしなかった。そんなこともあって，植物ホルモンとしての認知が遅れたが，シロイヌナズナの変異体の研究で一躍脚光をあびている。

30 不定根
　葉や茎など，根以外の器官から形成される根のこと。

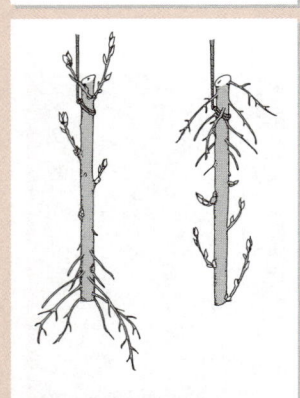

図78　器官分化の極性
切り枝からの器官分化は重力の方向とは関係なく，切り出される前の植物体上の位置関係によって決まる。つまり，枝の先端側からシュートが，基部側から根が生ずる。

31 不定芽
　本来，芽が形成される場所以外の部分に形成された芽のこと。

32 環状除皮
　成熟した茎では形成層から外側の組織が離れやすいということを利用して，部分的にリング状に篩部から外側をはぐことをいう。

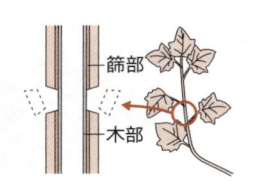

同じ遺伝的性質をもった多数の個体をつくるのに利用されている。

■茎や根の切片の上部からは不定芽が，下部からは不定根が再生する

　成熟した植物でも枝を切って，水や土壌にさしておくと，切り口近くから不定根[30]が形成され，植物体が再生する。この方法は，挿木といわれ，一つの植物体から多数の個体をつくるのに用いられる。中にはイヌコリヤナギの枝（図78）やタンポポの根のように，切片に不定芽[31]と不定根の両方を形成し，植物体を再生できる植物もある。この場合，不定芽や不定根の形成される位置は，切り出される前の植物体の位置関係によって決まり，もとの植物の茎頂側からは不定芽が，根端側からは不定根が生じる。この関係は，植物体から切り出された場所には関係なく，切片における位置関係で決まる。

　デュアメル（H. Duhamel）は，樹木の枝を用いた環状除皮[32]の実験（1758）で，除皮した部分の上部組織の切断部位がふくらみ，そこに不定根が形成されることを観察した。このことから，上から移動してきた根の形成をうながす物質の移動が妨げられ，上部組織の切断面に蓄積して不定根が形成されると考えた。

■オーキシンは茎の上部から下部に向かって一方向に移動する

　植物ホルモンのオーキシンには，不定根の形成を促進する働きがある。また，重力方向とは無関係に茎の上部から下部の方向に向かって移動する。オーキシンの方向性をもった移動は，オーキシンの**極性輸送**といわれている（図79）。このようなオーキシンの性質から，切り枝や切片で見られる下部断面での不定根の形成はオーキシンの極性輸送と関係があると考えられている。

3-3-4-2　オーキシン極性輸送のしくみ
──排出キャリアが局在している

　植物の細胞へのオーキシンの取り込みは，拡散か，細胞膜に存在す

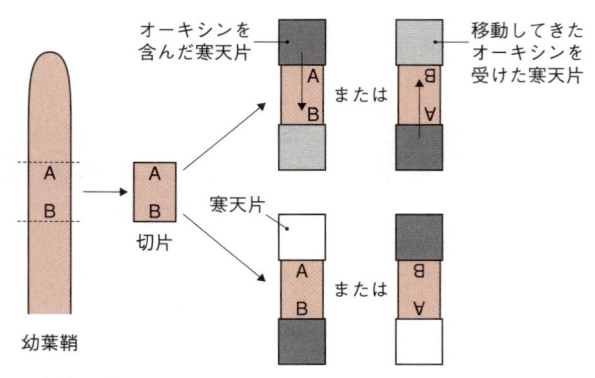

図79　オーキシンの極性輸送 (Galston & Davis, 1970)
オーキシンは重力の方向とは関係なく，幼葉鞘の先端側から基部側へと一方向に移動する。

るキャリアタンパク質[33]による。一方，細胞内のオーキシンは排出キャリアによってくみ出される。排出キャリアは，組織を形成しているどの細胞でも細胞の下面に分布している。そのためオーキシンは常に細胞の下側にくみ出されるので，組織全体としても下部にオーキシンは移動すると考えられている（図80）。

> [33] **キャリアタンパク質**
> 特定の物質と結合して，膜の内と外の物質移動を担うタンパク質。

図80 オーキシンの極性輸送機構
中性のpHである細胞内で，天然のオーキシンであるインドール酢酸は解離しており，拡散によって細胞膜を通過できない。解離したインドール酢酸をくみ出す排出キャリアが，組織を構成している細胞の基部側に分布している。そのため，解離したインドール酢酸は常に基部側にくみ出され，組織における一方向の移動が起きる。

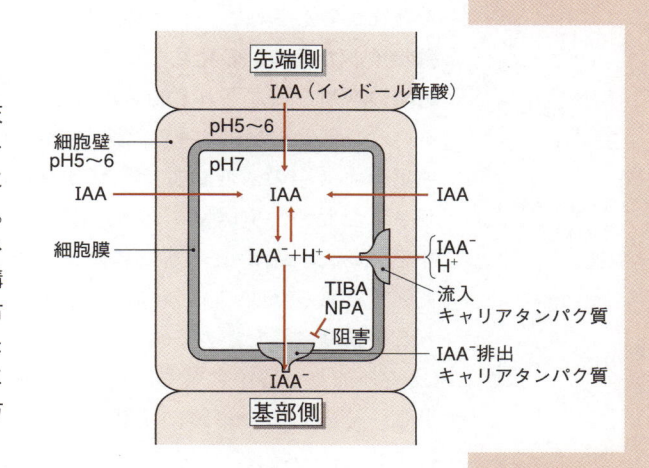

植物体で見られる頂芽優勢の現象や，不定芽や不定根を容易に形成できる能力をもつということは，植物体が傷害を受けたときに，それに代わる器官を再生して植物体を維持する補償機構であり，その制御に植物ホルモンが重要な働きをもっている。

3-3-4-3 器官分化の制御
──組織培養法・オーキシン・サイトカイニン

器官分化の制御に植物ホルモンが重要な働きをしていることは**組織培養法**を用いた実験に見ることができる。組織培養法は，切り出した器官，組織，細胞などを無菌的に容器の中で培養する技術である（図81）。組成のわかった培地，制御された環境条件下で，ほかの微生物や個体のほかの器官からの影響を排除した状態の成長反応を調べたり，生化学的解析などを行うことができる。ハーベルラント（G. Haberlandt）は，一つ一つの体細胞が，受精卵と同様に，植物体を構成するすべての細胞に分化する能力を潜在的にもっていると考え，体細胞の培養を初めて試みたが(1902)，技術的制約から失敗した。

その後，培地の改良などが進んで，1933年にアメリカのホワイト（P. White）が分離した培養根で，1934年にフランスのゴートレ（R. Gautheret）が樹木の形成層を用いて**無限継代培養**[34]に成功した。

■**細胞分裂を促進する物質の存在が組織培養法を用いて見出された**

培地に加える植物ホルモンは，多くの場合，**オーキシンとサイトカイニン**である。サイトカイニンの発見の歴史には，植物の組織培養の

図81 組織培養法
表面を殺菌したニンジンの組織から，滅菌したコルクボーラーで組織をくり抜く。剃刀（かみそり）で切断した組織片は，培地に移植して培養する。

> [34] **無限継代培養**
> 培養され，成長・増殖した器官や細胞の一部を新しい培地に移植したとき，同様の成長・増殖を何回でも繰り返すことができることをいう。ホワイトがトマトの根で初めて成功した。

技術が深くかかわっている。1954年ヤブロンスキー（Jablonski）たちは，タバコの茎の髄組織をオーキシンを含む培地で培養すると，細胞は大きくなるが細胞分裂は起きないこと，そして，髄組織に形成層がついている組織を培養すると，形成層だけでなく髄組織の分裂も起きることを見出した。この結果より，形成層から髄組織の分裂を促進する物質が分泌されていると推論した。

■**サイトカイニンの発見**　その後，オーキシンの存在する培地で髄組織の増殖が促進される物質が探索され，酵母の抽出エキスなど，いろいろな天然の抽出エキスに分裂を促進する物質が確認された。酵母抽出エキス中の活性物質は，プリン骨格[35]をもつ化合物であると予測されたため，実験室にあったDNAを試してみたところ，著しい活性を認めた。しかし，新たに購入したDNAには活性が認められず，実験室にあったDNAは分解していた可能性が考えられた。

この推論にしたがい，ミラー（C. Miller）たちは，ニシンの精子のDNAの加水分解中に著しくタバコ髄組織の分裂を促進する活性を見出し，その物質を単離，精製して，その物質の化学構造を決定した（1955）。その物質は**カイネチン**と名づけられたが，その後同様な活性を示す物質が多数見つかった。**カイネチン**と同様に，オーキシンの存在下で細胞分裂を促進する活性を示す，プリン骨格をもつ物質を総称して**サイトカイニン**と呼ぶ。

> **35　プリン骨格**
> 核酸やATPの構成成分であるアデニンなどの骨格をなす次のような構造。

コラム16　日本人の名前が付いた培地～MS培地

当初，多くの培養細胞で，増殖を速くさせるために，無機塩，糖，ビタミン，植物ホルモンのほかにココナッツミルクあるいは酵母の抽出エキスなど，組成の不明な天然の混合物を培地に添加する必要があった。しかし，ムラシゲ（T. Murashige）とスクーグ（F. Skoog）は，燃やして灰化したタバコ葉がタバコの培養細胞の増殖を著しく促進することから，無機塩の濃度の重要性に気づいた。そこで，培地の無機塩濃度の改良に取り組み，完全合成培地（Murashige and Skoogの培地：**MS培地**）をつくりだした（1962，表6）。この培地は，現在でも最も広く用いられている培地である。なお，ムラシゲは，アメリカの日系二世である。

表6　植物の組織培養でよく使われる培地の組成
培地にはいろいろあるが，MurashigeとSkoogの培地はよく使われている培地の一つである。

(a) 無機塩類

NH$_4$NO$_3$	1650　mg/ℓ
KNO$_3$	1900
CaCl$_2$・2H$_2$O	440
MgSO$_4$・7H$_2$O	370
KH$_2$PO$_4$	170
H$_3$BO$_3$	6.2
MnSO$_4$・4H$_2$O	22.3
ZnSO$_4$・4H$_2$O	8.6
KI	0.83
Na$_2$MoO$_4$・2H$_2$O	0.25
CuSO$_4$・5H$_2$O	0.025
CoCl$_2$・6H$_2$O	0.025
Na$_2$-EDTA	37.3
FeSO$_4$・7H$_2$O	27.8

(b) 有機物

ショ糖	30g/ℓ
グリシン	2.0mg/ℓ
インドール酢酸	1～30mg/ℓ
カイネチン	0.04～10mg/ℓ
寒天	10g/ℓ
ミオーイノシトール	100mg/ℓ
ニコチン酸	0.5mg/ℓ
ピリドキシン	0.5mg/ℓ
チアミン	0.1mg/ℓ

3-3 植物の構造と機能

■**天然のサイトカイニン**　カイネチンはDNAの加水分解中に生じた人工産物であったが，天然に存在するサイトカイニンとしては**ゼアチン**[36]が，1961年にオーストラリアのレサム（L. Letham）により，トウモロコシの未熟胚乳から単離された。同じ年に，アメリカのミラーによって独立に単離された活性物質もゼアチンと同じ物質であることが確認された。ゼアチンの誘導体として，リボースのついたゼアチンリボシド，さらにリン酸のついたゼアチンリボチド，ゼアチンの側鎖が酸化されていないイソペンテニルアデニン，そのヌクレオシドとヌクレオチドなども知られている。合成サイトカイニンとしてはベンジルアデニンがよく用いられる。

■**オーキシンとサイトカイニンの濃度比で器官分化を制御できる**
　サイトカイニンは，**細胞分裂を促進する物質**として発見されたが（図82），ミラーとスクーグは，タバコの髄組織やカルス[37]を用いて，オーキシンとの濃度比によって器官分化の方向を制御する働きがあることを見つけた（1957）。すなわち，培地中の，オーキシンに対するサイトカイニンの濃度比が高いと芽が，低いと根が分化し，中間ではカルス状で増殖する。オーキシンとサイトカイニンの濃度比による**器官分化の制御**は，その後多くの植物で観察されている（図83）。
　サイトカイニンは，そのほかに前述の**側芽の成長促進，葉や子葉の拡大成長促進，老化の阻止，緑化の促進，木部分化の誘導**など多面的な作用を示す。

36　ゼアチン
　トウモロコシの学名である*Zea mays*から由来した名称のこと。

37　カルス
　もともとは傷口をおおう癒傷組織を意味したが，現在では容器内で培養され，増殖している不定形の細胞塊のこと。

図82　サイトカイニンの増殖促進作用
　インドール酢酸1mg/l とともにサイトカイニンをいろいろな濃度で加えた培地で培養したタバコカルスの増殖：左からカイネチン0，0.0001, 0.001, 0.01, 0.1, 1mg/l を加えた培地。

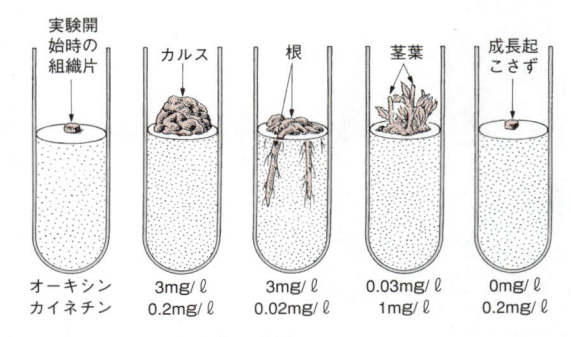

図83　培養細胞からの器官分化の制御
　タバコ培養組織では，植物ホルモンのオーキシンとサイトカイニンの濃度比によって，分化する器官を制御できる。

> 38　2,4-D
> 　2,4-ジクロロフェノキシ酢酸の略称。合成オーキシンの一種で、インドール酢酸に比べるとオーキシン活性が高い。
> 　未熟な果実の落下防止剤や、水田での除草剤にも利用されていた。

3-3-4-4　分化全能性
　──1個の体細胞から、受精卵のように個体が形成される

　スチュワート（F. Steward）は、ニンジンの根の篩部組織をココヤシの未熟な胚乳を含む液体培地（培養液）中で回転培養させ、その培溶液中に遊離してきた、増殖している細胞を観察した（1958）。そしてその懸濁培養液には、正常の胚発生の過程で見られる形状に類似した数個の細胞からなる細胞塊、胚のような構造をした胚様体などを観察した（図84）。また、その胚様体をさらに培養し続けると、それらは成長してふつうの種子から発芽した幼植物体と同様な過程を経て、成熟個体になり花をつけ、種子を形成した。このように、1個の体細胞が、個体を構成するすべての細胞種に分化できる性質を、分化全能性という。

　その後、最初にオーキシンである2,4-D[38]の入った培地で培養して、増殖した細胞をオーキシンを抜いた培地に移すことで、容易に胚様体が生ずることが多くの植物で示されている。最初の2,4-Dの入った培地で培養する過程で、潜在的に胚様体形成の能力をもつ、小型の胚的性質の細胞が形成されると考えられる（図84）。

3-3-4-5　細胞の分化──分化して管状要素に変換される

　分化して、特定の機能をもって植物体の一部を構成していた体細胞が、条件によっては発生の過程がリセットされ、受精卵の発生過程と同様な過程を経て全能性を示すことは前項で述べた。植物細胞は、そ

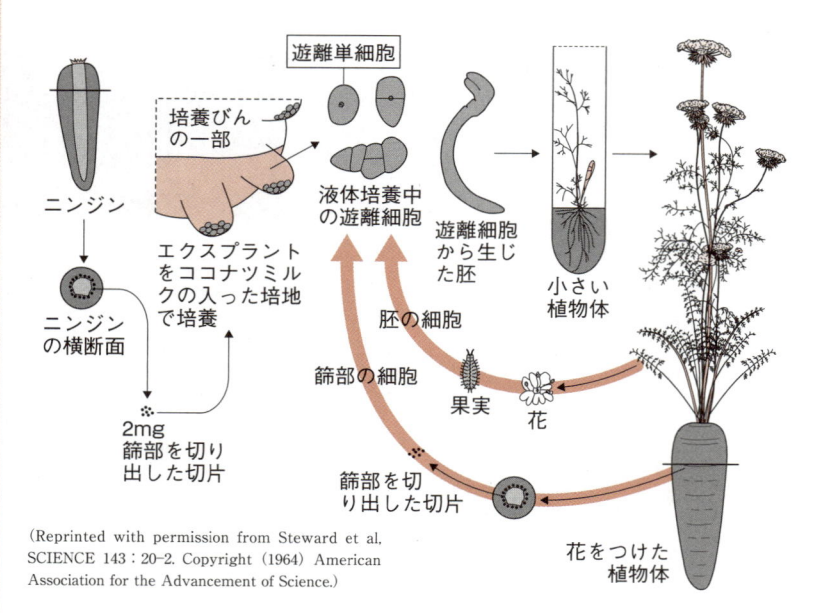

(Reprinted with permission from Steward et al, SCIENCE 143 ; 20-2. Copyright（1964）American Association for the Advancement of Science.)

図84　植物体細胞の全能性
　ニンジンで、単細胞から完全な個体が再生することが示された。

3-3 植物の構造と機能

れ以外にも異なった細胞への変換という形での分化の柔軟性を発揮できる場合がある。もっともよく見られる変換は，管状要素[39]への変換で，変換は，細胞壁の一部が厚くなり，縞などの模様をつくるものである。この模様は管状要素の分化の指標として用いられ，解析の手だてとされている。

　コリウスの茎の一部にくさび型の傷を与えて維管束を寸断すると，その傷を迂回するように髄組織の柔細胞が管状要素に変換して，上下の切断された維管束を連絡する（図85）。カミュ（G. Camus）は，切り出されたキクジシャの根の篩部組織に，その芽を接木すると，そこから形成層につながるように管状要素の細胞が分化することを観察した（1949）。芽の接木による管状要素の細胞を誘導する働きは，芽と台木の間に，低分子は通すが高分子は通さないセロファンを置いた場合でも同様の働きであった。このことから，芽でつくられた低分子の物質によると推定された。

■**維管束の篩部と木部の分化がショ糖濃度で制御できた**　ウェットモア（R. Wetmore）とソロキン（S. Sorokin）は，ライラックのカルスに芽を接ぐと，芽からある程度離れたところに島状の維管束組織が環状に分化することを見出した（1955）。また，芽の代わりにオーキシンとショ糖を含んだ寒天片を乗せても同様の分化を誘導することが

> **39　管状要素**
> 導管と仮導管をまとめた総称。

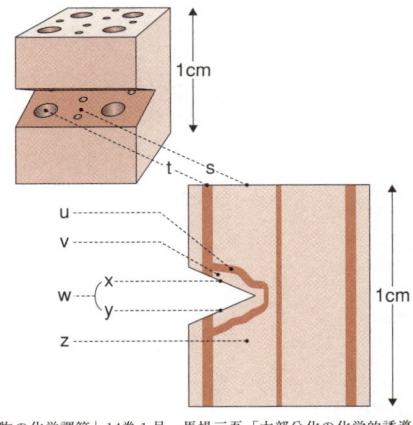

（「植物の化学調節」14巻1号，馬場三吾「木部分化の化学的誘導」p.3, 図2, 植物化学調節学会より）

図85　管状要素の分化
　コリウスの茎の維管束を切断するように傷をつけると（w），管状要素（u）が傷を迂回して柔組織内（z）に分化して，切断された維管束をつなぐ。

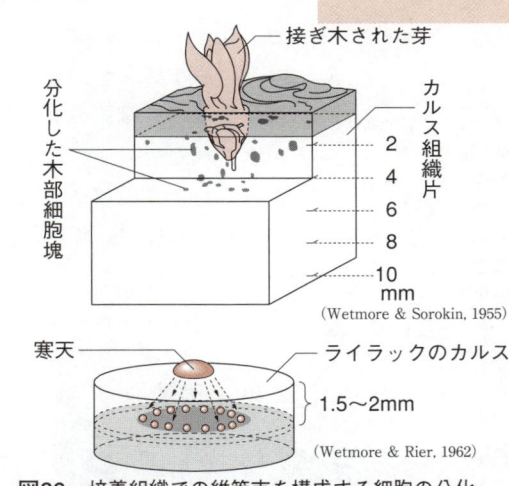

（Wetmore & Sorokin, 1955）
（Wetmore & Rier, 1962）

図86　培養組織での維管束を構成する細胞の分化
上　ライラックのカルスに芽を割り継ぎすると，やや離れたところに島状に管状要素が分化する。
下　芽の代わりにオーキシンとショ糖を含んだ寒天を乗せた場合の組織分化。ショ糖濃度3％では木部と篩部の細胞を含んでいるが，2％以下では木部細胞のみ，4％以上では篩部細胞のみからなる組織が分化してくる。

できた（図86）。さらに，ウェットモアとライアー（J. Rier）は，寒天片に含まれるオーキシンの濃度を変化させ，オーキシンの濃度を高めると島状に分化してくる環の直径が広がることを観察した（1963）。また，ショ糖濃度が2％より低いと維管束組織の木部組織のみが，4％より高いと篩部組織のみが分化し，その中間の濃度でのみ木部と篩部がそろった組織に分化することを観察した。このことは，オーキシンとショ糖が維管束分化に重要であることを示している。

■**サイトカイニンは管状要素の分化に重要である**　オーキシンとショ糖のほかに，サイトカイニンも管状要素の分化に大事な役割をもつことが，ほかの植物組織で明らかにされている。ある品種のニンジンの根から篩部組織を切り出し，明所で培養すると，管状要素が分化してくる。暗所で培養すると分化は見られないが，明所で培養したあとで管状要素が分化した組織片を除き，その後の寒天培地上に新たに切り出した切片を置くと，暗所でも管状要素が分化した。このことから，管状要素の分化を誘導する物質が光によって誘導され，培地に拡散したと推測された。この物質が精製，同定され，サイトカイニンのゼアチンリボシドと同定された。

■**葉肉細胞が管状要素に分化した**　ヒャクニチソウの芽生えの葉は乳鉢で軽く破砕すると，葉の葉肉細胞が遊離してくる。この葉肉細胞を無機塩とオーキシン濃度が低く，サイトカイニンの濃度が高い培地で培養すると，約40％の細胞が管状要素に分化する（図87）。さらにいろいろな実験を行うと，それまでの考えとは異なり，葉肉細胞から管状要素への細胞分化はS期やM期を経由しなくても起こり得ることが示された[40]。しかし，S期を経由しない細胞でもDNA合成阻害剤によって分化が阻害されることから，分化に必須のわずかなDNA合成があることなど，多くの新しい事柄が明らかにされている。

> **40　細胞周期と分化**
> 動物の細胞分化は，細胞がS期，M期を経て進行すると考えられている。植物の場合もほかの実験系で，動物と同様な過程で分化が起きると考えられていた。

(a) 48時間（培養開始後）　(a) 71時間　(a) 77時間　(a) 96時間

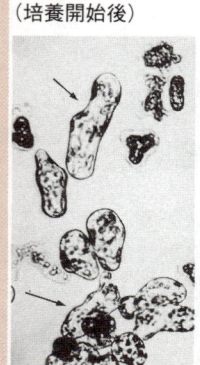

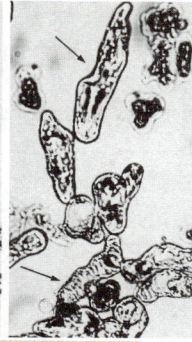

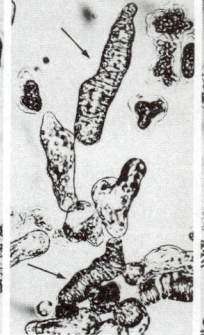

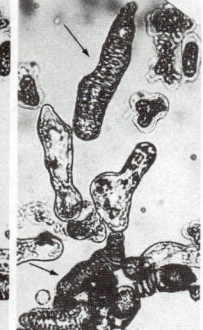

図87　葉肉細胞の管状要素への分化

ニチニチソウの葉肉細胞を単離して培養することによって，直接管状要素への細胞分化を誘導できる。

（写真提供：東京大学　福田裕穂氏，Plant Physiology, Vol. 65, Num. 1, Fukuda & Komamine, p. 62, Fig. 1, January 1980. The material is copyrighted by the American Society of Plant Biologists and is reprinted with permission.）

3-3-5　植物体内の物質の移動
3-3-5-1　水の移動
――陸上の植物にとって乾燥から身を守る手段が必要である

　進化の過程で，植物の先祖が水の中から陸上にあがったときに遭遇した一つの問題は，乾燥からいかに身を守り，全身に水を供給するかということであった。その問題に対して植物は，葉などの表皮細胞の表面を水の透過しにくいクチクラ層でおおうことで水の損失を防いでいる。そして，根を分化して土壌中の水を吸収するとともに，吸収した水を全身に供給する**維管束系**を発達させてきた。

　葉に供給された水は，おもに葉に存在する**気孔**から大気中に拡散するが，この現象を**蒸散**という。水は，吸収から蒸散するまでの過程で細胞内に残り，光合成の水素供給源などの化学反応に使われたり，細胞の伸長や構造の維持に重要な膨圧をつくるために使われる。しかし，それは全体の1％くらいで，99％は素通りして大気中に逃げる。

3-3-5-2　葉からの蒸散――水を移動させる主要な力である

　水が根から吸収され，根や茎の維管束を通って葉から蒸散するまでの移動には，「浸透」，「毛細管現象」，「圧」の三つの力が原動力として考えられている（水については**2-1-3**を参照）。

　土壌から導管を通って大気中への水の移動は**凝集力説**と呼ばれる機構で説明されている。この説では，葉からの蒸散が水の移動の重要な力になるというものである。蒸散によって葉から水が大気中に逃げると，**葉肉細胞**の浸透ポテンシャルが減少し，葉の導管内の水が葉肉細胞に移動する原動力になる。この移動で葉の導管内の圧ポテンシャルが低下して，根までつながっている導管内の水の柱を引き上げる力を生じる（図88）。その結果，根の導管内の圧ポテンシャルが低下し，導管内へ水が移動する[41]。

3-3-5-3　根圧
――根から水を押し上げる力も水の移動に関係している

　春さきに落葉樹など，まだ葉が展開しておらず，蒸散を行っていない植物でも枝を切ると切り口から水があふれ出てきて，一晩に数リットルたまったりする。この水を押し上げる力を**根圧**という。根圧は，エネルギーを用いて無機塩を根の導管内に取り込み，浸透ポテンシャルを下げることにより生じる。すなわち，浸透ポテンシャルが下がったため導管内に水が流入し，導管内に生じた圧ポテンシャルによって水を押し上げるものと思われる。蒸散が活発な場合は，根圧は働いていないと思われる。それは，蒸散によって導管内の水ポテンシャルが下がり水が流入するので，浸透ポテンシャルの低下は起きないと考え

41　水を移動させる力
　80mの樹木の先端まで水の重さに逆らって水をもち上げるためには，約8気圧（8バール）の力が必要である。80mの樹木の先端では，蒸散によって，導管内の圧ポテンシャルは－23気圧まで低下することが確かめられている。また，負圧によって導管内の水の柱が切れないでもち上げられるかという疑問については，水の凝集力には，0.6～0.8mmの毛細管では，約270気圧まで切れずに耐えられることが測定されている。
　なお，1バール＝0.987気圧。ちなみに，1013ミリバール＝1013ヘクトパスカル＝1気圧である。

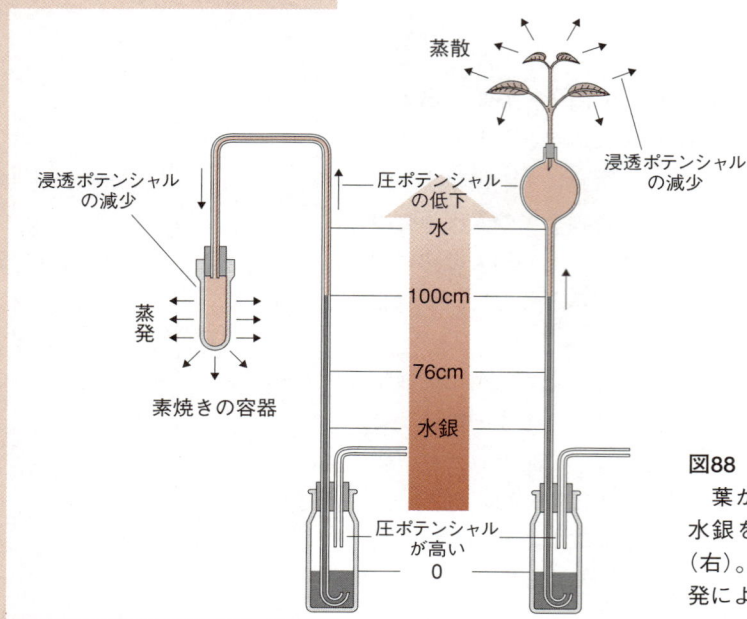

図88 水を移動させる力
葉からの活発な蒸散はキャピラリー中の水銀を76cm以上にもち上げる力を生じる（右）。同様な力は素焼き表面からの水の蒸発によっても生じる。

られるからである。

へちま水などを採るために、地上近くで茎を切った場合、切り口から水が出てくるが、これは茎を切ることによって導管内の負圧が取り除かれ、導管内への水の流入が止まるので、根圧が生じる状況になったためと考えられる。

3-3-5-4 葉における水の移動──気孔の開閉の調節要因

葉の表皮は、水を通しにくいクチクラ層でおおわれており、葉からの蒸散の90％は気孔を通して行われる。葉は光合成のための二酸化炭素（CO_2）を取り入れる通路でもあるので、気孔を開いている必要があるが、水の損失を防ぐためには閉じた方がよい。気孔の開閉に影響を与える要因としては、光の強さ、CO_2濃度、葉の含水量がある。気孔は光が当たると開き、CO_2濃度が高いと閉じる。しかし、暗所でもCO_2濃度が低いと開き、明所でも光合成阻害剤を与えると開かない。このことから、光合成が活発でCO_2濃度が低下すると気孔が開くように調節されていることが考えられる。

■**アブシシン酸には気孔を閉じさせる働きがある**　気孔の開閉は、葉の水の含量にも左右され、含量が高いとCO_2濃度が高くなっても閉じない。葉肉細胞の水の含量が低下すると気孔は閉じるが、葉肉細胞から気孔の細胞へこの情報を伝えているのは、植物ホルモンの**アブシシン酸**であると考えられる。アブシシン酸を与えると5分くらいで気孔は閉じる。また、葉の水分が9％低下するとアブシシン酸は約5倍に増加する[42]。

アブシシン酸は，芽の休眠物質，落果促進物質，伸長成長阻害物質としてそれぞれ独自に研究された結果，同じ物質に行きついたという経緯のある物質である。しかし今ではむしろ，気孔の閉孔のように，ストレスに関連して作用する植物ホルモンとして考えられている。

3-3-5-5　気孔の開閉機構
―孔辺細胞の構造と細胞内の膨圧変化によって開閉する

気孔は孔辺細胞という二個の細胞の隙間であり，孔はすぐ内側にある大きな細胞間隙に連絡している。表皮系の細胞であるが，葉緑体をもち，でんぷんが蓄積している。気孔の開閉は孔辺細胞への水の出入りによる容積変化によっている。水が流入して容積が増加すれば開き，水が流出して容積が減少すれば閉じる。これは孔辺細胞の気孔側の細胞壁がその反対側のものに比べ厚いことによる（図89）。

気孔が開く状態にすると，孔辺細胞ではでんぷん粒が減少し，カリウムイオンとリンゴ酸量が増加する。これらの変化にともない，孔辺細胞の浸透ポテンシャルが減少することで，水の流入が起きると考えられている。

3-3-5-6　根における水の移動
―内皮に水の移動のバリアーがある

土壌から吸収された水が植物体を通って葉から蒸散するまでの間で，一番大きな障壁になっている所は，わずか1mmにも満たない距離ではあるが，根の表皮から導管への水の移動の過程である。根の表皮から吸収された水は，皮層から内皮までは，細胞壁あるいは細胞間隙を通って比較的容易に通過できる。しかし，内皮の細胞壁には，水を通さないリグニン[43]やスベリンの沈着した肥厚部分（カスパリー線）があり，水は細胞内を通らなければ内皮を通過できない（図90）。

根の組織を横切る水の移動は，導管内の水ポテンシャルと根の表面の水ポテンシャルの差によって決まる。根の表面の水ポテンシャルは，おもに土壌粒子のマトリックスポテンシャルによる（コラム13参照）。粘土質のように土壌の粒子が細かくて水ポテンシャルが低い場合は，湿度が高くても吸水ができずにしおれてしまうことになる。植物の成長にとって土壌の性質は非常に大切である。

3-3-5-7　溶質の移動
―必要な無機塩類を濃度勾配に逆らって吸収している

植物は必要な無機塩類を土壌中から根によって吸収している。根を高濃度の無機塩溶液につけると，最初急激な取り込みがあったあと，ゆっくりした取り込みが続く。逆に，濃い溶液から薄い溶液に移すと，

42　土に植えると枯れるトマト

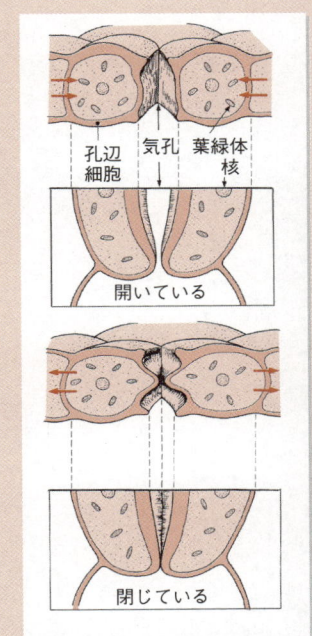

トマトで土壌に植えるとすぐしおれてしまう変異体が知られている。この変異体は，アブシシン酸を与えるか，水栽培をすると，しおれないで成長できる。すぐしおれてしまうのは，この変異体がアブシシン酸を生合成できないため，気孔が開きっぱなしになってしまうため，ということがわかった。

図89　気孔の開閉の模式図
気孔の開いた状態（上），閉じた状態（下）。

43　リグニンやスベリン
リグニンは，フェノール性物質が複雑に重合した物質である。
スベリンは，細胞壁のコルク化が起きるときに蓄積される物質である。
3-3-2-2参照。

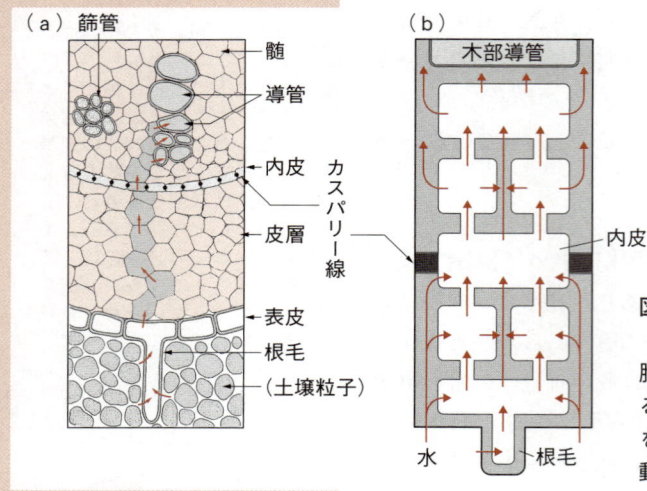

図90 根の構造と水の移動のバリアー
根の表面から吸収された水は，細胞壁内や細胞間隙を通って比較的容易に内皮までは到達する。内皮の細胞間隙にはカスパリー線という水を通しにくい構造があるので，木部への水の移動は内皮の細胞内を横切る必要がある。

最初の急激な取り込みに相当する無機塩は速やかに外に出てくるが，ゆっくりした取り込みにより吸収されたものは出ていかない。この急激に出入りする部分は，内皮より外側の細胞壁への拡散による取り込みであり，ゆっくりした取り込みは，温度を下げたり無酸素にすると影響を受ける反応で，内皮の細胞内を経て導管内まで取り込むエネルギーを必要とする過程である（**2-2-8**を参照）。

植物が必要な無機塩の濃度は，土壌中より植物体の方が高濃度である。つまり植物は，無機塩を濃度勾配に逆らって取り込んでいる。また土壌中には，植物に必要な窒素(N)，リン(P)，カリウム (K) などが少なく，ナトリウム(Na)，アルミニウム(Al)，ケイ素(Si) が多い。このことから，必要な無機塩を選択的に取り込んでいるとわかる。

土壌から吸収され，導管まで取り込まれた無機塩は，水の流れに乗って導管内を移動する。リン，カリウムは横に移動して篩管にも入り，ショ糖などとともに成長している組織に運ばれるが，カルシウム（Ca）にはこのような移動は認められない。

3-3-5-8 同化産物の移動——葉は根から水や無機塩の供給を受ける代わりに同化産物を提供している

植物は，おもに葉で光合成を行い，空中の二酸化炭素を固定して有機の炭素化合物を合成する。個体全体として見た場合，植物はほかから有機化合物の供給を受けなくても，光合成によって合成した有機化合物を利用して生活できるので，**独立栄養生物**といわれる。しかし，個体を構成する各部分を見てみると，たとえば，根は光合成を行わないので，生活に必要な有機化合物を葉で合成した有機化合物に依存して生きている。逆に，葉は生物機能に必要な水や無機塩を根から供給されている。つまり，独立栄養機能をもつ「葉」と従属栄養生活の

「根」を分業することによって，個体全体として独立栄養生物としての生活がなりたっているといえる。

■同化産物の移動のバリアーは葉肉細胞から維管束への過程にある

葉で合成された有機化合物は，根や茎に供給される必要がある。この移動で最も大きなバリアーは，葉肉細胞で合成された光合成産物が維管束に移行する過程である。これらの物質は直接維管束の篩管に移行することはなく，まず維管束に付随している伴細胞に取り込まれる。この過程はエネルギーの必要な過程である。また，選択性があり，ショ糖のような非還元糖は通すが，ブドウ糖などの還元糖[44]は透過できない。伴細胞から篩管へは多数の原形質連絡[45]を経て移動し，さらに篩管を通って各器官に移動する。物質が移動する方向は定まっておらず，活発に物質の合成を行っている場所，物質の蓄積が行われている場所，盛んに成長している場所へと移動する。

44　還元糖
　アルカリ性溶液で還元性を示す，糖のアルデヒド基，ケトン基に起因する。2-1-8も参照。

45　原形質連絡（プラスモデスマータ）
　細胞質がとなり合わせの二つの細胞の細胞壁を貫いてつながっている構造のこと。低分子は，この構造を通して自由に移動できる。高分子のタンパク質や核酸，ウイルスが移動する場合もある。
　なお，原形質とは，細胞膜以外の細胞質をさす。

コラム17　篩管の中の物質を調べる

　篩管の中をどのような物質が移動しているかは，昆虫の働きをうまく利用して解析されている。アブラムシは，注射器のような口器（吻）をショ糖などの多い篩管に差し込んで，中の溶液を吸う。吻を差し込んだときに，その基部を切断すると，切断口から篩管液が流れ出てくる。これを集めて分析した結果，篩管液の中にはショ糖や糖のリン酸エステル，グルタミン酸やアスパラギン酸などのアミノ酸のほかに，核酸などの高分子化合物やウイルスまで含まれており，それらの物質が篩管液を通って移動していることが考えられる。単子葉植物のイネの場合には，アブラムシの代わりにウンカが利用されている（図91）。

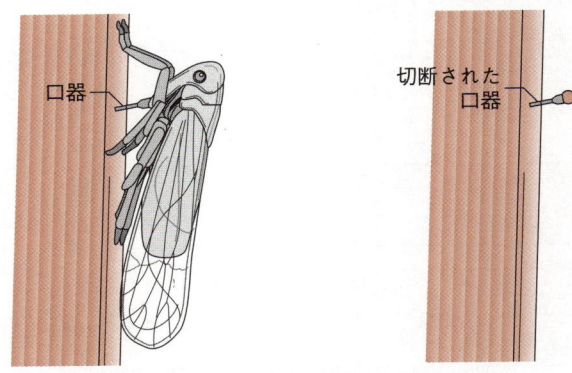

図91　昆虫を利用した篩管液の採取の模式図
左：ウンカがイネの篩管に口器を挿入して篩管液を吸っている図
右：口器を切断すると，切り口から篩管液が流出するので，それを採取する。

■**篩管を物質が移動する原動力**　それでは，篩管を通る移動の原動力は何か。一つの説として，1926年に提唱された**圧流説**がある。この説は，浸透ポテンシャルの低い組織に半透性の膜を通して吸水が起き，それによって生じた水の流れに乗って溶質も移動するというものである。貯蔵組織に到達した溶質は，貯蔵物質として不溶化するので水の流れは継続する。「物質の移動にはエネルギーが必要であるのに，この説では必要としない」とか，「篩管を中空の管と考えているが，実際には生細胞である」とか，この説にはいろいろ問題があるが，ほかに代わる説がないため，いまだにこの説で説明されている。

3-3-6　栄養成長から生殖成長へ
3-3-6-1　生殖成長への移行
――――生活環の進行は環境要因によって大きく影響される

　植物の一生は，種子が芽や根を伸ばし始める**発芽期**から始まり，発芽した芽生えがさらに成長して植物体を形成する**栄養成長期**，次の世代である種子をつくる**生殖成長期**，死に至る**老化期**の四つの時期にわけて考えられている。生殖成長期につくられた種子は発芽して次の世代の一生が始まるが，この発芽期から老化期に至るまでの過程を**生活環**という（3-2-4参照，図92）。

　生活環の進行は，遺伝的プログラムにしたがい，必要な遺伝子が必要な時期に適切な場所で発現して進行する。ただし，植物の場合は，環境要因に遺伝的プログラムが大きく影響されるという特徴がある。

　生活環の中で，個体の成長，維持の過程である栄養成長期から生殖成長期への移行は，生活環上最も劇的な変化の見られる過程であり，遺伝的プログラムと環境要因によって複雑な調節を受けている。その過程では，**花芽形成**，**開花**，**受精**，**胚形成**，**種子形成**という一連の過程が進行する。

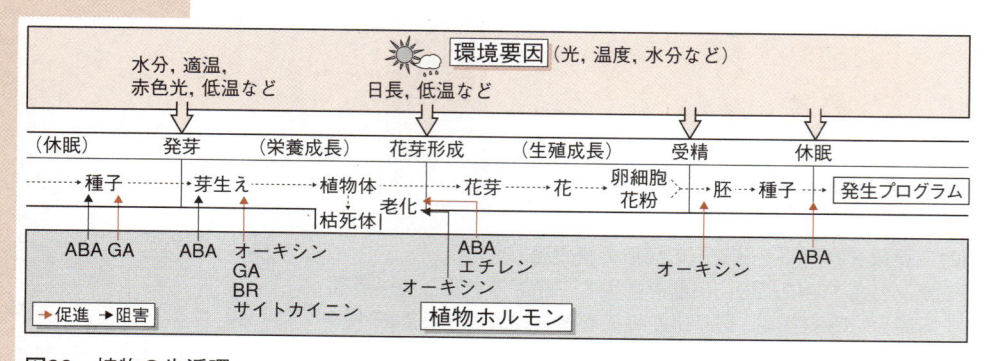

図92　植物の生活環
　生活環は遺伝プログラムにしたがって進行するが，環境要因や植物ホルモンによって制御を受ける。

3-3-6-2 茎頂の変換──葉の原基の形成から花芽形成へ

栄養成長から生殖成長への転換で，まず起きるのは，それまで葉の原基を形成しながら成長を続けてきた茎頂が，花の原基である花芽形成へと変換する過程である。植物は遺伝的プログラムにしたがって，決まった齢に達すると花芽が形成されるが，中には環境の変化を感じて花芽形成へと変換するものもある。このような植物は，とくに四季のある温帯地方に成育する植物に多く見られる。花芽の誘導に影響を与える環境条件は日長と気温の変化である。

3-3-6-3 光周性の発見──日の長さが花芽形成の信号

タバコのメリーランドマンモスという品種は，品種名のように大きく育つ。冬の時期，ワシントン郊外では種子を取るために，温室に移して花を咲かせる必要があった。1920年ごろ，ワシントン郊外のメリーランド州にあるアメリカ農務省の研究所にいたガーナー（W. Garner）とアラード（H. Allered）は，温度，湿度，養分，日照時間などいろいろな環境要因について検討を行い，昼間の長さが一定の時間以下になると花芽をつけることを見出した。ワシントンの緯度では，夏の間は日照時間が長過ぎて花芽がつけられず，そのうち冬の寒さがやってきて，戸外では枯れてしまったのである。

ガーナーとアラードは，また，ダイズのビロシキという品種を春から夏にかけて時期をずらしてまいて，開花期を調べた。その結果，7月前にまいたものは9月初旬にいっせいに開花した。また，7月過ぎにまいたものはどれも約2か月後に花をつけた。このことから，このダイズの品種は，花をつけるには一定の齢に達する必要があるが，個体が成熟しただけでは花をつけられず，日の長さが一定の時間より短くなる必要があるという結論が得られた。一日の昼と夜の長さに依存して起きるこのような現象を光周性という[46]。

■短日植物と長日植物　花芽形成において光周性を示す植物は短日植物と長日植物に大別される。短日植物は日の長さが短くなると花をつける植物で，夏から秋に咲く植物が多く，アサガオ，オナモミ，キク，コスモス，ケイトウ，シソなどがある。長日植物は日の長さが長くなる春さきに花をつける植物に見られ，秋まきコムギ，ホウレンソウ，ハコベ，ダイコン，アブラナ，ムシトリナデシコなどがある。日の長さに影響されない植物は中性植物といわれ，トマト，タンポポ，トウモロコシ，エンドウなどで栽培植物に多い。

■日長のほかに低温にさらされることが必要なものもある　長日植物の中には，秋まきコムギ，ライムギ，ダイコンのように，春にまくと栄養成長して大きくなるが花をつけないものがある。花をつけるためには，吸水した種子が一定期間冬の低温にさらされることが必要で

46　光周性という植物の戦略

地球上での分布を見てみると，短日植物は中緯度の地域に多く分布しており，同じ植物でも短日性の弱い早生の品種がより高緯度に分布している。夏の早い時期に花をつけ，不良環境に抵抗性のある種子をつくることで，早く寒さのくる高緯度の環境に適応している。北海道でイネの栽培が可能になったのも，農林20号のような短日性の弱い品種がつくられたことによるところが大きい。長日植物の場合は高緯度に多く分布している。同じ植物でも晩生の品種や長日条件のほかに低温を要求する品種がより高緯度に分布している。寒い冬が確実に過ぎ去った時期に花をつけるのに適している。このように，光周性は植物が分布を広げていくための一つの戦略として用いられている。

ふつうの　　　薬を加えた　　　低温処理した
ニンジン　　　ニンジン　　　　ニンジン

図93　低温処理とジベレリン
　ニンジンでは，花の形成には長日条件のほかに，一定期間低温にさらされることが必要である。低温の効果はジベレリンによって代替できる。左：長日条件のみ（対照），中：ジベレリン処理，右：低温処理。

ある。このような低温を要求する種子を，一定期間低温にさらす処理をすることを**春化処理**（バーナリゼーション）という（図93）。

■**光周性は花芽形成のみで見られる現象ではない**　トチノキやカバノキのような北半球の温帯に生育している落葉樹の場合，短日条件下では，長日条件下で盛んに伸びていた茎頂付近の茎の伸長が止まり，葉も展開しなくなる。その結果，多くの展開していない葉をもった短い茎が鱗片におおわれて休眠に入る。**休眠芽**の**鱗片葉**を除くと休眠が解除され，鱗片葉は種皮と同様に休眠を維持する役目をはたしている。
　タマネギの鱗茎は，葉がある程度伸長したあと，伸長の方向性を失い，横にふくらむことによって生じる。ジャガイモの塊茎は，地下の腋芽が伸長したあと，先端がふくらんで形成される。前者は長日条件で，後者は短日条件で起きる。
　光周性は植物が環境の情報を生活環の進行の調節に利用しているよい例である。

3-3-6-4　花芽の分化を制御する遺伝子──ＡＢＣモデル

　花芽の分化は，栄養成長期にはドーム型をして葉の原基をつくりながら分裂を続けていた茎頂が，より平たくなり，外側から**萼片**，**花弁**，**雄蕊**（おしべ），**雌蕊**（めしべ）の原基を分化して完成する。この原基を分化する過程では，多くの遺伝子が発現する。シロイヌナズナの突然変異体で，花の構造に変化の見られる変異体を区分すると，三つのタイプの遺伝子群にわけられる。

タイプA遺伝子群の変異は、萼片が葉に、花弁が雄蕊（おしべ）に置き換わっている。タイプB遺伝子群の変異では、花弁が萼片に、雄蕊が雌蕊（めしべ）に変化している。また、タイプC遺伝子群の変異は雄蕊が花弁に置き換わり、雌蕊が欠損する。その結果、萼片と花弁が幾重にも繰り返す八重咲きになる。

■A，B，Cの組み合わせと器官　これらの結果を総合すると、正常な花芽の形成では、遺伝子群A，B，Cが時間的にずれて発現し、発現する遺伝子群の組み合わせと発現場所によって形成される器官が決定されると考えられる。すなわち、タイプA遺伝子群が働くと萼片が形成され、タイプAとタイプBの遺伝子群が協同して働くと花弁が、タイプBとタイプCの遺伝子群が協同して働くと雄蕊（おしべ）が形成される。タイプCの遺伝子群だけが働くと雌蕊（めしべ）が形成される。どのタイプの遺伝子も働いていない場合は葉が形成される。また、タイプAとタイプCの遺伝子群は互いに発現を抑制している。すなわち、タイプAの遺伝子に変異が起きた場合は、タイプCの遺伝子群が本来タイプAの遺伝子群が発現していた区分でも発現して働く。

このように花芽の四つの区分の形成が、三つの遺伝子群A，B，Cの発現の組み合わせによって決まるとするモデルを**花芽形成のABCモデル**という（図94）。

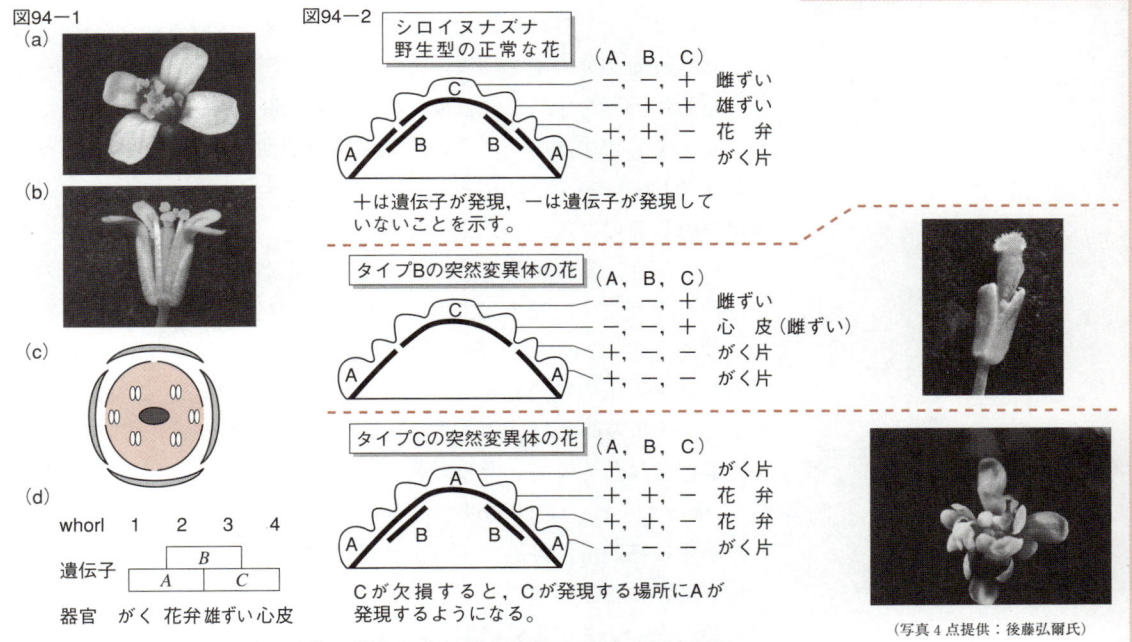

図94－1　シロイヌナズナの花の構造と花の器官形成にかかわる遺伝子
（a）花の上側からの写真　（b）花の縦断面　（c）花式図　（d）花の器官形成に関するABCモデル：A，B，Cの3グループの遺伝子発現の組み合わせで、花のどの器官に分化するかが決まることを示したモデル。
図94－2　正常植物とB，Cタイプの突然変異の花の形態と各遺伝子の茎頂での発現の有無および発現部位

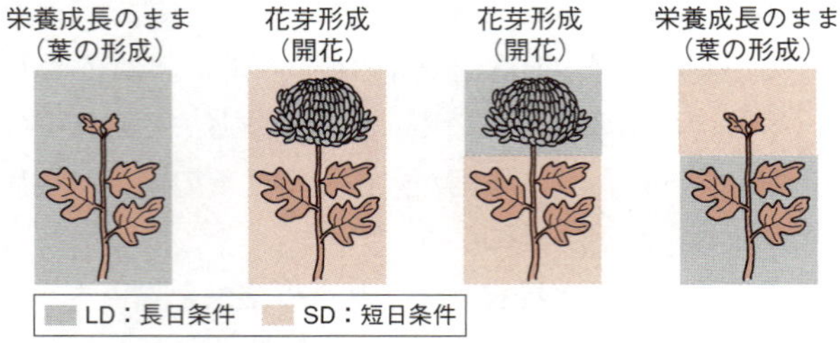

図95 葉で日長を感じる
　短日植物のキクの葉と芽を短日条件（SD）あるいは長日条件（LD）にさらすと、葉が短日条件にさらされた場合に芽が花芽に分化する。

3-3-6-5　花芽誘導刺激は葉で感じる──成熟した葉が必要

　光周性を示す植物は、環境条件が整うと、茎頂から花芽へと形態的にも遺伝子の発現においても顕著な変化を示す。しかし、茎頂を、花芽分化に適当な条件下に直接さらしても、花芽へ分化しない。また、植物体から若い葉だけを残し、成熟した葉を除いても、花芽へ分化しない。このことから、日の長さを感じることができるのは、成熟した葉であることがわかる（図95）。多くの植物では、葉が日長を感じる能力を獲得するまでには一定の時間が必要であるが、アサガオのように子葉でも日長を感じる植物もある。そのような植物では、子葉の間にすぐ花をつけさせることができる（図96）。

　前述のように、長日植物の中には、長日条件に加えて一定期間低温にさらされる必要のある植物がある。この場合は、胚や茎頂のような若い細胞が低温を感じる。低温にさらされた胚は、栄養成長を経たあとに花芽を分化するので、その間低温に一定期間さらされたという情報を維持していることになる。

■**葉が感じるのは連続した夜の長さである**　　短日植物は日が短くなると花が咲き、長日植物は日が長くなると花が咲く。しかし、夜の長さは同じでも途中で光を当てると短日植物は花をつけず、長日植物に花がつく。また、明期を長日植物が花をつける長さにしておいても、夜の長さを人工的に長くすると、短日植物に花がつく。このような実験から、花芽の形成の信号（環境条件の）として葉が感じているのは、昼の長さではなく連続した夜の長さだということがわかってきた（図97）。すなわち、一定時間以上の連続した夜で、花芽の形成を誘導するのが**短日植物**で、抑制するのが**長日植物**である。

　短日植物の花芽の形成や長日植物における花芽の形成の抑制に最低限必要な夜の長さを**限界暗期**という。植物によって長さが異なり、また、アサガオなど植物によっては暗期の長さのわずか15分の違いで花芽を分化したり、しなかったりするものがあるので、かなり正確に夜の長さを計る機構があると考えられる。夏まだ日が長い時期に花をつ

図96　幼期
　通常、日長条件を感じるのは成熟した葉であるので、植物がある程度成長するまでは日長を感じない。この時期を幼期というが、アサガオのように幼期のない植物では子葉でも日長を感じることができるので、芽生えに直接花をつけることも可能である。
（写真は、「PHYSIOLOGY OF FLOWERING IN PHARBITIS NIL」今村駿一郎著、口絵写真、日本植物生理学会）

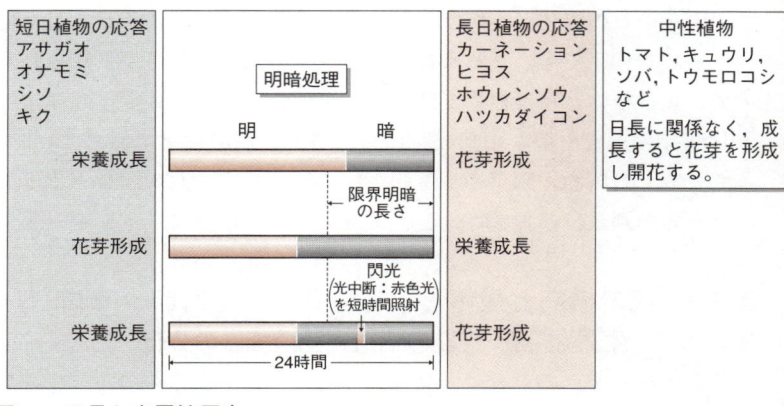

図97　日長と光周性反応
連続した一定時間以上の暗期が重要である。

けるアサガオが短日植物というのはおかしな感じだが，これはアサガオの限界暗期が短いからである。

また，連続した夜の中間に光を照射され，連続した夜の長さの効果を打ち消すことを**光中断**という。光中断には，赤色光が有効で，赤色光の効果は遠赤色光で可逆的に打ち消されるので，フィトクロームが関与していると考えられる。

■**葉で感じた日長の信号を茎頂へ伝達する物質がある**　葉で夜の長さを感じるが，実際に花芽が分化するのは茎頂である。このことから，葉で感受した夜の長さの刺激は，何らかの方法で茎頂にまで伝達されると考えられる。短日処理した短日植物と長日条件下で育てた短日植物を接木して片方の植物のみ短日処理すると，長日条件下のもう一方の植物にも花芽ができる。また，接木した長日条件下で育てた短日植物を環状除皮[47]すると花芽はつかなくなるので，短日条件下の植物体の葉でつくられた物質が，篩部組織を通って茎頂に伝えられて花芽を誘導したと考えられる（図98）。その物質を**花成ホルモン**というが，

47　環状除皮
茎を部分的にリング状に篩部から外側をはぐこと。p.171注32を参照。

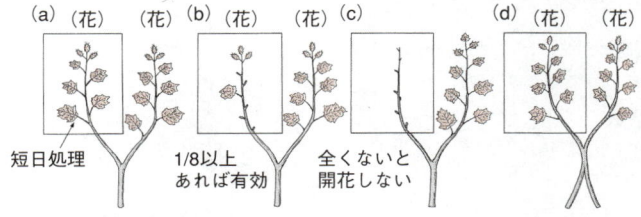

図98　花芽誘導物質の移動
(a)〜(c)　枝わかれした二本のシュートをもつオナモミの一方を短日処理すれば，もう一方のシュートにも花がつく。短日処理したシュートにわずかでも葉が一部が残っていることが重要である。
(d)　接木した二本のオナモミの片方を短日処理すると，もう一方にも花が着く。日長を感じた葉で合成された花芽形成誘導物質がもう一方のシュートあるいは植物に移動して花芽形成を誘導する。

このホルモンの実体は不明である。長日植物と短日植物を接木した場合，短日条件下でも，長日条件下でも両方の植物に花芽が形成されるので，短日植物と長日植物で同じ信号が働いていると考えられる。

休眠芽の形成や塊茎の形成時にも，日長の刺激は葉で感じていて，葉で受容した刺激が鱗茎や塊茎の形成の場に伝えられる。ジャガイモの葉からの刺激伝達物質は，ジャスモン酸メチルと同定されている。

3-3-7　花の構造と受精そして老化──次世代への準備
3-3-7-1　生殖器官──花の構造と生殖細胞の分化

花芽のそれぞれの部分は，発達して生殖器官である花の各部分を形成するとともに，生殖細胞が分化する。花の中の雌性生殖器官である**雌蕊**（めしべ）は，**子房**と**花柱**からなる。その子房に包まれている**胚珠**の中で，**胚嚢母細胞**が減数分裂により4細胞になり，そのうちの1細胞が**胚嚢細胞**になり，ほかの3細胞は退化する。胚嚢細胞は3回核分裂して8核になるが，そのうち3核は胚珠の珠孔側に移動して**卵細胞**と二つの**助細胞**になる。また，三つの核は反対側に移動して**反足細胞**に，中央の細胞は2個の**極核**をもつ**中央細胞**になる（図99）。

雄性の生殖器官は**雄蕊**（おしべ）で，**葯**と**花糸**の部分にわかれる。葯の中で**花粉母細胞**が減数分裂によって**花粉四分子**をつくる。花粉四分子は，それぞれさらに分裂して**花粉管核**と**雄原細胞**になり，成熟して**花粉**になる。

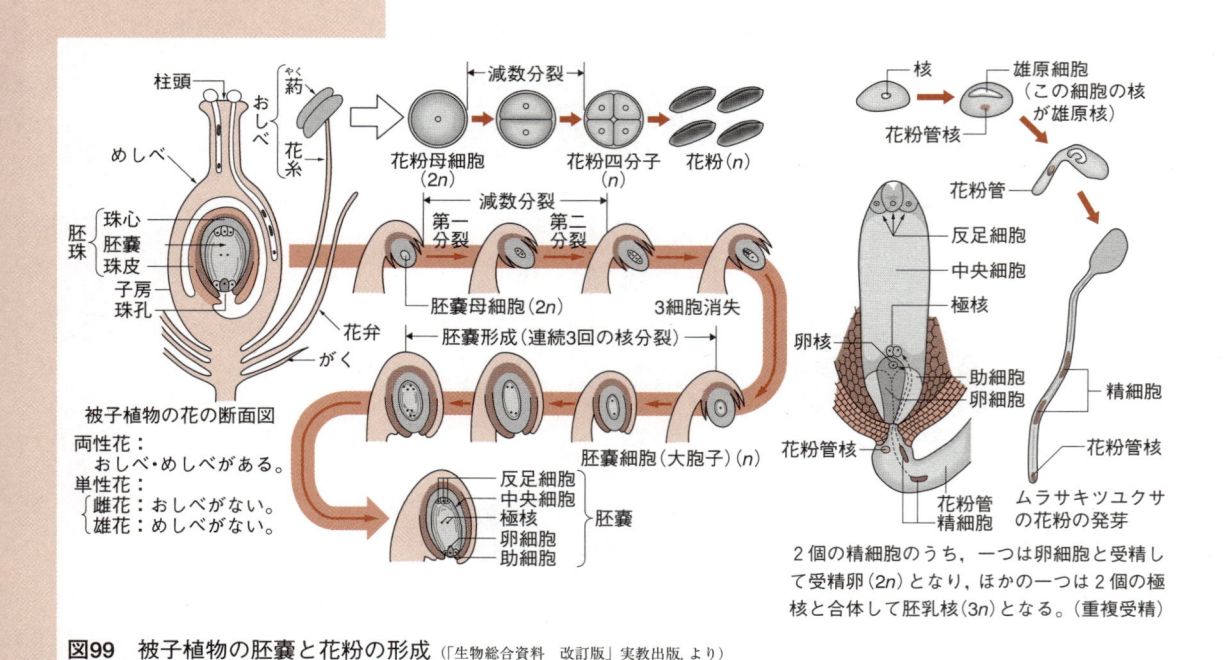

図99　被子植物の胚嚢と花粉の形成（「生物総合資料　改訂版」実教出版．より）

3-3-7-2 自家不和合
──同じ個体の生殖細胞で受精が起きるのを避けるしくみがある

植物の場合，受精に至る前に**受粉**という過程がある。受粉とは，雌蕊(めしべ)の花柱の先端の部分である柱頭に花粉がつく現象である。一つの植物の花粉が，同じ個体の雌蕊に受粉する現象を**自家受粉**という。一つの花の中に雌蕊と雄蕊の両方が存在する花を**両性花**というが，両性花をもつ多くの植物では自家受粉が起きやすい。自家受粉は受粉しやすい反面，遺伝子の交換がなく，遺伝的多様性を得にくくなるという問題がある。そこで一部の種では，自家受粉を防ぐしくみがあり，それを**自家不和合**という。自家不和合には，雌蕊の遺伝子と花粉の遺伝子が同一のときは，柱頭についた花粉が発芽しなかったり，途中で伸長が止まったりするしくみや，自家受粉しにくくする花の構造によるしくみなどがある。また，**雌花**と**雄花**をもつ**雌雄異花植物**では，雌花と雄花の成熟時期をずらして自家受粉を避けている。雄花と雌花をつける個体が異なる**雌雄異株植物**もある。

■種子植物では重複受精が見られる　自家不和合のように，花粉の発芽や伸長を阻害する要因がない場合は，柱頭に付着した花粉は発芽して花粉管を花柱の中に伸ばし，子房内の胚珠の珠孔に到達する。その間，花粉管内で雄原細胞が分裂して2個の精細胞を生じる。二つの精細胞(n)の一つは，胚嚢中の卵細胞と融合して受精卵となる。もう一つは，2個の極核が融合した核をもつ中央細胞($2n$)と受精する。このような受精は，種子植物の被子植物で見られ，**重複受精**という。受精卵は分裂して胚($2n$)を形成する。受精した中央細胞は貯蔵組織である胚乳($3n$)を形成する。

3-3-7-3　世代交代[48]

今まで，私たちが一番よく目にする種子植物の中の被子植物の生殖について話を進めてきた。しかし，植物にはいろいろな生殖法があり，生活環は多様である(**3-2-3**参照)。

陸上の植物について世代交代を見ると，コケ植物では配偶体が発達してコケの本体になり，胞子体は配偶体上の朔の部分に限られる。それに対しシダ植物は，胞子体の部分が発達し，配偶体世代は前葉体に限られる。また，種子植物では，胞子体がさらに発達し，胚嚢と発芽した花粉が配偶体に相当し，複相生物に限りなく近づいている。

3-3-7-4　花の構造の発達──果実と種子の形成

受精後，花弁，萼片，雄蕊(おしべ)は枯れて落ちるが，子房は発達して**果実**[49]になる。子房を形成していた心皮の部分が**果皮**になる。ウメやモモなどでは果皮がよく発達して，薄くて強い**外果皮**，水分の

48　世代交代（3-2-4参照）
植物では胞子により無性生殖をし，核相が複相($2n$)の世代と配偶子による有性生殖を行い，核相が単相(n)の世代が交互に現れるものが多い。このように，生殖法の異なる世代が交代することを**世代交代**という。

49　果実
果実とは，種子をおおう組織の外見的な形態に基づく一般的な名称であり，花のどの部分が発達したものでも果実という。狭義には，子房が発達したものを**真果**といい，たとえば花托が発達したイチゴのように，子房以外の花の部分が発達したものは**偽果**という。

多い多肉質の**中果皮**，かたい殻状の**内果皮**からなる。果実内の胚珠は，受精卵からの胚発生にともない，中央細胞が**胚乳**に，珠皮は**種皮**に発達して**種子**が形成される。反足細胞と助細胞は退化する。胚乳は種子が発芽する際の養分の貯蔵組織になるが，胚乳の発達しない無胚乳種子もある。多くの無胚乳種子では子葉に養分が蓄えられる。

■**果実の成長の開始・持続にはオーキシンが必要である**　果実の成長は，ごく初期の細胞分裂後は，ほとんど細胞の伸長，肥大によるものであり，それは受粉によって開始する。この成長の開始は花粉の抽出物でもよく，花粉に含まれるオーキシンによるものと考えられている。しかし，果実の成長が持続するためには，受精して種子が形成されることが必要である。花托が肥大するイチゴの偽果の場合，種子を除くと果実は大きくならないが，オーキシンを与えると種子がなくても果実の成長が続くので，種子はオーキシンなどの植物ホルモンを供給して果実の成長をうながしているものと考えられる（図100）。

■**ジベレリン処理で種子なし果実がつくられる**　ブドウのデラウェア種は開花10日前に蕾をジベレリンで処理すると種子はできなくなるが，開花10日後に2度目のジベレリン処理で果実が成育して種なしブドウができる。モモの果実でもジベレリン処理することで種なしモモをつくることができる。

■**果実の成熟はエチレンによって制御される**　リンゴやバナナなどでは，果実の成長が進むとエチレンが生成されるようになるが，それに続いて**クリマクテリック**[50]という呼吸が急上昇する時期がある（図101）。これを境にして，糖含量の増加，果皮の着色，果肉の軟化，

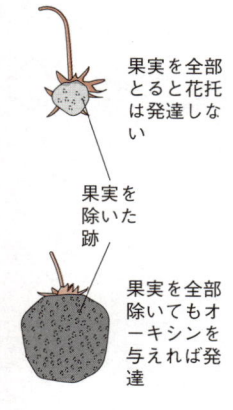

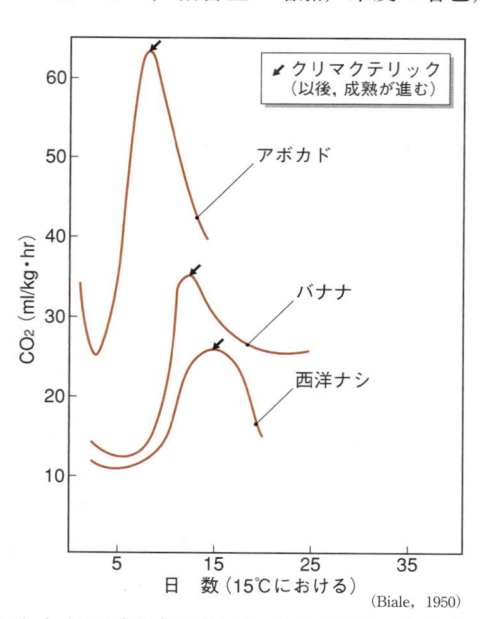

図100　イチゴの偽果（花托）の発達とオーキシン　果実（一般には種子と呼んでいる部分）が着いている花托は発達して偽果を形成する。果実を一部除くと残っているところのみ発達する。果実をすべて除くと花托は発達しないが，オーキシンを与えれば成長する。

50　**非クリマクテリック**
ブドウ，イチゴ，パイナップルのように，顕著なクリマクテリックを示さない果実もある。

図101　後熟にともなう呼吸率の急激な上昇（クリマクテリック）

芳香の発生などが起き，果実の成熟が進む。クリマクテリック上昇前の果実をエチレンで処理すると，呼吸が上昇して果実の成熟が進む。これらのことから，果実の成熟は，果実で生産されるエチレンによって制御されていると考えられる。**エチレン**は，荷くずれしない青いバナナの状態で輸入し，エチレン処理で成熟させたものを出荷するのに使われている。レモンの着色にも利用されている。

3-3-7-5　葉の老化と落葉
――**分解産物は若い葉による窒素やリンの再利用にある**

　生物は，成育の最終段階として死を迎えるが，死に至るまでの準備段階があり，その過程を**老化**という。成長しつつある植物で一般的に見られるが，葉は齢の進んだものから順に老化して死に至る。この死は，葉の寿命より早く死に追いやられているように見える。たとえば，葉を一枚とり，水にさして不定根を形成させると，親植物についていたときよりずっと長く緑を保つ。また，植物体の若い葉や芽を除くと，黄化し始めていた葉は，再び緑を取り戻し成長する。

　老化しつつある葉では，さまざまな加水分解酵素の活性が高まり，タンパク質や核酸の分解を行う。タンパク質合成の阻害剤を与えると葉の老化が押さえられるので，老化の進行には老化に必須のタンパク質合成が起きる必要がある。この合成は成長しつつある器官からの影響を受けている。

　老化しつつある葉で，核酸やタンパク質が分解されて生じた窒素化合物やリン化合物は，若い成長しつつある器官に運ばれる。若い器官による窒素やリンの再利用が，老化のもつ積極的な意味と考えられる。

■**エチレンによる離層の形成が落葉に導く**　老化した葉は，最終的には**落葉**するが，落葉を直接誘導するのは植物ホルモンの**エチレン**である。エチレンによって葉柄の根もとに**離層**という組織が形成される（図102）。離層では，細胞壁を分解するセルラーゼやペクチナーゼが合成され，それらの酵素の働きで離層の細胞壁が分解して葉が離脱する。葉身にオーキシンを与えると離層の形成が押さえられるので，葉におけるオーキシンの生産の減少も落葉に関係している。

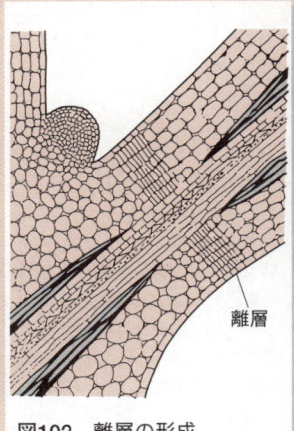

図102　離層の形成
（植物生物学大要　田口亮平, 養賢堂 p. 231, 第Ⅸ・10図, より）

3-3-8　植物と微生物の相互作用――病気に対する防御機構
3-3-8-1　植物は多くの方法で微生物の侵入を阻止している

　植物は，大気中や土壌中にいる無数の生物に囲まれて生活している。それらの生物の中には，植物に病気を引き起こすものが知られており，そのような生物を**病原体**という。しかし，ある病原体によって病気にかかるのは，ごくわずかな植物であり，ほかの多くの植物にとっては無害である。また，同じ植物でも品種や系統によって病気にかからな

いものや，かかりにくいものがある。このようなことから，それぞれの植物はいろいろな範囲の生物に対して，いろいろな程度で侵入を防ぐ機構をもっていると考えられる。

　植物は，組織の表面をかたい表皮組織でおおったり，細胞内に抗菌性物質や害虫に対する抵抗性物質を蓄積するなど，ほかの生物から身を守るしくみを発達させている。このような，植物が恒常的に示す防御機構のほかに，微生物の感染や昆虫の食害のような緊急事態に対応して発動する機構もある。

3-3-8-2　病原体に対する防御応答は病原体の分泌する物質や細胞壁の分解産物を受容することから始まる

　上記の反応の一つは，植物から分泌される酵素が，病原体の細胞壁や感染した植物の細胞壁を分解し，それによって生じた分解産物が引き金になって誘導される**防御応答**である。防御応答を誘導する物質を**エリシター**という。

　もう一つは，特定の病原体の生産する特異タンパク質と，特定の植物がもつそのタンパク質に対する受容体とが，結合して起きる防御機構である。後者の防御機構は，引き起こされる防御応答には差異はないが，エリシターによるものに比べ，反応が速く，強い。また，特定の病原体と植物体の間でのみ見られる，特異性の高い反応である。特定の遺伝子をもつ菌株と，特定の抵抗性遺伝子をもつ植物の間で見られる現象として，**遺伝子対遺伝子説**が知られている（図103）。

3-3-8-3　植物は細胞壁を強固にしたり，抗菌性物質や微生物の細胞壁分解酵素を生産して微生物の進入を阻止する

　前項の防御応答が起きて，エリシターや遺伝子産物がそれぞれの受容体に結合すると，まず細胞内へのカルシウムイオンの流入に続いて，NADPHオキシダーゼ[51]が活性化され，活性酸素が生じる。この活性酸素から生じた過酸化水素は，ペルオキシダーゼの働きで，細胞壁のタンパク質間のつながりを強くして細胞壁を強化し，物理的に病原体

51　NADPHオキシダーゼ
酸素分子（O_2）を電子受容体として補酵素のNADPH（還元型ニコチン酸アデニンジヌクレオチドリン酸）を酸化する酵素で，反応生成物として活性酸素と呼ばれるO_2^-（スーパーオキシドアニオン）が生じる。

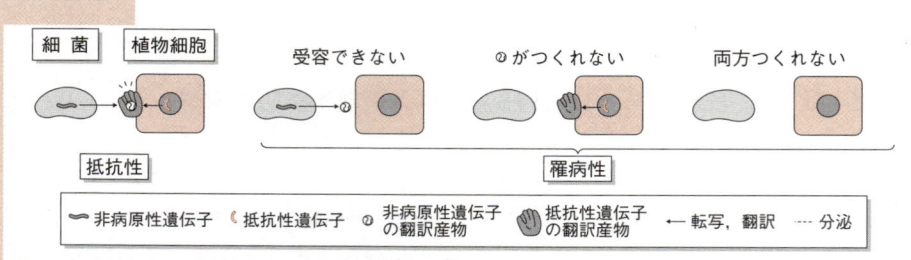

図103　抵抗性反応における遺伝子対遺伝子説の分子機構のモデル
　非病原性遺伝子の翻訳産物（◎）を抵抗性遺伝子産物（✋）が受容したときのみ防御反応が誘導される。

の侵入を阻止する。一方，活性酸素は，フィトアレキシンと総称される抗菌性[52]のある低分子化合物，キチナーゼ，β-1,3-グルカナーゼのようなPRタンパク質[53]と呼ばれるタンパク質，などの合成と蓄積の引き金にもなる。

　フィトアレキシンは植物によって異なっており，今までに100種以上の植物で，200を超える化合物が知られている。代表的なものには，エンドウのピサチン，インゲンのファゼオリン，ジャガイモのリシチン，サツマイモのイポメアマロンなどがある。PRタンパク質には，病原体の細胞壁の分解に働く酵素が多い。細胞壁に作用してエリシターをさらに増加する働きもある（図104）。

52　抗菌性
微生物の増殖，成長を阻止する性質。

53　PRタンパク質
PR (pathogenesis related) タンパク質は病気の発生 (pathogenesis) に関連して感染部位の近くに合成・蓄積・分泌されるタンパク質をいう。

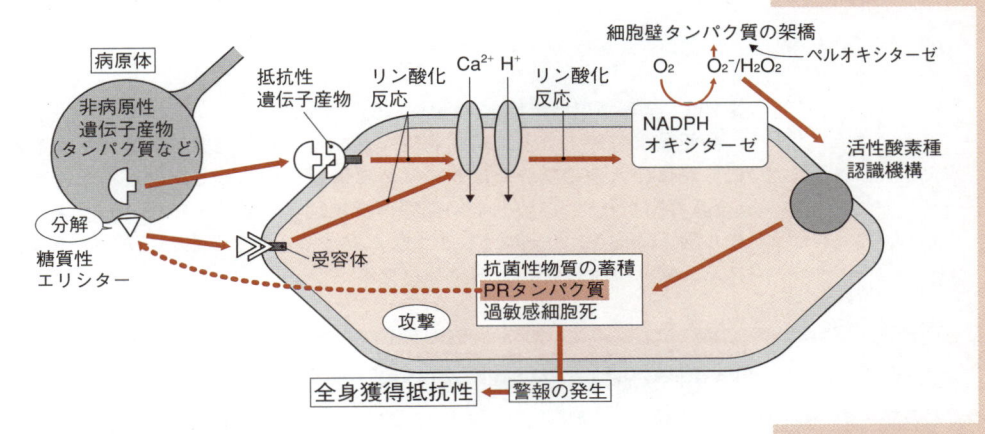

図104　病原菌に対する抵抗性反応のモデル

3-3-8-4　警報の発生——全身に病原体の進入を知らせる

　植物体に微生物が感染すると，感染部位の周辺で細胞の自発的な死による**過敏感細胞死**[54]，PRタンパク質やフィトアレキシンの蓄積，**細胞壁の強化**などの反応が局所的に起きて菌の侵入や拡散を防ぐが，一方では，感染部位から離れた場所でPRタンパク質が蓄積して，菌に対する抵抗性反応を示す。このことから，感染部位から菌が侵入してきたことを示す信号が全身に伝えられ，防御機構を誘導したと考えられる。この感染部位から離れた場所や植物体全体で見られる抵抗性を**全身獲得抵抗性**（SAR）という。

　感染部位の周辺にサリチル酸が蓄積すること，非感染組織にサリチル酸を与えるとPRタンパク質が蓄積すること，サリチル酸を分解する酵素の遺伝子を導入した植物では全身獲得抵抗性を示さないなどの事実から，サリチル酸が，感染部位から発せられる全身獲得抵抗性を誘導する信号になっていると考えられる（図105）。

54　過敏感細胞死
病原菌に抵抗性を示す植物で見られる反応で，感染細胞が壊死，褐変し，速やかに死ぬことをいう。死細胞群による局部的な病斑は，病原菌の広がりを阻止する。植物の最も重要な防御反応である。

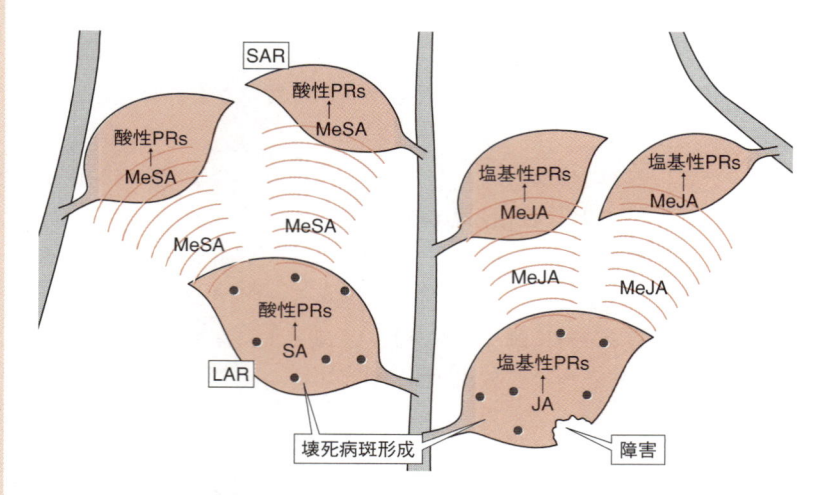

図105　全身獲得抵抗性と他個体への情報伝達
　病原菌に感染すると，壊死病斑を形成して局部的抵抗反応を示すとともに，個体のほかの部分やほかの個体に情報を伝達して防御反応を誘起する（全身獲得抵抗性）。LAR：局部獲得抵抗性（局部的抵抗反応），SA：サリチル酸，MeSA：メチルサリチル酸，JA：ジャスモン酸MeJA：メチルジャスモン酸，PRs：種々のPRタンパク質

コラム18　植物における自己防衛　（図106，4-4-3のコラム6も参照）

　移動することのできない植物が，植物を餌とする動物から身を守る手立てには，物理的なもの（かたい表皮や棘の形成），化学的なもの（毒物質や忌避物質の合成），あるいは生物学的なものとしては共生（アリの好む蜜などを分泌して，アリを番兵として利用），カムフラージュ（食害を与える蝶の卵に似た構造をつくり，産卵を回避），仲間への警告（食害されると揮発性の警告物質を放出し，仲間に防衛物質などの遺伝子発現を活性化させる）などさまざまなものが知られているが，ここでは少々手の込んだものを紹介しよう。

　昼は地中に潜んでいて，夜になると作物を食害するヨトウムシ（ヨトウガの幼虫）は，農業害虫としても有名である。ヨトウムシに食害されたトウモロコシは，傷害とヨトウムシの唾液成分という二つのシグナルを同時に受け取ることになる。この二つの情報が重なると，トウモロコシはヨトウムシに寄生する蜂を誘引する物質を合成・放出する。食害を直接には防げないものの，次世代をつくらせないという長期戦略である。

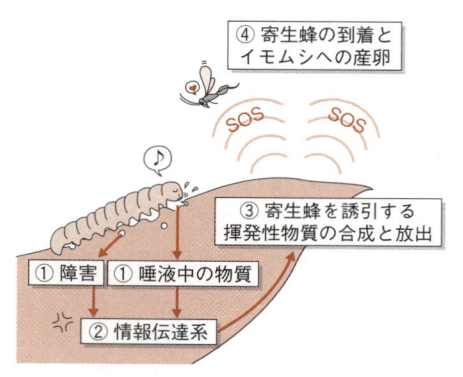

図106　植物における自己防衛の例

3-3 植物の構造と機能

■**近くの他個体にも警告を発する**　また，菌の感染や昆虫の食害にあった植物に近接して生える植物にも，PRタンパク質の蓄積と抵抗性の発現があることが報告されている。これは感染した植物から発散されるメチルサリチル酸やメチルジャスモン酸などの揮発性物質が情報を伝達している。このように，植物はあらかじめ，いろいろな形で菌の侵入に備えている。

3-3-8-5　根粒の形成
――マメ科植物と根粒菌の関係には宿主特異性がある

植物と微生物との関係は病気に限らず，多種多様であり，ユニークなものも多い。そのうちの一つとして，マメ科植物と**根粒菌**の関係をあげることができる。

根粒菌は，マメ科植物の根に**根粒**（図107）という瘤状構造をつくる。根粒菌にもいろいろあり，一つの根粒菌がすべてのマメ科植物に根粒をつくるわけではない。エンドウに根粒をつくる根粒菌は，アルファルファやダイズには根粒をつくれない。一方，アルファルファに根粒をつくる根粒菌は，エンドウやダイズには根粒をつくれない。このようなマメ科植物と根粒菌の関係を**宿主特異性**という。

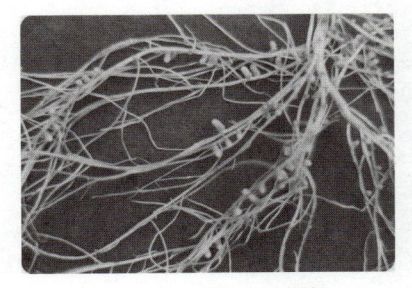

図107　エンドウの根粒

■**根粒形成過程のあらまし**　エンドウ，クローバー，アルファルファなどの場合，それらの植物を宿主とする根粒菌が根粒をつくるまでの過程は，根粒菌が宿主植物が出す物質に引き寄せられて根の周辺の土壌に集まることから始まる。根の周辺の有機物質に富んだ土壌中で増殖した根粒菌が**根毛**に付着すると，根の組織内部では根の皮層組織の細胞分裂や根粒特異的なタンパク質（ノジュリン）の遺伝子の発現が始まる。一方，根毛は**カーリング**という著しい変形をする（図108）。変形した根毛によって閉塞された根粒菌は，その場所で根毛の細胞壁を破って根毛細胞内に侵入するが，破られた細胞壁につながるように**感染糸**と呼ばれる管状構造が形成されるので，根粒菌はその管の中を増殖しながら組織内部に入りこんでいくことになる。感染糸は根毛細胞からさらに細胞間隙を，あるいは，皮層細胞内を横切って根の皮層内部に到達して，そこで根粒菌を皮層の細胞内部に放出する。そのと

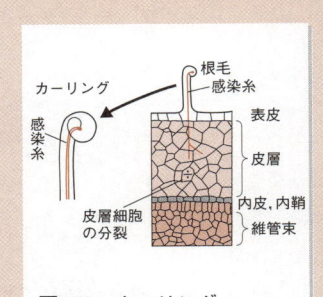

図108　カーリング

きには，周辺の皮層細胞が分裂しており，そこへ感染糸を伸ばして根粒菌を放出し，また周辺細胞の分裂をうながすということを繰り返すことによって，根粒菌を細胞内部に含んだ瘤状組織（根粒）が形成される。細胞内に放出された根粒菌は，**バクテロイド**と呼ばれる形に変形して（図109），空中窒素を固定するようになる。

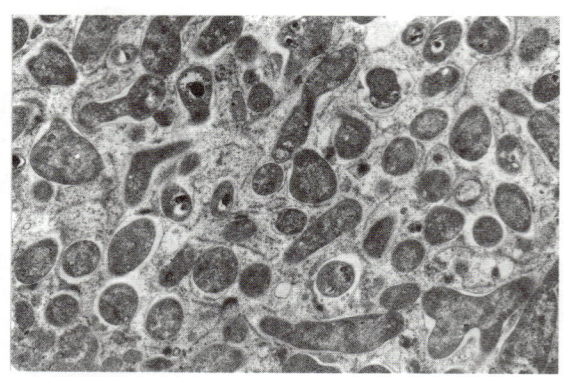

図109　バクテロイド
　マメの根の細胞内に侵入した根粒菌は，変形してバクテロイドという形状になり，窒素固定を始める。バクテロイドはペリバクテロイドメンブランという膜に包まれている。

■**根粒菌は根粒細胞内で空中の窒素を固定する**　　窒素を還元してアンモニアを合成する**窒素固定反応**は，エネルギーを大量に消費するが，そのエネルギー源には地上で光合成によってつくられた炭素化合物が使われる。このように，植物は合成した炭素化合物を根粒菌に提供し，その代わりに根粒菌の固定した窒素化合物の供給を受けることで共生関係が成立している。前述のように，窒素固定は大量のエネルギーを必要とするので，マメ科植物にとってはせっかく合成した光合成産物が消費され，決して望ましいものではない。しかし，光合成産物を犠牲にしても，根粒菌の合成した窒素化合物の供給を受けるということは，窒素源が欠乏している土地（やせた土地）へ分布を広げるためのマメ科植物の戦略ともいえる。面白いことに窒素源が豊富なときには根粒形成は抑えられる（図110）。

■**根粒形成に必要な遺伝子は根粒菌がもっている大きなプラスミド上に存在する**　　根粒菌にはSymプラスミド（symbiosis，共生）と呼ばれる大きなプラスミド[55]が存在し，その上に根粒形成に必須の遺伝子，宿主特異性を決めるのに必要な遺伝子が存在する。それらの遺伝子は，宿主マメ科植物が分泌するフラボノイド[56]によって，その発現が誘導される。これらの遺伝子の働きによって，根粒菌が合成した物質が宿主植物細胞に働いて，根毛の変形を起こしたり，皮層の細胞の分裂を誘導したり，根粒形成初期に発現する遺伝子の発現を誘導

55　プラスミド
　染色体外にあって自己複製能力をもつDNAのこと。

56　フラボノイド
　炭素の骨格がC6-C3-C6である一群の植物色素の総称。

したりする。空中窒素を固定（還元）してアンモニアをつくる過程を触媒する，ニトロゲナーゼという酵素の遺伝子（*nif*：nitrogen fixatin）もSymプラスミド上にある。

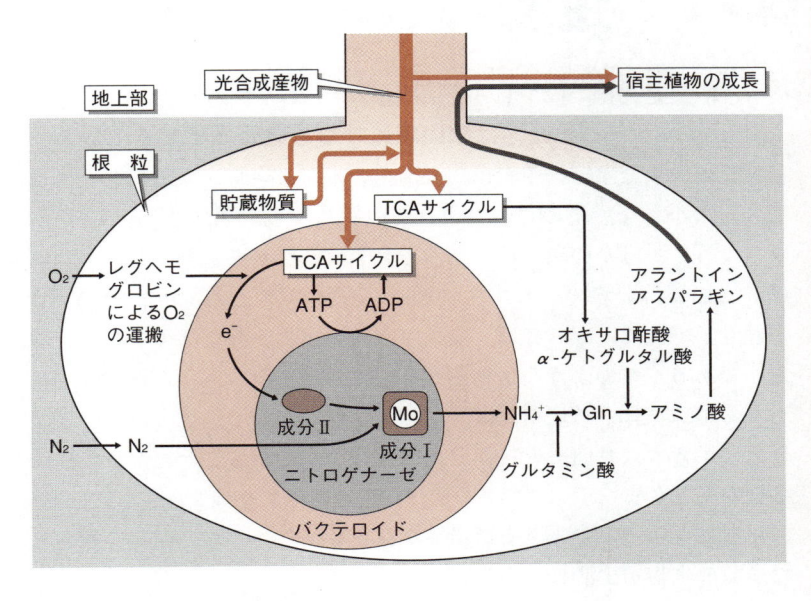

図110 根粒での共生窒素固定
　地上部から輸送されてきた光合成産物とレグヘモグロビン[57]によって運搬されてきた酸素を用いて，根粒菌は活発な呼吸を行いATPと電子を生じる。電子を受容したニトロゲナーゼの成分IIはMg-ATPと結合し活性化され，成分Iと複合体をつくる。複合体で成分IIから成分Iに伝達された電子を用いて，成分Iで空中窒素はアンモニアに還元される。アンモニアはグルタミン合成酵素の働きでグルタミン酸に固定されてグルタミンを生じる。グルタミンはさらに代謝されて，生じたアラントインやアスパラギンの形（植物によって異なる）で地上部に輸送される。

57 レグヘモグロビン
　まめ（legume）のヘモグロビンということで，血液中のヘモグロビンと同じく，ヘムを補酵素とするタンパク質である。O_2と結合しやすく，またO_2を放しやすい性質をもっているので，根粒細胞内にO_2を運搬する役割と遊離のO_2を結合してO_2に弱いニトロゲナーゼを保護する役割をもつ。根粒での窒素固定には必須で，活発に窒素固定している根粒内部は赤色をしている。

第4章　生物の環境と集団

4-1　生物の環境と生態系

4-1-1　生物圏（バイオスフェア）
——私たちは薄い膜にひしめき合って生きている

　地球は広大な宇宙の中では，太陽系の水星，金星，火星などと同様のほんの小さな惑星の一つにすぎない。しかし，「緑の惑星」といわれるように，ほかの星とは異なった大きな特徴がある。それは地球には，表面に薄い膜のような**生物圏**（バイオスフェア，1-2-1も参照）が存在していて，そこには，膨大な種数の生物が共に活動をしていることである。このような生物圏が存在する場所は，直径が約13000kmもある地球全体から比べれば，ごくわずかな部分で地球のほんの表面付近にすぎず，月面や火星面と比べればすぐわかることだが，じつに多様なありさまを示している。海洋，大地の地表や地中，さらには湖，河川などといったさまざまな環境が存在し，それぞれの環境に適応した多数の生物が生活している。

　地球上で生命が誕生してから，生物たちは40億年もの長大な歴史を背負ってきている。そして，バクテリア，菌類，植物，動物，など，じつに多様な大きさ，形態，性質などの生物が進化してきている。現在，地球上にいる生物は数百万種とも数千万種ともいわれているが，さまざまに関係しながら，いわばひしめき合って共に生きている，つまり共生しているようすは，**共生生物圏**（シンバイオスフェア）という呼び方がふさわしい。

4-1-2　生物の生活と環境要因
——生物の理解には，まわりの環境の理解も必要

　生物はその体を維持し，分身や子どもをつくるためには，まわりから何らかの物質とエネルギーを取り入れなければならない。また，まったく単独で生きている生物は少なく，同じ地域に生息している生物間では，同種であれ他種であれ，多少なりとも何らかの関係をもっているものである。このように，生物にとって外界（体の外側）にあるが影響を及ぼしたり，及ぼされたりする物の総体を**環境**という。

　生物のなりたちを理解しようとするとき，個々の生物がけっして単独では存在していないことを考えると，体内の生物学的メカニズムの解明も大事だが，その環境に目を向けることも必要である。これは私たち人間において，自身の身体的・精神的な健康が大事だが，それに

4-1 生物の環境と生態系

表1　生物をとりまくさまざまな環境要因

（「生体と環境」松本忠夫，岩波書店　1993より改変）

無機的（非生物的）な環境要因		
（1）光要因	太陽光の量，質など	
（2）温度要因	気温，水温，地温など	
（3）大気要因	気体組成（酸素，二酸化炭素，窒素，火山性気体など），風，気圧，雲，水蒸気，浮遊塵など	
（4）水要因	降水，湿度，蒸散，雪，氷，波，溶存物，潮の満干，海流など	
（5）土壌要因	粒度，粘性，塩類濃度など	
（6）その他	重力，磁力，放射線，宇宙線，人工生成物など	
有機的（生物的）な環境要因		
（1）食物資源要因		植物，動物，微生物，デトリタス，溶存有機物など
（2）種内関係にある要因		同種異性個体，同種同性個体，血縁者など
（3）種間関係にある要因		捕食者，被食者，寄生者，宿主，共生者，競争者，擬態者，病原菌など

影響する環境がいかに重要であるかをひしひしと感じていることからもうなずけることであろう。

　表1は，生物に影響を与えるさまざまな環境要因を示している。環境要因は**無機的環境（非生物的要因）**と，**有機的環境（生物的要因）**とに大別することができる。生物はこの環境要因の中から影響を受け，また多くの生活資源を取り入れているのである。

1　捕食

　狭義には動物がほかの動物を捕らえて摂食することをいうが，広義には食べられる生物に植物や菌類，バクテリアなどを含めて，生物が広くほかの生物を摂食することをいっている。広義の**捕食性生物**は，次のようなカテゴリーにわけることができる。

①真の捕食者…ほかの動物を捕えて摂食する。
②寄生者…ほかの生物の体内あるいは体表にとりついて栄養を摂取するが，とりついた生物を殺さない。
③捕食寄生者…寄生性の昆虫であり，最終的に寄主を殺してしまう。
④植食者…植物体の全部あるいは一部を摂食する。

コラム1　生態系における土壌の形成

　生物による反作用は，たとえば**土壌**形成において典型的に見られる。**土壌の成立は生物の活動によるところが大きいのである。**もちろん，もし生物がいなくても，大地の表層に位置する岩石は，日光による気温変化，霜・雪・氷の作用，雨水による溶解作用などによって風化し，その結果，しだいに小さな破砕物になっていく。しかし，このようなプロセスにおいて，地衣類（菌類と藻類が共生する植物，リトマスゴケなど）やバクテリア，植物あるいは動物などの生物が介在すると，風化は促進される。草本や樹木は，根や地下茎を土壌中に通じて，そこからおもに水と栄養となる無機物を吸収している。そして，生物体からの脱落物や死体に由来する有機物あるいはそれらから生成した物質が働くと，土壌形成が進むことになる。

　土壌の表面である**林床**（森林の地表面のこと）には，植物の枯死体である落葉，落枝，倒木などといったリターが堆積してリター層を形成している。リターは菌類や細菌類の栄養源となるが，それらの生命活動の結果として，リターは分解され，二酸化炭素や水のような無機物となっていく。また，そのような分解中のリターを食物とするササラダニ，トビムシ，ミミズなど小型の土壌動物も表層付近には多数生息している。そして，さらにそのような動物に依存しているクモ，アリ，ムカデ，ネズミ，モグラのような**捕食性**[1]の動物もいる。このようにして，土壌中にはいっそう多くの生物がすむようになる。

　長い間には土壌の性質がしだいに変化し，また，いっそう深く生物の力が及び，土壌の厚さが増していく。生物が活動すれば，物質やエネルギーの動きが必ずともなうから，たとえ個々の生物の生命活動は微小でも，それらが集団で長期間にわたって働けば，大地の表面環境はしだいに土壌へと改変していく。そして土壌中の水分と栄養分の性質は，上に成立している**植物群落**（4-1-4参照）の組成に大きな影響を与えるのである。

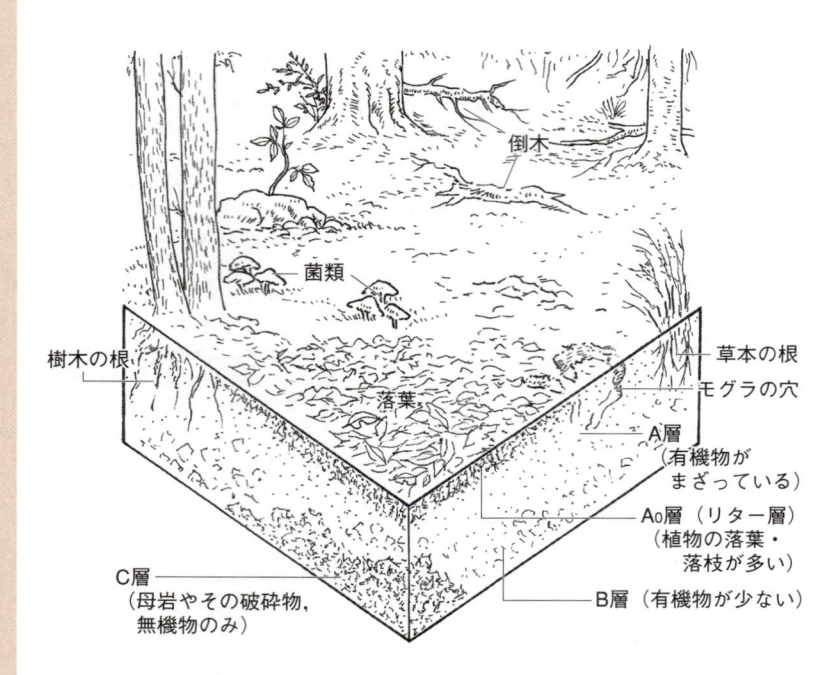

図1　林床と土壌中における生物の活動
　土壌学では，各層におけるおもに有機物（生物活動の結果）の混入程度によって，A_0，A，B，Cなどといった層にわけている。

　無機的環境で生物と密接に関係するものは，光，温度，大気，水，土壌などがある。それらからの影響を**作用**（環境作用）という。逆に生物がそれらの無機的環境に与える影響を**反作用**（環境形成作用）という。そして，多数の生物どうしは相互作用を行っている。

4-1-3　植物の生活型
——たとえば光をどう浴びるかが植物の戦略の一つ

　生物が環境に適応しているありさまを**生活型**[2]としてとらえることができる。さまざまな類型化が試みられているが，ここでは，種子植

2　生活型
　生物が生活しているありよう，すなわち生息場所，エネルギーや栄養摂取，行動，繁殖などを類型化して整理した概念のこと。
　たとえば，陸生と水生，独立栄養と従属栄養，昼行性と夜行性，一回繁殖と多回繁殖などのように類わけする。

コラム2　極度の低温や高温中で生きる生物

　それぞれの生物が活動できる温度は限られている。大多数の生物ではその活動の大きさは環境の温度に強く影響を受ける。しかし，哺乳類や鳥類のように体温を環境温度より高く保つことのできる生物には，相当の低温域でも生活できる種類がいる。シロクマ，ペンギンなどはマイナス何十℃の極寒の季節でも生活できるのである。極地の海水の温度は大きくは下がらず4℃付近の低温であるが，それに適応したさまざまな動植物が生息している。ナンキョクオキアミなどは地球上の動物の中で最も現存量が大きいといわれている。

　一方，極度の高温を好む生物もいる。たとえば，バクテリアやシアノバクテリア（ラン藻）の仲間には90℃以上にもおよぶ温泉や海底火山周辺などに生息しているものがいる。このような生物ではその代謝系が通常の生物ではとても生きてはいけないような高温に耐えるようになっているのである。

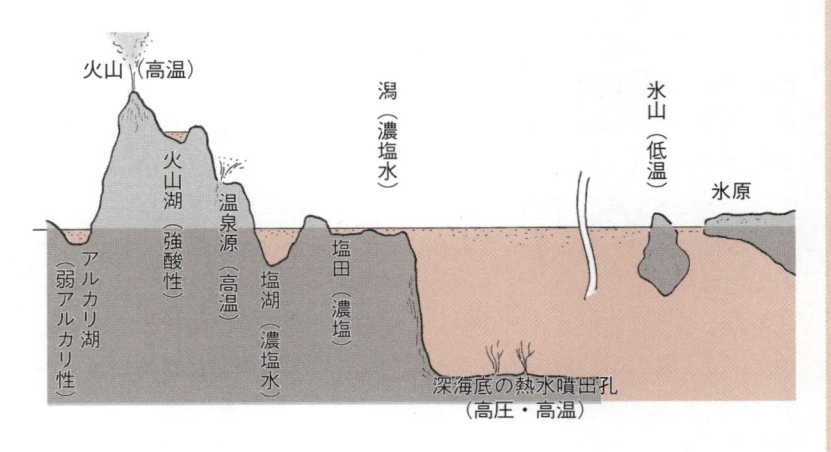

図2 地球上の極限環境

物[3]を見てみよう。

種子植物にとって，葉の部分は**同化器官**[4]であり光合成によって有機物を生産する場所である。そして，それらを支えている幹，枝，茎，根などは**非同化器官（支持組織）**である。葉が拡がっている部分を**生産層**，それを支えている下部を**支持層**ともいう。植物を上部から層別に刈り取ることで，このような生産構造をとらえることができる。

■**木本（樹木）** 緑色植物のうち，その植物体を支えている茎の部分がセルロースやヘミセルロース，リグニンなどでかたくなって（木質化）幹となり，全体を支え，そこから枝を伸ばして葉を茂らしているものを**木本**という。

大きな木の幹の中では，生きている部分は，横に断面を切った場合の周辺部のみである。そこには**形成層**があり，中に篩管と導管があって，物質の輸送を行っている（3-3-2，3-3-5参照）。幹内部の細胞は，すでに死んでいて，植物体全体を支えるためたいへん強固になっている。たとえばセコイアやユーカリのように高さが100mを超すような

3 種子植物（3-3参照）
花をつけて，種子を生じさせる植物の総称であり，裸子植物と被子植物にわけられている。種子は植物の花の中にある胚嚢内の卵細胞と，花粉からの精細胞とが受精したあとに，胚珠となりそれがさらに発達したいわば子供植物である。裸子植物はソテツ，イチョウ，スギ，ヒノキ，マツなどであるが，それらの花は小さく色彩的にじみであるが，被子植物では花弁が複雑に発達して色彩が鮮やかなものが多い。

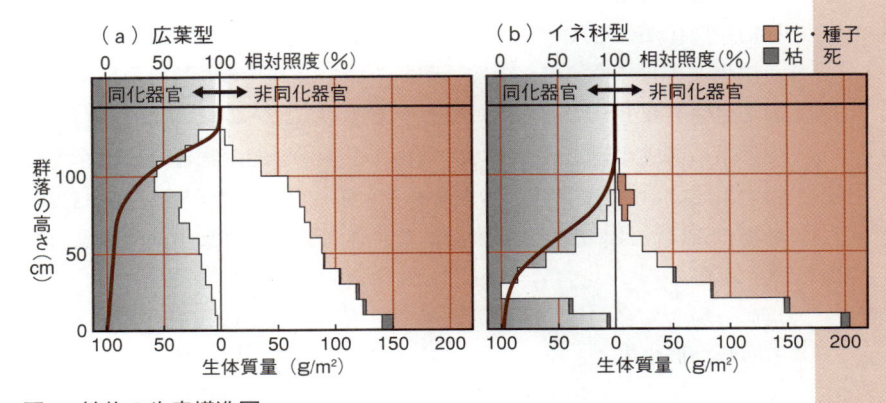

4 同化と非同化部（器官）
維管束植物は光合成をおもに葉で行うが，それら光合成を行う部分を**同化部**という。葉を支えたり，栄養を外界から吸収したり，葉に運んだりする器官である茎，幹，根系などは非同化部といっている。葉でつくられた同化産物や水は導管，仮導管，篩管などを通って植物体内を移動している。

図3 植物の生産構造図
同化器官はおもに葉，非同化器官は茎と幹である。

巨木では根元付近の直径が2m以上にもなる。

■草本　植物体を支えている茎の部分が強固に木質化していないものを**草本**という。通常は1年以内で枯れてしまい，厳しい季節を種子で過ごすものを**一年生草本**，多年にわたって生き，地中の根系[5]ないし地下茎などで厳しい季節を過ごすものを**多年生草本**という。

イネ科などの一年生草本は明るい環境を好む種類が多い。落葉広葉樹などの林床は，春先は日光があたり明るいが，その時期に花を咲かせ実のなる（結実）カタクリやイチリンソウのような**陽生草本**を**春植物**という。夏の暗い林床ではイチヤクソウのような**陰生草本**が花を咲かせる。

■つる植物　自身では直立できず，ほかの木本に垂れ下がったり，おおいかぶさるようにして成長する植物である。熱帯雨林に多く，とくにヤシ科のトウ（籐）の仲間は非常に長くなる。クズは林縁部にはびこりやすく，日本から北米にかけて害植物とされている。

■着生植物　樹木の上層部の枝や幹の部分に，根や仮根でからみついて張り付いたように生育するランなどの植物を**着生植物**という。光の獲得をめぐっての競争の中で，樹木に寄生して光獲得を有利にしている戦略といえる。栄養塩は雨水や動物を利用して得ている。熱帯雨林は降水が多く湿度が高いので，多数の着生植物が見られる。また，山岳の上部で雲のかかりやすい所では，着生植物が多い**雲霧林**となっている。

4-1-4　生物群集
── 同じ地域に生きているものは互いに何か関係がある

同じ場所に生活している多くの生物の種個体群は，互いに「食べる─食べられる」関係（捕食・被食関係）や競争・共生・寄生関係などといった直接的関係をもっている場合が多い。直接的関係をもっていない場合も，大気，水，土壌などの無機的環境を通してほかの生物と間接的な関係が生じている。大小の差こそあれ，同一地域に共存している生物どうしには何らかの関係があるので，それら多数の種類をまとめて**生物群集**としてとらえることができる。このように生物群集とは，生態系の構成要素である植物，動物，微生物など生物部分のすべてを指す用語である。しかし，種類を植物のみに注目した場合は**植物群集**，動物のみに注目したときは**動物群集**，さらには昆虫類のみでは**昆虫群集**，鳥類のみでは**鳥類群集**などという使い方もある。

同一場所に存在し，一定の**種組成**をもち，一定の**相観**[6]をもっている植物の群集のことを，とくに**植物群落**という。植物群落を構成する種の生物量は，一定面積の区画内における個体数，現存量で表される。各植物の調査枠[7]数に対する出現枠数は**頻度**という。また，植物群落

5　根系

植物の地下部分は，いくつにも枝わかれし水平的・垂直的に広がっている。それらの全体を一つの系とらえたときに根系という。その細部は主根，枝根，根毛，などと区別することができる。タケやササなどの地上部は，地下茎で多数が連なっている場合が多い。

6　相観

樹木が集まっていれば森林と，草本が集まっていれば草原ととらえることができる。また，平均的な植物の高さの相違，あるいは針葉樹か広葉樹かによって景色は異なって見える。植生学ではそのような植物群落の外観のことを相観という。

7　調査枠

植物群落の調査に際しては，群落の中に方形区を多数設定してサンプリングを行うが，それらの方形区を調査枠という。調査枠の大きさは，植物の背丈より少し長い距離を1辺の長さとすることが多い。植物群落調査に必要な最小の面積は，植物群落の性質によって異なるが，一般に森林の方が草原より大きい。

を上部から見て，種ごとに葉や茎がどれくらい面積として地表をおおっているかを，割合として表した場合は被度という。その植物群落を構成する種のうち，これらの個体数，現存量，頻度，被度などの数値が大きく，よく目立つ植物を優占種という。

4-1-5 森林の構造——光を求めた結果できた構造

同じ場所にすんでいる植物は生活資源である光を求めて，種内あるいは種間でほかの個体より上へ伸びていこうとする伸長競争を行っている。しかし，植物は種類ごとに伸びていく高さに限界がある。それらの結果として，成熟した森林においては上方から下方に向かって高木層，亜高木層，低木層，草本層，コケ層などといった階層構造がなりたつ。

それぞれの層には厳密ではないが特有の種類組成が見られる場合が多い。最上層の高木層の植物は十分な光を利用できるので，下層の植物に対して有利な位置を占めているといえる。下層に位置する植物は，上方の植物に光を多く奪われてしまっているので，そのような光の少ない所に耐える性質をもっていないと生活することはできない。したがってずっと下に位置する草本層の植物は，陰生植物と呼ばれている（樹木の場合は陰樹[8]）。この階層構造は植物に依存して生活している動物の分布にも関係している。

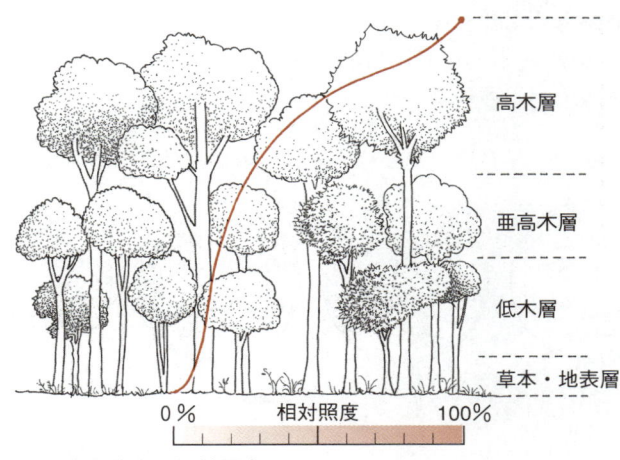

図4 森林の階層構造と相対照度
林床部を0％，樹冠部（樹木の枝葉の茂った部分）を100％としている。

4-1-6 植物群落の遷移と極相
　　　　——光を求めて戦い，やがて安定化する

火山の噴火や河川の洪水などで植物が根こそぎ取りさらわれ，いったん完全に裸地となった所でも，やがてそこにさまざまな植物が他所から侵入する。太陽の日射と適当な降水があれば，ほかからやってきた

8　陽樹と陰樹
陽樹：直射日光のもとで発芽し生育できる樹木で，土壌が乾燥していたり貧栄養であっても成長が早い。一方，林床などの暗い光の下では生育が困難である。アカマツ，ヤナギ，カンバ，ハンノキ，クリなど。
陰樹：森林の林床部などの日陰において生育できる樹木で，弱い光の下でも光合成の能力が高く，補償点[9]が低い。幼時には強い光によって害を受けやすいので，裸地では生育できない。しかし，ある程度に大きくなると明るい光の下ほど成長がよくなる。スギ，ヒノキ，モミ，ブナ，シイなど。

9　補償点
植物は，ある光の強さまでは，受ける光の強さが増すにつれて，光合成する量も増していく。水界の植物では，水深が増すにつれて光が弱くなっていくので，光合成する量もそれだけ減少する。そこで，植物が光合成によって吸収する二酸化炭素と，植物体の呼吸による二酸化炭素の放出とがバランスをとって，見かけ上は二酸化炭素の出入りがなくなる光の強さを補償点という。

植物が定着していくのである。湖や沼が干上がって裸地となった場合も，やがて陸上植物がそこに生えてくる。

このようにして，植物群落が形成されると，その種組成はしだいに変化していく。この植物の侵入および群落の時間的変化の過程を**生態遷移**という。また，完全な裸地を出発として起こる遷移を**一次遷移**といい，山火事跡地や森林伐採の跡地あるいは耕作を放棄した跡地など大地そのものの変化は少なく，それ以前に植物群落があった場所から始まる遷移を**二次遷移**という。

生態遷移が進行する原因は，おもに植物による環境に対する反作用と，植物どうしの光を求めてのはげしい種間競争の結果として起こると考えられている。

■**遷移のようすをくわしく見ると**　**一次遷移**では，最初は地衣類やコケ類のような原始的な植物が生えてくる。それらの生物が，溶岩や火山灰あるいは石や砂などをある程度安定させると，次に草本群落にとってかわる。そして，環境形成作用の所で述べたように土壌が形成されてくる。やがて草本群落の中に樹木が入り込んでくる。樹木は草本を圧して伸長成長し，しだいに樹林が形成されるが，そのころには土壌も樹木の根系などの作用でそうとう厚くなっている。樹林も時間がたつとともに，競争により徐々に樹種が入れ代わっていく。最初は明るい所を好む**陽樹**を主体としているが，やがて暗い所にも耐えることのできる**陰樹**が多くなっていく。そしてついには陰樹を主体とする樹林となるが，それらは長期間続く樹種からなる安定した樹林であり，そのようなものを**極相林**（**クライマックス**）という。

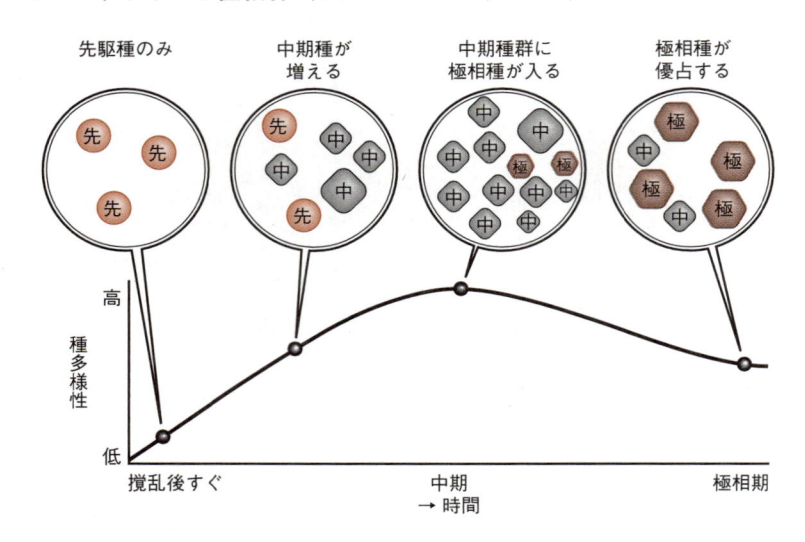

図5　植物群落の遷移と種多様性の関係
　撹乱（p.207）後に先駆種（p.208）が入る。その後，しだいに種数が増加し，中期ころに種数が最大になるが，それらは極相種にとってかわる。

極相林を構成している樹種は気候によって異なり（また，地質や地形の影響も受ける），日本の暖帯では，おもに常緑広葉樹，温帯では落葉広葉樹，亜寒帯では針葉樹である[10]。

二次遷移では，あたかも裸地化したように見えていても，それ以前の植物群落がつくった土壌が残存している。そこで，土壌中に生きた種子あるいは地下茎や根も残っていれば，一次遷移に比べてそれらからの植生の回復が早く，比較的短期間に森林が復元される。なお，二次遷移の途上にある森林を二次林と呼んでいる。

遷移の進行にともなって，植物群落の高さは高くなり，階層構造も発達する。草本群落，低木林，高木林と植物群落が変化していくと，そこに生息する動物や微生物群集も変化し，種類数や現存量が増加していく。また，植物の根系の活動，あるいは土壌動物や微生物の活動などによる生物側からの反作用で土壌の層はさらに厚くなり，腐植[11]などの有機物の含有量も増していく。そして，いっそう多くの土壌動物や微生物が生息できるようになる。

このように，はじめは環境変化に対して不安定であった生物群集は，長期間で，多様で安定かつ永続性のある生物群集へと変化していく。

4-1-7 極相林の維持——部分的な交代はあるが全体は安定

極相段階に達した森林では，植物の種類はほとんど変動せず安定している。しかし，森林を構成する個々の樹木は，数百年も生きるとはいえ寿命があるので，やがて死亡し，若い個体と交代する。樹木個体が死ぬ原因は，寿命のほかに，台風などによる風害，病気，害虫，雪害などさまざまである。高木が枯れて倒れると，まわりの小さな木も共に倒してしまい，その付近の森林の林冠部[12]に大きな穴が開いたようになる。この森林の穴のような所をギャップという。ギャップでは林床まで太陽光がさしこみ，周囲の森林部分に比べてずっと明るくなる。すると，それまでは暗かったため十分成長できずにいた若木が急速に成長を開始する。また，土中にあった種子（埋土種子）や周囲から落ちてきた種子などが発芽して森林の再生が始まる。

暗い光条件に耐える性質をもつ陰樹であったとしても，成熟した森林の林床は暗すぎて小さな個体は成長しにくいが，倒木によるギャップができることによって，それらの陰樹は急速に成長を始め，高木層の後継個体となる。こうして，極相林では個々の個体の交代はあったとしても，全体としては安定していて長年月維持される。しかし，まれに来る巨大台風などで樹木が多く倒されて大きなギャップが生じた場合，その部分は様相が大きく異なることになり，遠くの場所から風や動物によって運ばれてきた草本の種子が侵入し，二次遷移が起こることになる。

4-1 生物の環境と生態系

10 生態遷移のプロセス
このような植生の一連の変化（生態遷移）のプロセスは数十年から数百年の長期間で起こることであり，まさに生態系における作用と反作用の連続である。

11 腐植
動物や植物の遺体が，土壌動物や微生物の働きで，細かくされたり分解されたものを腐植という。

12 林冠部
森林においては，樹木が天をめざして林立しているが，それらの樹木の最上層部において葉が密に茂っている層を林冠部といっている。林冠部は光合成が盛んな生産層である。また，林冠部では，季節変化と共に新葉が展開したり，花が咲いたり，実がついたりしてそれらを摂食する動物相も変化する。

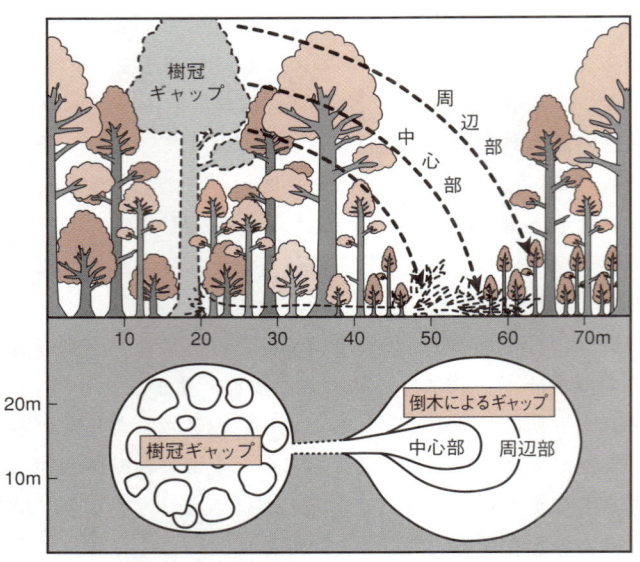

図6　森林におけるギャップの発生 (Jacobs, 1987)
　高木が枯れて倒れると，ギャップができる。そして近くの木々が破壊される。

4-1-8　植物群系の分布──種の組成は気候が大きく影響

　人間の影響がない自然地域では，その地域の気候要因（おもに気温と降水量）に適応した植物がまとまって生育するが，その**相観**（植物群落の外観）や**種組成**を，植物群系として認識することができる。

　植物群系の分布に大きく作用している気候要因で，気温が高く降水量が十分なら多雨林になるが，同じ程度に平均気温が高くても降水量がなければ，生物相の極端に貧しい砂漠になってしまう。逆に，降水量が十分にあっても気温が極端に低ければ，ツンドラや高山植生のようになる。植物群系の地理分布を**水平分布**という。また，標高による分布の違いを**垂直分布**という。次の項では，そのような植物群系の地球規模の分布と，それらを規定している気候要因について見てみよう。

> **13　撹乱**
> 　生物学では，生態系を破壊するような外部的な（おもに物理的な）要因を撹乱という。
> 　たとえば，噴火，地震，洪水，森林のギャップ，帰化種の侵入，病気や害虫の発生，捕食者や人間による破壊などがある。

コラム3　熱帯雨林における種多様性と中規模撹乱説

　熱帯雨林は樹木の種類数は多く，ヘクタールあたり数百種にものぼっている。そして，それらによって生活している動物，菌類なども種類数は非常に多い。熱帯域は年中強い太陽光と降雨に恵まれていて，植物の生育にとって良好な所である。そのような条件のもとで，なぜ特定の強い種のみがはびこらず，著しく多様な樹木が共存しているのだろうか？

　コンネル（1977）は，そのような生物群集の多様性に森林環境が撹乱[13]されている（**森林撹乱**）ことが大きく影響していると指摘した。暴風がほとんどない熱帯雨林地帯における森林撹乱の原因は，ほとんどが巨大木の転倒によるギャップ形成である。強い太陽光と降雨の条件の下で樹木が伸長競争で巨大に成長するが，数百年もたつと上部と地下の根系とのバランスを失い，ついにはスコールによる風でも倒れてしまう。倒木でつくられたギャップ環境は，まわりとは大

きく異なることになり，いままで暗かった林床部まで光が届くようになる。そのような所では，まわりからきたさまざまな種子（**先駆種**あるいは**パイオニア植物**という）が発芽成長することになる。それらが成長するにつれてさらに多くの樹種が加わって激しい競争を展開していく。

熱帯雨林ではこのような巨大木によるギャップ形成が中規模（適度の間隔）で起こっているので，そこに共存できる種数が大きくなっているというのが**中規模撹乱説**である。適度の撹乱が起こることで，特定の強大な種のみが優占することがなくなり，多種の樹種が共存可能になっているという考えである（図7）。

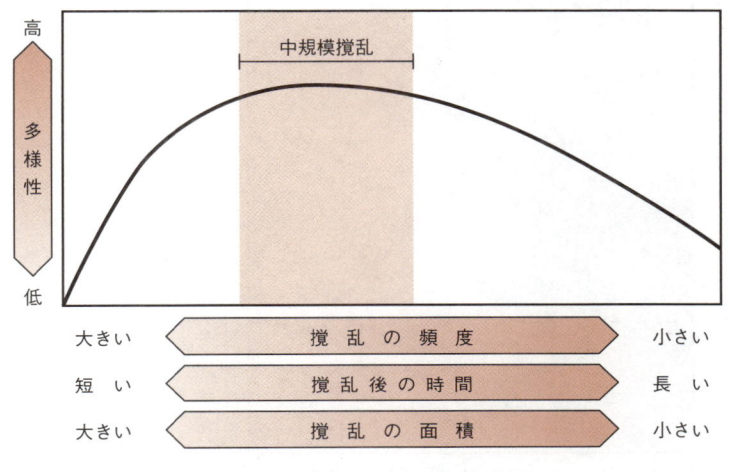

図7 中規模撹乱説における種多様性の増加の概念図

4-1-9　水平分布──気候による地域的な拡がりは？

　地球上では，赤道から南北の両方向に緯度が上がるにしたがって，基本的に年平均気温は低下していく。これは地球は球体であり，また回転軸があって，太陽光が地球にあたる角度が，緯度が上がるにしたがってしだいに小さくなるためである（同日の同時刻で比べた場合）。その結果，温度分布は，緯度に対応して帯状に似たようなものになり，それに対応して植物群系もほぼ帯状に分布している。ただし，温度は山岳や海流そして降雨の量に影響を受けやすく，同じような緯度でも大陸間で比べると温度に大きな差が見られる場合がある。とくにヒマラヤ，ロッキー，アンデスのような長大な山脈は，気候を大きく変え，そして植物の水平分布に大きな影響を与えている。

　アジア大陸の東側では，インドネシア，フィリピンなどの熱帯から，中国沿岸域，台湾，朝鮮，日本を経て，ロシアの寒帯域まで，自然地ではさまざまな森林が連続して存在している。これは，アジア大陸の東側は比較的降水量が多いので，水分条件は制限要因とならずに，ほぼ温度に対応した森林が生育できるためである。

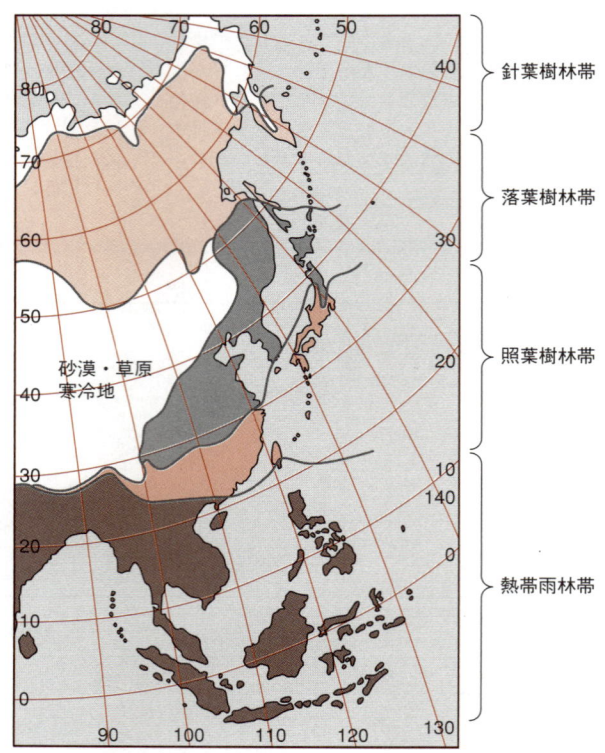

図8 東アジア低地における潜在的な植物群系
実際は開発により多くの森林は失われている。(Ohsawa, 1990より改変)

■**熱帯雨林**　赤道付近の1年中高温，そして**降雨量の多い真熱帯域に発達している森林**である。アフリカのコンゴ盆地付近，南米のアマゾン河流域，そして東南アジアの島嶼地帯におもに分布している。地球上で最も樹木の種類数が多い森林であり，多い所では，1 haあたりに300種類もの樹種が共存していることもある。ただし，平地で水はけの悪い所では**湿地林**となっていて，種類数はずっと少なくなっている。東南アジア熱帯でのよく成熟した熱帯雨林は，樹高が70mにも達していて，そこにはフタバガキ科の高木が優占して生育しているが，そのような地域は近年の伐採により著しく減少している。

■**マングローブ林**　熱帯から亜熱帯域の河口域や内湾の干潟には**塩水に耐性のある森林**が生育している。メヒルギ，オヒルギなどの仲間で，樹高はせいぜい10m程度と低い。幹の下部は満潮時には海水に浸るので，地下部の根系から**呼吸根**[14]を上方に向けて出している種類が多い。葉は塩水に耐えるため，表面に**ワックス組織**[15]を保有していて厚い。比較的大きな種子は樹上で発芽し，ある程度成長した後に落下するが，そのようなものを**胎生芽**という。これは潮の満ち引きに流されることなく干潟に定着するための適応である。

■**亜熱帯雨林**　真熱帯域では気温の年変化がほとんどないが，亜熱

---

14 呼吸根
　呼吸に必要なガスの交換，輸送，貯蔵など容易に行われるような構造となっていて，そのために一般に多孔質で軟質である。

15 ワックス組織
　ロウを分泌している厚い組織のこと。ワックスが厚くかぶさっていると，海水をはじき，また葉の中に浸透しないため，塩水からの浸透圧に耐えることができる。

帯では変化が見られ，短いながらも真熱帯域より気温が低くなる時期がある。そのような地域に分布する雨林を**亜熱帯雨林**という。緯度にして15°から30°付近であり，日本では南西諸島に分布し，アコウやマテバシイなどが多い亜熱帯林となっている。

■**常緑広葉樹林** **優占種**が常緑広葉樹からなる**森林**で，日本の南半分である九州から本州中部にかけての暖温帯では，シイ類，カシ類，タブノキが多い。これらの常緑樹の葉は角質で硬く，光を反射してつやがあるので**照葉**の名がつけられ，上記の亜熱帯雨林の一部とともに**照葉樹林**ともいう。

■**落葉広葉樹林** 冬期になると葉を落とす樹木が優占種となっている森林である。日本の北半分である本州中部から北海道の一部は冷温帯に属し，そこの自然地では高木としてブナ，ミズナラ，イタヤカエデ，シナノキなどから構成されている森林におおわれている。この森林は夏期に葉が茂り，冬は落葉するので**夏緑樹林**ともいう。

■**針葉樹林** 高緯度地方の**亜寒帯に分布する森林**で，北半球ではユーラシア大陸とアメリカ大陸の北部に広く見られる。ここでは冬のきつい寒さのため極端に植物の種類数が減り，わずかな種類の高木が占めている。日本では本州の山岳地帯にコメツガ，オオシラビソなど，北海道ではトドマツやエゾマツなど樹林が，冬の厳しい寒さに耐えられる針葉樹林帯として分布している。

■**サバンナ** 熱帯・亜熱帯地方のイネ科を主体とした草原の大部分を**サバンナ**という。アフリカの草原が代表的であり，このほかにはブラジルのカンポ・セラード，ベネズエラのリヤノス，北オーストラリアのユーカリがまばらに生えた草原などが大きなものである。高温であるが乾燥や野火のため，多くの樹木が生育できず，傘状の形態をした特有の高木や低木が散在している程度である。

■**ステップ** 年降水量が500〜600mm以下で，夏季は降雨が少なく乾燥し，冬季は低温が厳しい地域などに発達している温帯の草原を**ステップ**という。このような乾燥と低温，またときおり起こる野火によって，木本植物はほとんど生育することができず，そのような土地では，厳しい季節を種子で過ごすようなイネ科草本を主体とした草原が保たれている。

■**ツンドラ** 冬の極端な低温によって地中に凍土層が存在しているため，その根を深く降ろせないので高木は生育できず，草本が盛り上がった特異な相観を示している植物群系を**ツンドラ**という。地中には厚い**永久凍土層**があり，短い夏は平均気温が10℃前後でしかなく，その間に土壌表面の氷がわずかに融けるだけなので，そこの植物は浅い土壌中にのみ根をおろして生活している。

■**砂漠** 年間降雨量が200mm以下の極端に雨量の少ない地域であ

り，地球陸地の4分の1も占めている。生育できる植物は，わずかな降雨期に種子がいっせいに発芽して成長し，短期間のうちに開花・結実してふたたび種子として次の降雨期まで寝てしまう草本や，サボテンのような多肉植物などであり，種数は極端に少ない。

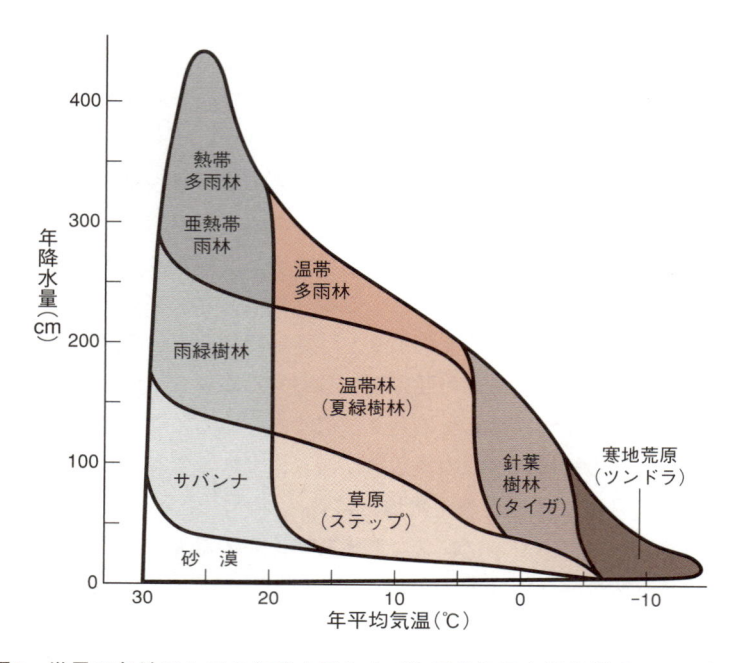

図9 世界の各地における年降水量および年平均気温と植物群系との関係

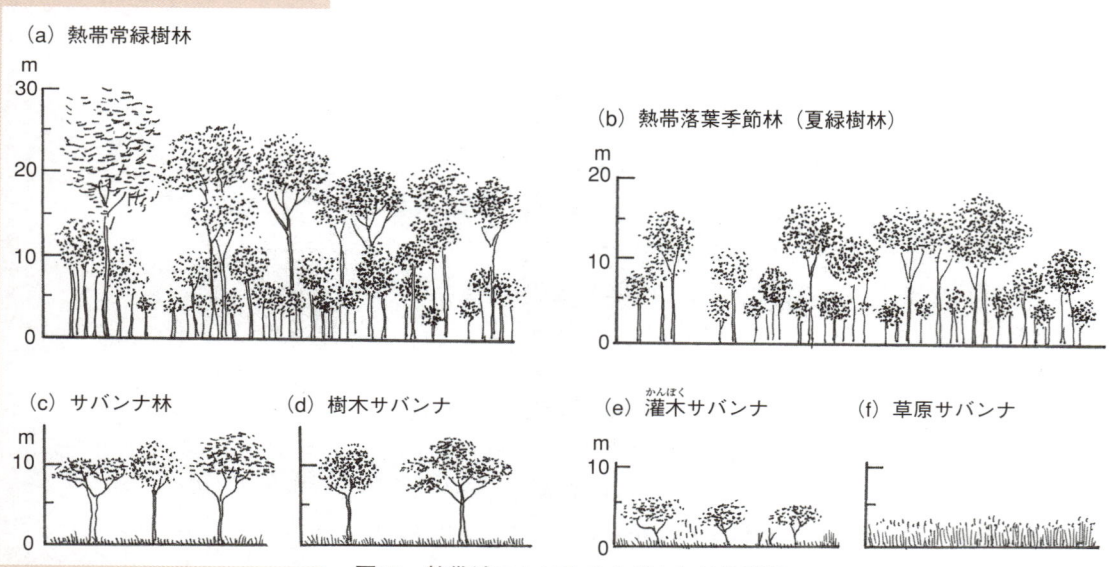

図10 熱帯域におけるさまざまな植物群系
同じ熱帯域でも降雨量の多さ，年間分布で（a）～（f）へと推移する。

(a) 熱帯常緑樹林
(b) 熱帯落葉季節林（夏緑樹林）
(c) サバンナ林
(d) 樹木サバンナ
(e) 灌木サバンナ
(f) 草原サバンナ

4-1-10 垂直分布——気候による高低（上下）の拡がりは？

　生物は標高によっても，その分布を変えている。たとえば，山に登ると，標高が高くなるにしたがって，樹木の種類が異なってくることに気がつく。これは，山の高さが100m増すごとに，気温がおよそ0.6℃ずつ低下していき，それに対応して異なった植物群系が分布するためである。標高差が2000mあると気温は12℃も低下するのである。このような標高に応じた生物の分布を，**垂直分布**という。

　アジアの東端に位置し，南北に長い日本列島は，世界的スケールで見て降雨量の多い地域である。ここでは，本州中部における垂直分布を見てみよう。

■**丘陵帯**　標高700mくらいまでの所で，自然のままなら**照葉樹林**（カシ，シイ類）が生育するはずであるが，そのような天然林はほとんど残っていない。

■**山地帯**　日本の自然地では700〜1700mの所にブナやミズナラなどの落葉広葉樹からなる**夏緑樹林**が分布しているが，水平分布ではこれは冷温帯に相当する。

■**亜高山帯**　1700〜2500mの所で，シラビソやコメツガなどの**針葉樹林**が分布しているが，水平分布ではこれは亜寒帯に相当する。

■**高山帯**　**森林限界**[16]より上部に位置している植生帯で，多くの山では**高山草原**になり，短い夏季にいっせいに開花するいわゆるお花畑が広がっている。ハイマツやコケモモといった低木も存在している。富士山は日本一の高山であるが，比較的新しい火山のため**砂礫地**（砂と小石の土地）が多く，植生が十分に発達していない。

> **16　森林限界**
> 　針葉樹林の上限付近で，それより標高が上には森林がなくなる所を**森林限界**という。日本付近では，夏の月平均気温が10℃以下の場合，森林が成立していないが，山岳によっては寒さに強いダケカンバのような広葉樹がみられる場合もある。

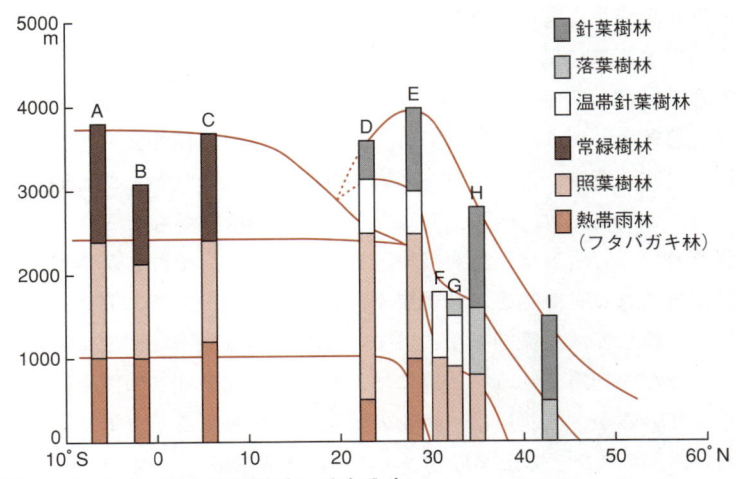

図11　東アジアでの植物群系の垂直分布（Ohsawa, 1990より）
A：ウィルヘルム山（ニューギニア），B：ケリンチ山（スマトラ），
C：キナバル山（ボルネオ），D：玉山（台湾），
E：ナムシラ山（ブータン），F：屋久島（九州），G：霧島岳（九州），
H：富士山（中部），I：ポロシリ山（北海道）

4-2 生態系（エコシステム）の構成

4-2-1 生態系とは──生物と環境を併せた見方

　生物は，生活を維持し子孫を残す上で，環境から何らかの物質そしてエネルギー（これらを**資源**という）を摂取しなくてはならない。

　そして，生物は生命活動を行う上で，無機的環境と密接な関係をもっている。そこで，生物群集と無機環境とを併せて一つのまとまったシステムとしてとらえたものを**生態系（エコシステム）**という。生態系の範囲は，目的に応じて任意に決められている。たとえば，森林生態系，草原生態系，海洋生態系，都市生態系などといった使われかたをするが，その境界は互いの関係で決まるあいまいなものである。

　生物群集を構成している生物は，その生態系中の物質やエネルギーの動きにおいてはたす役割によって，**生産者・消費者・分解者**のどれかにわけられる。

■**生産者**　　生産者は，独立栄養を営み（p.164注21参照），**無機物から有機物を合成する生物**で，緑色植物・藻類，一部の光合成細菌などといった**光合成生物**，あるいは硝化細菌や鉄細菌などの**化学合成生物**などである。**光合成生物**は，生命過程に必要なエネルギーに光を利用する生物であり，光エネルギーを有機物としてほかの生物に利用可能な化学エネルギーに変えるものといえる。**化学合成生物**は，光を用いずに無機物を酸化して得られるエネルギーを用いる生物である。

■**消費者**　　消費者は，**従属栄養を営む動物など**で（p.164注20参照），**生産者が合成した有機物を摂取して栄養源にしている**。消費者が有機物を利用する際には，無機物の分解がともなうので，次に説明する分解者との区別はあいまいであるが，通常，生きている生物を摂取する生物を**消費者**という。消費者のうち，植物を食べる**植物食（植食）**の動物を**一次消費者**，これを食べる**動物食（肉食）**の動物を二次消費者といい，さらに三次，四次，五次などの高次の消費者もいる。

■**分解者**　　分解者は，生産者や消費者の**遺体**や，それらが排出する物質に含まれる有機物を**二酸化炭素**，**酸素**，**水**，アンモニアなどの**無機物に分解**して，無機的環境に戻す。これらの無機物は，生産者によってふたたび利用される。狭義には，菌類や細菌類などの微生物のみを指しているが，広義には，植物の枯死体を摂食するシロアリ，ダンゴムシ，ミミズなどの**土壌動物**，あるいは水界の**底生生物**（ベントス）なども含めることができる。

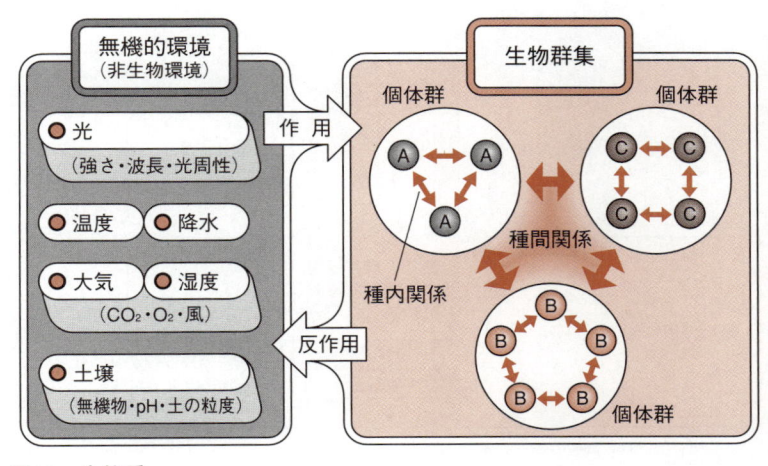

図12 生態系
生態系とは，生物群集とそれらをとりまく無機的環境が，作用と反作用によって関係していると規定することができる。

4-2-2 生態系における物質生産
──生物は有機物を生産する

■**植物の生産（一次生産）**　植物が行う物質生産は，生物群集のなりたちの出発点にあるという意味で，**一次生産**あるいは**基礎生産**という。その一次生産は下記の**生産諸量**の収支からなりたっている。

　総生産量：光合成活動によって作成される有機物の総量。
　呼吸量：植物自身の生命活動に使われた有機物の量。
　純生産量：総生産量から呼吸量を差し引いた残りの生産量。
　枯死・脱落量：茎，枝，葉，根などの一部が枯死して植物体から脱落する量。
　被食量：植食性の動物に摂食された量。
　成長量：純生産量から枯死・脱落量と被食量を引いた残りの量。

■**動物の生産（二次生産）**　消費者（動物など）が行う物質生産は，無機物から行うのではなく，いわば一次生産における有機物の形を変えるだけなので，**二次生産**という。

　摂食量：消費者が消化管内に取り入れた有機物の量。
　不消化排出量：消化吸収されずに消化管から排出された量。
　同化量：消費者の摂食量のうち，不消化排出量を引いた残りの量。消化吸収されて体内に入る量。
　呼吸量：動物自身の生命活動に使われた有機物の量。
　純生産量：消費者の場合は，同化量から呼吸量を引いた残り。
　成長量：純生産量から毛，つめ，あか，脱皮殻などの脱落した量，あるいは被食された量などを差し引いた残りの量。

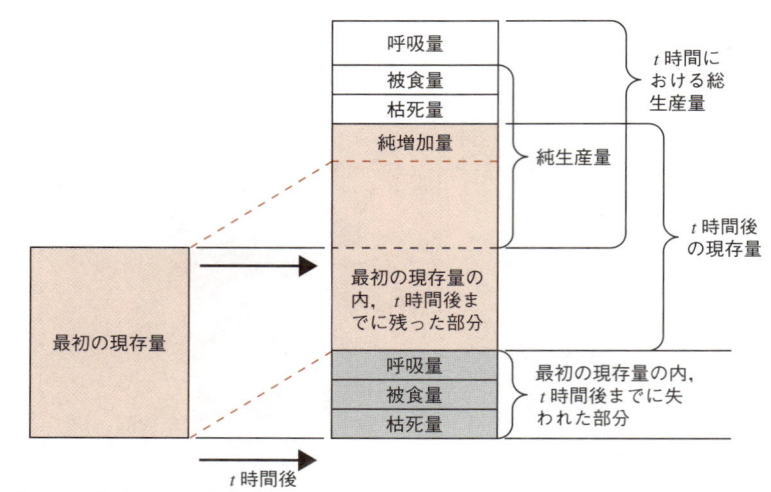

図13　植物と動物の生産活動における生産諸量
　　　枯死量は，動物においては死滅量となる。

4-2-3　生態ピラミッド——食べる—食べられる関係を表すと

　食物網[1]を構成する多数の生物は，**食物連鎖**の順序で，光合成を行う**生産者**，生産者を食べる**一次消費者**（植食者），一次消費者を食べる**二次消費者**（小型肉食者），さらにそれを食べる**三次消費者**（大型肉食者）・・・などの各段階に整理できる。このそれぞれの段階を**栄養段階**という。有機物やその中のエネルギーは，この栄養段階を順に，「食べる—食べられる」の関係によって移動していく。

　それぞれの栄養段階での個体数や現存量あるいはストックされているエネルギー量に関して，生産者段階を一番下にして一次消費者，二次消費者・・と順に積み重ねてみる。すると，多くの場合，上の栄養段階にいくにしたがって少なくなっていって，ピラミッドのような形になるので，これを**生態ピラミッド**という。

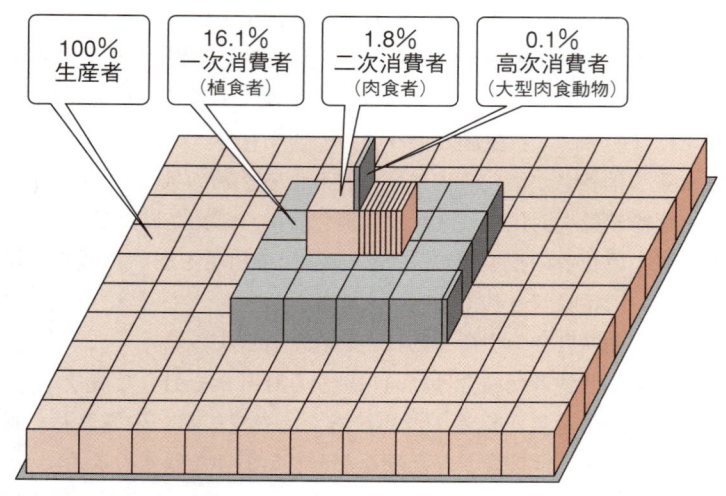

図14　陸上生態系の小さな池における生態ピラミッドの例

1　食物網
　生物群集において種多様性が大きい場合には，「食べる—食べられる」関係からなる食物連鎖が，複雑に連なった状態となっているが，その全体を食物網といっている。

4-2-4　陸上生態系——植物がはびこる中で動物が生きている

　森林は，樹木（木本）を主体とした**植物群落**であり，ふつう，雨量の恵まれた地域に発達し，個々の樹木の寿命は長い。**草原**は，**草本**を主体としていて，降水量の少ない地域，あるいは低温の高山や寒帯などに分布している。しかし，いつも極寒で氷がおおっている北極と南極域やヒマラヤ・アンデスなどの高山，また降雨のほとんどないサハラ砂漠には生物がいないか，いたとしてもごくわずかでしかない。地球上では，このような場所は比較的少なく，ほとんどの陸地では，森林や草原などの**植物群落**（**植生**）が地表をおおっているといえる。

　陸上植物にとって，その支持基盤となる無機的環境は，**大気**および**土壌**であり，生活資源は，**光**，**二酸化炭素**，**水**それに**無機塩類**である。大気の組成は，窒素が78％，酸素が21％，二酸化炭素0.04％であり，その他のガス体（アルゴン，クリプトンなど）は生物とは関係がない。

　植物が光合成で生産した物質によって，多様な動物や菌類や微生物が生きている。たとえば，樹木の枝，幹，葉などさまざまな部位には，それらを摂食する**植食者**（**植物食性動物**）がいる。さらに，それらを摂食する**肉食者**（**動物食性動物**），あるいはほかの動物の体外にくっついたり体内に入ったりして，その動物から栄養を得る**寄生者**もいる。なお，ほかの動物を捕らえて摂食する動物を**捕食者**という。

4-2-5　水界生態系——特殊な性質をもつ物質中で生きるには

　水は大気に比べると，約800倍も密度が大きく粘性が高い。そして，川の流れや海流は，溶存物や浮遊物を押し流していく力が大きい。一方，水は大気に比べると温度が変化しにくく安定している。また，光の吸収率もかなり高く，溶存物や浮遊物のない透明な水でも，水深100 mで99％もの光を吸収してしまう。そのため，深い海洋では光が届く範囲はごく表層のみである。水中では，二酸化炭素は水に溶けやすく，炭酸イオンとして多く存在しているが，酸素は水に溶けにくいので生物の量が多いと不足しやすい。このような水の性質が水生の生物に与える影響は大きく，**水生生物**と**陸生生物**とでは，形態，生理などが大きく異なっている[2]。

　海洋は，地球の表面の7分の5も占めている。陸地にはさまざまな河川や湖や池，湿地などの水界生態系が存在する。

　海水には塩類が多量に溶け込んでいる。多くの湖は淡水からなっているが，古い時代に海であった所が孤立して湖になった所や，極端に乾燥している所では，塩類が大量に溶け込んでいる湖もあり，このような湖を**塩湖**という。アメリカのソルトレーク，中東の死海などは海水よりずっと塩類濃度が高いが，そのような所にも生物は生息している。河口付近で淡水と海水がまじった所を**汽水域**といっている。

2　水の性質が与えた影響
　たとえば，水生の脊椎動物では，サメなどの軟骨魚類[3]，マグロ，ニシンなどの硬骨魚類，ペンギンのような鳥類，アザラシ，クジラなどの哺乳類が，系統学的には離れていても，形態はいわゆる流線形でよく似ているのは，水の粘性に対する適応である。

3　魚類の分類
　一般に**魚類**とは脊椎動物の中でひれをもっていて，鰓（えら）で呼吸するものたちをさしているが，それらは**無顎類**（ヤツメウナギ，メクラウナギなど），**軟骨魚類**，**硬骨魚類**の三つに大別することができ，系統的にはそうとう古くにわかれた動物群である。

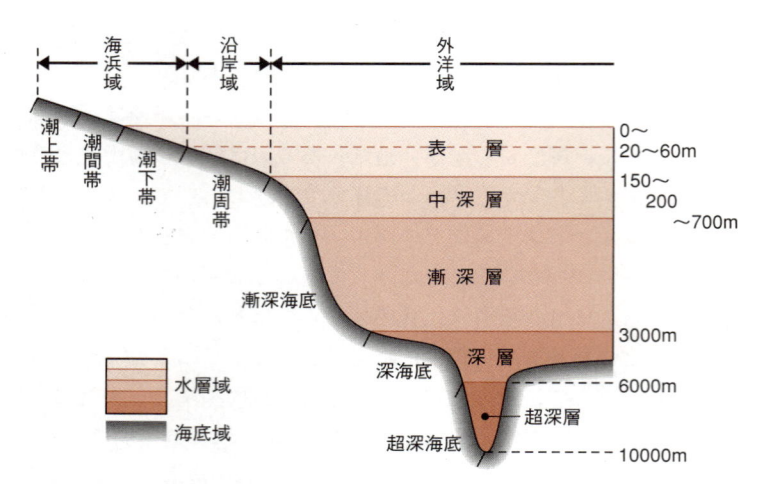

図15 海洋生態系の構造区分（実際上のスケールとは異なっている）

水界生態系には**動植物プランクトン**，**海藻**，**魚類**，**水生哺乳類**など多彩な水生生物がいる。また，ペンギンなどの海鳥は陸上生活であるが海水中の魚やエビなどを食物としているので，水生生物に近いものといえよう。水生生物を支えている無機的環境は，**海水や淡水**あるいは水底（海底や湖底など）の**岩石や堆積物**である。

水界生態系では，太陽光が**表層**（約100m）までしか届かないので，生産者が光合成できるのはこの層に限定される。そこで，動物に供給する栄養（食物）をつくる層という意味で，**栄養生成層**という。ここより深い部分では，上方から沈降してくる生産者や消費者の遺体が，細菌などの微生物によって分解されるので，**栄養分解層**という。

光強度は深くなるにつれて急速に減衰していくが，光合成を行う多くの植物の**補償点**（p.204注9参照）と，ほぼ等しい光強度になる深さの所を**補償深度**という。この深度（約100m）は一般に栄養生成層と栄養分解層とをわける深さと同じである。

4-2-6　食物連鎖——食べる—食べられる関係は網の目である

生物群集の中で，生物どうしはさまざまな関係をもっている。中でも，消費者の項で述べたように，動物は植物を食べ，さらに動物が動物を食べ，そのまた別の動物が動物を食べるといったように，次々と「**食べる—食べられる**」関係（捕食被食関係）がつながっていて複雑である。このようなさまざまな生物が食物となって，次々と摂食されていくようすを**食物連鎖**という。

食物連鎖はその出発点を，生産者である生きた植物においた場合は，**生食連鎖**といい，生物の遺体においた場合は**腐食連鎖**という。生食連鎖の陸上での出発点は樹木や草本であり，水界では植物プランクトンや海藻などである。腐食連鎖の方の出発点は，陸上では落葉，落枝，

倒木などの植物枯死体などであり，シロアリやクチキゴキブリ，クワガタムシ，ダンゴムシ，ヤスデ，ミミズ，トビムシなどの土壌動物がそれらを食物としている。そして，そのような腐食性の動物を摂食するムカデ，クモ，オサムシ，サソリなどといった肉食性の動物が食物連鎖の次の段階に位置している。水界では，水底に堆積するデトリタス（生物の遺体，排泄物など）である。

生物の種類の多い群集では，食物連鎖は必ずしも直線的に進むのではなく，図16のように複雑に交差している。生食連鎖と腐食連鎖が交差している場合もある。そこで，そのような状態を，網にみたてて**食物網**といっている。

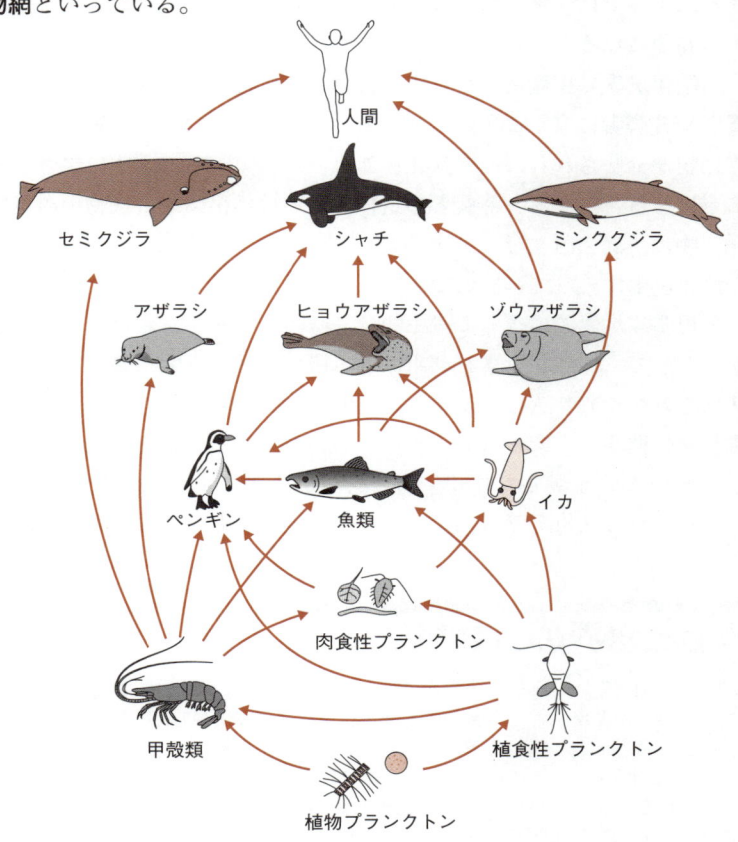

図16 南極域における食物連鎖

4-2-7 生態系における物質循環
―――生物は物質もめぐらせる

生態系内では，無機環境から取り入れられた元素が食物連鎖（食物網）を通して，次々と生物の間を移っていき，やがては無機的環境に戻っていくという循環をしている。このことを**物質循環**という。

物質循環で動いていく元素は，生物体を構成している元素のすべてであるが，その中で代表的なものは，**炭素**，**窒素**，**酸素**，**水素**，**リン**

などである。

■**炭素の循環**　生物体の分子を構成している炭素の源泉は，大気中や海水中に存在している無機物としての二酸化炭素である。炭素源として空中や水中の二酸化炭素を摂取して，有機物をつくることのできる生物を**独立栄養生物**といい，無機物としての二酸化炭素を利用できず，ほかの生物がつくった有機物を摂取して生活している生物を**従属栄養生物**という。

陸上の大気中には二酸化炭素が約400ppm（0.04％）含まれているが，これは窒素や酸素に比べれば，量的にはたいへん小さなものである。また，水界では，水中に溶けている二酸化炭素量が光合成速度を限定する要因になることもある。

二酸化炭素は**生産者**によって有機物に変えられるが，その一部は**消費者**や**分解者**に取りこまれる。一方，これら生物の**呼吸活動**によって有機物が分解されれば，二酸化炭素として大気中や海水中に戻されることになる。生産者・消費者の遺体あるいは排出物の有機物中の炭素化合物は，**腐食性動物**（これらは広義の分解者）によって分解され，二酸化炭素に戻って無機環境に還元される。

利用する炭素源によって微生物は二つのグループにわけられる。炭素源として，二酸化炭素を利用できる微生物は**独立栄養菌**であり，有機物を外から取り込む必要がある微生物は**従属栄養菌**である。

■**窒素の循環**　窒素は，生物体においてタンパク質，アミノ酸や核酸などの構成元素であり，生物に必須のものである。大気組成の約78％は窒素ガス（分子状窒素）であり，二酸化炭素の0.04％程度など

コラム4　陸上と水界のつながり

陸上生態系と水界生態系に生息している生物群集は種類組成が大きく異なっている。生物にとっての環境が大きく異なるからである。しかし，陸上と水界はまったく切り離された存在ではなく，陸上から水界へ，あるいはその逆に生物や物質の移動が見られる。

■**水界から陸上へ**　海鳥は陸上と水界の両方にまたがって生活していて海水中の魚を捕獲するが，休息や繁殖を陸上で行うので，糞などの排出物の多くは陸上に残される。その結果として，水界から陸上に多くの物質を運んでいる。とくにこの作用は，元素としてのリンの運搬において重要である。大洋の島には，海鳥の糞が長い年月にわたって堆積し化石化したグアノでおおわれている島があるが，このグアノの中にはリンが多量に含まれているので，リン化合物の原料や肥料として使われている。

■**陸上から水界へ**　小さな湖沼や川，また陸地から近い内海などの水界へは，陸上の森林から相対的に大きな量の落ち葉や土壌腐植から由来した有機物（総称してデトリタスという）が，雨水に流されて運ばれてくる。これらは水底に堆積し，**底生生物**（ベントスという）の栄養源となったり，いろいろな微生物によって分解される。分解物として栄養塩類が放出され，それらは少しずつ多くなる。このようにして，はじめは**貧栄養**であった湖沼などでは，水の交換が乏しければしだいに窒素やリン化合物などが多くなり，結果としてそれらを使用した生物の量が多くなっていく。そのことを**富栄養化**という。

■**陸上と水界の境界域**　陸上と水界の境界域は，海岸，湖岸，河岸，河口などといった場所であり，一般に波など水の動きが激しく酸素の供給が多い。また無機的環境が複雑で，陸からの栄養供給も多いので，生物相のたいへん豊かな所となっている。

4-2 生態系（エコシステム）の構成

に比べるとたいへん多い。しかし，窒素ガスは分子としての活性は低く，ふつうの生物はこれを直接的には物質代謝系（2-3参照）に取り込めない。**アゾトバクター，クロストリジウム，根粒菌，シアノバクテリア（ラン藻）**などの限られた微生物のみが，大気中の分子状窒素をアンモニア，さらにアミノ酸などの有機窒素化合物に変える機能をもっている。このような機能を**窒素固定**という（3-3-8-5参照）。

通常の緑色植物や菌類の場合は，土壌水，水中に溶けている硝酸塩やアンモニウム塩を根や体表から吸収する。そして**窒素同化**[4]によってアミノ酸をつくり，さらにこれらのアミノ酸からタンパク質や核酸などをつくっている。従属栄養である動物は，それらの有機窒素化合物を利用している。細菌培養においては，アミノ酸，尿素，ペプトン，酵母エキスなどを有機窒素源として利用することが多い。

自然界では，生物の遺体あるいは排出物の中に含まれる有機窒素化合物は，おもに分解者（菌類や細菌類）の働きや，また，動物に摂取・分解されて**窒素代謝終産物**[5]として排出され，アンモニアになる。このアンモニアは，**硝化菌**によって無機物の硝酸に変えられる。

一方，土壌中には，植物に利用可能な硝酸を窒素ガス（N_2）に変えて大気に還元する**脱窒素細菌（脱窒菌）**がいる。脱窒素細菌は，有機物を酸化するために硝酸を酸素にかわる酸化剤として使う嫌気性の微生物である。

近年では，人間の工業活動による化学合成を用いた窒素ガスの固定が行われており，また，石油や石炭などの化石燃料からの窒素化合物

> **4 窒素固定と窒素同化の違い**
> 空気中の窒素（N_2）をアンモニア（NH_3）にして細胞内にとどめる（固定する）のが窒素固定である。
> 土壌中に溶けている無機窒素化合物（硝酸やアンモニア）から，有機窒素化合物（アミノ酸）を経てタンパク質などをつくるのが窒素同化である。

> **5 窒素代謝終産物**
> 動物はアミノ酸やタンパク質などの窒素化合物を体内で代謝するが，その過程で出てくるアンモニアは有害なので，何らかの形で体外に排出する。水生動物ではアンモニアの形で排出するものが多いが，陸上動物では尿素あるいは尿酸に変えて排出するものが多い。

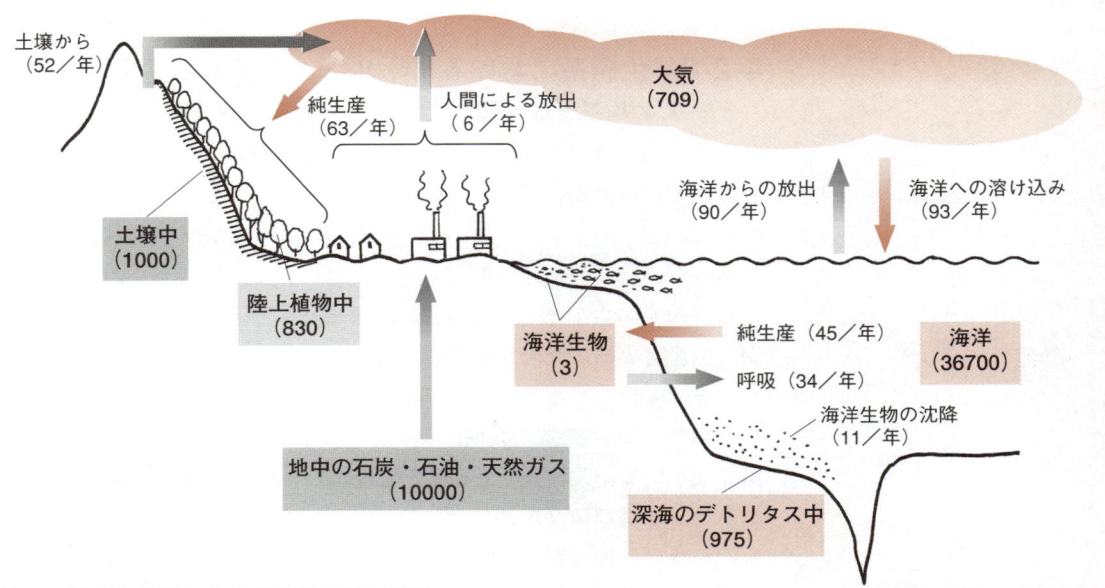

図17 陸上と海洋における炭素の量と循環
カッコ内数字の単位はGt＝10^9t，数字はBolin，1982による。

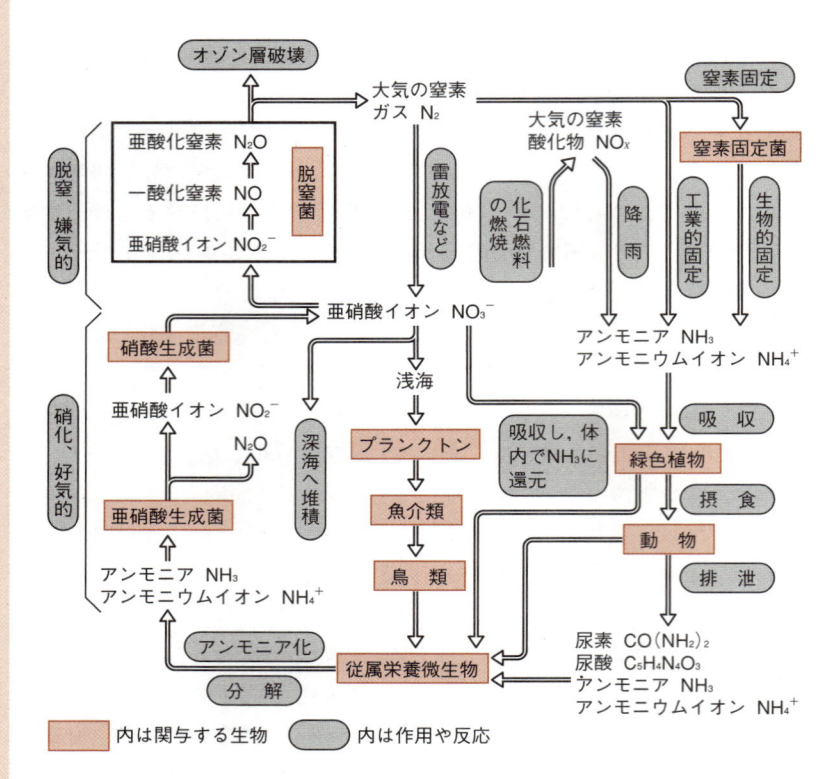

図18 生物圏における窒素循環と化合形態の変化
（「生態系」瀬戸昌之著, 有斐閣, p.55, 図3・13, 1992より）

の排出量が増大していて，生態系における**窒素循環**への影響が無視できないものとなっている。

4-2-8 生態系におけるエネルギーの流れ
――エネルギーは「流れて」いるだけで「循環して」はいない

　生態系内では，生物体の維持活動および生物間の「食べる―食べられる」といった食物連鎖による物質の移動にともなって，**エネルギーの流れ**が起こっている。エネルギーの場合は生態系の中を流れるだけであって，物質のように循環することはないことに注意したい。

　太陽の光エネルギーは物質にあたると熱エネルギーに変化しやすいが，生産者である**光合成生物**は，光エネルギーを有機物中の化学エネルギーに変換して蓄える。このような光合成する生物には，**種子植物，コケ植物，シダ植物，藻類，シアノバクテリア（ラン藻），光合成細菌**などがいる。これらの生物は，光合成のための色素（**クロロフィル，バクテリオクロロフィル**など）をもっていて，緑色や藍色をしているものが多い。植物が光合成によって固定したエネルギー量は，植物に吸収される太陽の光エネルギーの5％程度である。

　消費者（植食動物）が生産者を食べると，生産者の物質エネルギー

は消費者の体内へと移動する。そして，その一部は消費者の生命活動に利用される。さらにその消費者がほかの消費者に食べられるという形で，より高次の栄養段階の消費者に次々と移動していく。

　これらのさまざまな過程で利用されたエネルギーは，最終的には熱エネルギーとなって，生態系外へ放出され，ふたたび生物に取り込まれて使われることはない。

　ある栄養段階から次の栄養段階へ移動するエネルギーの割合は，せいぜい10％程度といわれている。これは，摂食した食物に含まれている化学エネルギーすべてが，次の栄養段階の生物に利用されるわけではなく，一部は消化されずに不消化物内に残って排出されたり，また呼吸によって消失するためである。

　分解者である菌類や細菌類は，生産者である緑色植物や消費者である動物の遺体あるいはそれらからの排出物に含まれている有機物を分解して生活に必要なエネルギーを得ている。

　一方，細菌類でも，独立栄養を行っている。たとえば**水素細菌**や**イオウ酸化細菌**あるいは，**硝化細菌**などである。水素細菌は水素を酸化して水にする。また，イオウ酸化細菌の場合はイオウや硫化水素を酸化する。硝化細菌の場合はアンモニアを亜硝酸にあるいは亜硝酸を硝酸に酸化してエネルギーを得る。このようにこれらの細菌は，無機物の化学反応エネルギーを利用して有機物を合成するので，**化学合成細菌**といわれている。そしてこれらの細菌は土壌中に広く分布している

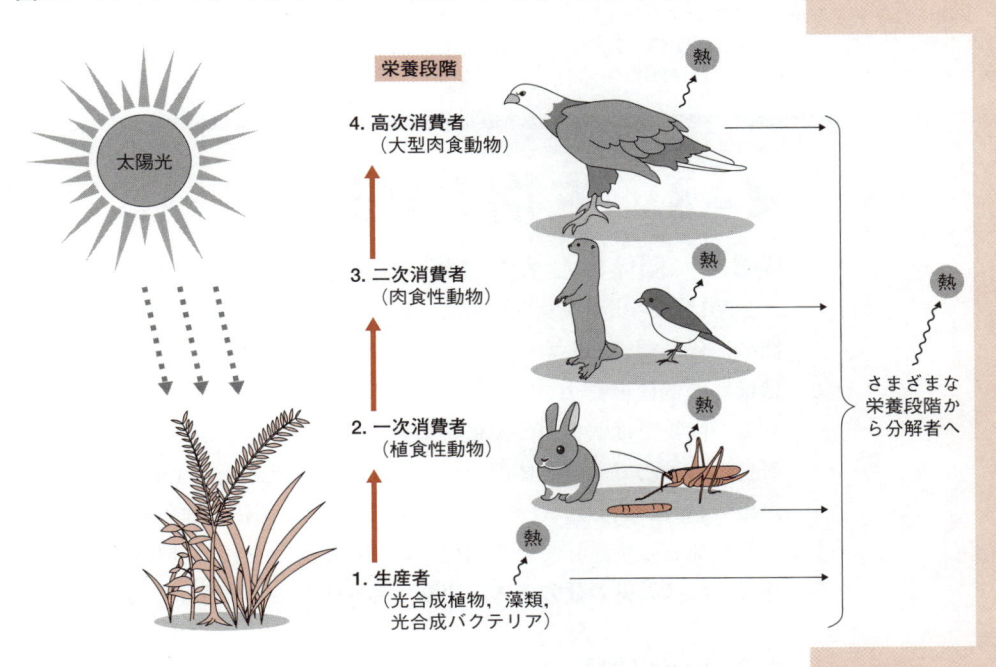

図19　生態学におけるエネルギー流
　生物体で使用されたエネルギーは最終的に熱エネルギーになる。

が，湖底，温泉中，深海の熱水噴出域などといった酸素がなかったり高温だったりする比較的特殊な場所に見られる場合が多い。

> ### コラム5　動物にとっての栄養素
>
> 　動物は，従属栄養生物であり，ほかの生物から有機物などを摂取しなければならない。その有機物は糖質，**脂質**，**タンパク質**であり（**3大栄養素**），さらに**ビタミン類**，**ミネラル類**といった微量の栄養素を必要としている。
>
> ■**糖質**（**2-1-8**参照）　糖質はエネルギー源として使われている。ヒトでは米や小麦などに入っているデンプンが主要な糖質であるが，昆虫類では，コメクイムシ，アズキゾウムシなどのような，デンプンを主体とする穀類を食べる虫以外では，食物中のショ糖（スクロース）をとるものが多い。なお，ショ糖の構成成分はグルコース（glucose）とフルクトース（fructose）であり，果実や花蜜の中に多い。グルコースはブドウ糖ともいい，グリコーゲン，デンプン，セルロースなどの構成成分でもある。
>
> ■**脂質**（**2-1-9**参照）　脂質も糖質と同じようにエネルギー源として使われる。脂肪酸は天然の脂質の構成成分をなしている有機酸であり，広く動植物界に見られるものである。脂肪酸はβ酸化でアセチルCoAになり，さらにクエン酸回路に入って完全酸化されて，エネルギー源として利用される（**2-3**参照）。ヒトの場合は数種の脂質が不可欠であるが，昆虫類においては必要としないものも多い。逆にヒトなどの哺乳類では，ステロイド類は合成できるが，昆虫類はエクダイソン[6]などのホルモンの合成のために必要としている。
>
> ■**タンパク質**（**2-1-7**参照）　タンパク質は20種類のアミノ酸から構成されている。アミノ酸はアミノ基とカルボキシル基をもつ有機化合物の総称である。それらのアミノ酸のうち次の9種類はヒトにとって不可欠である。ヒスチジン，イソロイシン，ロイシン，リシン，メチオニン，フェニルアラニン，トレオニン，トリプトファン，バリン。残りの11種，すなわち，アルギニン，アラニン，アスパラギン，アスパラギン酸，システイン，グルタミン，グルタミン酸，グリシン，プロリン，セリン，チロシンは，ほかのアミノ酸から合成することが十分に可能なので，必須とはなっていない。
>
> ■**ビタミン類**　ビタミン（**2-1-9**も参照）の要求性は昆虫によって多少異なっている。多くの昆虫類はビタミンBのみを必要としているが，たとえば，植物食の昆虫はビタミンC（アスコルビン酸）を，バッタ類はβ-カロチンを要求している。体内に共生微生物をかかえている昆虫類では，ビタミンの合成をそれらに頼っている場合が多い。
>
> ■**ミネラル類**　昆虫類が必要としているミネラル（無機塩）として，カルシウム（Ca），カリウム（K），マグネシウム（Mg），リン（P）などがあるが，必要とする量は少なく，なお，鉄（Fe），マンガン（Mn），銅（Cu）もわずかながら必要通常の食物の中に含まれている微量成分で十分である，といわれている。ヒトの場合もほぼ同じである。

[6] エクダイソン
　エクジソンともいう。昆虫の脱皮や変態を誘導するホルモン。

4-3　生物の集団

4-3-1　個体群とその性質——生物は個体間の関係をつくる

　生物は，アリやシマウマのようにいつも群れで生活するものは個体間の関係が観察しやすい。トラ，クマ，パンダのような動物はふだんはほかの個体を寄せつけず単独で生活しているので見つけにくい。これらの動物では個体間の関係が小さいのである。しかし，そのような孤独性の動物でも，個体を一生のスケールで見ると，生殖期には雌雄が出会い，また母親は子育てをするなど個体間関係の強い時期もある。一定の地域に生活している同種の個体の集まりを**個体群**というが，個体群には**構成員の数の多さ**，**変動**，**齢構成**などの**属性**がある。

4-3-2　個体群の成長——群は大きくなるが限界がある

　個体群の大きさを表す量に，個体数や重量である**現存量**が用いられ

るが，一定面積あたりの個体数を示す**密度**も使われる。個体群は十分な資源が供給されるとその大きさが時間とともに増加するが，そのことを**個体群の成長**といい，グラフに表したものを**成長曲線**という。

生息範囲が限定された空間の中では，個体数が増えていくにしたがって，その増加速度はだんだん小さくなっていき，やがて，個体数は頭打ちとなる。この成長曲線は**S字型**（シグモイド型）であり，**ロジスティック曲線**[1]という。このように頭打ちとなる理由は，個体数が多くなるにつれて，生活場所や食物が不足したり，老廃物が貯まるなどで生息環境が悪化し，個体群の成長が抑制されるためである。

> **1 ロジスティック曲線**
> 個体数をN，時間をt，個体数の飽和値をKとしたとき，ロジスティック曲線とは図中の数式で表される曲線である。

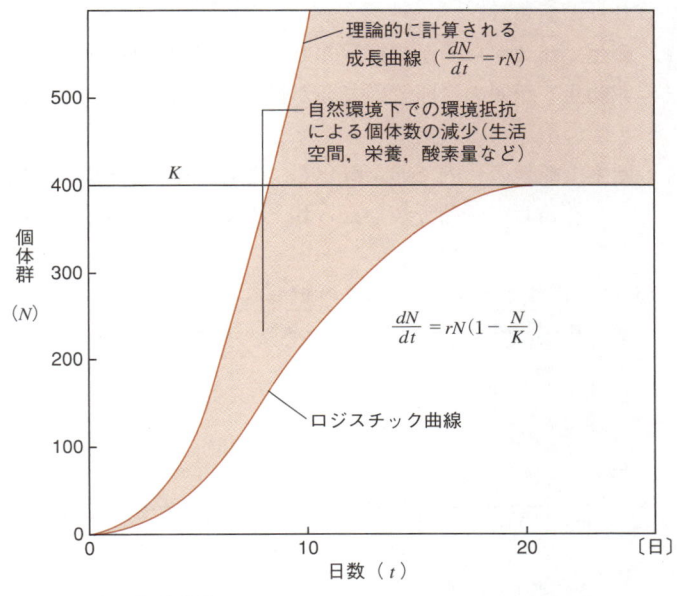

理論的に計算される成長曲線 $\left(\dfrac{dN}{dt} = rN\right)$

自然環境下での環境抵抗による個体数の減少（生活空間，栄養，酸素量など）

$$\dfrac{dN}{dt} = rN\left(1 - \dfrac{N}{K}\right)$$

ロジスティック曲線

図20 個体群の成長曲線
ロジスティック曲線は400個体で飽和値（K）に達したとしてある。

4-3-3　出生と死亡──個体群の成長・衰退のめやす

個体群から個体の移出と移入がないときは，時間あたりの**出生数**と**死亡数**の差が，その個体群における個体数の増加や減少数になる。増加数を雌1個体あたりの数値に換算したものを**増殖率**という。個体群において個体数が増えている時期を**成長期**，出生と死亡がバランスしていて一定の状態にある時期を**安定期**，出生より死亡が上回る時期を**衰退期**という。

4-3-4　交配と出生様式──生物の環境への適応と戦略がある

多細胞生物は進化の初期には海洋で生活していて，陸上にはいなかったと考えられている。おそらくそのころに**配偶子**（卵と精子）を使用して遺伝子交換を行う生物は，それらの配偶子を体外に出していた

であろう。現生の水生動物は**体外受精**を行うものがほとんどであるが，これらは祖先的であるといえる。雄が精包ないし精液に入っている精子を雌の体内に直接送り込む**体内受精**方式は，後で進化したものである。なお，多くの爬虫類や鳥類のように，この体内受精を行う動物では，雌雄が互いの総排泄孔を接触して行うものが祖先的である。雄側に外部生殖器官（ペニス）が発達していて，それを使って雌の体内に精液を送り込むような動物は後に進化したものである。

体内受精では卵が雌体内で受精しやがて発育して次世代になるわけだが，その次世代がどのステージで産み出されるかについて次の三つのカテゴリーがある。

(1) **卵生**：雌親から卵が直接産み出される（例：多くの昆虫）。
(2) **卵胎生**：雌親の産卵管内で卵が孵化した後，幼体として産み出される（例：マムシなど）。
(3) **胎生**：雌親の体内で卵が孵化し，さらにその胚や幼体に胎盤を通じて栄養分が与えられ，ある程度育てられた後に産

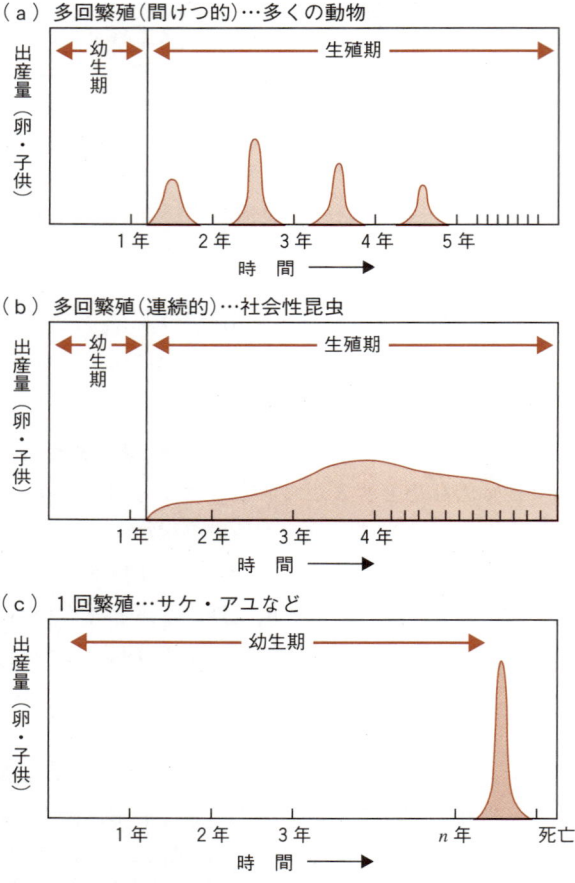

図21 動物の一生における出産（産卵）のパターン（松本，2003より）

み出される（例：ヒトなど）。

　雌1個体が一回の繁殖期に産む卵や子の数は，生物によってだいたい決まっている。卵生の動物では，卵が小さい種では多く産み，また，産んだ卵や子を保護する習性をもつ種ほど，大きい卵を少数産む傾向にある。胎生の動物の場合は，雌親による子の保護が進んだ段階であり，産む子の数は卵生種の産卵数に比べて少ない。たとえば，哺乳類では1子ないし2子しか産まない種類が多くいる。

4-3-5　生命表と生存曲線——親子関係・個体群の変動の資料

　自然界では，誕生した子の多くは発育途中においていろいろな原因で死亡してしまい，生殖可能な成体にまで達する個体は少ない。そこで，生物はできるだけ多数の子をつくるか，あるいは少数しか子をつくれない場合は，できるだけ生き残りが多くなるように子の保護をしている。

　個体群において出生した子の数が，時間経過とともに減少していくようすを明らかにすることは，親子関係を知る上でも，その個体群の具体的な変動の状態をとらえる上でも，また生物資源として管理していく上でも重要である。この変化のようすは，一定数の新生子が（たとえば，1000匹），各発育段階までにどれだけ生存し，また，どれだ

（a）アメリカシロヒトリの生命表

発育段階	生存数	死亡要因	死亡数	死亡率(%)
卵	4287	孵化せず	134	3.1
孵化幼虫*	4153	クモ その他	746	18.0
1齢幼虫	3407	生理死	104	3.1
		クモ その他	1093	32.1
2齢幼虫	2210	生理死	11	0.5
		クモ その他	322	14.6
3齢幼虫	1877	クモ その他	463	24.7
4齢幼虫	1414	シジュウカラひな	680	48.1
		成鳥の補食	734	51.9
7齢幼虫	41	アシナガバチその他	29	70.7
蛹	21	ブランコヤドリバエ	4	19.0
		病気	1	4.8
成虫	7	総死亡率	4280	99.8

*巣網をつくって定着した1齢幼虫の数

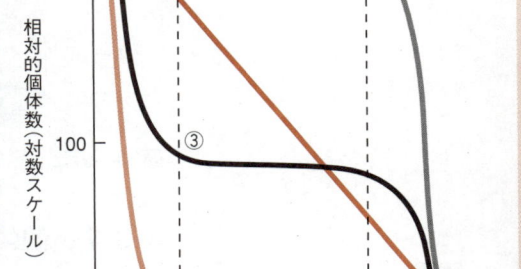

（b）生存曲線

図22　アメリカシロヒトリの生命表（a）と生存曲線のパターン（b）
①生殖期まであまり死なない。
②死亡率が一定している。
③幼生期には死にやすいが生殖期には死なない。
④幼生期に死亡率が高い。

け死亡していくかを調べて表にするとわかりやすい。この表を**生命表**といい，死亡の要因も表に含められることもある。生命表に示された数値のうち，生存数の変化だけをグラフに描いたものを**生存曲線**という。このグラフでは横軸に時間経過や発育段階を，縦軸に出生後そのときまで生き残った個体の割合を表現している。生存曲線の形は種によってさまざまであり，その生物が生息している場所や生活のしかたと密接な関係がある。そのパターンは，図22のように四つにわけることができる。

4-3-6　齢構成——これも個体群の成長・衰退のめやす

　ふつう個体群は，出生時期がいろいろな異なった個体からなりたっている。個体群の構成を，同齢ごとの個体数またはその割合で示した場合，これを**齢構成**という。寿命が長く個体数変動の少ない動物では，その齢構成は短期間ではあまり変化しないが，ニシンやサンマのように個体数変動の大きな動物では，齢構成の変化が時間経過とともに大きい。

　個体群の齢構成に関して，下から若い齢の順に積み上げていって，図式化したものを**齢ピラミッド**という。齢ピラミッドの形状から，その個体群が成長しつつあるか，安定しているか，衰退に向かっているかなどを予測することができる。また，その個体群を生物資源として捕獲や狩猟対象にする際に関しても，個体群の齢構成を明らかにすることは役に立つ。

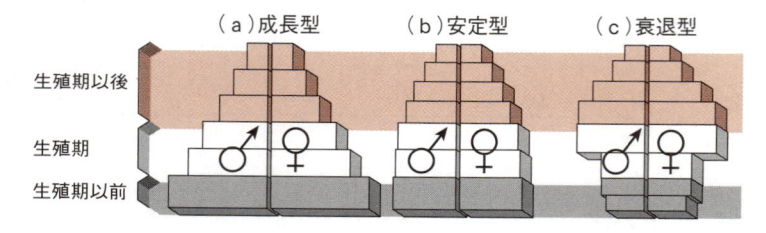

図23　齢ピラミッド

4-3-7　個体数の変動——変動の大きな種や小さな種がある

　自然界では，個体群の密度は不変ではなく，環境の影響を受けてつねに変動しているものである。その変動の大きさは生物の種類や生息地環境によって異なっている。一般に個体群密度の変動幅が極端に大きい動物は，小さい卵を多数産む種の場合が多い。

　たとえば，イワシ，サバなどの海洋表層にすむプランクトン食の回遊魚[2]では，長い年月での個体数変動が大きい。また，サバンナ域に生息しているワタリバッタ類は，年々の降雨量の変動にともなって，時には大発生する。ワタリバッタやウンカなどでは，密度の変動と共に異なった形態に成長し，定住型から移住型へと変化する種類がいる。

2　回遊魚
　成長するにしたがって，相当程度の長い距離を移動していく魚類の総称であり，移動部分が海洋のみの場合は海洋回遊魚，淡水と海洋の場合は通し回遊魚，淡水中のみの場合は淡水回遊魚と区別している。サケ，マスなどは稚魚のときに育った河川に戻ってくるといわれている。

そのような性質の変化を**相変異**といい，密度による効果の一種である。

一方，一般に大型の肉食獣類や猛禽類（ワシなど）は，密度が低く，個体数変動は比較的小さい。その理由は，資源を確保する上での**縄張り行動**が発達していて，縄張りをもてなかった個体は生存をまっとうするのがむずかしいからである。縄張りをもつ小鳥などでは，縄張りをもたなかった個体は，他所へ移動するので，その土地の個体数が決まり，密度は安定している。

陸上生態系では，植食者は餌の植物が余っているにもかかわらず，密度が低く抑えられている場合が多い。捕食者の存在で抑えられている場合を**トップダウン効果**といい，植物側の被食抵抗によるものを**ボトムアップ効果**という。

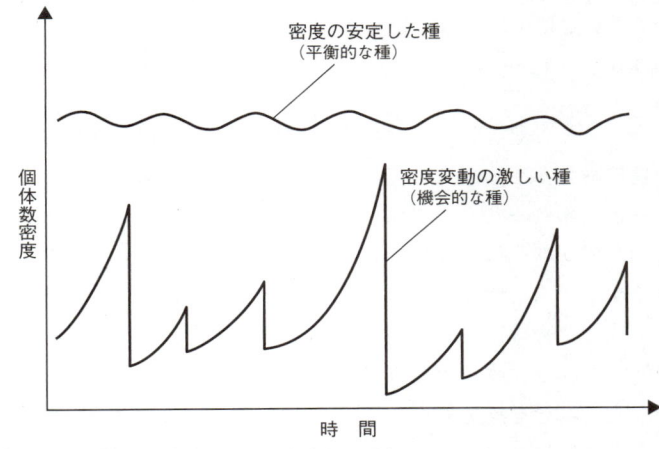

図24　個体数変動の激しい種と安定した種

4-3-8　生物の移動・分散力──生物は分散する性質がある

生物はその分布圏を拡大するためや，環境の変化に対処するために何らかの手段で移動・分散（**生物分散**）を行う。その能力はまったく無機環境まかせのものから，自力で地球の裏側まで移動するようなものまで多様である。

■**自己分散**　このことをもっとも能動的に行うのは飛翔性の動物による**自己飛翔**であろう。たとえば，海洋鳥類やオオコウモリ類の翼，あるいはワタリバッタやマダラチョウ類などは昆虫類の翅などを使用して何百何千キロという遠隔地まで移動できるものがいる。もちろん，一気に飛翔するのではなく，途中で地上や海面などで休む場合が多い。ツバメ，マガモ，アホウドリなどのように季節的に移動先を変え，元に戻る場合は**渡り**と呼ばれる。

■**動物分散**　動物の体に付着して移動する場合を**動物分散**という。哺乳類の体毛にからみつき，遠距離に運ばれて離れる種子をもった雑草はけっこう多い。鳥類の脚や羽毛について移動・分散していく生物

表2 植物の繁殖活動（花粉分散，種子分散）における動物との関係

	植物側	動物側
花粉分散	花の色，芳香性などで誘引する蜜腺で食物を提供する	より効果的な花粉の運搬をする食物の提供を受ける
	花の特異的な構造・機能の分化（トラップ・フラワー，雌バチへの擬態，フェロモン類似物質の分泌）	植物にだまされる特殊な行動習性となる
	多量の花粉をつくる	食害するが部分的には運搬する
種子分散	種子のまわりを果肉でくるむ（効果的な次世代個体の分散と定着の確保）	食物の提供を受け，果肉を食すが種子には被害を与えない（残った種子が散布される）
	散布の仕かけの分化（動物に付着するためのとげなど）	移動力を種子散布のため利用される
	種子にエライオソームをつける	食物の提供を受け，運搬する

は，とうぜん鳥の動きは激しいから長期間の移動中に脱落せず，また環境変化に耐えるものでなくてはならない。種子のある部分に**エライオソーム**といわれるタンパク質に富んだ物質をつけていて，アリがそれを食べたいがゆえに巣まで運ぶのを利用する植物がいる。アリはそのエライオソームを食すると，種子本体をすててしまうが，結果としてこのような植物は，アリを利用して種子の分散をはかっている。

■**風分散**　陸上生物を移動させる大きな媒体として風があるが，それを利用する場合を**風分散**という。樹木の種子には，カエデやフタバガキのように風に流されやすい羽状になっているものがある。小型のクモ類は糸を風にたなびかせて遠距離まで分散するものがいる。

地球上には，低緯度では東から西方向への貿易風，中緯度には西から東方向へ偏西風が常時流れている。強い上昇流で高く舞い上がった昆虫類や植物の胞子などの微小生物の場合は，これらの風に乗って大陸間のような相当の遠距離まで移動することができる。また，台風やハリケーンなどの熱帯性の低気圧による風は，偶発的だが強力であるので，飛翔性の動物を風に乗せて遠距離を運ぶことがある。

■**海流分散**　海洋においては，たとえば，黒潮や親潮，メキシコ湾流といったような大きな海流が存在している。これらの海流に乗って移動・分散する場合を**海流分散**という。海流に乗って移動する場合には，海水に浮遊し，かつ塩類に耐えられる生物でなければならない。太平洋には膨大な数の島々があるが，それらの島へと分散した多くの植物の種子は，たとえば，ヤシやモモタマナの実のように海水に浮き，かつ塩水に強いものである。洪水などで大きな倒木が海に出て海流に乗ったとき，それらに付いていた多数の微小生物が相当の遠隔地にまで運ばれる可能性がある。アリやシロアリでは，このような理由で世

界の熱帯域に広く分散分布している種類が知られている。
■**人為分散**　人間は船や飛行機で世界中を広範かつ激しく移動している。このような人間活動にともなって移動分散した生物は非常に多いものと思われる。それらは**移入種**，**外来種**，**侵入種**などといわれるものであり，世界各地において分散し，在来の生物相に大きな影響を与えているものが少なくない。

4-4　生物種間の相互作用

4-4-1　生態的地位（ニッチ）──種間競争で獲得したもの

生活上の要求内容が似ている二種以上の個体群が同じ場所で生活すると，食物，光，栄養塩などの資源，また生活空間などを求めて競争が起こるが，それを**種間競争**という。群集内では，このような種間競争が常に存在していて，その結果としてそれぞれの種個体群がどのような場所ですみ，どのような資源を得ているかの範囲が決まってくる。そのような範囲を**生態的地位（ニッチ）**といっているが，たぶんに抽象的な概念である。

生活上の要求内容が似れば似るほど種間競争は激しくなる。そして，競争の結果，一方の種個体群が他方の種個体群を駆逐してしまうこともあるが，長い時間では群集内における生態的地位が異なる方向に進化し，結果として生活要求が重ならないすみわけをしたり，餌資源の食いわけが成立していくと考えられている。

4-4-2　捕食と被食──これも相互作用，くわしくは4-2で

動物が植物を摂食することを**植食**，動物が他動物を捕らえて食べることを**捕食**という。この場合，食べる側の動物を**捕食者**，食べられる側の動物を**被食者**という。捕食者と被食者の個体数は，両者の相互作用によって周期的に変動することが知られている（図25）。

4-4-3　植物と動物の共進化
──敵として対抗する進化ではなく，ともに利用しあう進化

植物は動物に食べられないために種々の対抗手段（戦略）を進化させ，逆に動物はそのような植物の戦略を打ちやぶろうと進化してきた。いわば，植物にとって動物は生存における敵として存在している場合が多い。しかし，植物によってはすべての動物が敵というわけではなく，中には味方としてそれを積極的に利用する場合も知られている。

そのような例として，動物による**花粉媒介**と**種子分散**がある。動物と異なって植物たちは短時間では大きく動くことはできない。そこで，花粉媒介の場合は，花から蜜や動物にとってよいにおいを分泌する。

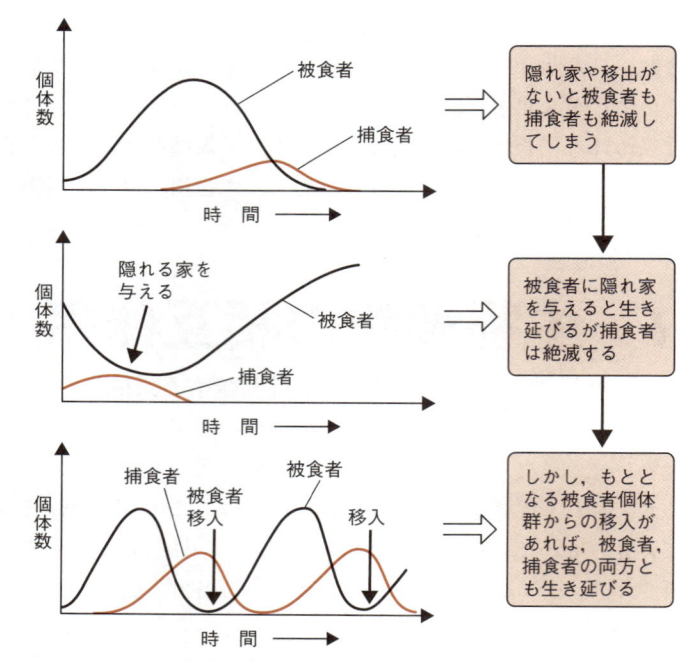

図25 捕食者と被食者の相互関係

　それに引きつけられた動物の体に花粉をくっつけることで，遠くの花まで花粉を運んでもらう。このような植物の戦略にのった動物はチョウやガ，オオコウモリ，甲虫，鳥類など飛翔力が大きいものが多い。動物に対する見返りは，蜜ばかりでなく，花粉の一部を食物として提供している場合もある。

　種子分散に関しては，種子そのものを食料として運ばせるが，一部の種子は動物が食べきれずに残すのを期待するような戦略，あるいは種子に**エライオソーム**のようなわざわざ動物に食べさせる物質をくっつけておく戦略などもある。エライオソームはアリ類が好きで，それを食べたいため巣の方に運ぶ。そして，種子の部分は食べられずに残り，遠距離まで運ばれるというわけである。

　こうしてみると，さまざまな花の美しい色彩あるいは一定時間昆虫などをトラップしておくような花の構造は，本来は被食者側である植物が，捕食者側にある動物たちをたくみに利用する戦略として進化したものといえる。

　このような動物と植物の双方の進化は，共進化といわれるものの例であり，共進化は後の章で述べられる寄生や共生においても起こっていることである。

4-4 生物種間の相互作用

表3 植物と動物の対抗関係から由来した生存戦略

植物側の戦略	動物側の戦略
防御装置を発達させる（とげ，針，毛，固い表皮など）	体を小さくして植物内に潜り込む（ハムグリガ，穿孔性甲虫など）
防御物質（毒）を作成する（アルカロイド，シアン化合物など）	植物毒に対する解毒酵素系を発達させる（多くの植食性昆虫）
花外蜜腺から蜜を分泌する（アリなどが蜜の提供を受け植物体を防衛する）	蜜に来るアリと緊密な関係になり，その攻撃力を利用する（アブラムシ，シジミチョウなどの場合）

コラム6　植物の対被食戦略　（3-3-8-4のコラム18も参照）

　植物は動物のように捕食者から逃げることができないので，植食性動物に摂食されないための対抗手段（戦略）として，物理的な防御装置あるいは化学的な防御物質を進化させているのがふつうである。野菜などの人工的に栽培された植物では，それらの対抗手段は大幅に改変されている。

■**物理的防御装置**　かたい外皮，とげ，針，綿毛などであり，植物は体の表面にこのようなものを備えることによって植食者に対抗している（表4）。乾燥地域の樹木などではとくに発達していて，中南米の砂漠地域に多いサボテン類，アフリカやオーストラリアのアカシアなどは典型的な例である。これに対して動物側の戦略としては体を小さくし，口器を強力にすることで，植物における防御装置の隙間あるいは弱い部分から潜り込んで摂食している。とくに昆虫類においてそれらの手段は発達している種類が多い。

■**化学的防御物質**　植物が動物からの摂食に対抗するためにつくる化学物質には，さまざまなものが知られているが，それらは大きく質的な防御物質と量的な防御物質の二つにわけることができる。

　質的防御物質は動物にとって毒あるいは忌避対象となる物質（悪臭あるいは不味など）である。このような物質は膨大な数が知られているが，アルカロイドや有毒のアミノ酸あるいはシアン産生配糖体などが代表的である。これらは小動物にとって致死的な作用を及ぼす場合がほとんどで，大型動物に対しては，少量では致死的でない場合でも，そのいやなにおいや味で強く学習記憶させ，以後の摂食を拒否させる場合が多い。

　量的防御物質は動物が摂食したとしても，少量なら害にならない物質である。しかし，多くは動物にとって消化することの困難な物質であり，たとえ摂食したとしても栄養にならないので，長い進化の選択過程で摂食対象とはならなくなるものである。たとえば，木質の主成分であるセルロース，ヘミセルロース，リグニン，ケイ酸などは，動物にとって毒としては作用しない。

表4　植物の対被食戦略

	質的な防御物質	量的な防御物質
物質	低分子化合物	複雑な高分子化合物
（物質例）	（アルカロイド，シアン，カラシ油配糖体，非タンパク性アミノ酸，テルペノイド）	（ポリフェノール，タンニン，カキシブ，リグニン）
作用	毒性を与える	消化作用の妨害をする
含有量	少ない	多い
おもな植物部位	新芽，新しい葉，果実	木質部，古い葉
植物種	草本類，遷移初期種	木本類，遷移後期種

4-5 生物の社会

4-5-1 縄張り（テリトリー）——餌・配偶者・場所の確保

ある個体が同種の他個体を排除している範囲を**縄張り**（テリトリー）という。個体や集団が縄張りをもつ目的は，餌資源の確保のほか，配偶者，営巣場所，子育て場所などの確保，またはこれらの機能がいくつか組み合わさったものなど，動物によって異なっている。一般に餌資源の確保のための縄張りの面積は，肉食性の動物の方が植食性の動物より広く，また小型動物より大型動物の縄張りの方が大きいことが知られている。

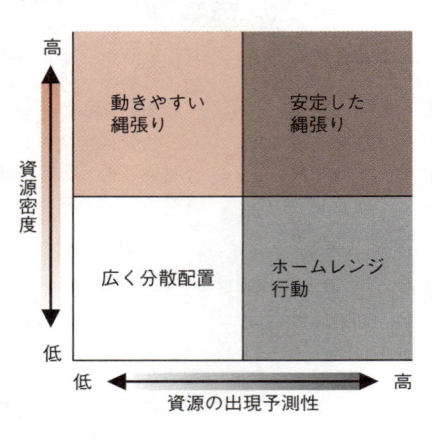

図26 縄張り形成と資源との関係
動物が縄張りを形成するとき，確保すべき資源（餌，配偶者など）の密度，そしてその出現予測性（確実性）と強い関係があることを示している。ここでホームレンジとは，動物が遊動することである。

（図中：資源密度 高／低，資源の出現予測性 低／高；動きやすい縄張り，安定した縄張り，広く分散配置，ホームレンジ行動）

4-5-2 動物の群れとその成立の理由
——利益とコストの差し引きがプラスだから群れている

一定の地域個体群で個体の分布を見ると，トラやパンダのように常に分散して生活している動物もいるが，サバンナにすむシマウマ，森林内のイノシシ，大洋を泳ぐニシン，北極域のアザラシ，南極域のペンギン，都市公園のハトのように，集団で生活しているものもいる。このように動物個体が集まってつくる一つの集団を**群れ**という。

群れをつくって生活する動物はいろいろ知られているが，群れに参加している個体にとっては，どのような利益があるのだろうか。また利益ばかりでなく，逆にどのようなコスト（損失）があるのだろうか？　もちろん，利益とコストの差し引きがプラスになっているからこそ，動物は群れているといえるのであるが。

個体にとって群れの中で生活することは，その種では単独でいるよりは，餌を効率よく獲得したり，敵に対する防衛効率が上がったり，繁殖活動を容易にしたりすることなどに役立っていると考えられる。しかし，群れの大きさには適正規模があり，過密すぎると個体にとってかえって不利になってしまうことがある。

動物の個体が群れて生活する理由には，コラム7の（1）から（6）など，さまざまなものをあげることができる。多くの群れの成立は，これらの複数の理由が該当する場合が多い。

コラム7　群れる理由

（1）食物獲得の効率向上　動物は単独個体で食物を探し回るよりも，群れで探した方が発見効率が高ければ，個体はその群れに参加するようになるであろう。また，狩猟に技術を要し単独個体では狩猟成功率が低いような捕食者は，群れることで狩猟成功率を向上させているが，このような動物は**群れハンター**といわれている。哺乳類の食肉目では，ライオン，リカオン，オオカミなどが該当する。鳥類では異種が混じり合った混群をつくる場合があるが，これも食物発見の効率向上と関係していることと思われる。

餌を発見しそれを実際にとれる効率を**採餌効率**というが，これは群れの個体数の増大との関係においては，山形のカーブをたどる。つまり，個体数が少ないと餌の発見効率が小さく採餌効率が悪い。一方，個体数が多すぎれば，餌の発見率は増加するが，多くの仲間と餌をとり合うことにより，個体あたりでは餌を得る確率は減少する。結局，食物の獲得において最適な群れ個体数が存在することになる。

（2）捕食者からの逃避および防衛効果　被食者は捕食者から逃れるために，逃避する。しかし，生活のすべてを逃避に向けていたのでは，生存がおぼつかない。そこで，群れて他個体の行動から捕食者の接近を知ることで対処している。なぜなら，群れの個体数が多い方がそれだけ警戒の眼が多くなり，誰かが敵を発見すれば，その個体の逃避行動や警戒声によってほかの多くの個体は捕食者の接近を察知しやすくなるからである。

ここで，一羽のタカを捕食者とし，被食者としてのハトの群れが存在する場合を考えてみよう。タカは一度の襲撃で複数のハトを捕まえることはできない。したがってハトにとっては，単独でいるよりは多数で群れている方が襲撃される確率が減少するが，これは捕食に対する「薄めの効果」である。群れて生活すると厳しい餌取り競争が生じやすくなるにもかかわらず，同種ばかりでなく複数種の鳥類たちが混群をつくることもある理由は，まさにこの「薄めの効果」もあるからと考えられている。

（3）捕食者への対抗　植食性ではあるが，群れをつくることで，捕食者に防衛上の対抗をする動物がいる。たとえば，昆虫ではギフチョウ，アメリカシロヒトリ，ウメケムシなどは幼虫期に体を寄せ合っている。

兵隊アブラムシの進化はまさしくこの群れとしての捕食者への対抗戦略である。草食性哺乳類でもウシカモシカやアフリカゾウなどは，一定程度の群れをつくり強いなおとなが捕食者に抵抗することで，ひ弱な子を防衛している。

（4）交尾の機会の増大　鳥類や昆虫類の一部には繁殖の季節になると，オスたちやメスたちが特定の場所に集合する種類が知られている。そして，オスたちはその場所で儀式的な闘争をしたり，踊ったりしてメスの気を引きつける。このような求愛上の行動システムをレックという。ソウゲンライチョウ，ハワイのショウジョウバエ，東南アジアのシュモクバエなどでレックは知られている。メスたちは，集合したオスたちの中から交尾相手を選好するのだが，集合したオスたちはそうしない個体に比べて交尾の機会が増大している。

（5）共同繁殖　鳥類や哺乳類の中には，共同で育児をすることによって，結果として子たちの生残率を高めている種類がいる。単独個体ではとても子が育たないような状況において，群れで生活して複数個体で育てる相互扶助の関係といえよう。ところで，その群れの中に自らの子をもたず他者の子ばかりを世話するような性質（利他行動の遺伝子）をもった個体がいた場合，その個体は子を残せないので，後世に自らの性質を伝達できない。つまり，利他行動に関係した遺伝子を伝えられないので，完全に自己犠牲的な利他行動は進化しえないだろうというパラドックスが存在する。しかし，現実には，さまざまな社会性動物では，完全に不妊で子育てのみに専念するワーカーあるいは兵隊が存在しているが，それらが進化できた理由については後述する。

（6）不利な環境条件に対する抵抗性の向上　まれなケースであるが，集合することで体温が奪われるのを防ぐことを行っている場合がある。たとえば，コウテイペンギンは，南極のマイナス50℃もの厳しいブリザードの日には体を寄せあって立っている。そして，ゆっくり歩んで風上に立つ個体が次々と入れ替わっていく。こうすることで，互いに離れて立っている場合よりも冷たい風によって体温が奪われる割合を少なくしている。

コラム8　生活慣習の伝達

　サル類やある種の鳥類などでは、生活していく上で他者の行動をまねし、記憶することができるものがいる。とくに若い個体にそのような能力が高いようであり、親の行動をまねる場合が多いが、多数の親子が存在している群れでは、そのような生活慣習が伝達されやすく、いわば群れ独自の「文化」の伝達といったものが考えられる。たとえば宮崎県幸島のニホンザルにおけるイモ洗い行動、タンザニアにおけるチンパンジーのシロアリ釣り行動などが有名である。

コラム9　利己的な群れ効果

　同種の個体が群れることによって、その群れ全体に利益がもたらされている場合、個々の個体は、「群れ全体の利益のために」そのように行動しているのであろうか？　結論からいうと、群れ全体の利益が出ているのは、それぞれの個体が利己的にふるまっている結果にすぎないといえる。個体にとっては、もし、群れることが子孫を残す上で不利（群れた個体は群れない個体に比べて死亡率が高い）ならば群れないし、逆に群れに参加する方がしないよりも有利ならば、群れに参加するようになるであろう。このように状況依存的に群れたり群れなかったりする判断能力が遺伝するなら、その能力を発現する遺伝子をもっている方がもっていないよりも子孫を多く残せるであろう。動物が群れたり群れなかったりする行動は、もっぱら個体の適応度の上昇と関係して進化したことといえる。

　動物個体は利己的であるからこそ、相互扶助的な群れができるという説明は、一見逆説的であるが大事なことであり、理論家のハミルトン（W. D. Hamilton）は単純なモデルで、その「利己的な群れ効果」を説明している。たとえばイワシの群れの場合、捕食者であるマグロの群れに追われた場合には、各個体にとっては群れの中心部にいる方がより安全である。そのため、各個体は群れの中へ中へと入ろうと泳ぐ（周辺部にいたり、群から離れると捕食されやすい）、結果として密度の濃い群れができ、バラバラでいるときよりはずっと敵を発見する効率が上昇するのである。

図27　利己的な群れ効果
　群れをつくる魚類の個体は、泳ぎの方向を群れの中心部へ向ける傾向にある。群れのへりにいるよりも中心部の方が捕食される確率が小さいからである。群れの逃げる方向は、集団の力学によりたくみなターンをする場合もある。

4-5-3 順位制とリーダー制
――記憶力のある動物か個体を認知する動物が序列をつくる

■順位制　見知らぬ数羽のニワトリを一緒に飼育すると，最初は互いにつつきあってケンカをしているが，やがて個体間に優劣の序列ができ落ち着いていく。このような優劣の序列が直線的である場合を**順位**という。群れの構成員に順位が確立すると，一般的に，順位の高い個体が優先的に交尾したり，先に食物や巣場所をとるようになり，激しい争いはほとんどなくなるのである。このように順位があることは，結果として群れの安定が保たれることになる。そのような状態を**順位制**という。順位制ができる動物は記憶力が大きかったり，個体認知の手がかりをもっているといわれている。

　順位制は鳥類や哺乳類以外に，社会性のハチやアリ類などの**コロニー**[1])でもよく知られている。ミツバチ類における順位制は，個体間の血縁関係を反映していることが知られている。アリ類では相手の血縁関係を体表の炭化水素の組成の違いを手がかりにしているという研究例がある。

■リーダー制　野生のヒツジは群れをつくり，順位の高い個体は，敵に対する防衛のためや，新しい採食場所への移動の時などに，その群れを先頭に立って導いていく。このような個体を**リーダー**といい，一般に体が大きく，経験の豊富な個体である。リーダーによって群れが維持される仕組みを**リーダー制**というが，そのようなリーダーの存在が知られている動物としてニホンザル，アカシカ，アフリカゾウ，シカ，ヤギなどの哺乳類がある。

> **1　コロニー**
> 同じ種類の個体たちが密に集まって生活している状態をコロニーという。単細胞生物であるバクテリアや原生動物などでも，それらの集合状態をコロニーといっている。

ハリアリの一種 *Pachycondyla sublaevis* でみられた順位と齢期の関係。各数字は優位行動または劣位行動の回数を示している。(Ito & Higashi, 1991より)

優位個体＼劣位個体	A	B	C	D	E	F	G	H	I	J	K	L	M	N	合計
A	+	1	8	3	10	1	—	—	—	—	—	3	—	—	26
B	—	+	1	1	18	—	—	—	1	—	1	2	1	—	25
C	—	—	+	3	6	—	2	1	—	—	1	5	—	2	21
D	—	—	—	+	4	1	—	1	—	—	1	—	4	2	13
E	—	—	—	—	+	2	—	—	—	—	—	2	—	—	4
F	—	—	—	—	—	+	1	—	—	—	—	—	—	—	1
G	—	—	—	—	—	—	+	1	—	—	—	—	—	—	1
H	—	—	—	—	—	—	—	+	—	—	—	—	2	—	2
I	—	—	—	—	—	—	—	—	+	1	—	—	—	—	1
J	—	—	—	—	—	—	—	—	—	+	1	—	—	—	1
K	—	—	—	—	—	—	—	—	—	—	+	—	—	—	0
L	—	—	—	—	—	—	—	—	—	—	—	+	—	—	0
M	—	—	—	—	—	—	—	—	—	—	—	—	+	—	0
N	—	—	—	—	—	—	—	—	—	—	—	—	+	—	0
合計	0	1	9	7	38	4	3	3	1	2	8	7	5	7	95

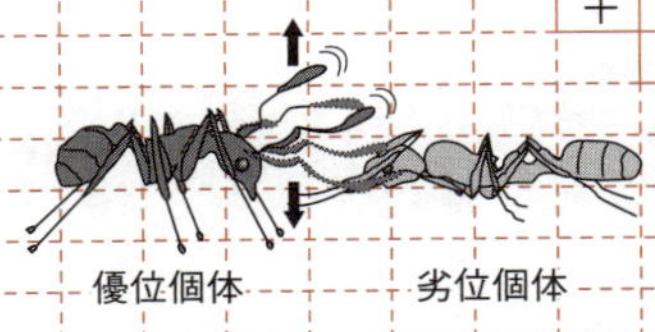

図28　アリの順位制
図は触角を用いた優位行動。優位個体は触角で相手の頭部をたたく。多くの場合，劣位個体はしゃがみこんでじっとしている。

4-5-4　家族と親による子への世話行動──子にとって生存がきびしい状況ほど親は世話をする方向に進化する

　人間界では，夫婦そしてその子供たちで成立する小集団を**家族**（核家族）といっているが，これは社会の基本単位である（かつては3ないし4世代の親子そしておじ，おば，いとこなどの親族が同居している大家族もあった）。このような血縁関係によって結ばれた家族集団を野生の動物界においても見ることができる。たとえば，鳥類の90％あまりは抱卵や育雛（鳥の子育てのこと）を夫婦で共同して行い，哺乳類でもタヌキ，ゴリラなどにおいて家族の存在が認められている。なお，片親とその子たちとが同居して生活していれば，それも家族といってよいであろう。昆虫類では雌親が幼虫と同居して緊密な関係をもっている例は多く知られている。

　なぜ，親は子と共存し世話をするのであろうか？　これは，経済学的な観点からは親による子への投資とみることができる。もし親にとって，ほうっておいても子が自力で十分育つような状況では，親による子の世話行動は進化しないであろう。

　また，産むことのできる卵（子）が非常に多数であり，それらのうちの一部なりとも生き残って次世代の親になることができる状況なら，親による子の世話行動はやはり進化しないであろう。しかし，世話をしないと子がまったく生き残れない場合には，親による子の世話が進化するであろう。さもないと，その系統は絶えてしまう。

　では，親による子の世話が必要な状況では，雌と雄のどちらの親が子の世話をするであろうか？　これには，雌と雄の両親で子の世話をする，雌親のみで子の世話をする，そして雄親のみで世話をするとい

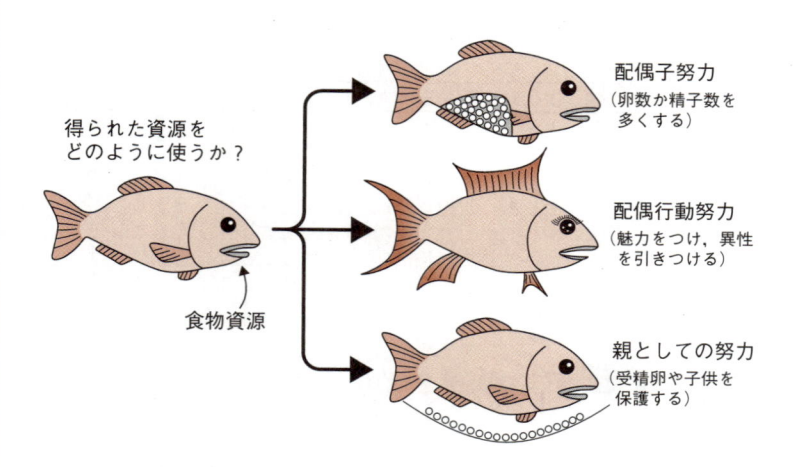

図29　生殖活動にともなう努力の分配
　自ら得る資源に限りがあるなら，生殖に関してどの「努力」に分配するだろうか。

表5 親による子の世話
親が子の世話をする場合，三つのオプションがある。

子の状態	親による子への投資
子は単独で十分育つ	親は子の世話をしない
子は単独では育たない	親は子の世話をする ・世話は片親で十分である ・両親が必要である ・両親＋ヘルパーが必要である

表6 受精様式と保育様式〜脊椎動物のグループ間の比較

分類群	受精様式	繁殖様式	おもな保護担当者
鳥類	体内受精	抱卵・給餌	両親
哺乳類	体内受精	妊娠・授乳	雌親
軟骨魚類	体内受精	卵生／胎生	雌親（体内のみ）
硬骨魚類	10%体内受精 90%体外受精	卵生／胎生 20%保護	雌親（体内のみ） 雄親

った三つのパターンが考えられる。動物の系統によって，これらの世話のパターンの分布が表5のように異なっているが，それは婚姻制と大きく関係している。

4-5-5 生物の社会関係──利己的・利他的・共同的・両損的

個体間の相互作用よって形成される集団を**社会**と定義するなら，生物が有性生殖で次世代の個体をつくることは，他個体との関係で行われるので，社会的な現象の出発点といえる。このような観点からは，生物の社会性とはことさら特別なことではない。**個体間関係の強さは，相互依存性，共同性，集合性**などを尺度にして見ることができる。また，**個体間の反発の程度**も社会性の負の側面として重要である。

いま，とらえ方を単純にするために2個体間の関係で見てみる。すると，ある個体が他個体に与える影響は**利己的，利他的，共同的（相利的），両損的**の4種類に整理することができる。では動物の繁殖活動において，どのような局面でこの4種類の関係が現れるのか？

このような関係は個体の適応度の増加あるいは減少という形でとらえることができる。**適応度**とは，簡単にはその個体がどれだけ子孫を残すかの尺度である。適応度が上昇することは個体の利益であり，下降することは損失とみるのである。生物界では資源は限定されていて奪い合いがあるから，ある個体の適応度が上昇する（利益を得る）ためには，他個体の損失を招く（表7中のBである）。つまり，利己行動は他個体の犠牲の上になりたっている。その逆の関係は表7中のCである。当然，干渉し合って双方が不利益になる行動は残り得ない。

表7 利他行動と選択 (松本, 2003より)

	隣接個体の利益	隣接個体の損失
当該個体の利益	A 相利（疑似の利他）行動 （血縁選択で残る）	B 利己行動 （自然選択で残る）
当該個体の損失	C 真の利他行動 （普通は残らない）	D 相互に不利益な行動 （普通は残らない）

上記のAからDの例
　A：社会性昆虫のワーカー行動，親による子の保護行動
　B：他者への捕食行動，寄生行動
　C：一方的な自己犠牲行動
　D：相互の嫌がらせ行動

　ここまでは，個体間の血縁関係がない場合のことがらである。ところが，個体間の関係が血縁関係にある場合は，様相が異なってくる。親は自分を犠牲にしても子育てを行うし，兄弟姉妹は互いに助け合う。

　たとえば，世話をする子が血縁者の子の場合，自らは生殖を行わなくても（遺伝子を残さなくても），血縁者を助けることで，自らと同じ遺伝子を保有している血縁者を通じて，遺伝子が後世に伝わりうるのである。実際に高度の共同育児のような利他行動が見られる群れの構成員は，血縁関係の濃いものどうしの場合がほとんどである。

　表7中のAの疑似の利他的行為の進化するための必要条件は，隣接個体（血縁者達）に対する利益の合計値が，疑似の利他行為者の損失を上回らなければならない。この場合，疑似の利他行為者の適応度は，下記の**包括適応度**で考えなければいけない。

　包括適応度＝｛（ある行動をすることでその個体が得る（失う）個体適応度）＋（その行動によって他者が得る（失う）適応度）｝×他者が遺伝子Aを共有する確率

　血縁者に向けた利他行動は，見返りに自分の包括適応度を上げることになるので，疑似の利他行動というわけなのである。

4-5-6　社会性昆虫——はっきりした分業と複数による子育て

　集団で生活している昆虫類で，その**集団（コロニー）**を構成している個体間に分業が見られ，複雑な社会組織となっているものを**社会性昆虫**という。ミツバチ，スズメバチ，アリ，シロアリなどにおいて，とくに高度に発達した社会組織をもっている種類がある。なお，コロニーが次の三つの特徴をもっていた場合，**真社会性**といっている。

　① 複数個体による子育ての共同が見られる。
　② 少数の生殖を行う個体と，多数の行わない個体との分業が見られる。

③ 成虫の中に親世代の成虫と子世代の成虫とがいる。

■**カースト**　社会性昆虫のコロニーでは，その構成個体において，形態の分化そしてコロニーにおける役割の分業が見られ，それを**カースト**という。たとえばシロアリの場合，女王シロアリ・王シロアリ・働きシロアリ（ワーカー）・兵隊シロアリ（ソルジャー）と四つのカーストがある。コロニーにおける役割に関しては，女王と王シロアリは生殖活動，働きシロアリは採餌や巣作り，育児など，兵隊シロアリは巣の防衛や敵に対しての攻撃などに特殊化している。

ミツバチではカーストは女王とワーカーの2種類であるが遺伝的に決まっているのではなく，幼虫時代の栄養条件で決まる。つまり，王台でロイヤルゼリーを餌として与えられた特別な幼虫が女王バチになるのである。

■**社会性昆虫のいろいろ**　社会性昆虫は，種数としてハチ目に属している種が一番多く，ミツバチ／ハリナシバチ類（Bees），スズメバチ／アシナガバチ類（Wasps），アリ類（Ants）などがあげられる。次に社会性昆虫の中で多い目として，ハチ目とは系統的に大きく離れているシロアリ目（Termites）があげられる。

シロアリとアリとは系統的に離れているが，ともに「**歩行型**」の**社会性昆虫**としてのさまざまな類似点があり，いわば**進化の収斂現象**[2]である。シロアリ類は，食物として植物枯死体という貧栄養物を摂食しているのに対して，アリ類は動物体，蜜，種子などの富栄養物を摂食していることが決定的に異なっている。シロアリ類は被食者として，アリ類はその捕食者として熱帯生態系の中で際立って現存量が多く大繁栄していて，両者は密接な関係をもっているといえる。

一方，ミツバチ類とスズメバチ類も密な集団をつくっているが，翅をもっていて遠方まで行ける「**飛翔型**」の**社会性昆虫**である。そして，ミツバチは被食者として，スズメバチ・アシナガバチは捕食者の関係にあり，がっぷりと四つに組んで生活していることは興味深い。

社会性昆虫には，このほかにアブラムシ類に約50種，オーストラリアのアザミウマ類に6種類ほど知られている。これらの多くは**ゴール**[3]の中で生活している。そこで「**ゴール型**」**社会性昆虫**とも呼ぶ。

2　収斂
生物は進化するにしたがって，その形態や機能が異なっていく場合がほとんどだが，再び類似した形質として進化した場合を**収斂**という。**収束**ともいう。

3　ゴール
植物に昆虫が産卵や寄生した刺激で，組織の異常発育が起こり，つくられたこぶのこと。寄生者によって形が違う。
虫えい，虫こぶともいう。

表8　今日までわかっている真社会性動物の一覧 (松本，2003より)

分類群	真社会性の種類 (真社会性種類：全種類)	雄と雌における 染色体の倍数性	防衛個体（武器）	初出文献
ハチ目				
アリ類	8800：8800	単数倍数性	大型個体（大顎，毒針）	古くから知られている
ミツバチ類	1000：30000	単数倍数性	ワーカー（毒針）	古くから知られている
スズメバチ類	880：910	単数倍数性	ワーカー（毒針）	古くから知られている
アナバチ類	1：6000	単数倍数性	ワーカー（毒針）	Matthews, R. W.（1968）
シロアリ目	2200：2200	両性倍数性	兵隊（大顎，額腺）	古くから知られている
アブラムシ類	43：4400	単為生殖	兵隊（前脚，頭部の角）	Aoki, S（1977）
アザミウマ目	6：2500	単数倍数性	大型個体（前脚）	Crespi, B. J.（1992）
ナガキクイムシ類	1：550	両性倍数性	なし	Kent, D. S.ら（1992）
ハダカデバネズミ類	3：12	両性倍数性	大型個体（門歯）	Jarvis, J. U. M.（1981）
テッポウエビ類	6：40	両性倍数性	大型個体（ハサミ）	Duffy, J. E.ら（1996）

コラム⑩　歩行型社会性昆虫

シロアリという和名は，アリと似てまぎらわしいが，シロアリはゴキブリ類にごく近い不完全変態性の昆虫である．アリの方はハチ目に属していて完全変態性の昆虫であり，両者は系統学的にはたいへん離れている．にもかかわらず，日本においてシロアリという名前がずっと使われているのは，もちろんアリとの類似性をイメージさせているからである（英語では，シロアリのことを古くはwhite antといったが，今日ではtermiteであり，antとは似た名前ではない）．

両者の類似性を，以下に列記してみよう．
① 成熟コロニーでは，個体数がたいへん大きくなる．
② 地表，地中，樹木内などに堅牢な巣をつくるものが多い．
③ ワーカーによる幼虫の保育行動が発達している．
④ 集団による採餌活動を行い，食物の社会的貯蔵を行う．
⑤ フェロモン，体の振動などによる個体間情報伝達が発達している．
⑥ 女王（王），ワーカー，兵隊などの分業（カースト）が見られる．
⑦ 無翅（翅がない）の個体がほとんどで，移動はもっぱら歩行によっている．

ところで，シロアリとアリのコロニーの生活圏は，彼らが無翅であるがゆえに，おもに面的（2次元的）な拡がりで存在する．それに対して，社会性ハチ類は飛翔型であり，その生活圏は空間的（3次元的）で，ずっと広大である．このことが反映していて，シロアリとアリの情報伝達手段は，におい（フェロモン）と接触によるところが大きいが，ハチ類ではにおいや接触刺激もさることながら，視覚情報がたいへん重要となっていることが大きく異なっている．

4-5-7　ポリシング──利己性を上回る社会的コントロール

女王バチが分泌する**女王物質**（脂肪酸エステル，フェロモンの一種）そして幼虫たちが出す**フェロモン**には，ワーカー（働きバチ）の卵巣が成熟するのを抑制させる機能があることが知られている．ワーカーは産卵することができ，それが孵えれば雄バチとなるので，子孫を残す力はもっている．しかし，実際にはワーカーの産卵はほとんどない．

その理由は，上記のフェロモンの刺激で，ワーカーたちは産卵を自ら抑制しているからと考えられている．また，もし，ワーカーが利己的にふるまい産卵したとしても，その卵は仲間のワーカーに食べられ

4-5 生物の社会

触角	じゅず状	くの字状
腰	くびれがなく太い	くびれがあって細い
翅	前翅と後翅はほとんど同じ 翅脈は細くて多い	前翅は後翅より大きい 翅脈は太くて少ない

a 生殖虫（有翔虫，羽シロアリ）
b 兵隊シロアリ
c シロアリのワーカー
d アリのワーカー

(シロアリの図は，森本桂氏作図，「しろありおよび防除施工の基礎知識」日本しろあり対策協会，p.11, 第2-1図，より。アリのワーカーの図は，園部力雄氏作図，「社会性昆虫の生態」，松本忠夫，培風館，p.10, 図2-2, より)

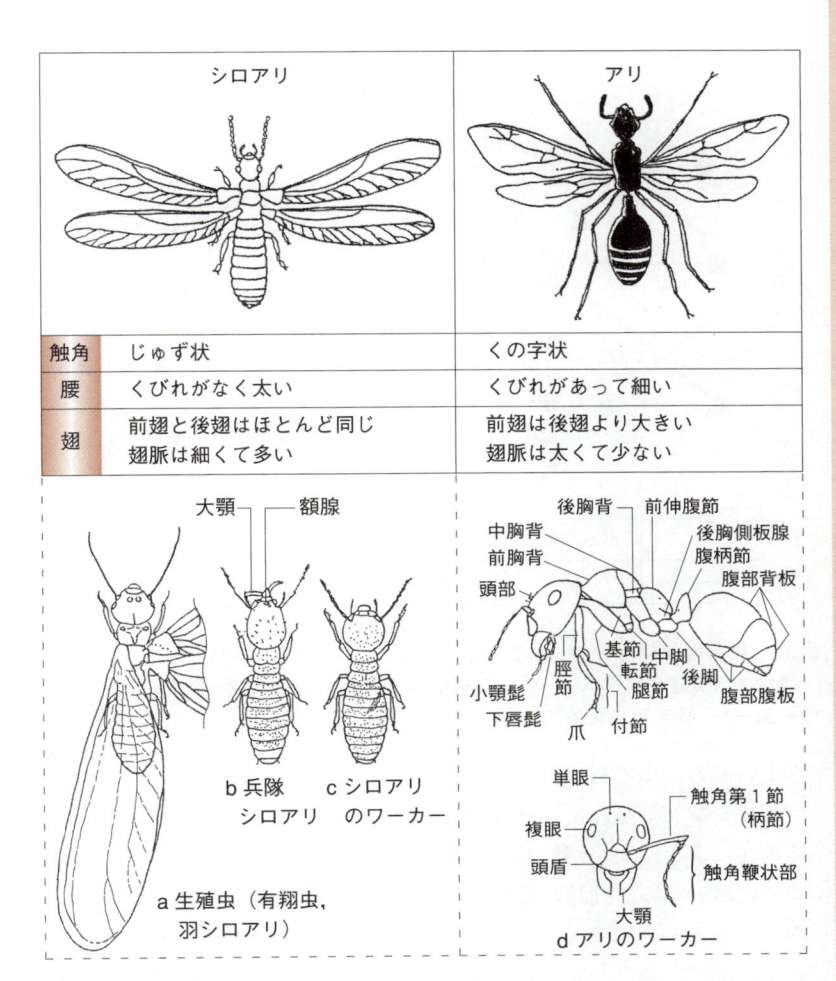

図30　シロアリとアリの形態の比較
　両者とも生殖虫は翅をもっていて飛翔できるが，不妊カースト（兵隊やワーカー）には翅がないことが，社会性ハチ目と大きく異なる。

てしまう。結果としてワーカーの一生は女王につくす利他性の発揮である。このような産卵抑制あるいは食卵のような個体間の生殖調節に関係した行動を**ポリシング**といい，ミツバチばかりでなく，アシナガバチ類やさまざまなアリ類でも知られていて，比較的最近になって注目されている研究テーマである。

　ポリシングは女王からワーカーへ，ワーカーどうし，ワーカーから女王へとさまざまな方向が見られる。ミツバチのコロニーでは，ふつう女王は1匹であり，ワーカーは数万匹に達している。そして，産卵する個体は女王のみであり，ワーカーは採餌，育児，巣作りなどに専念している。しかし，上記のようにワーカーも潜在的には産卵する能力をもっているのに産卵しないのである。これは社会性動物の集団において個体の利己性を上回る社会的コントロールが存在することの最

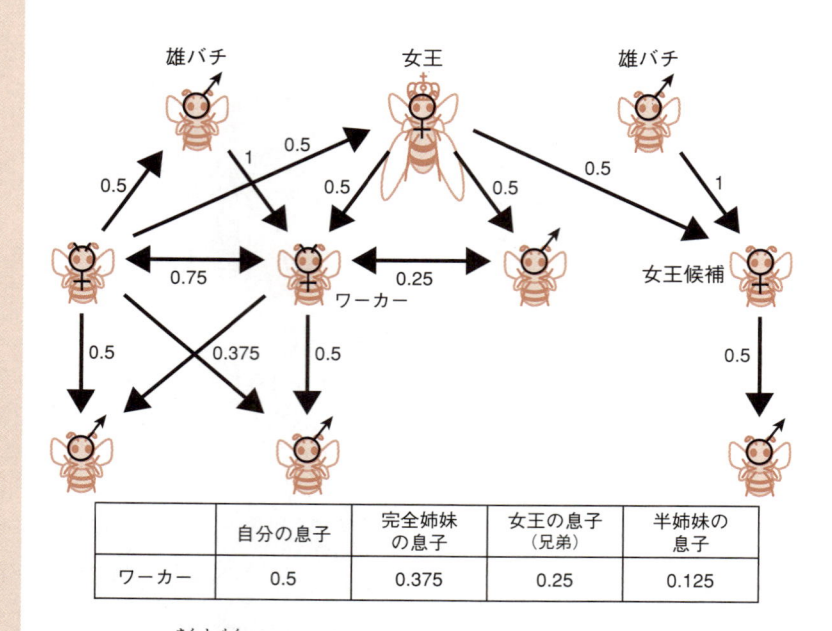

	自分の息子	完全姉妹の息子	女王の息子（兄弟）	半姉妹の息子
ワーカー	0.5	0.375	0.25	0.125

図31　社会性膜翅目昆虫における血縁関係
　性決定が単数倍数体のため，血縁関係が複雑になる（♀（ツノツキ）はワーカー）。数字は個体間の血縁度を表している。

もよい例の一つである。
　ポリシング行動による社会コントロールは，ミツバチのように単数倍数性による性決定が行われ，女王が幾匹もの雄と交尾しているコロニーにおいての，独特の血縁選択の結果で生じたものと考えられている。ワーカーと母親である女王との血縁関係は0.5であるが，女王が多くの雄と交尾をしていればほかのワーカーは異父姉妹であり，ワーカーどうしの平均の血縁関係は0.375である（その子とはさらに血縁関係が下がる）。このようなさまざまな血縁関係の相違が，ミツバチなどにおいて繁殖分業が進化し，また維持されている理由と考えられている。

4-5-8　脊椎動物の集団中における生殖のかたより
──生殖活動をする個体としない個体がかたよるほど社会性が発達

　同種の個体どうしの群れが，構成メンバーの交代が少しずつあるとしても，ずっと持続していく群れを**永続的社会集団**という。たとえば，哺乳類ではニホンザル，ヒヒ，チンパンジーなどの群れである。
　永続的社会集団では，構成員に生殖活動におけるかたよりが見られるものが多い。繁殖のかたよりが極端になり，集団の構成員の中に生殖カーストと非生殖カーストの分化がはっきりしている動物において社会性がもっとも発達しているとされ，**真社会性**と呼ばれている。昆虫類では，社会性昆虫のミツバチ類やシロアリ類，アリ類では相当の

長期間にわたってコロニーが存続する種類がいるが，それらについてはすでに説明した。

哺乳類における極端な例として数百匹のコロニーで生息していながら，その中にたった一匹の雌と数匹の雄のみしか生殖活動をしないハダカデバネズミ（ハダカモグラネズミともいう）が有名である。そのような生殖のかたよりは，群れにおける直接的闘争による順位やフェロモンによる他者の操作などによって成立している。

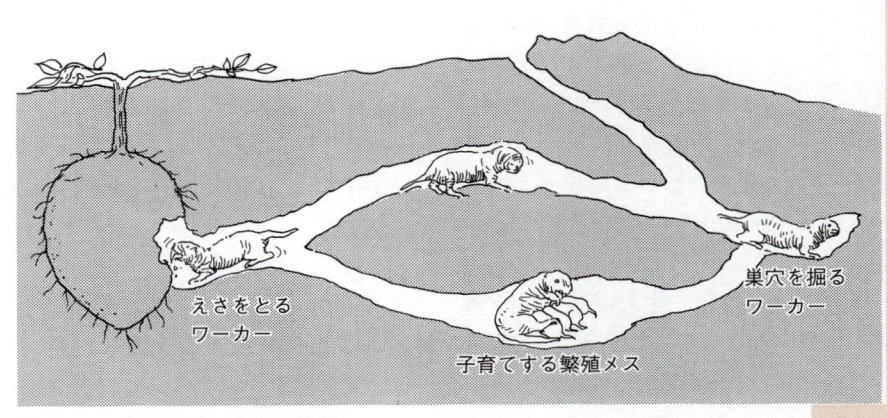

図32　ハダカデバネズミの行動
中央の巣室で1匹の雌（繁殖メス）が子を産み，育てる。ほかの個体（ワーカー）は，巣穴を掘ったり，植物の地中にある塊茎をかじって餌にしたり，子の保育を助ける。また大型のワーカーは，鋭い歯でヘビなどの敵にかみついて巣を防衛するなど，兵隊的な役割もする。

第5章　生命のなりたちと多様性

5-1　生物の進化

5-1-1　はじめに——生物の世界は多様だが，祖先は共通

第1章において，生物の世界は著しく多様であること，しかし，多様でありながらすべてに共通した性質をもっていることを述べた。そのような共通の性質についての考察から，**地球上のすべての現生生物は，おそらく共通祖先に由来する**と結論づけられている。5-1〜5-4にかけて，そのような地球上の生物の分類と歴史，すなわち現在はどのように分類されていて，また，過去から現在までに生物がたどった**進化**[1]の道筋，とくに各時代の特徴的な生物を見ていく。また，進化の要因についても紹介する。5-5〜5-7では，真核細胞の起源や分子進化，生命の起源の探究について紹介する。

5-1-2　生物の系統分類
　　　　　　　——形質やゲノム情報を総合する大変な作業

生物は著しく多様であるので，その全体像を把握するために，生物を的確に**分類**する必要がある。分類は生物間の類縁性[2]に基づいて行われるが，今日ではできるだけ進化の道筋を反映させて行うようになっていて，そのような分類を**系統分類（自然分類）**という。

進化は過去に起こったことなので，化石にみられる**形質**[3]（そのほとんどが形態情報）を参照しなければならない。しかし，化石からの情報はかなり断片的なので，真の進化史を反映した系統分類の体系をつくることは容易ではない。また，生物はたいへん複雑な系で非常に多数の形質をもっているわけだが，ひとつひとつの形質をどのように取り上げるかによって，それらの類縁関係に基づいた生物の位置づけが異なってしまうことはよくある。

最近では形態形質の比較をベースとしておき，発生，生理，などの形質情報をも取り込み，さらにゲノムのさまざまな部分のDNA塩基配列やアミノ酸配列の情報とを総合して分類を行うのがよいとされてきている。しかし，多数の生物で，このような多数の形質情報を網羅的に集めるのは容易ではなく，生物の系統分類はたいへん労力のいる作業である。

生物の分類にはいろいろなランクがあり，国際会議で決められた世界共通の命名規約によって定められている。最も高次のランクは**界**であり，以下の分類ランクは，**門，綱，目，科，属，種**などと続くことになっている。また，生物群によっては，これらの中間のランクも設

1　進化とは

生物の形質が，自然選択や性選択（同性内あるいは異性間の関係から起こる選択）で変化していくことを**進化**という。しかし，社会や宇宙などの変化にも「進化」を使うことがある。

2　類縁性

生物間の形質に類似の関係があり，その間に縁故があるということ。
たまたま似ているだけでは類縁とは考えない。

3　形質

形質とは，形態的な要素や特徴のことで，生物の個体における属性である。
「羽」という形質は，ハトにはあるが，カエルにはない。「肢（あし）」という形質は，イヌにもトンボにもあるが，イヌでは2対で，トンボでは3対ある。ここで「2対」，「3対」とは，形質の状態を示している。比較形態学では，生物間でさまざまな形質の有無，そしてそれらの形質の状態をできるだけ広範に比較して相互の類縁性を判定する。
生物の形質は，その個体の一生の間にさまざまに変化するが，遺伝子によって決定される形質が**表現型**として表れてくることを**形質発現**という。ゲノムの中にはいわば設計図のようなものがあり，それに基づいて形質は発現してくるのである。

定されている。現在では界ランクとして、ホイッタカー（R. Whittaker, 1969）が唱えた生物を**原核生物界**，**原生生物界**，**菌界**，**植物界**，**動物界**の五つにわける**五界説**が広く受け入れられている[4]。なお，最近では，界の上に領域（ドメイン：上界，超界ということもある）を設定し，**真正細菌領域**，**古細菌領域**，**真核生物領域**（原生生物界＋植物界＋菌界＋動物界）と分類している（p.258コラム5と**1-3**参照）。

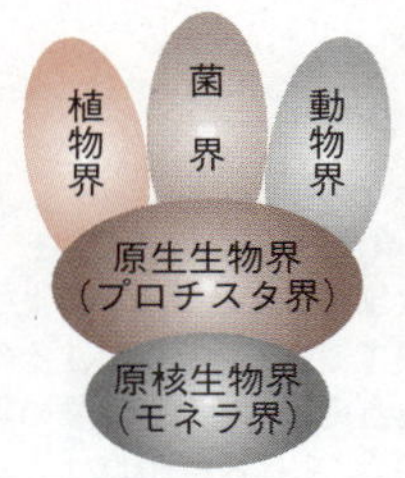

図1 生物の五界説

[4] 六界説
さらに，原核生物界は古細菌界と真正細菌界にわける六界説も提唱されている。

[1] 生活痕跡（生痕）
遠い過去に，生物が生息していた証拠として，化石以外に岩石の化学組成，生活痕跡（生痕）などが知られている。生痕の有名なものは，ミミズ様生物のはった痕，恐竜が歩行や走った足跡などである。

[2] 節足動物
昆虫類，クモ類，甲殻類などを含む門。体節（体に節がある）があり，節のある肢をもつ無脊椎動物である。

5-2 生物進化の調べ方

5-2-1 化石に基づく方法
── 過去から進化を掘り起こす，進化学のアプローチの一つ

■**進化の調べ方のアプローチ**　現代の生物学では，生物進化のありさまは，どのようにして調べられているのであろうか。さまざまなアプローチの仕方があるが，そのおもなものは**化石にみられる諸形質の比較**，および**現存生物の諸形質の比較**，**ゲノム情報の比較**，そしてコンピュータシミュレーションを含めた**実験進化学**である。

■**化石から調べる**　化石とは，過去に存在した生物遺体，あるいは生物の**生活の痕跡**[1]のことである。生物は死んだあとに硬い部分が化石として長期間残ることがあるが，そのような遺体は過去に生物が存在したことの直接的な証拠になる。ただし，その化石がいつ頃のものであるかを知ることは容易ではない。化石そのものあるいは化石が発見された地層がいつ頃のものであるのか，いわゆる**年代測定**をする必要がある。各地層の年代推定は，その上下にあるさまざまな地層の堆積順序に基づいてなされるが，今日ではその地層中に含まれている各種の放射性同位体元素の分析も大きな手がかりとなっている。

生物の硬質部の成分としては，炭酸カルシウム，リン酸カルシウム，ケイ酸，キチン質，セルロースなどがある。脊椎動物では**内骨格**，**節足動物**[2]では**外骨格**，軟体動物では貝殻などが硬質部であり，比較的残りやすい部分である。地中に残ったそのようなものの大部分が，さらにほかの鉱物と置き換わった場合を**石化**（化石化作用）というが，それには珪化，石灰化，炭化，黄鉄鉱化，褐鉄鉱化，などがある。生

コラム1　化石としての石炭

植物の木質部の構成成分であるセルロース，ヘミセルロース，リグニンなどは分解しにくい有機物であり，とくに沼沢地，湖や内湾の底などの無酸素で酸性条件では，木質部にあった炭素の多くが残って，いわゆる泥炭や石炭に変化していった。今日にみられる膨大な量の石炭の多くは，古生代の石炭紀（p.248）の植物由来のものである。その石炭の中に植物の形態が残されているものが発見されている。それらから石炭紀には今日では考えられないほどの巨大なシダ植物がしげっていたことがわかる。さらに石炭の中には花粉，胞子なども含まれていて，古い時代の植物相を知る上で重要なてがかりとなっている。

物の軟質部分の方は分解されやすいので，樹脂や天然アスファルト中に閉じこめられるような条件に恵まれた以外には残らず，化石にはなりにくい。残るのは，それらは生物における軟質部の形態を投影したいわばシルエット（**印象**という）である[3]。

5-2-2　現存生物における諸形質の比較
―― 進化の過程で生じた形質を比べて系統樹を書く

生物を分類し進化を調べていく際には，どのような形質に注目するかは大事である。通常の系統分類学においては，生物間の比較情報としては，外部形態にたよる場合がほとんどである。その理由は，生物が標本として保存される場合に，外部形態は調べやすいが，生物内部は調べにくいからである。しかし，厳密な比較をする場合には生物内部の形態情報も重要である。

生物のさまざまな形質の進化はまったく同じ速度で起こっているわけではない。古い時代の化石から新しい化石までを順に比べてみると，古い時代に存在している形質が今日までもそのままずっと残っている場合から，最近になって出現したと思われる新しい形質までさまざまに見てとることができる。いったん消失した古い時代の形質は再出現しないものである。しかし，消えてしまった形質が，新しい時代になって再出現したように見えるものが存在することもある。

■**相同性と相似性**　生物間の形質を比較する上で，もっとも基本的な概念として**相同性**と**相似性**がある。**相同性**とは，体制的[4]に同じ配置を示し，構造においてなんらかの共通点をもっていて，個体が発生していく上で，同じ前駆体[5]から生じている場合のことである。たとえば，鳥の翼とコウモリの翼は，ともに前肢が変化したものであり，発生学的由来が同じなので相同である。**相似性**とは，同じ機能をもっていたとしても，その由来が異なっている場合である。たとえば，鳥の翼と昆虫の翅は，空を飛行するという機能では同じであるが，昆虫の翅は前肢が変化して生じたものではないので，両者は相似である。

なお，生物の諸形質の比較のしかたにはいろいろあるが，現在多くの研究者がとっている**分岐学**（クラディスチックス）の手法では，進化の結果において新たに生じた形質を**派生形質**，進化する以前の形質を**原始形質**として区別する。そして，派生形質を共有していること（**共有派生形質**）を目印にして姉妹群をつくり，さまざまな形質を見ながら系統樹を作成していく。

5-2-3　分子進化学
―― ゲノムや分子情報の比較（くわしくは5-6で）

生物がつくるタンパク質の分子構造は核酸の塩基配列によって決ま

3　化石を調べる困難さ
大部分の化石は本文のような事情でできているので，そのようなものから過去の生物の詳細を知ることは容易ではない。

過去に存在した膨大な数の生物は，そのほとんどが死んだあとに短期間の内に捕食されたり腐敗して分解してしまっているのである。小型で軟体部からなる動物などで化石になったのは，まさに海浜における膨大な数の砂粒中の1粒といったようなものなのである。さらに化石化して現在の地球の地中に存在しているとしても，それらの内に科学者によって発見され学問の対象になったのは決して多くはない。

とはいうものの，化石は過去の生物の存在を知る上での唯一の直接的証拠であり，生物の進化を知る上でたいへん重要なものといえる。化石はまさに遠い過去からの大変貴重なメッセージなのである。

4　体制
生物の体の構造のようすを**体制**という。体の形，対称かどうかや器官の配置のようすなどを見る。

5　前駆体
代謝などの化学反応において，注目する物質より反応の前の段階の物質を**前駆体**という。

ここでは，注目する器官が，受精卵や胚のどの部分から変化していったのかという意味で，前駆体といっている。

っている。現在ではDNA塩基の配列情報は，生物の系統関係を見るのにたいへん有効であることがわかってきている。形態情報による比較は，先に述べたようにどのような形質をとりあげるか，形質の類似性をどのように判断するか（形質のおもみづけをどうするか）において，研究者の恣意性（思いつき・考え・感覚）が入りやすい。しかし，DNA塩基の配列情報は，誰にでも同じ技術でもって分析でき，また類似性に基づく系統樹の作成はコンピュータによる計算でなされるので，比較的妥当な結果がもたらされていると考えられている。たとえば，形態情報では収斂[6]や平行進化[7]などについて判別が難しい場合があるが，塩基配列では比較的判別しやすい。こういった理由から，**分子系統解析**は，今や進化生物学で広く用いられるようになってきている。そして，それらの塩基配列の内容は生物によって微妙に異なっている。そこに注目し進化を理解する上で重要な理論として，後述するように木村資生による**分子進化の中立説**（1968年）がある（コラム3も参照）。

> **6 収斂**
> 収斂とは収束ともいい，系統の異なった生物が類似の形質を個別に進化していること。
>
> **7 平行進化**
> 平行進化とは共通の祖先から伝わった共通の遺伝的基盤をもった個別の進化である。

5-3　生物界の変遷
～いよいよ各時代ごとにながめてみる

5-3-1　先カンブリア時代——微生物だけの時代

地質年代は，5億4300万年前以降を三つの「**代**」（それ以前は一括して**先カンブリア時代**という）に分けている。代はさらに11の「**紀**」，「紀」はさらに「**世**」，「世」の下は「**期**」で区分している。

太陽系の中で，地球が誕生したのは今から**約46億年前**であり，その6億年後の**約40億年前に生物が海水中で誕生**し，長い間，生物は海洋のみに存在していたと考えられている。なぜなら，陸上には太陽からの強い紫外線がやってきていて（紫外線をさえぎるオゾン層を形成するほど大気中の酸素濃度が高くなかった），核酸などに対するその破壊作用で，とても生きていけなかったと想像されるからである。おそらく，今日の月や火星の表面のような，はげ山状態であったのであろう。地球には生物がいたが，約30億年もの間は海水中の細菌やアメーバなどの微生物だけの世界だったのである。

多細胞の真核生物が出現したのは12億5000万年〜9億5000万年前の頃であり（カナダの原生代中期の藻類化石），動物が出現したのはずっと遅くになってからで，今から約6億年前のことである。今日に見られるような多様な多細胞生物が出現する前には，先に述べたように長大な期間が微生物のみの世界であったが，その期間を地質学的には**先カンブリア時代**といっている。

先カンブリア時代の化石として代表的なものに，**ストロマトライト**

代	紀	年代
新生代	第四紀	現在 / 180万年前
	第三紀	6500万年前
中生代	白亜紀	1億4400万年前
	ジュラ紀	2億600万年前
	三畳紀	2億4800万年前
古生代	ペルム紀	2億9000万年前
	石炭紀	3億5400万年前
	デボン紀	4億1200万年前
	シルル紀	4億4300万年前
	オルドビス紀	4億9000万年前
	カンブリア紀	5億4300万年前
先カンブリア時代		

図2　地質年代

1　シアノバクテリア
　藍藻類，藍色植物ともいう原核光合成細菌。昔はラン藻と呼んだ。スイゼンジノリ（熊本の名産）もその一種。

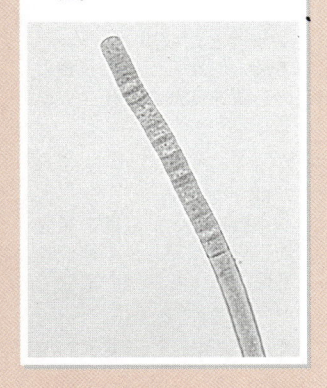

(a) 9億年前のもの，中国産

がある（コラム2）。これは，光合成を行う**シアノバクテリア**[1]（ラン藻）とそれをよりどころとしているほかの細菌とがマットのようになって共存していた状態の化石である。微生物のマットは，マットの上に新たなマットが重なるという形で層状になり，時間と共に肥大していったと考えられる。そして，ストロマトライトの巨大なものになると高さが100mにもなったらしく，今日カナダの中央部でその化石が見られる場所がある。規模がはるかに小さいストロマトライトが現在もオーストラリアやカリブ海に存在しているが，そこではシアノバクテリアと細菌のマットが，ぬめぬめと表面をおおっている。

5-3-2　ベンド紀のエディアカラ動物群
　　　　——現在の動物とはつながらない系統の動物群

　後生動物（多細胞動物）の化石でもっとも古いものは，南オースト

(b) 現在もつくられているストロマトライト（オーストラリア・シャークベイ）

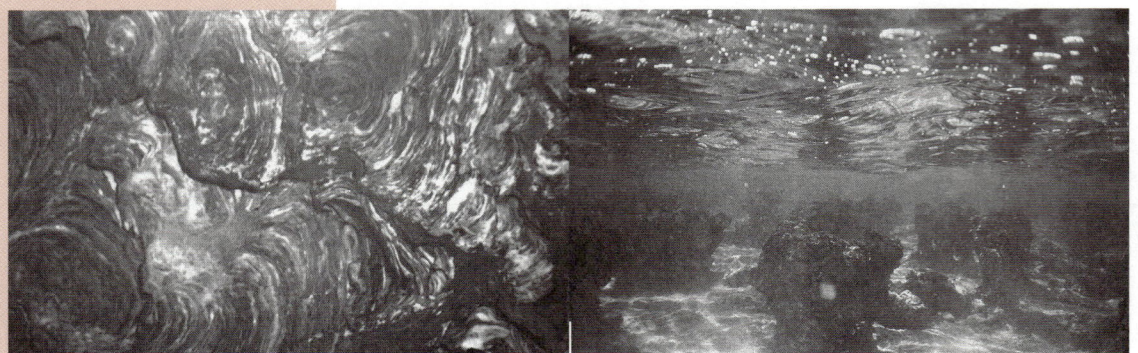

図3　ストロマトライト

（右写真はOPO）

コラム2　最古の化石

　岩石の中でも堆積岩は海底への堆積物が岩石化したものである。今日の地球上でもっとも古いと考えられている堆積岩は，約40億年前に形成されたものであり，その後のさまざまな地質活動で変性しているものの，その中から炭素粒子を見出すことができる。この炭素は，おそらく当時の生物に由来するものであると考えられている。なぜなら，その炭素粒子に含まれている炭素同位体 ^{12}C と ^{13}C の比率を測定してみると，同じ岩石中にある炭酸カルシウムに比べて，^{13}C の比率が小さいので，なんらかの生物活動の結果であるとみることができるからである（光合成で炭素を固定する際に，わずかに軽い ^{12}C の方がより効率的に生物体に取り込まれやすいからである）。生物がその生命活動の結果を化学化石として岩石の中の炭素粒子に残していたのである。

　では，化学化石ではなく，シルエットとしてはっきりと生物としての証拠が残されている堆積岩はどこにあるだろうか？　その例としてもっとも有名な岩石はオーストラリアのピルバラ地方および南アフリカのトランスバール地方での堆積岩であり，それらは今から約35億年前のものと推定されている。この堆積岩は**ストロマトライト**と呼ばれ，堅くしまっているので，20～30億年間も地層の中に保存されている。ストロマトライトは，たいへん微細な粒子からできていて，岩石を薄く削って顕微鏡で観察した結果，その中に明らかに生物由来の印象化石が見出されたのである。それらは今日のシアノバクテリア（ラン藻）のような糸状で，細胞が規則正しく並んだようになっていて，太さが10～20μm（0.01～0.02mm）であった。

ラリア州アデレード近郊のエディアカラ丘陵から1940年代に発見されている**エディアカラ動物群**である。それらが発見される地層は6億2000万年前から5億4300万年前までの約7700万年間のもので，その時代は先カンブリア時代の最後になり，**ベンド紀**と名付けられている。

これらの動物は，体が軟組織だけからなっていたらしく，したがって**印象化石**[2]のみしか出ていない。長さは数cmからときには1m以上に達しているが，厚さがせいぜい数mm～1cmほどの扁平な生物であった。海底に横たわっているタイプと葉状に立ち上がっているタイプとがあった。化石が出現する地層の状況から，その多くは浅い海の底にすんでいたものと考えられている。この時代以降の化石，また現存しているものはいっさい発見されていないので，謎のたいへん多い生物である。

このエディアカラ動物群の**印象化石**は，その後世界の5大陸26か所から（ナミビア，カナダ，イギリス，中国など）発見されていて，中国ではもっと古く10億年前のものと考えられる化石も発見されている。

どうやらこの動物たちは，**二胚葉性**[3]で口も消化管も血管のような循環器系もなく，栄養物質は体表から取り込み，拡散だけで体の各所まで物質を輸送していたらしい。あるいは，扁平で体表面積が大きな体をしているので，おそらく光合成藻類，光合成細菌，化学合成細菌などの微生物を共生させて生活していたのであろうと考える人もいる。大型の動物でこのようなやりかたをしている多細胞動物は，まれ

2 印象化石
5-2-1で述べた，軟質部の形態を投影した「印象」が残っている化石のこと。

3 二胚葉性
動物の発生において，胚葉の段階では外胚葉，内胚葉，中胚葉ができることは3-2-12で述べた。

そののち，成体の構造が外胚葉と内胚葉の2胚葉による動物を二胚葉動物という。刺胞動物（しほうどうぶつ，クラゲなど）や有櫛動物（ゆうしつどうぶつ，クシクラゲなど）などがこれにあたる。

ちなみに，3胚葉に由来する動物は三胚葉動物という。

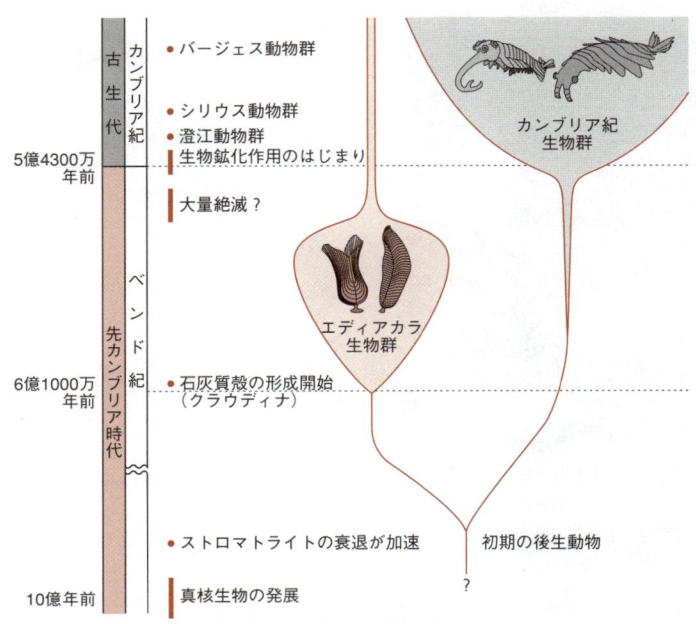

図4　エディアカラ動物群とカンブリア紀動物群
ベンド紀からカンブリア紀に移るにあたって，多くの生物が入れ替わった。（「岩波新書　生命と地球の歴史」丸山茂徳, 磯崎行雄, 図4・6, より一部改変）

な例外を除いて現在いないので，これらの動物の研究者であるドイツのザイラッハー（A. Seilacher）は，現生の動物たちの祖先ではなく，このあとに続くカンブリア紀までに絶えてしまったものと考えている。

5-3-3　硬骨格生物の出現——カンブリア爆発のころ

化石記録からは，約5億5000万年前の地球上に硬い骨格をもった多様な動物がいっせいに出現したようである。カナダ・ブリティッシュコロンビア州のロッキー山脈から発見された**バージェス頁岩**は，この頃の化石を多数産することで有名だが，その後，中国雲南省澄江やグリーンランドのシリウスパセットなどでも同じような化石が発見されている。

その時期を**カンブリア紀**（5億4300万〜4億9000万年前）というが，節足動物，鰓曳動物，海綿動物をはじめとして今日に見られるほとんどの動物門がこのころに出現したようである。そこで，この短期間における新型動物の出現は「**カンブリア紀の爆発**」としばしば呼ばれている[4]。ハルキゲニア，オパビニア，アノマロカリスといったおそら

> **4　カンブリア爆発の諸説**
> 新型動物が一気に進化したのではなく，おそらく，このカンブリア紀の爆発的な動物出現に先だってそれらの祖先の進化が長い間進行していたが，体の大きさが小さく化石に残りにくかったのではなかろうかと考える人もいる。

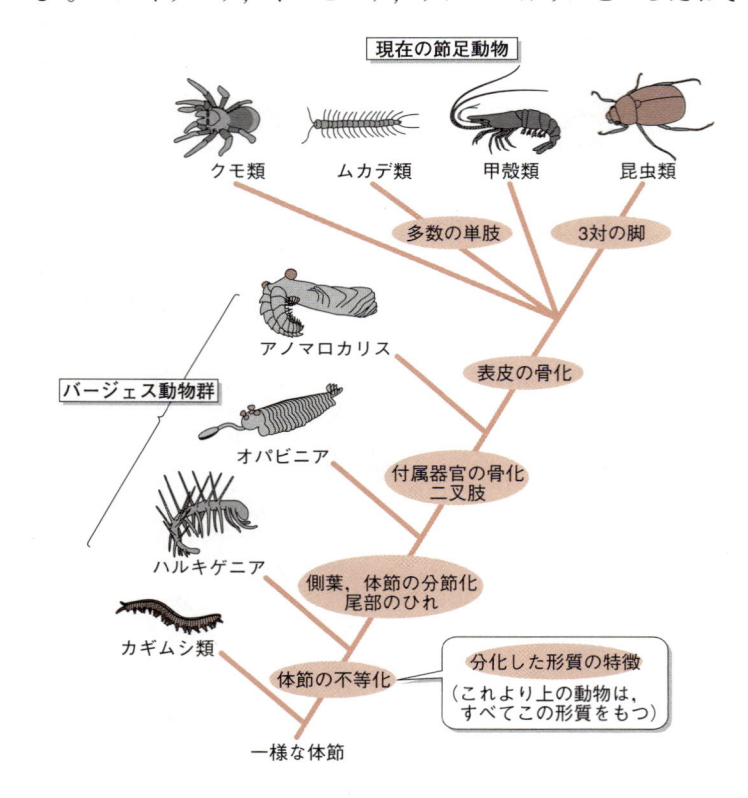

図5　バージェス動物群
バージェス頁岩に見られる節足動物の化石は，たいへん多様であり，今日の節足動物の祖先たちと考えられている。

く節足動物の仲間は，今日では見られない奇妙な外見をしているが，捕食者であったろうと推測されている。ひとたびこのような捕食者が出現すると，被食者側に防衛上の硬い**外骨格**が生じたらしい。そして，攻撃する側の武器と防衛者の武器との軍拡競争が起こり，急速な進化が見られたと考えられている。**三葉虫類**も外骨格が発達した節足動物であるが，海底をはって有機物を摂食していたらしく，こちらは絶滅することなく2億5000万年も長期間にわたって存在していた**古生代**の代表的な動物である。また，**筆石**，**四射サンゴ**も古生代を代表する生物たちである。

5-3-4　生物の陸上進出──5億年前の生物の冒険

生物が陸地に進出を始めたのは，カンブリア紀に続く**オルドビス紀**（4億9000万年～4億4300万年前）からで，その次の**シルル紀**（4億4300万年～4億1200万年前）では本格的に上陸したらしい。さらに次の**デボン紀**（4億1200万年～3億5400万年前）においては，**シダ植物**が陸上に繁茂するようになった。進出の初期は，高さが数cmの小さなものだったが，やがて巨大になっていき，今日では見られないロボク，フウインボク，リンボクといった30mもの高さをもつ**木生シダ類**（高木状の茎の大型シダ類）が存在し，大きな森林を形成するようになった。それとともに，**昆虫類**が多様化し，また水生の**脊椎動物**の中から陸上にのぼった**両生類**が進化した。シダ類が絶えたわけではないが，森林はやがて**裸子植物**（ソテツ，シダ類）に交代することになる。

次の**石炭紀**[5]の陸地は，今日の熱帯雨林のような広大な森林におおわれていたようで，その主体となるものは裸子植物であった。脊椎動物では**爬虫類**が出現し，それらはやがて**中生代**に栄えた恐竜へとつながっていく。

> **5　石炭紀**
> その名が示すように，今日に残っている大量の植物化石である石炭が形成された時代である。

5-3-5　中生代を代表する動物──爬虫類・恐竜の時代

中生代の脊椎動物は**爬虫類**の時代であり，中でも恐竜類が大繁栄していた。哺乳類の祖先は，爬虫類の獣弓目の中から，中生代の**三畳紀**になって出現したが，すべてネズミ程度の小型であり，恐竜を代表とする爬虫類の陰で，細々と生きていたらしい。植物の世界では，**白亜紀**には，裸子植物にとってかわって被子植物が繁栄するようになった。陸上には1億6000万年にもわたって繁栄していた恐竜類も6500万年前に突如として絶滅してしまった[6]。その中で生き延びた**羽毛恐竜**の直接の子孫として，**鳥類**が今日なお繁栄している。中生代の海洋では軟体動物の**アンモナイト類**の繁栄が目立った。大小さまざまな多様な貝殻化石が残っている。これらも恐竜などの陸上生物の大絶滅と同じくして白亜紀末に絶滅した。この動物に類似したものとしては今日

ではオウム貝しか残っていない。

5-3-6 昆虫類の繁栄と哺乳類の出現
――そして現在にいたる

被子植物は新生代になるとさまざまな花を進化させていった。この被子植物における花の進化は，昆虫や鳥類の花粉を運ぶ送粉行動の進化と密接な関係をもって起こったと考えられている（共進化）。昆虫類ではとくにハチ類，甲虫類，チョウ・ガ類などが，被子植物の花の発達（形態，色彩，臭い，蜜など）と大きく関係している。

なお，昆虫類は分類学的には節足動物門に属している。この門は約20の綱で構成され，その多くは水生であるが，クモ，ヤスデ，ムカデ，コムカデなどの綱が陸生であるとともに，昆虫綱はそれらを圧倒して陸上で繁栄していて，地球上でもっとも種数の多い動物である[7]。

脊椎動物では哺乳類が恐竜類の絶滅の空白を埋めるかのごとく新生代になって大きく適応放散[8]した。哺乳類は体温を一定に保つことができ，雌の体内で子供を育て（妊娠），出生後も乳で養うなど，寒さに比較的強いが，そのような生理的な革新が陸上の広範な場所にニッチ（4-4-1参照）を広げる条件となったようである。中には，恐竜などの爬虫類ではできなかったが，クジラ，アザラシなどのように遠洋や極地にまで進出できた哺乳類も出現したのである。

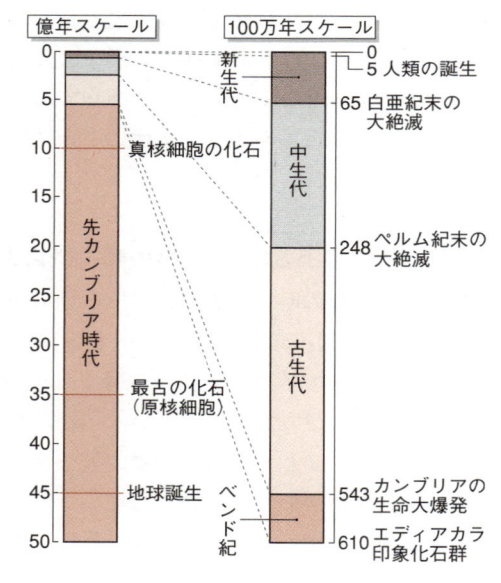

図6 地質年代表
左側は億年スケール，右側は100万年スケールで6億年前から現在までを表している。地球の誕生から比べると，多細胞生物の出現は，ずっとあとであることがわかる。まして，人類の誕生は，ごくごく最近のことである。

---

6 大量絶滅の原因
中生代の最後において生物の大量絶滅があったわけだが，その原因はユカタン半島西端に巨大隕石が落ちたことで，地球の気候が一気に変化したことであると考えられている。白亜紀と新生代第三紀との境界層から見出されるさまざまな独特の鉱物の分析によってこの大量絶滅の原因がわかってきたのである。

7 昆虫類の種数
今までに約100万種が記載されているが，おそらく，1000万種以上はいるだろうといわれている。昆虫類は海洋，極地や高山の氷雪地を除いた陸上の広範な場所にすんでいて，熱帯雨林域にとくに多い。

8 適応放散
ある生物群が生活場所をすみわけた結果，それぞれの異なる環境に適するように，形態的にも機能的にも多くの種類にわかれることを適応放散という。

5-4 生物進化のメカニズム

5-4-1 5-4節のはじめに──進化学の経緯

　ダーウィン（C. Darwin）による「種の起源」[1]の中で，自然選択という生物進化論の基本的アイデアが提出されたあと，生物の進化は多くの研究者の興味を引きつけてきた。そして，古生物学，比較形態・解剖学，系統分類学において多大な量の業績が積み重ねられてきた。しかし，その後の100年近く，進化のメカニズムの根幹には遺伝子，すなわち核酸の変化があり，表現型[2]の進化はそこから派生するということはわからなかった。1950年代から遺伝学そして分子生物学のめざましい進展により，生物進化メカニズムの理解が急速に深まりはじめた。最近では，遺伝子そしてゲノムの変化が個体発生の過程において表現型にどのような変化を呼ぶかを探求する発生遺伝学が急速に進展し，それと強く関係をもった発生進化学が大きく台頭している。ここでは，紙面の都合でくわしくは述べられないが，生物進化のメカニズムの要点を概説しよう。

5-4-2 生物の変異と自然選択──環境に有利な遺伝子が残る

　生物はその形態・生理・生態などの特性の多くが，生息環境に適したように進化してきたようである。逆にいえば，生息環境に適さない特性をもった生物がいたとしたら，それらの系統は時間がたつにつれ，ほかの生物との競争に負けてやがて消滅してしまった（環境の中にその地位を失った）とみることができる。このことを**適応**というが，生物の適応的な特性は**自然選択**（**自然淘汰**）によって進化してきたものと考えられている。自然選択は，ダーウィンが「種の起源」の中で最初に考察したことである。

　■**自然選択説**　ダーウィンは，自然界に生息している生物は，出生時にはそれらの生物が生息可能な個体数よりもずっと多いこと，そして，多くの個体が子孫を残さずに死亡していくことに気がついた。この死亡の原因は同種個体間の競争や他生物による捕食や寄生，さらには厳しい無機環境からの影響であるが，そのような**自然選択**が生物の進化の大きな原動力であるという説明をしたのである。

　さらに，自然選択には下記の三つの条件が存在している。
　① **生物の個体が示す形質には変異が存在する。**
　② **それらの形質の差異は遺伝する。**
　③ **形質の差異に応じて適応度**[3]**の差が生じる。**

　ダーウィンの時代は140年も前であり，生物の遺伝がどのようにして起こっているのかまったくわかっていなかったから，ダーウィンが「種の起源」の中で生物が進化する証拠を膨大な量で考察したものの，

1　種の起源
　正確には「自然選択，すなわち適者が存続することによる種の起源」（1854年）である。

2　表現型
　遺伝子の遺伝情報が発現した形質を**表現型**という。
　形態的（体の形，色など），生理的（酵素など），機能・行動的な表現型がある。

3　適応度
　ここで適応度とは，生物の生存と繁殖の能力を測る尺度で，ある遺伝子型の個体が次世代に残す子数の期待値であり，ほかの遺伝子型をもつ個体との相対値で表されるものである。

進化のメカニズムの説明は前記のように大くくりなものであった。

■**現代の進化学**　現代の進化学は，遺伝学，発生学，分子生物学，生態学などの知識が統合された総合科学である。そして生物進化を生物集団における**遺伝子頻度**[4]の変化としてとらえる集団遺伝学が基礎として力を発揮している。この学問では生物集団における遺伝子組成の変化を小進化としてとらえる。そして，進化のプロセスは，環境に有利な**遺伝子型**[5]は子孫を残すことができるが，不利な遺伝子型は子孫を残せなくなる（自然選択）。また，突然変異により新たな遺伝子型の導入がその集団に起こる。それらの結果，生物集団の適応的変異がしだいに変化していくことであると説明されている。

5-4-3　突然変異による新しい形質の導入——突然変異とは

前項で述べたように自然選択および突然変異は生物進化の基礎をなすものであるが，その突然変異にはさまざまなものがある。

染色体レベルでの突然変異は，核型の変化，異数体の出現，倍数体，そして染色体における一部の**欠失**[6]，重複，逆位，転座，結合，分裂などである。

遺伝子レベルの突然変異では，DNA塩基配列の一部が変化する**点突然変異**そして**遺伝子内組換え**がある。塩基が一つ置き換わった場合を**塩基置換**というが，タンパク質をコードしている塩基置換によってアミノ酸が入れ替わった場合は**非同義置換**，置換したがアミノ酸が置き換わらない場合は**同義置換**である（5-6-3参照）。フレームシフト突然変異は少数の塩基が欠失したり挿入することで翻訳の際に読みのずれが起こることである。

このような染色体や遺伝子レベルでの変異の発生においては，**環境要因**がかかわることが多い。たとえば，X線，紫外線，放射線などの照射によって人為的に突然変異個体をつくることができる。また，薬物や寄生生物の感染でも突然変異は発生することも知られている。

5-4-4　遺伝的浮動——分子進化や多型に重要な役割

有性生殖の集団では交配によって遺伝子が流動しているが，集団がなんらかの原因で小さくなった場合，集団内の**遺伝子頻度**が偶然性に

4　遺伝子頻度
ある対立遺伝子が集団中でしめる割合を遺伝子頻度という。

5　遺伝子型
遺伝形質（遺伝子の作用で現れる形質，表現型）を決定する遺伝子の組み合わせを遺伝子型といい，表現型の対語。遺伝子記号は斜体で表し，大文字は優性，小文字は劣性。

6　染色体の欠失，逆位，転座
欠失：染色体の全体または一部を失うこと。
逆位：染色体の一部が切り出され，同じ場所に180°さかさまにはめ込まれること。
転座：離れた遺伝子どうしが組換えられて，染色体上の位置が変わること。

コラム3　分子進化の中立説　（5-6-4も参照）

分子レベルの進化学において，重要な理論の一つに木村資生による「分子進化の中立説」（1968年）がある。木村は分子レベルにおける進化的変化は自然選択に中立である，あるいはほとんどが中立な突然変異遺伝子の偶然的な浮動で起こると述べた。この説は，それ以前には，生物の進化をもっぱら表現型レベルにおける自然選択で説明していたのに対して，大きな変革を迫るものであった。

基づいてランダムに変動することを**遺伝的浮動**⁷⁾という。これは，小集団での交配の場合，配偶子の偶然的な取り出し方によって，特定の遺伝子の増加や減少が生じやすくなるからである。とくに，集団を構成している生殖可能な個体数が，ある期間の世代にわたって極端に減少すると，遺伝的浮動の作用が強くなり，また，集団中の遺伝的変異の量が減少する（**ボトル・ネック効果**）。

> **7 遺伝的浮動の別名**
> 生物の進化におけるこのことの重要性を指摘したS.Wrightの名前をとって，ライト効果ともいう。

5-4-5 創始者効果──最初のメンバーの色が出る？

少数の個体がもとの集団からわかれ，新たな地域（島など）に進入し，その地の「創始者」として隔離されると，その際に，創始者たちが親集団の個体たちがもっている遺伝形質を代表していなければ，そこから出発した集団の遺伝子構成はおのずから親集団とは異なったものになる。これを**創始者効果**という。初期の移住者集団は，規模が小さいので，遺伝的浮動がかかりやすくなると考えられている。

このような創始者効果がきっかけとなって**種分化**が起こった例として，ダーウィンが注目したガラパゴス諸島のフィンチ類（ヒワという鳥の仲間）が有名である。このフィンチは南米大陸から飛来した1種から始まって，現在は異なった島々で13種ほどへ分化したと考えられている。

5-4-6 異所的種分化──隔離されて違う種になる場合

同じ地域にいる生物集団において，交配により遺伝子交流が行われている場合は，同じ遺伝子プールにいることになるが，通常その中の遺伝子頻度の変化はあまり見られない。ところが，なんらかの原因で，その生物集団が地理的に分離されてしまった場合で（**地理的隔離**が起こったという），両方の集団間で遺伝子の交流がまったくなくなると，長い時間たてば自然選択や遺伝的浮動によってそれぞれの分集団での遺伝子頻度が異なってくる。そして，遺伝子頻度の違いの程度が，両集団がふたたび合流したとしてももはや生殖が不可能なほどに進んだ場合には（**生殖隔離**が起こったという），両集団は異種へと分化したのである。このような状況での種分化を**異所的種分化**と呼んでいる（隣り合っているときは**側所的種分化**）。

5-4-7 同所的種分化
──交配相手の選り好みで違う種になる

集団が同じ地域に存在している場合でも，食物の好み，配偶者選択における差異などが要因となって，その集団が遺伝子交流上は二つの分集団になってしまえば，やがてそれがきっかけとなって種分化へとつながりうると考えられている（**同所的種分化**）。たとえば，ビクト

リア湖におけるシクリッド・フィッシュは配偶者選択にかかわる性質の差異によって次々と種分化し数百種にもなったといわれている。この場合，配偶者選択は雌が強く行うが，手がかりとなるシグナルは雄の色彩，紋様，形態などと考えられている。ある種の植食性のガ類においては，餌植物の中に含まれる化学成分に対する好みの違いが，種分化へ至る原因となったと考えられるケースも見出されている。このような性質は交配に至る前の性質の変化なので，それによる隔離は**交配前隔離**と呼ばれている。

コラム4　発生遺伝学とエボ・デボ

今日の進化学では，集団レベルだけではなく，個体レベルにおける表現形質の発現をもたらす内的なメカニズムの探索が重要となっている。その最も重要な課題はゲノムの変化が表現型の変化とどのような関係にあるのかといったことがらであり，それは発生遺伝学の範疇に入ることだが，進化学と関係した研究はエボ・デボ（evo-devo）と呼ばれている。

この発生遺伝学の大御所であるキャロル（S. Carol）は，動物のボディパターンを制御している共通の遺伝子ファミリーを「ツールキット」と呼んでいて，それらツールキット遺伝子を理解することは，動物の進化の道筋を理解する上でたいへん重要であるといっている。ツールキット遺伝子とは，たとえば，さまざまなホメオティック遺伝子（p.150参照）であり，それらは発生過程における転写因子かシグナル分子として働いている。すなわち，これらのツールキット遺伝子群は，直接あるいは間接的にほかの遺伝子の発現を調節する働きをもっている。そのため，ツールキット遺伝子における突然変異は表現型を大きく変えることになり，そうすれば自然選択に大きくさらされることになる。

5-5　細胞内共生説

5-5-1　真核細胞の構造
——真核生物の成立にはオルガネラの起源が鍵を握る

生物は，**真正細菌**（Eubacteria, Bacteria），**古細菌**[1]（Archaebacteria, Archaea），**真核生物**（Eukaryota, Eukarya）の三つの**領域**（ドメイ

1　古細菌
始原菌ともいう。

2　ミトコンドリア
項目2-2-4を参照

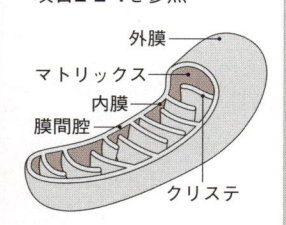

図8　ミトコンドリア

3　葉緑体
葉緑体は，色素体の一形態である。ここでは，葉緑体を色素体の代表としてあつかう（詳細は項目2-2-4を参照）。

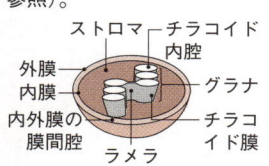

図9　葉緑体

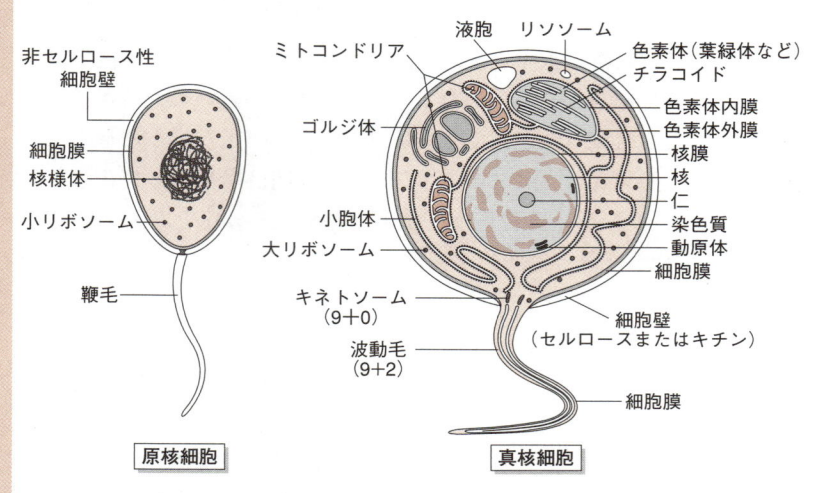

図7　原核細胞と真核細胞の構造の比較
（Margulis（1993）の図を改変）

ン：上界，超界）に分類されている（コラム5）。これらは，共通祖先から進化してきたと考えられている。その共通祖先についてはどのような生物であったのかについては諸説ある。しかし，真核生物に比べて細胞のサイズが小さく，またその構造がシンプルな真正細菌や古細菌に似た生物が，これらの生物の共通先祖であったであろうことは想像に難くない。

真核生物の起源を明らかにするためには，その複雑な細胞構造，とくに原核細胞には見られない多様な**細胞小器官**（オルガネラ）がどのようにして獲得されたか，を明らかにすることが重要である。なかでも，**ミトコンドリア**[2]や**葉緑体**[3]は独自のゲノムDNAをもつ[4]など，あたかもかつては独立した生物であったと考えさせる特徴をもっている。

4　独自のゲノムということ

ミトコンドリアと葉緑体は，それぞれ独自のゲノムDNAをもつほか，核や細胞質とは独立に，複製，転写，翻訳を行うシステムをもっている。

コラム5　真核生物，真正細菌と古細菌　（5-1-2も参照）

生物を，核をもつ真核生物と核をもたない原核生物に二分することは，広く行われていた。しかし，ウーズ（C. Woese）たちは，小サブユニットリボソームRNA[5]の分子系統解析（図10）に基づいて，原核生物は，真正細菌（図11）と古細菌という二つのグループにわけるべきであると主張した。さまざまな分子系統解析の結果は，ウーズたちの主張を支持し，現在では，真核生物，真正細菌，古細菌は対等なグループとして認識されている。真正細菌と古細菌は生化学的な性質に違いがあり，たとえば真正細菌が真核生物と同じように細胞膜の脂質成分としてエステル脂質[6]であるのに対して，古細菌の細胞膜の脂質成分はエーテル脂質[7]である。

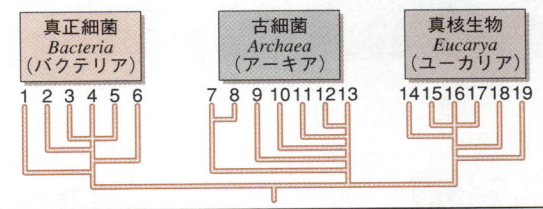

真正細菌 Bacteria（バクテリア）	古細菌 Archaea（アーキア）	真核生物 Eucarya（ユーカリア）
1 2 3 4 5 6	7 8 9 10 11 12 13	14 15 16 17 18 19

1：サーモトーガ類	8：Thermoproteus属
2：フラボバクテリア類	9：サーモコッカス類
3：シアノバクテリア類	10：メタノコッカス類
4：パープルバクテリア類	11：メタノバクテリア類
5：グラム陽性細菌類	12：メタノマイクロバイア類
6：緑色非硫黄細菌類	13：高度好塩菌類
7：Pyrodictium属	14：多細胞動物
15：繊毛虫類	
16：緑色植物	
17：真菌類	
18：鞭毛虫類	
19：ミクロスポルディア類	

図10　全生物の分子系統樹
小サブユニットリボソームRNAの分子系統解析の結果。

5　小サブユニットリボソームRNA

リボソームの小さいサブユニット（2-6-3参照）の主構成成分であるRNA。真正細菌や古細菌のものは沈降係数から（分子の大きさから）16S rRNA，真核生物のものは18S rRNAと呼ばれる。すべての生物がもつ遺伝子であることから，最も多くの生物からその一次配列が調べられている情報高分子であり，広く分子系統解析に使われている。

6　エステル脂質

グリセロールに脂肪酸がエステル結合した，真正細菌と真核生物にみられる膜脂質。

5-5-2　連続細胞共生説
── 真核生物は古細菌に真正細菌が共生して成立した？

1970年に，それまでの知見を整理して，マーグリス(L.Margulis)は真核細胞の起源について**連続細胞共生説**を提唱した。そこでは，現在見られる複雑な真核細胞の成立が，細胞内共生体の細胞内小器官化で説明されている（図12）。

マーグリスは，**原真核細胞**（真核細胞の起源となる細胞）の候補の

例として、細胞壁をもたない**古細菌**であるテルモプラズマ（*Thermoplasma*）[8]のような生物をあげている。このような細胞に**TCA回路や電子伝達系（2-3参照）をもつ、好気性の真正細菌が細胞内共生**し、そのゲノムのコード[9]する大半の遺伝子を宿主のゲノムに移して、**ミトコンドリアが成立した**と考えた。**葉緑体は、シアノバクテリアのような光合成細菌が細胞内共生をした結果生じた**と考えた。ミトコンドリアと葉緑体の二重の膜系のうち、内膜は共生体の細胞膜に起源をもち、外膜は宿主細胞の膜系に由来すると考えられる。

マーグリスの連続細胞共生説では、**真核細胞の鞭毛**[10]は、**スピロヘータ**[11]**の原真核細胞への共生**によって生じたとされる。真核細胞の鞭毛と、原核細胞の鞭毛[12]とでは、サイズ、構造とも異なり、それらの起源が異なることは明確である。しかし、この主張を裏付ける明瞭な証拠は発見されていない[13]。

側注

7　エーテル脂質
グリセロールにイソプレノイド骨格をもつアルコールがエーテル結合した古細菌特有の膜脂質。

8　テルモプラズマ
好酸好熱性古細菌。pH2前後、60℃で増殖する。細胞壁をもたない、球状または不定形の古細菌。
（写真提供：弘前大学・髙橋元、東京薬科大学・山岸明彦）

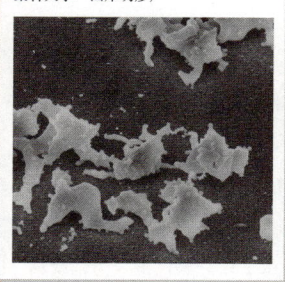

9　コード
ゲノム上にある遺伝子があることを「その遺伝子はゲノムにコードされている」という。

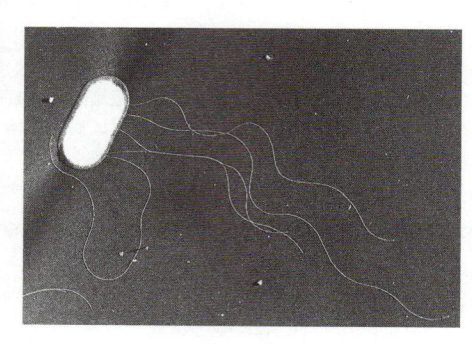

図11　真正細菌の例
大腸菌は、真正細菌の代表で、多くの生化学研究の材料として使われた。写真は病原性大腸菌O-157で、何本かの鞭毛が細いひものように見える（倍率は5000倍）。
（写真は、国立感染症研究所細菌部　田村和満氏）

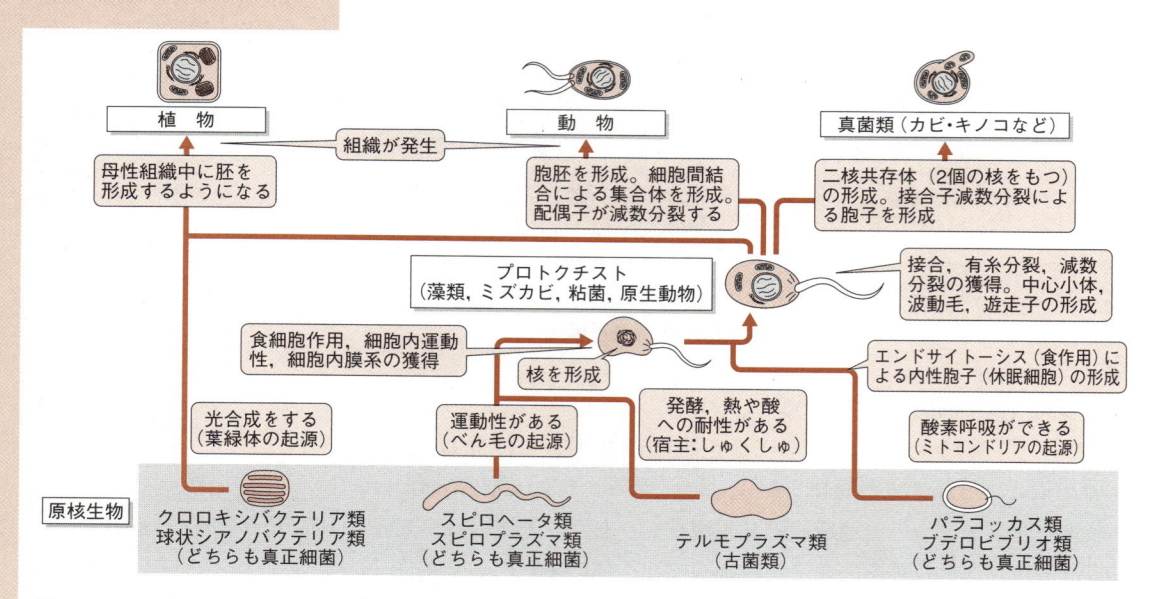

図12　マーグリスによる連続細胞共生説に基づく真核細胞の成立モデル
（Margulis（1993）の図を改変）

以下，ミトコンドリアを始めとする共生体に由来すると考えられるオルガネラについて，よりくわしく見てみよう。

5-5-3 ミトコンドリア
―― ミトコンドリアはαプロテオバクテリアに起源をもつ

ミトコンドリアゲノムにコードされているリボソームRNAやタンパク質遺伝子を用いた分子系統解析により，ミトコンドリアが，真正細菌の中でもαプロテオバクテリア[14]に起源をもつことが示された（図13）。

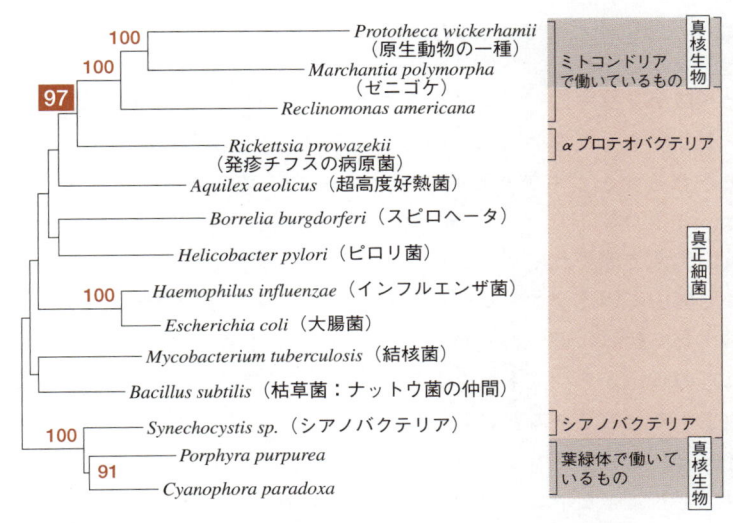

図13 リボソームタンパク質の配列に基づく近隣結合系統樹
真正細菌と真核生物のミトコンドリアや葉緑体で働くリボソームタンパク質の配列データを使った分子系統樹である。枝上の数字は，ブートストラップ確率[15]（パーセント表示）を表し，ミトコンドリアとαプロテオバクテリアとで構成されるグループであるということが，97％という高い確率で支持されている。よって，ミトコンドリアは，真正細菌の中でもαプロテオバクテリアに近縁であることがわかる。（Anderssonほか1998の図を改変）

■**ミトコンドリアゲノムのサイズ**　ミトコンドリアゲノムは，数10個の遺伝子しかコードしていない[16]ので，1000以上の遺伝子をコードしている真正細菌（寄生性のマイコプラズマ[17]でも500以上）と比べると非常に少ない。そして，ミトコンドリア内で働くタンパク質の大半は核ゲノムにコードされ，細胞質で合成される。これらのことから，真核細胞の成立期に大規模な遺伝子の転移がミトコンドリアゲノムから核ゲノムへ起きたと考えられている。現生生物のミトコンドリア遺伝子が現在も核ゲノムに転移しつつある，という例が報告[18]されていて，その間接的な証拠（傍証）となっている[19]。

10　鞭毛（べんもう）
波動毛ともいう。微小管の9＋2構造からなる。ヒトでは，精子の鞭毛や気管支の繊毛（せんもう）がそれである。また，鞭毛の基部には，基底小体などの構造が見られる。

11　スピロヘータ
糸状で，らせん形の真正細菌の一群。梅毒の病原体などはこの仲間。

12　原核細胞の鞭毛
フラジェリンタンパク質からなる。この点でも，微小管からなる真核生物の鞭毛とは異なるものである。

13　鞭毛についての証拠
ある種の真核細胞の鞭毛の基部でDNAを発見したという報告があったが，その後確認されていない。

14　αプロテオバクテリア
プロテオバクテリア綱の1亜綱。根粒菌やリケッチア類を含む。リケッチア類の *Rickettsia prowazekii* のゲノムDNAの全塩基配列は1998年に報告されており，ミトコンドリアDNAとの性質の比較が容易になった。

15　ブートストラップ確率
分子系統樹の樹形の確からしさの指標。分子系統解析に用いる配列データから，重複を許してもとのデータのデータサイズと同じになるまでデータのリサンプリングを行う。これを，100，1000，10000回と繰り返す。これらのデータを用いて分子系統樹の作成を繰り返し，もとの分子系統樹の樹型がどれだけ再現されるかを確率で表す。ここでは，各グループの再現される確率を見ている。この確率が高いほど，そのグループわけが確からしいと考える。

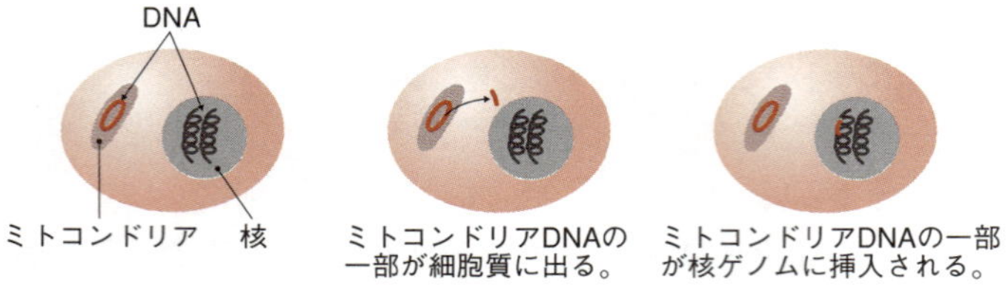

16 ミトコンドリアゲノムのサイズ ミトコンドリアゲノムがコードしている遺伝子は、生物により数と種類が異なっている。たとえば、ヒトのような多細胞動物のミトコンドリアゲノム（1万6000塩基程度の長さの環状ゲノム）は、13種のタンパク質、2種のリボソームRNA、22種のトランスファー（転移）RNAの計37種類のみである。 **17 マイコプラズマ（*Mycoplasma*）** グラム陽性の真正細菌。真核細胞内に寄生し、肺炎の原因となる種類も含まれる。寄生性のため、宿主の生産する物質に依存した生活をしていて、多くの酵素の遺伝子が失われている。そのため、ゲノムDNAの全塩基配列が明らかになっているが、そこに乗っている遺伝子の数は、一般的な真正細菌の1/4ほどに過ぎない。 **18 ミトコンドリア遺伝子の転移の報告** ダイズなどのマメ科の植物の中には、ミトコンドリアゲノムに通常コードされているタンパク質遺伝子の中の一つを、ミトコンドリアゲノム上のほか、核ゲノム上にももつものがいることが知られている。それらの遺伝子の発現を見ると、ミトコンドリアゲノム上の遺伝子ではなく、核ゲノム上の遺伝子が機能していることが明らかになった。このことから、マメ科のこのタンパク質遺伝子は、まさにミトコンドリアゲノムから核ゲノムへの移行途上であるといえる。	**図14** ミトコンドリアゲノム由来の偽遺伝子が核ゲノムに見出される理由 何らかの形でミトコンドリアの外に出たミトコンドリアDNAが核ゲノムに挿入される。また、ミトコンドリアDNAから転写されたRNAが逆転写されて、核ゲノムに挿入される場合も考えられる。ショウジョウバエやホヤ、アフリカツメガエルでは、発生の途上で、ミトコンドリアRNAの一部がミトコンドリアの外に出ていることが知られている。 ■**ヒドロゲノソーム** 真核生物の中には、好気呼吸の場であるミトコンドリアをもたないものもいる[20]。そのような嫌気性の真核生物に見出されるオルガネラが**ヒドロゲノソーム**[21]である。このオルガネラは、ミトコンドリアのような独自のゲノムをもつものではないが、二重の膜系で囲まれている。近年の分子系統解析では、ヒドロゲノソームで働いているタンパク質の起源がミトコンドリアで働いているタンパク質の起源に近いことが示されている。ヒドロゲノソームもまた、これらの理由から、ミトコンドリアのように細胞内共生した真正細菌に由来するものであると考えられている。 　1998年、マーティン（W. Martin）とミュラー（M. Müller）は、ミトコンドリアとヒドロゲノソームの起源を統一的に説明することのできる新しい仮説（**水素仮説**）を提唱した（図15）。この仮説では、ミトコンドリアとヒドロゲノソームの共通の起源を、好気呼吸も嫌気呼吸もどちらも可能な**通性嫌気性**の真正細菌に求めることで、統一的に両者のなりたちを説明している。 ### 5-5-4　葉緑体——葉緑体はシアノバクテリアに起源をもつ 　葉緑体の起源について、小サブユニットリボソームRNAなどの配列を用いた分子系統解析は、葉緑体が**シアノバクテリア起源**であることを示している（図16）。葉緑体ゲノムも、シアノバクテリアゲノムと比較すれば圧倒的に遺伝子の数が減少しており、葉緑体の祖先生物のもっていた遺伝子の大半は、核ゲノムに移っている。葉緑体に見られるラメラなどの構造は、シアノバクテリアにも見られる。 ■**葉緑体の膜**　小サブユニットリボソームRNA遺伝子による分子系統解析によれば、葉緑体をもつ生物は一つのグループになることがない。葉緑体をよく観察すると、系統によっては、「二重膜」ではなく、「三重膜」、「四重膜」をもつことがある。そのような葉緑体は、光合成を行うことのできる（すなわち葉緑体をもっている）真核細胞

5-5 細胞内共生説

図15 マーティンとミュラーによるミトコンドリアとヒドロゲノソームの起源についての仮説

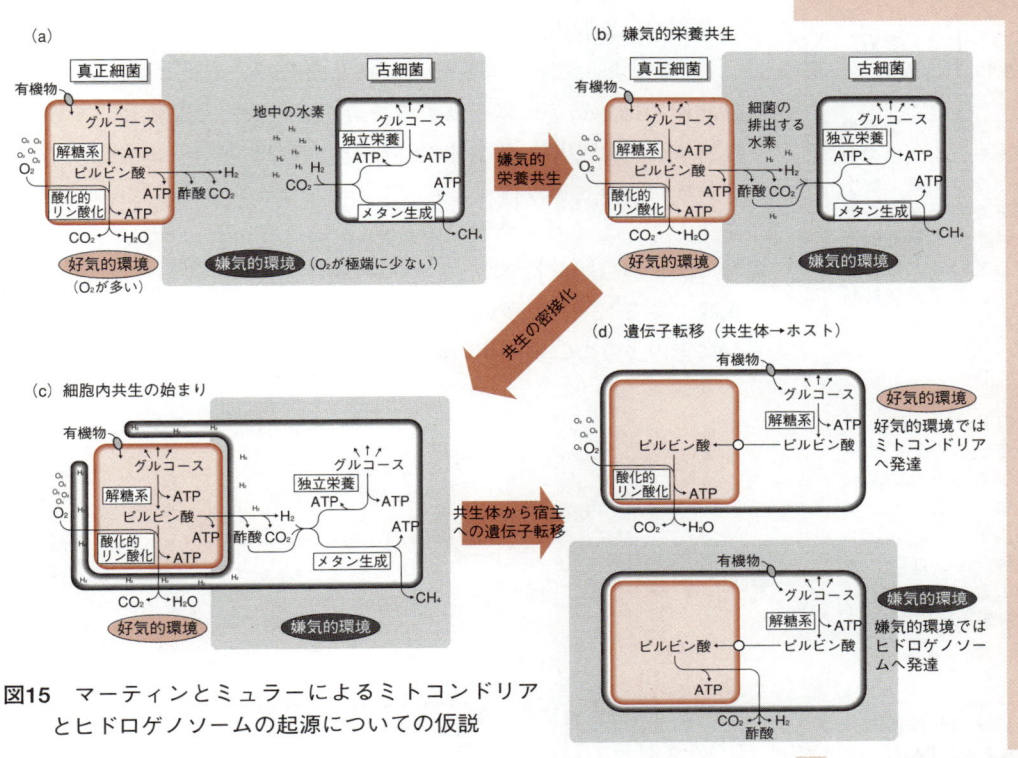

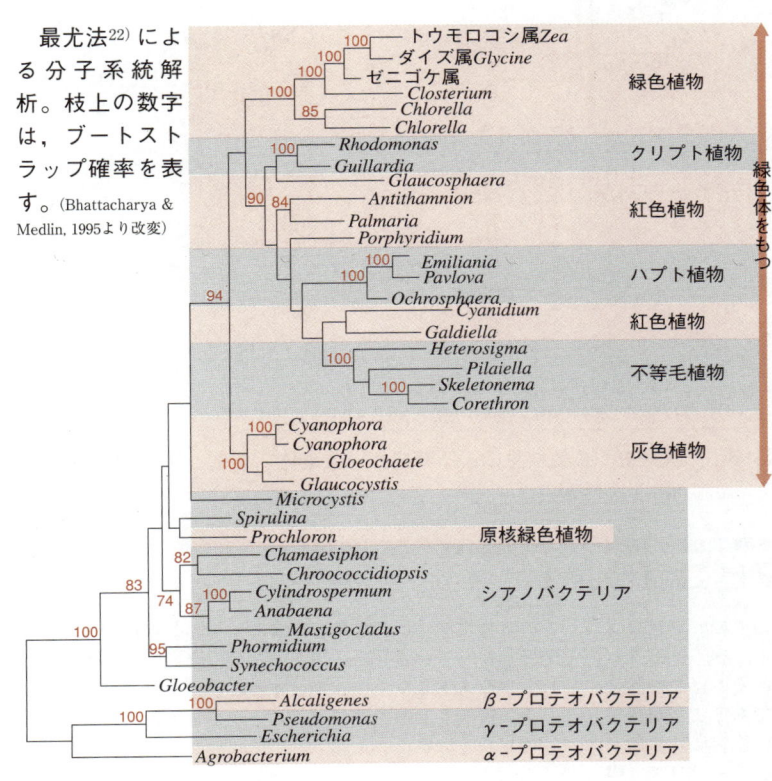

最尤法[22]による分子系統解析。枝上の数字は、ブートストラップ確率を表す。(Bhattacharya & Medlin, 1995より改変)

図16 16S rRNA分子系統解析に基づく葉緑体の起源

19 核ゲノムへの転移の傍証

ヒトの核ゲノムを調べると偽遺伝子化したミトコンドリアゲノム由来のDNA断片が挿入されている例が見つかる。これらは、かつてのミトコンドリア遺伝子の核ゲノムへの転移の傍証となっている。

偽遺伝子とは、塩基置換などの変異によって実際に働くことができなくなった遺伝子のこと。また、遺伝子の全長を含まないような遺伝子重複、mRNAなどのRNAが逆転写によってゲノムDNAに挿入されたりしても生じる。ヒトなどでミトコンドリアゲノムの一部が核ゲノムに挿入された場合（図14）、ミトコンドリアゲノムと核ゲノムでは異なる遺伝暗号表を使っているため、発現できない。また、この場合、たとえ発現しても、そのタンパク質がミトコンドリアに運ばれるためのシステムが必要となる。

が真核細胞に細胞内共生した結果，オルガネラ化したものである（図17）。生物によっては，外側の二重膜と内側の二重膜の間に共生した真核細胞の細胞質と核に相当する構造が退化した形で残存している。クリプト藻などでは，葉緑体の外側の二重膜と内側の二重膜の間に，**ヌクレオモルフ**という構造をもっている。ここには，ほとんどの遺伝子を失って小さくなったゲノムDNAが残っている。しかし，多くの場合は，単純に四重膜であり，外側の膜は退化して失われ，三重膜や二重膜であるケースは多い。ユーグレナ（ミドリムシ）[23]の葉緑体は，まさにそのような**二次共生**の結果であると考えられている。

20 ミトコンドリアをもたない真核生物 トリコモナス類やミクロスポリディア類など。嫌気性の生物であり，寄生性のものが多い。かつては，ミトコンドリアをもたないことから，真核生物の祖先的な性質を残していると考えられていたが，分子系統解析の結果は必ずしもそれを支持していない。	

21 ヒドロゲノソーム
トリコモナスなどのミトコンドリアをもたない真核生物がもつオルガネラ。嫌気的な環境下で，ピルビン酸などを酸化し，エネルギーをATPの形で取り出すにあたり，水素を発生する。

22 最尤法（さいゆうほう）
分子系統樹の作成法の一つ。コラム8を参照。

23 ユーグレナ以外の場合
ユーグレナと近縁なグループとして，トリパノゾーマ類（眠り病の病原体である）があげられる。トリパノゾーマ類は葉緑体をもたない。

24 アピコプラスト
アピコプレクサ*Apicomplexa*という原生動物（マラリア原虫*Plasmodium*やトキソプラズマ原虫*Toxoplasma*などを含む）がもつ四重膜のオルガネラ。

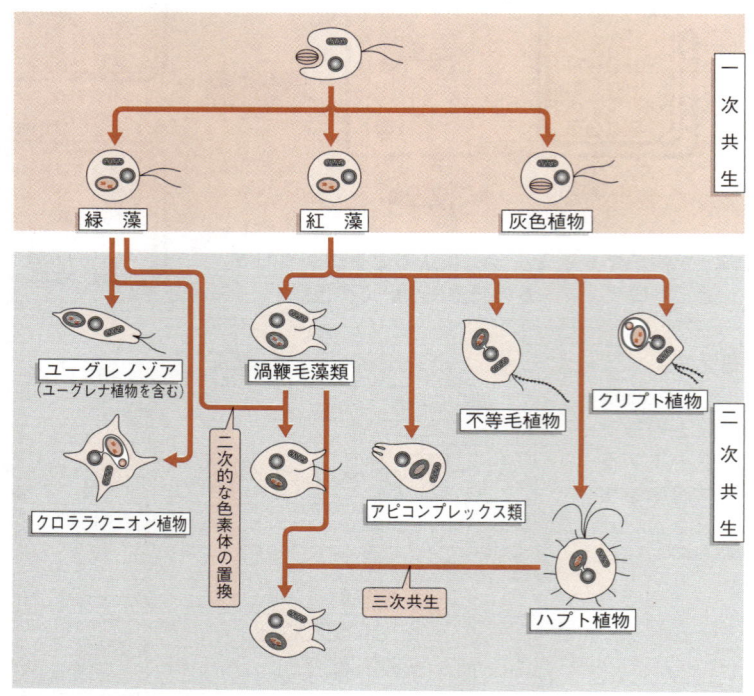

図17 一次共生，多重共生による葉緑体（色素体）をもつ真核生物の進化
（Palmer（2003）の図を改変）

コラム6　アピコプラスト

マラリア原虫は，ミトコンドリア以外に，アピコプラスト[24]というオルガネラをもっている。アピコプラストは，独自のゲノムDNAをもち，それは二次共生で得た葉緑体ゲノムの変形したものであることが報告されている。これは，マラリア原虫の生存には必須であるが，光合成の能力はもっていない。マラリアは現在の寄生虫病では最も患者が多く，その対策は大きな問題となっている。ヒトのもたない，葉緑体由来のアピコプラストをターゲットとすることで，有効なマラリアに対する治療薬がつくることができるのでは，と期待されている。

5-5-5 ペルオキシソーム
―― ペルオキシソームも共生起源の可能性がある

ペルオキシソーム（ミクロボディともいう：**2-2-4**参照）は，ミトコンドリアや葉緑体と異なり，一重膜からなるオルガネラである。その機能は，カタラーゼを含み脂肪酸の**β酸化**[25]などさまざまな物質の代謝を行う。また，植物での脂肪酸の代謝や**グリオキシル酸回路**[26]の場として機能する**グリオキシソーム**と呼ばれるオルガネラもペルオキシソームの一形態であることがわかっている。

ペルオキシソームは，独自のゲノムはもたないが，そこで働くタンパク質が真正細菌タイプのものである点，ペルオキシソームに送り込まれるタンパク質は，ミトコンドリアのケースと同様に，独自の**シグナルペプチド**[27]をもっていることなどから，共生起源の可能性が示唆されている。

5-5-6 真核細胞（ホスト側）の起源
―― 真核細胞の起源にはまだわからないことも多い

ミトコンドリアの先祖が細胞内共生した，宿主としての「原真核細胞」がどのようなものであったかについては，明確なことがわかっていない。

原真核細胞が，古細菌に起源をもつという仮説は，広く知られている。前述のように，マーグリスらは，**細胞壁をもたないテルモプラズマ**（*Thermoplasma*）のような古細菌が，**原真核細胞の起源ではないか**，と述べている。しかし，真核生物と特定の古細菌のグループの間に特別な近縁性の証拠があるわけではない。また，この説には解決しなければならない問題も多い[28]。

タンパク質合成時のペプチド鎖の伸長時に働く**伸長因子**[29]などの翻訳にかかわるタンパク質（遺伝子）を用いた分子系統学的解析では，真核生物は古細菌に近縁であるという結果になる場合が多い（図18）。しかし，代謝系のタンパク質（遺伝子）を用いた多くの場合には，真核生物は真正細菌に近縁であるという結果となる傾向にある。分子系統解析の結果からは，真核生物は，遺伝情報を伝えていくシステムはおもに古細菌の特徴を，また代謝などのシステムはおもに真正細菌の特徴をもった，**古細菌と真正細菌のキメラのように見える**。

上記のような真核生物のゲノムのキメラ状態が，古細菌（宿主）の中での，共生した真正細菌のミトコンドリアなどのオルガネラ化に由来するものであるのなら，話は単純である。しかし，近年では，ミトコンドリアの成立以前にも，何度か古細菌と真正細菌との間で遺伝子の移動があり，その結果，原真核細胞が成立したのではないか，という考え方もある。

25　β酸化
脂肪酸の代謝経路。末端からエチル基を脂肪酸からはずして，アセチルCoAをつくる。

26　グリオキシル酸回路
植物や一部の原核生物のもつTCA回路の一変形。植物の種子では，貯蔵脂肪に依存して発芽するときに，脂肪酸はグリオキシソームの中で，β酸化によりアセチルCoA（コエンザイムエー）に分解される。このアセチルCoAがグリオキシル酸回路に入る。ここでつくられたコハク酸をもとにつくり出されるグルコースが発芽時の重要なエネルギー源となる。

27　シグナルペプチド
タンパク質の細胞内のどこへ行くのかを決定する荷札の役目をするアミノ酸配列。タンパク質のN末端にあることが多く，実際にタンパク質が働くときには除かれていることが多い。

28　解決しなければならない問題
たとえば，古細菌の細胞膜の脂質成分（エーテル脂質）は真核生物や真正細菌の細胞膜の脂質成分（エステル脂質）と異なる。原真核細胞が古細菌起源と考える場合，この細胞膜の脂質成分の置き換えという大きな変化についての説明が必要である。

29　伸長因子
2-6-8を参照。

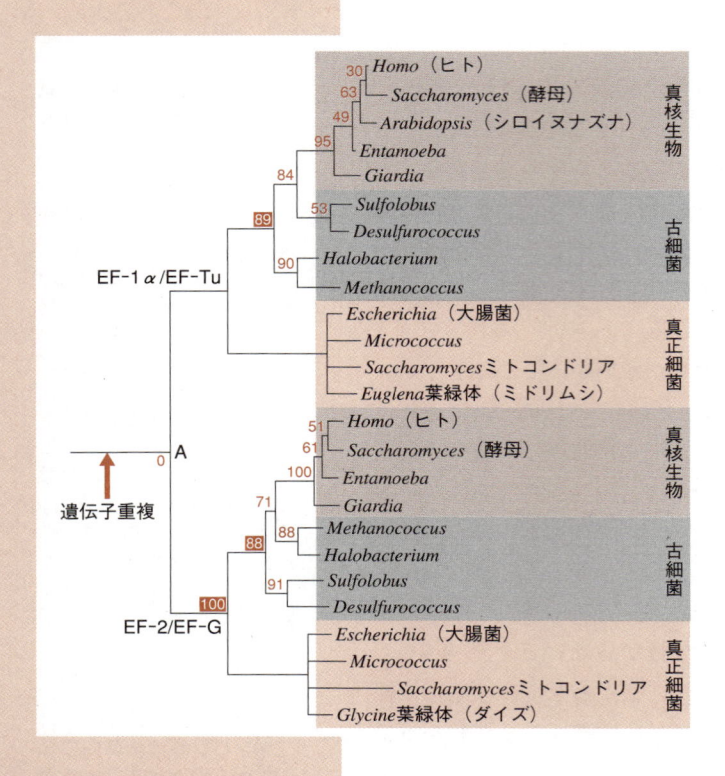

図18 伸長因子のアミノ酸配列に基づく真核生物，古細菌，真正細菌の系統関係

　真核生物，古細菌，真正細菌の3者のどの系統が最も古い系統なのかを明らかにするために，Iwabeたちは，これらの3者が分岐する前に別の働きをするようになった，共通祖先タンパク質をもつ2種類のタンパク質の複合系統樹をつくった。二つのタンパク質がわかれた点が，ここでは系統樹の最も古い分岐点Aである。その後，真正細菌，古細菌，真核生物がどの順序でわかれていったかを見ることができる。ここでは，真核生物と古細菌が近縁である，という結果を得た。なお，2-6-8と2-6-9でも触れた，EF-TuとEF-Gに相当するタンパク質は，真核生物ではEF-1αとEF-2と呼ばれる。

（HashimotoとHasegawa（1996）の図を改変）

　また，これまで触れてこなかったが，**核膜，ひいては核については，まだ，その起源は明らかではない**。この問題も含めて，真核細胞がどのように成立したかについては，まだ不明な点が多く，今後の研究が待たれる。

5-6 分子レベルの進化

5-6-1 分子レベルの進化とは—遺伝子やタンパク質の進化

　これまで，生物のさまざまなレベルでの進化について述べてきた。生物の体を構成する物質の多くは，遺伝子の情報を使ってつくり出されるRNAやタンパク質そのものか，そのRNAやタンパク質の作用によってつくり出されたり，体外から取り込まれたりする。つまり，遺伝子の連なった**ゲノム**[1]によって，ほとんどすべての生命活動の基本が定められているといえる。この節では，遺伝子やタンパク質の進化，すなわち**分子進化**について紹介する。

5-6-2 分子進化の基盤となる変化
　　　　　　　　　　　——突然変異はランダムに起こる

　遺伝情報の流れは一方向である。RNAそのものが遺伝子の担い手である例[2]や，RNAの情報がDNAに受け渡される例（**逆転写**）[3]，など

1　ゲノム
　生物がもつ遺伝子全体をゲノムという。**2-4**参照。

2　RNAの重要な例外
　たとえばインフルエンザウイルスのようなRNAゲノムをもつRNAウイルスでみられる。

3　逆転写するもの
　これを行うのが逆転写酵素である。

5-6 分子レベルの進化

重要な例外はあるが、タンパク質の情報が遺伝子に受け渡されるという例は知られていない。だから、タンパク質上に起きる変化も、その起源は遺伝子、すなわちゲノムDNA上の変化による（図19）。

ゲノムDNA上で生じる変化の大半は**塩基置換**である。塩基置換の原因の代表的なものを表1にまとめた。それらの要因で生じたDNA上の傷の多くは修復されるが、それが100％正しく修復されるとは限らない。このような置換が、精子や卵子、またはそれらになる（運命にある）細胞のゲノムDNA上に生じれば、この置換は子孫に伝わることになる（図20）。

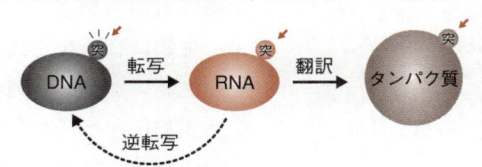

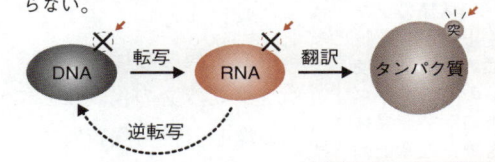

(a) DNA上に生じた突然変異は、RNAやタンパク質に伝わる。

図19 遺伝情報の流れと突然変異
ゲノムDNAにコードされた遺伝子の情報はRNAに受け渡され（転写）、そのRNAの情報はタンパク質をつくるのに使われる（翻訳）。DNA上に生じた変異は、転写を通じてRNAに伝えられ、翻訳を通じてタンパク質に伝えられる。しかし、タンパク質の上に生じた変異は、DNAやRNAに影響しない。

(b) タンパク質上に生じた突然変異は、DNAやRNAには伝わらない。

表1 突然変異の起こるおもな原因

複製酵素（DNA合成酵素）の塩基の取り込みエラー
物理的な要因によるDNAの損傷
紫外線   放射線
化学的な要因によるDNAの損傷

活性酸素などによる塩基の損傷
   DNAの化学修飾剤
   エチジウムブロマイドなどのインターカレーター（DNAの二重らせんの中に入り込む物質）
   その他発がん物質

(a) 体細胞に突然変異が起きても、子孫には伝わらない。

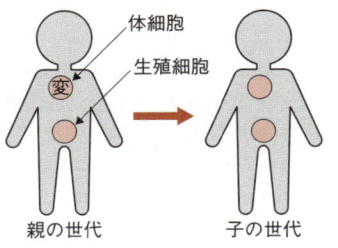

(b) 生殖細胞に突然変異が生じると、その突然変異は子孫に伝わる可能性がある。

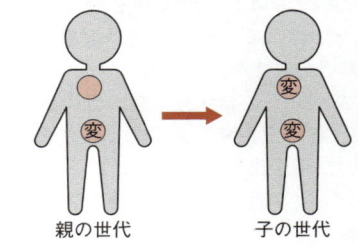

図20 生殖細胞に生じる突然変異と体細胞に生じる突然変異
卵や精子になる生殖細胞のゲノムDNAに生じた突然変異は、子孫に伝わるが、体細胞に生じた突然変異は子孫には伝わらない。

4 そのほかの塩基置換
　突然変異としては，塩基が一つ失われてしまう欠失や，余計な塩基が組み込まれてしまう挿入もあるが，ここでは触れない。

5 同義置換と非同義置換
　タンパク質の遺伝子，中でもとくにコドン6)（p.97）の三文字目を見てみよう（図21）。グリシンというアミノ酸を指定するコドンには，GGU，GGC，GGA，GGGの四つがある。これらは，コドンの三文字目だけを考えれば，どの塩基に置き換えられてもグリシンのコドンである。このような突然変異は生物に何の影響も与えない。20種類のタンパク質を（終止コドンを除けば）61種類のコドンを使って指定するので，タンパク質遺伝子上の突然変異はかなりの場合で，塩基配列を変えてもアミノ酸配列を変えない（その変異はコドン1文字目と3文字目に限る）。このようなタンパク質遺伝子の中で，アミノ酸を変えない塩基置換を同義置換という。
　また，GGAというコドンの一文字目がGからAに置換されれば，AGAというアルギニンを指定するコドンとなる。このように，アミノ酸の変化を伴う塩基置換を非同義置換という。

6 コドン
　RNAやDNAを構成する4種類の塩基，アデニン（A），チミン（T），グアニン（G），シトシン（C）がどれか三つ並んだものをコドンという。
　なお，RNAでは，チミンの代わりにウラシル（U）に置き換わる。

　これらの塩基置換は，突然変異の中でも**点突然変異**と呼ばれる4)。上記であげた「塩基置換の原因」からわかるように，突然変異は，基本的にランダムに起こり，ゲノム上のどの塩基についてもそれが起こる可能性がある。

5-6-3　突然変異とその影響——生物に対して有利でも不利でもない変異は中立変異と呼ばれる

　それぞれの突然変異は，その突然変異をもった生物（の個体）にどのような影響を与えるのだろうか。
　生物に対する影響の度合いで突然変異を分類するのなら，それは，
① **生物に有利な変異**
② **生物にとって不利な変異**
③ **生物にとって有利でも不利でもない変異**
の三つにわけられる。突然変異がある塩基で起こるのは，偶然によるものであるから，その突然変異が生物にとって有利である可能性は，非常に少ない。そして，生物に対して有利でも不利でもない変異は，**中立変異**と呼ばれる。
　中立変異の代表として，タンパク質遺伝子の中でアミノ酸を変えない塩基置換（**同義置換**）をあげることができる。これに対して，アミノ酸の変化を伴う塩基置換を**非同義置換**という5)。非同義置換の大半は生物にとって不利な突然変異であるが，中には中立変異や有利な突然変異もある7)。また，同義置換のほか，ゲノムDNA上の遺伝子のない部分に生じる突然変異も「中立変異」である。

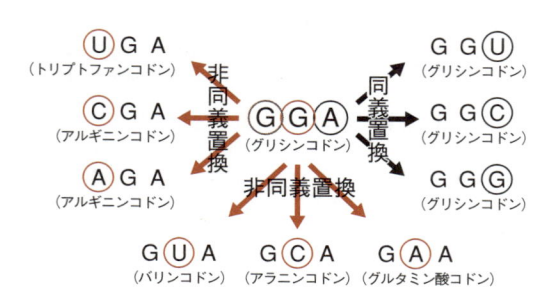

```
        ⓊGA                              GGⓊ
    (トリプトファンコドン)              (グリシンコドン)
        ＼    非                  同    ／
  ⒸGA    ＼  義          ＼  義  ／    GGⒸ
(アルギニンコドン) 置   ⒼⒼⒶ   置    (グリシンコドン)
        ／  換 (グリシンコドン) 換  ＼
  ⒶGA    ／                          ＼    GGⒼ
(アルギニンコドン)    非同義置換           (グリシンコドン)
        ／        ↓        ＼
    ⒼUA          GⒸA          GAⒶ
  (バリンコドン) (アラニンコドン)(グルタミン酸コドン)
```

図21　同義置換と非同義置換
　グリシンのコドン，GGAを例として同義置換と非同義置換の説明をする。GGAを出発して，一回の塩基置換で，9通りのコドンに変わる。コドンの三文字目の置換はすべてコドンが指定するアミノ酸を変えない（同義置換）が，コドン一文字目と二文字目の置換はすべてアミノ酸を変える（非同義置換）。ここで注意したいのは，この図には，アルギニンのコドンがCGAとAGAの二種類出てくることである。この二つのアルギニンのコドンの間は，コドン一文字目の一塩基置換で入れ替え可能であり，その変化は同義置換である。

5-6-4 分子進化の中立説
——生物の生存に影響しない中立変異は確率論的に集団中に固定したり，集団から除去される

どのような突然変異であれ，それは，最初は一つの個体の，ゲノムDNAのある一点で生じる。この突然変異が，その個体からその子孫に伝わり，最終的に属する**集団**[8]の構成メンバー全員がもつようになることがある。この状態を，ある突然変異が集団に「**固定**」されたという。このように変異の固定が蓄積していくことで，「進化」は進んでいく。

中立変異で生じた変化は，**表現型レベルでの自然選択による進化には影響しない**。なぜなら，自然選択は，その突然変異そのものが選択の対象ではなく，その突然変異の結果現れた個体の特徴がほかの個体と異なり，優劣があるときに初めて働く力だからである。中立変異は，自然選択にかかることなく，確率論的な振る舞いのもと，その中立変異が起きた個体の属する集団に広まったり，集団から失われたりする（**遺伝的浮動**という）（図22，23）。このような分子レベルの進化のあり方を木村資生は「**分子進化の中立説**」（1968）としてまとめた。彼は，分子レベルの進化では，そのほとんどが「中立」変異による「中立的」進化であり，伝統的な自然選択に基づく進化は，こと分子レベルでは，中立的進化に比べて非常に少ない，と述べた。

7 ミスセンス変異とナンセンス変異
ここで例をあげたアミノ酸を置き換える塩基の変異を**ミスセンス変異**という。塩基置換のパターンによっては，アミノ酸を指定していたコドンが終止コドン（UAA，UAG，UGAの3種）がつくられる場合がある。このときの塩基の変異を**ナンセンス変異**という。

8 集団
一つの個体は，交配可能（子孫をつくることのできる）な同種の別の個体と「グループ」をつくっている。これを集団という。

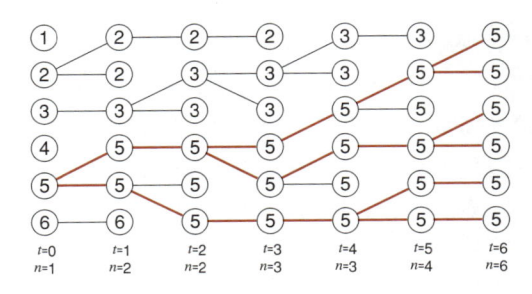

図22 遺伝的浮動の考え方
$2n＝6$の場合を，6個のボールを重複を許して6回ボールを選ぶ，という形でシミュレーションしたもの。それぞれの6回のボールの選択が，次世代の選択を意味する。ここでは，6回の世代交代で，すべてのボールが番号5になっている。

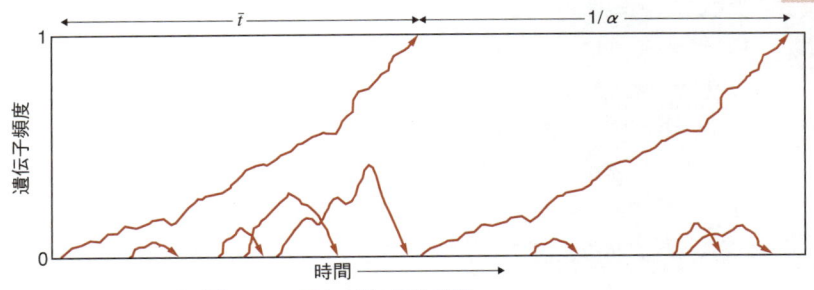

図23 遺伝的浮動による中立変異の「固定」(Motoo Kimura,The Neutral Theory of Molecular Evolution, 1983, Cambridge University Press)

中立な突然変異が生じたとき，それが集団に広まるかどうかは偶然によって左右される。多くの中立変異は集団に固定されることなく集団から失われる。

$\bar{t}$：条件つき固定時間　$1/\alpha$：固定の間の平均時間

もちろん，致死的な変異や，極めて有害な変異は，その変異をもった個体が生殖年齢に到達する前に死んで子孫を残せなかったりして，容易に集団から除かれてしまう。また，子孫が残せる年齢に達しても，ほかの個体との競争に負け，子孫を残せないと思われる。これらの変異が集団から除かれるのは，自然選択によると考えてもよい（これを**安定化選択**という）。しかし，そこまで極端な「突然変異」は，中立変異に比較すれば非常に少ない。たとえば，ヒトゲノムの数％の領域しか，遺伝子としては働いていないし，タンパク質をコードする遺伝子上のかなりの塩基は，同義置換という中立的な変異を起こしても，最終的につくられるタンパク質のアミノ酸配列を変えない。

また，個体の生存に有利な突然変異が生じるのは珍しく，中立変異と比較すれば圧倒的に生じる確率は低い。すなわち，自然選択に基づく進化は，分子レベルではあるにしても，圧倒的に生じる確率が低いということになる。

木村の中立説は，分子レベルでの正の自然選択に基づく進化を否定するものではなく，圧倒的に「中立進化」の方が分子レベルでは起こるので，**分子レベルで見られる進化の主流は「中立」的な進化である**，ということを主張している。この説に従えば，**分子レベルの進化では，自然選択はおもに有害変異を取り除くために働いている**。

5-6-5　分子時計──それぞれの遺伝子やタンパク質で，分子進化の速度は系統を問わず一定である

ある生物から一種類のタンパク質[9]をとってきてみよう。別の生物を調べると，同じ働きをする，そしてそれぞれの祖先をたどっていくと同じタンパク質に由来するタンパク質を見つけることができる。これらのタンパク質は，先祖を同じくするにもかかわらず，そのアミノ酸配列は少しずつ違っていることが多い。この，アミノ酸配列の違い方は，それぞれのタンパク質をもつ生物の系統関係が近いほど違いが少なく，系統関係が遠いほど違いが多い，という傾向にある。図24に示した**ヘモグロビン**[10]の例を見てみよう。有胎盤類の間でのアミノ酸の違いの数より，有胎盤類と有袋類[11]の間，またこれら哺乳類と魚類の間の方がアミノ酸の異なる割合が，明らかに大きい。

中立説に基づいて，このことについて考えてみよう。「中立変異」は，ランダムに生じ，一定の確率で「固定」されていく。これは，先に述べたような原因で突然変異が起こるのなら，その変異の数は時間の長さに比例して増えていくはずである，ということを意味する。これが，いわゆる「**分子時計**」の考え方である。表2に示すように，ヘモグロビンでは，アミノ酸の置換が1座位あたりおよそ1億年に1度生じているといえる。

9　タンパク質の進化をみる

ここでは，遺伝子やゲノムDNAの代わりに，タンパク質の進化を例にとる。タンパク質のアミノ酸配列は遺伝子の配列に基づくという点で，本質的には遺伝子の進化もタンパク質の進化も同じような考えで理解できる。

10　ヘモグロビン

脊椎動物などで見られる血色素タンパク質。鉄を配位したポルフィリン環（ヘムという）を含む。脊椎動物では赤血球中に含まれ，酸素の運搬を行う。ヒトの成人のものでは，$\alpha_2\beta_2$型の四量体（分子が4個結合したもの）のタンパク質である。

筋肉中で酸素を蓄える**ミオグロビン**（肉の赤さの原因）とは祖先を同じくするタンパク質である。

11　有胎盤類と有袋類

哺乳類は三つのグループに大別される。卵生の**単孔類**（カモノハシやハリモグラ），胎生だが子供が未成熟のまま出産される**有袋類**（カンガルーやコアラの仲間），そして私たちヒトを含む**有胎盤類**である。

分子レベルで生じる変化の大多数が中立的な変異でないのなら，分子時計はまったく成立しない。それは，表現型進化を見てみれば理解できる。**シーラカンス**[12]と私たち**ヒト**[13]はシーラカンスに似た共通の祖先をもっている。しかし，現生のシーラカンスの形態は，その共通祖先の形態からあまり変わっていないが，ヒトは，大きく変わっている。しかし，シーラカンスの遺伝子を取り出してきてほかの生物のものと比較すれば，ヒトとシーラカンスが分岐してからその遺伝子上に生じた突然変異の数は同程度であるということがわかる。

5-6-6　分子進化の特徴——重要な配列ほど進化速度は遅い

　タンパク質をコードする遺伝子の中の，コドンについて，もう一度注目してみよう（表3）。コドン3文字目に生じる突然変異の多くは，

> **12　シーラカンス**
> 硬骨魚類の仲間の中でも肉鰭類と呼ばれるグループに属している。肺魚と共に四足歩行動物の祖先に系統的に近いと考えられている。中生代末までには絶滅したと考えられていた系統であるが，1938年に現生種が発見された。現生種と化石種の形態はよく似ていて，「生きた化石」の代表。

> **13　「ヒト」という表記**
> 生物としての人間を，ほかの文脈での人間と区別するため，カタカナ表記でヒトと表す。

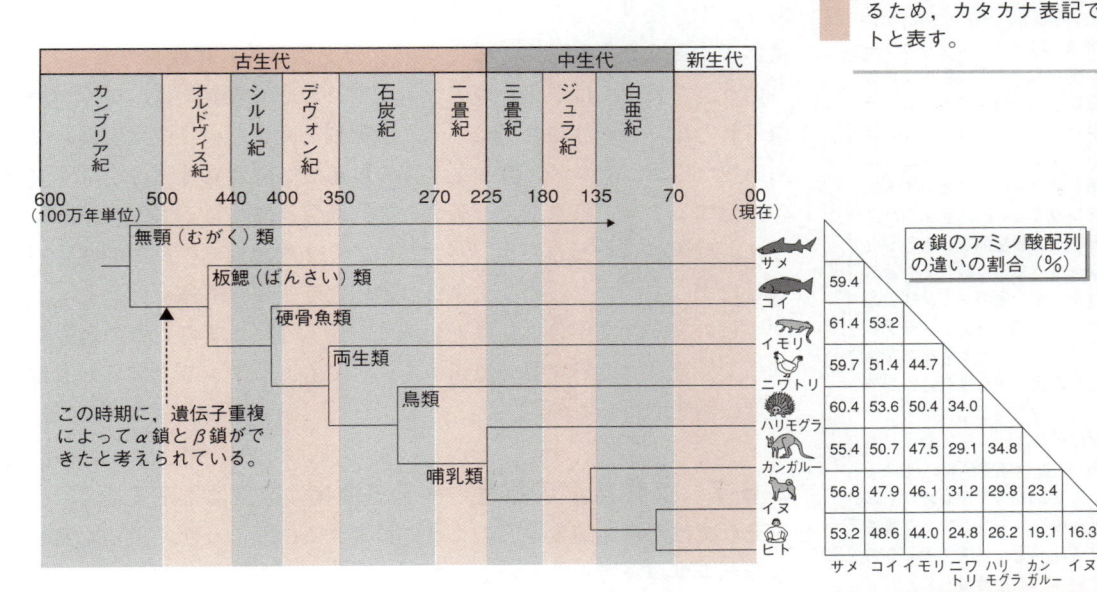

図24　ヘモグロビンα鎖のアミノ酸配列の違い（%）
八つの脊椎動物の間でのアミノ酸配列の違いを，系統関係や分岐年代とともに示した。
(Motoo Kimura, The Neutral Theory of Molecular Evolution, 1983, Cambridge University Press)

α鎖のアミノ酸配列の違いの割合（%）

	サメ	コイ	イモリ	ニワトリ	ハリモグラ	カンガルー	イヌ
コイ	59.4						
イモリ	61.4	53.2					
ニワトリ	59.7	51.4	44.7				
ハリモグラ	60.4	53.6	50.4	34.0			
カンガルー	55.4	50.7	47.5	29.1	34.8		
イヌ	56.8	47.9	46.1	31.2	29.8	23.4	
ヒト	53.2	48.6	44.0	24.8	26.2	19.1	16.3

表2　アミノ酸の置換で表したタンパク質の進化速度（Dayhoff 1978より）

タンパク質	×10⁻⁹/年（1座位あたり）	1座位あたりの変異の起こる割合
ヒストンH4	0.01	1000億年に1回
シトクロムc	0.3	33.3億年に1回
インシュリン	0.44	22.7億年に1回
ミオグロビン	0.89	11.2億年に1回
αヘモグロビン	1.2	8.3億年に1回
リゾチーム	2.0	5.0億年に1回
すい臓リボヌクレアーゼ	2.1	4.8億年に1回
フィブリノペプチド	8.3	1.2億年に1回

> **14　アミノ酸配列を変えない変異（次ページの注）**
> たとえば，UUAというコドンがCUAというコドンに変わっても，どちらもロイシンのコドンという点では変わりがない。

15 進化速度

タンパク質でのアミノ酸の1座位あたりの置換率，核酸での塩基の1座位あたりの置換率，これらを（分子）進化速度という。

16 ヒストンH4での進化速度の例

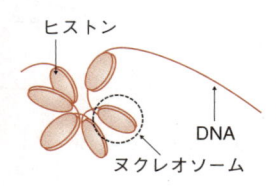

ヒストンH4（ヒストンは，ゲノムDNAと結合してヌクレオソームを構成する，真核生物にとって重要なタンパク質である。その中でヒストンH4は，ほかのヒストンタンパク質とともにDNAが巻き付く糸巻きに相当する部分を構成する）というタンパク質のアミノ酸配列をヒトとショウジョウバエと比較してもその差はたった1個のアミノ酸の違いだけである。一方，ヘモグロビンでは，もっと大きなアミノ酸配列の違いが脊椎動物の間で見ることができる。つまり，ヘモグロビンはヒストンH4よりも圧倒的に進化速度が速い（表2）。

ヒストンH4はヌクレオソームをほかのヒストンタンパク質やゲノムDNAとつくるため，その形やいろいろな性質をもったアミノ酸の分布が非常に厳密に定められていると考えられる。そのため，ヒストンH4上に起こるアミノ酸の変異のほとんどは，ヒストンH4の働きを悪くする「有害」な変異である。一方，ヘモグロビンの方は結合する対象であるヘム環が小さく，その表面に出ているアミノ酸の変異はヒストンH4の場合に比べて無害である場合（すなわち「中立的」である場合）の可能性が高いのだと考えられる。

表3 グロビンの塩基配列をいくつか比較して推定した，塩基置換数で表した進化距離

比較	ヌクレオチド座位あたりの進化的距離			
	K_1	K_2	K_3	K'_s
ニワトリβ鎖対ウサギβ鎖	0.30±0.05	0.19±0.04	0.64±0.11	0.53±0.10
ヒ ト β鎖対マウスβ鎖	0.17±0.04	0.13±0.03	0.34±0.06	0.28±0.05
ヒ ト β鎖対ウサギβ鎖	0.06±0.02	0.06±0.02	0.28±0.06	0.25±0.05
ウ サ ギ β鎖対マウスβ鎖	0.16±0.04	0.13±0.03	0.43±0.07	0.36±0.07
ウ サ ギ α鎖対ウサギβ鎖	0.54±0.09	0.44±0.07	0.90±0.15	0.69±0.13

コドン1番目の部位での塩基置換数をK_1で表す。同様にコドン2番目，3番目の部位での置換数をK_2，K_3とする。コドン3番目で見られる同義置換数をK'_sで表す。各推定値を標準誤差と一緒に示している。

遺伝子のコードするタンパク質のアミノ酸配列を変えない同義置換であり，中立変異である。簡単にいえば，コドン3文字目の塩基置換は遺伝子やそこから翻訳されるタンパク質を実質的には変化させない，という点で重要ではない。コドン1文字目の突然変異では，いくつか限られた組み合わせの変異はアミノ酸配列を変えない「中立変異」である[14]。しかし，コドンの2文字目の塩基の突然変異は，必ずコドンの指定するアミノ酸を変えてしまう非同義置換である。表3で見るように，翻訳されたときのタンパク質のアミノ酸配列への影響の度合いにしたがって，コドンの3文字目の**進化速度**[15]が最も速く，コドン1文字目の方が2文字目よりは進化速度が速くなる。また，このような理由で，違うタンパク質の遺伝子を比べても，コドン3文字目の進化速度はあまり違わない[16]。

5-6-7 進化速度の推定——分子進化の速度は推定できる

それでは，進化速度はどのように推定するのだろうか。塩基配列のもっとも単純な考え方を見てみよう[17]。

プリン塩基[18]どうし（アデニン（A）とグアニン（G）），またはピリミジン塩基[19]どうし（チミン（T）またはウラシル（U），とシトシン（C））の塩基置換を**転位**（トランジション）という（図25）。それ以外の塩基の置換，すなわちプリン塩基とピリミジン塩基の間での置換を**転換**（トランスバージョン）という。

二つの相同な塩基配列があるとき，それがどの程度異なっているかを最も単純に表す方法は，単純に二つの間で異なる塩基の数を数え上げ，それを比較した配列の長さで割ったものである。しかし，実際には同じ**座位**[20]に何度も置換の起こる多重置換の影響を考えなければならない。

すべての塩基の組み合わせを考えたとき，相互に置換される確率は等しいというモデルを考えてみよう。これは，提案者の名を取って

5-6 分子レベルの進化

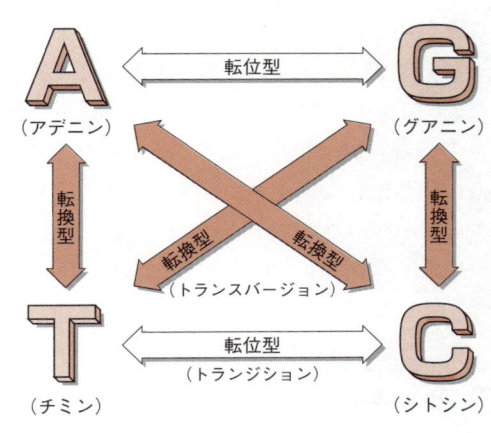

図25　塩基置換のパターン
塩基置換を転位型と転換型で区別している。Jukes-Cantorの方法では，2種類の転位型置換と4種類の転換型置換の計6種類の置換は，同じような起こりやすさである，と仮定している。一方，木村の方法では，転位型置換と転換型置換では転位型の方が生じやすいことが知られているので，それぞれは異なる確率で起こる，と仮定している。

Jukes-Cantorのモデルと呼ばれる。このとき，二つの配列の間で異なる塩基の割合をpとすると，二つの配列の間の座位あたりの塩基置換数（進化距離d：単位は置換／座位）は次の式で表される。

$$d = -(3/4)\ln\{1-(4/3)p\} \quad (\ln の底は e) \quad (5-1)^{21)}$$

実際にはすべての塩基の間の塩基置換の起こりやすさが等しいわけではない。たとえばAとGというプリン塩基の間，TとCというピリミジン塩基の間，での塩基置換の生じる確率は，プリン塩基とピリミジン塩基との間での塩基置換確率に比べてかなり小さく，これらは別々のパラメーターとして扱った方がより現実に近付けることができる[22]。

5-6-8　分子系統樹——生命の起源を探る糸口

分子時計のような分子進化の特徴を生かして，**分子系統樹**[23]を作成することができる（コラム8参照）。とくに，1988年に**PCR法**（図26，コラム7参照）が実用化されてからは，簡単に多くの生物の遺伝子を調べることができるようになり，このような分子系統解析は急速に広まった。そして，分子系統樹をつくることで，生物の進化のさまざまな問題が明らかになってきた。たとえば，この解析を通じて，「5-5細胞内共生」で述べたようなミトコンドリアや葉緑体の共生起源が明らかにされてきた。

また，分子系統解析は，人類の起源の論争に，大きな役割を示した。人類と，チンパンジーやゴリラ，オランウータンなどの類人猿との関係は，ミトコンドリア遺伝子などの解析から，ヒトとチンパンジーの

17　アミノ酸配列での進化速度の推定
アミノ酸配列の進化速度も推定できる。塩基配列の場合同様に，二つの相同なアミノ酸配列の進化距離は，(異なる座位数)／(比較する全座位数)で表される。しかし，アミノ酸は塩基と異なり，20種あり，アミノ酸の側鎖の性質が多岐に渡る，という問題がある。木村資生は，Dayhoffらの見出したアミノ酸置換の起こりやすさに関する観察をもとに多重置換を考慮して，二つの相同なアミノ酸配列の間の**進化距離**(d)を，次のように表した。
$$d = -\ln(1-p-0.2p^2)$$
ここでは，二つの配列の間で異なるアミノ酸の割合をpとしている。

18　プリン塩基
プリン環をもつ核酸の塩基成分の総称（図）。プリン骨格と，アデニンとグアニンの構造式を示す。

プリン

アデニン（6-アミノプリン）

グアニン（2-アミノ-6-オキシプリン）

19　ピリミジン塩基
ピリミジン環をもつ核酸の塩基成分の総称（図）。ピリミジン骨格と，チミンとシトシンの構造式を示す。

ピリミジン

チミン（5-メチル-2,4-ジオキシピリミジン）

シトシン（2-オキシ-4-アミノピリミジン）

近縁性の高いことが明らかとなった。ヒトがほかの類人猿から別の道を歩み出したのは遅く，たった5～600万年前ほどであったと考えられる。また，「ミトコンドリア・イブ」[24] という言葉で象徴されるように，現在生きている人類は20万年ほど前にアフリカから広まったものであることも，明らかになってきた。ネアンデルタール人の骨からとられた遺伝子の解析[25]から，ネアンデルタール人は私たち現生人類，とくにコーカソイド[26]，の直接の祖先ではないことも報告されている。

20 座位
塩基配列では各塩基，アミノ酸配列では各アミノ酸配列を意味する。相同な塩基配列やアミノ酸配列を，まず祖先配列中の座位に由来する相同な座位ごとにそろえることから，分子系統解析は始まる。

21 式（5-1）
この式の求め方については，成書を参照のこと。

22 木村の推定式
木村は，転位型の塩基置換と転換型の塩基置換の起こりやすさが異なることを組み込み，次のような進化距離（塩基置換数）dの推定式を示した。
$$d=-(1/2)\ln\{(1-2p-Q)\cdot\sqrt{1-2Q}\}$$
ここで，pは転位型の，またQは転換型の変異が，比較した二つの配列の間で見られる割合を示している。

23 分子系統樹
生物の系統関係を木が枝を広げていくような形で示したものが系統樹である。分子進化についての解析結果をもとにつくられた系統樹を分子系統樹という。

24 ミトコンドリア・イブ
キャン（R. Cann）たちは，ミトコンドリアゲノムの分子系統解析を行い，その結果，現生人類のミトコンドリアゲノムは20万年前の一人の女性に到達すると報告した。ミトコンドリアゲノムは母性遺伝をするので，このような表現になる。また，現在の人類をみると，もっとも遺伝的な多様性がみられるのは，ネグロイドである。ほかの人類はその多様性の中に埋没してしまう。そこで，人類の起源はアフリカだと考えられている。

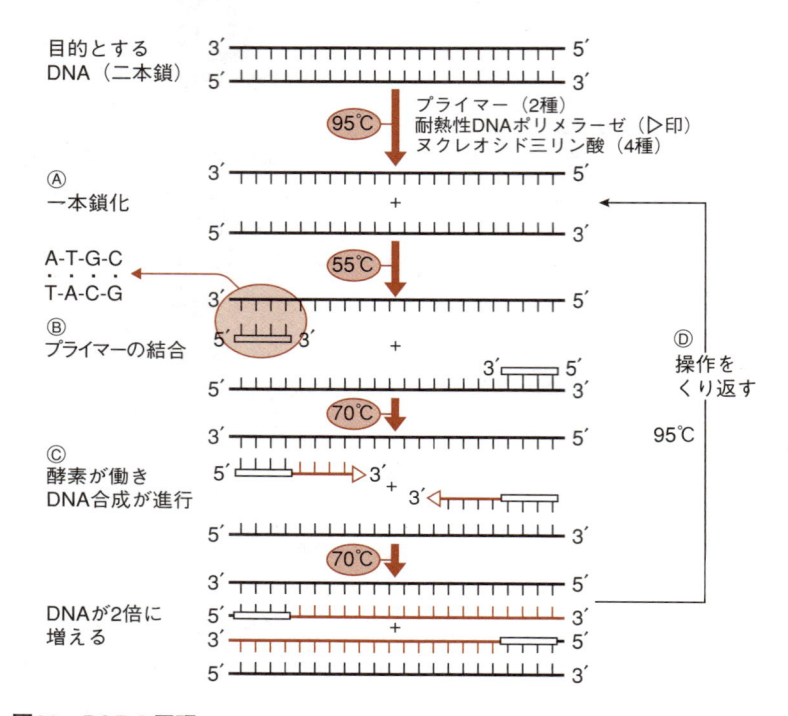

図26　PCRの原理

PCRの一回目のサイクルを図示した。

A：鋳型となるDNAが熱によって変性し，一本鎖になる。

B：温度を下げることで，一本鎖になっていたDNAが二本鎖に戻る。このとき，増幅したいDNAの領域の両端のそれぞれに相補的な配列をもつ短いDNA（プライマーという）を混ぜておくと，プライマーが鋳型DNAに結合する。

C：DNA合成酵素がプライマーを起点として鋳型DNAに相補的な配列を合成する（以上，1サイクル目）。

D：再び熱をかけて，DNAを変性する（ここから2サイクル目。以下，繰り返す）。

コラム7　PCR法

　PCR（Polymerase Chain Reaction）は、1985年にマリス（K. Mullis）たちによって初めて報告されたDNAの増幅法である（図26）。DNA合成酵素は、鋳型となるDNA鎖があっても、その鋳型に結合するRNAまたはDNAの3'末端側にしかDNA鎖の合成をすることができない。増幅したいDNAの両端に相補的な短い合成DNA（プライマーという）2種類と鋳型とするDNAを混合し、DNAの2本鎖を一度熱変性し（2本鎖が離れる）、その後温度を下げると、多くの鋳型DNAは相補鎖どうしが対合してもとに戻るが、一部は鋳型DNAとプライマーが対合する。DNA合成の材料となる4種のデオキシリボヌクレオチド3リン酸を混合し、DNA合成酵素を加えると、そのプライマーの下流に鋳型DNAをもとに新しいDNA鎖が合成される。DNAの熱変性から新しいDNA鎖の合成までを繰り返すことで、プライマーにはさまれた領域のDNAを指数的に増幅できる。これをたとえば30回繰り返せば、理論的には、もとのDNAの2^{30}倍に増幅される。1988年に好熱菌 *Thermus aquaticus* のDNA合成酵素を使うようになってから、自動化され、広く使われるようになった。ごく微量な生物サンプルからDNAを増幅できるため、現在では、分子進化学を含む分子生物学的な研究で、必要不可欠の技術となった。

5-6-9　突然変異以外の分子進化
——遺伝子重複と反復配列を例として

　これまで述べてきた分子レベルの進化は、すべて塩基置換やアミノ酸置換に基づく進化であった。しかし、分子進化の範疇には直接塩基置換やアミノ酸置換に基づくわけでもないものがある。

■**遺伝子の重複**　染色体の不等交さなどの理由で、ゲノム上にもともと一つしか存在しなかった遺伝子が重複（**遺伝子重複**）し、そのゲノムあたりのコピー数を増やすことがある（図27）。このコピーされ

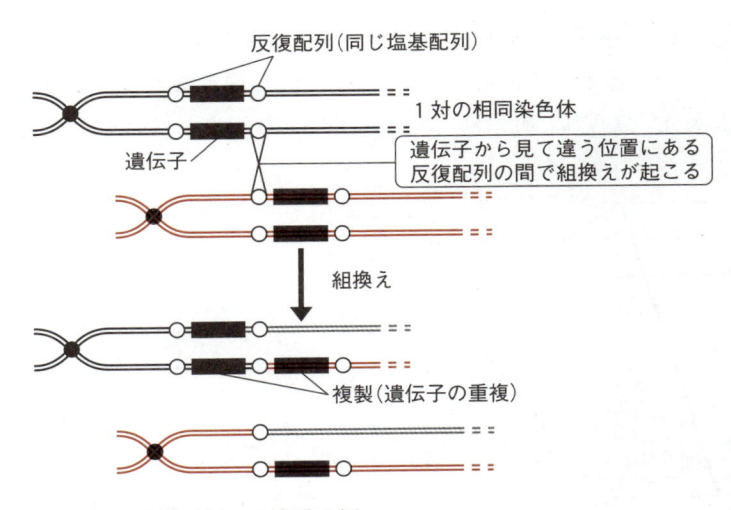

図27　遺伝子重複が起こる機構の例
　ここでは、減数分裂のときに生じた染色体の不等交さによって起こる遺伝子重複の例を示す。反復配列のような同じ配列が一つの染色体上にあると、相同染色体の染色分体間で、ずれた形で組換えが起こることがある（不等交さ、3-2-5も参照）。図では、その結果、反復配列にはさまれた遺伝子が、一つの染色分体では重複し、一つの染色分体では欠失している。

> **25　ネアンデルタール人の遺伝子解析**
> クリングス（M. Krings）たちは、ネアンデルタール人の標本骨格から、ネアンデルタール人のDNAを取り、ミトコンドリア遺伝子の配列を解析した。このような、現在生存していない生物の遺物や化石から取り出したDNAを古代DNA（ancient DNA）という。

> **26　コーカソイド**
> ヨーロッパや西アジアを中心に分布する人類の1グループ。これに対して、アフリカを中心に分布するネグロイド、東アジアやアメリカ大陸を中心に分布するモンゴロイドがいる。

27 多重遺伝子族 ゲノム内に同じ遺伝子が繰り返して存在するとき，その一群の遺伝子のことを**多重遺伝子族**という。	

て増えた遺伝子が機能するものであるのなら，それはその遺伝子をもつ生物に，何らかの影響を与える。

また，遺伝子重複によって一度同じ働きをする遺伝子が複数になったなら，その内の一つがどうなってしまっても（生物に対して害をなすわけでなければ）構わない。そのような重複した遺伝子のコピーの一つの機能が失われてしまったなら，その機能を失った遺伝子（偽遺伝子）は，いずれゲノム上から失われるかも知れない。

場合によっては，もともとの機能を果たすという制約から離れて，新しい機能をもった遺伝子に生まれ変わる。たとえば，ヘモグロビンの遺伝子は，重複を繰り返し，**多重遺伝子族**[27]となった（図28）。その中には偽遺伝子となったものもあるが，酸素に対する親和性が少し違ったり，その遺伝子の発現する時期が一生の間で異なったり，などと，役割の異なるヘモグロビン遺伝子が生まれた。

28 反復配列
反復配列にはさまざまな種類がある。トランスポゾンやレトロトランスポゾンは，ゲノムDNA中に自分のコピーを増加させる「利己的遺伝子」の代表的なものである。

■**反復配列による進化** ヒトなどのゲノムの配列を調べると，ゲノム上に何度も同じ配列が出てくる。これを**反復配列**[28]という。たとえば，ヒトのゲノムの半分以上は反復配列で占められている。これらは，**レトロトランスポゾン**[29]などのように，ときには機能している遺伝子の中に入り込み，遺伝子が働くことができなくなってしまうようにすることもある。また，これらのために，ゲノム上には，よく似た配列がいろいろなところにあることになり，これは，ゲノムの組換えが起こる場合の足場になるといってもよい（図27）。

29 レトロトランスポゾン
レトロポゾンの一種。レトロポゾンとは，ゲノム中のある一領域のDNA配列がRNAに転写されたのち，逆転写酵素によってcDNA（相補的DNA）に逆転写されたのち，もととは違うゲノム上の位置に挿入されるDNAの総称である。レトロトランスポゾンとは，その中でも，自分自身に逆転写酵素の遺伝子を含んでいるものをいう。代表例としては，ヒトのL1因子（L1 element）がある。

レトロポゾン，レトロトランスポゾンに似た言葉として，トランスポゾンがある。広義のトランスポゾンは転移因子のことで，これは，DNAのある位置から別の位置へ移動する（転移）ことのできるDNA配列の総称である。その両端の特異的な配列を認識して転移反応をつかさどる酵素（トランスポザーゼ）をコードしている。

5-6-10 分子進化と表現型進化との接点──遺伝子の情報すべてが形質（表現型）に直接現れるわけではない

表現型で見られる特徴は，ゲノムDNAに保存されている遺伝子の

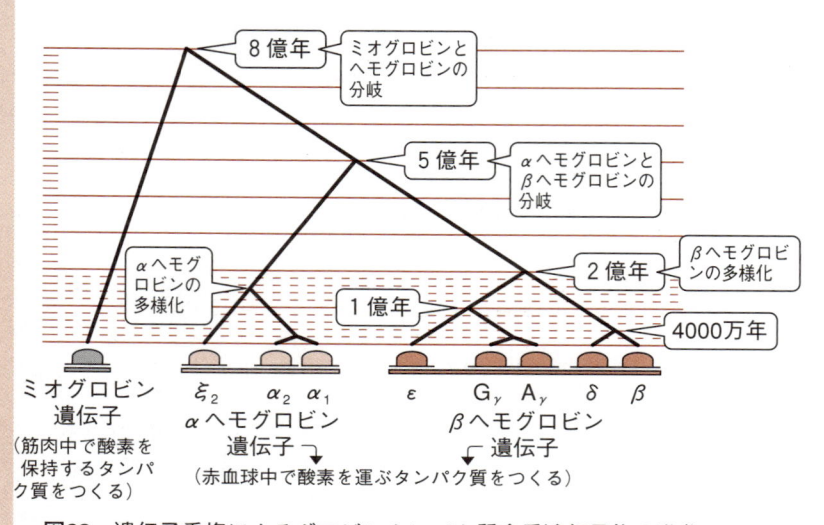

図28 遺伝子重複によるグロビンタンパク質多重遺伝子族の進化

5-6 分子レベルの進化

情報と，環境に対する応答，に基づいてつくりだされる。木村資生(1983)は，分子進化と表現型進化の特徴を次のように対比させている。おもな分子レベルの進化は，生物に影響をほとんどしない「**中立**」**的な進化**である。「分子時計」が象徴するように，その変化の速さは時間あたり（たとえば年あたり）ほぼ一定である。一方，おもな表現型レベルの進化は，それぞれの生物でその速さや程度の大きさが異なっている。生物が生存していく上で有利な変異が選ばれて子孫に伝わっていくという，「自然選択」を主とした「**ダーウィン**」**進化**が中心である。

しかし，表現型レベルの進化で自然選択が起こるには，分子レベルの進化によって，選択される形質の多様性が生み出されている必要がある。また，大きく異なる環境に移った生物の表現型の進化は早くなることがある。この分子的な基盤の解明もまた，表現型と分子の進化を統一的に理解するために重要である（コラム8，9参照）。

ヒト，マウスなどのゲノム全体の塩基配列の解析と，mRNA（**2-6-2**参照）のcDNA[30]の網羅的な解析の進展により，現在では，そのmRNAの発生途上のタイミングや，環境に対する応答などの解析が可能となってきている。これらは，分子レベルの進化と表現型レベルの進化を直接つなげるものであろう。

また，*Hox*遺伝子[31]のように，動物が共通してもっている遺伝子群が，それぞれの生物の個体発生の中で重要な働きをしていることが明らかになってきた。現在では，生物の発生がどのように進むのかを，遺伝子レベルで解析するとともに，そのしくみがどのように進化してきたのかを分子の言葉で説明しようという研究が進んでいる。

30　cDNA（コンプリメンタリーDNA）
相補的DNAともいう。mRNAから相補的に複製されてできるDNAなので，イントロンの部分をもたない。
DNAの塩基配列からタンパク質のアミノ酸配列を決めるのに使われる。また，タンパク質の大量合成にも利用される。

31　*Hox*遺伝子
ホメオボックス（DNA結合モチーフの一つであるホメオドメインをコードする）を含み，発生・形態形成にかかわるタンパク質をコードする遺伝子。
ショウジョウバエでのアンテナペディア遺伝子群とバイソラックス遺伝子群に属する遺伝子と進化的な起源が同じであると思われる遺伝子で，脊椎動物では，複数の*Hox*遺伝子からなる四つの*Hox*遺伝子クラスターがある。

32　分子系統樹の作成
くわしい分子系統樹の作成法については，成書を参照のこと。

コラム8　分子系統樹の作成法

分子系統樹の作成法[32]には，大きくわけて二つの方法がある。一つは，塩基配列やアミノ酸配列の相違度に基づいた方法（例：距離行列法）であり，もう一つは塩基配列やアミノ酸配列中の各座位に起こる変化そのものを考慮する方法（最大節約法や最尤法）である。

■**距離行列法**　Jukes-Cantor法などの進化距離推定法を使って，関係を知りたい塩基配列（アミノ酸配列）の間で，総当たりで二つの配列間の進化距離を計算する（この結果は行列のように表すことができる）。この進化距離の大小から，分子系統樹を組み立てて行く方法である。現在最もよく使われている方法は，斉藤成也と根井正利（1988）による**近隣結合法**である。

■**最大節約法**　最大節約原理に基づく系統樹作成法。アミノ酸配列をもとに最大節約法によって系統樹を作製することを例にすると，アミノ酸の置換数を最も少ない数で説明できる系統樹が，この方法では最良である。もともと，分子系統解析ではなく形態などに基づく系統解析に用いられていた方法。

■**最尤法**　ある進化モデルにしたがって進化したと考えて，もっとも確からしい系統樹を作成する方法。可能な分子系統樹の形すべてについて，あるモデルにしたがって進化した時，各樹形が実現する確率（尤度）を推定する。最も高い尤度を示す樹形が最良であるとする方法。膨大な計算を必要とするので，大量データには向かないが，さまざまなモデルを組み込めるという点で融通性のある方法である。

コラム 9　まるで「変異が蓄積して突然現れる」ように見える例

ラザフォード（S. Rutherford）とリンドクイスト（S. Lindquist）（1998）はショウジョウバエのヒートショックタンパク質[33]の一つであるシャペロニンタンパク質[34]，HSP90[35]に関して興味深い実験結果を得た。彼女たちは，HSP90に変異をもっているショウジョウバエの解析から，ショウジョウバエは，HSP90なしには正常に折りたたまれないが，HSP90が十分量あるのなら正常に折りたたまれて問題なく働くことのできる「変異」タンパク質（遺伝子）を多く抱え込んでいることを報告した（図29）。これは，本当ならショウジョウバエの生存にとって影響を与えるはずの突然変異が，HSP90の働きで，さも「中立変異」であるかのように蓄積されていることを意味している。環境が変わったりしてHSP90の働きがそれらの変異の影響をかばいきれなくなると，かくされていた多様性が顕わになる。このことは，「なぜ自然選択にかかわるような変異の多様性が，中立変異が大半を占める分子レベルの進化のプロセスの中でつくり出されるのか」，の説明になっている。

33　ヒートショックタンパク質
生物が（たとえば非常な高温にさらされたりして）ストレスを受けたときにつくり出されるタンパク質の総称。

34　シャペロニン
タンパク質は，アミノ酸の連なったひものような物質である。これが正常な機能をもつには決まった立体構造を取る必要がある。タンパク質が正常な立体構造になることを助けるタンパク質を総称してシャペロンと呼び，シャペロニンはシャペロンの中の一つで，最もよく研究されている。

35　HSP90
これはヒートショックタンパク質の一つではあるが，常時細胞中に発現している。正常なHSP90遺伝子は，生存に必須である。

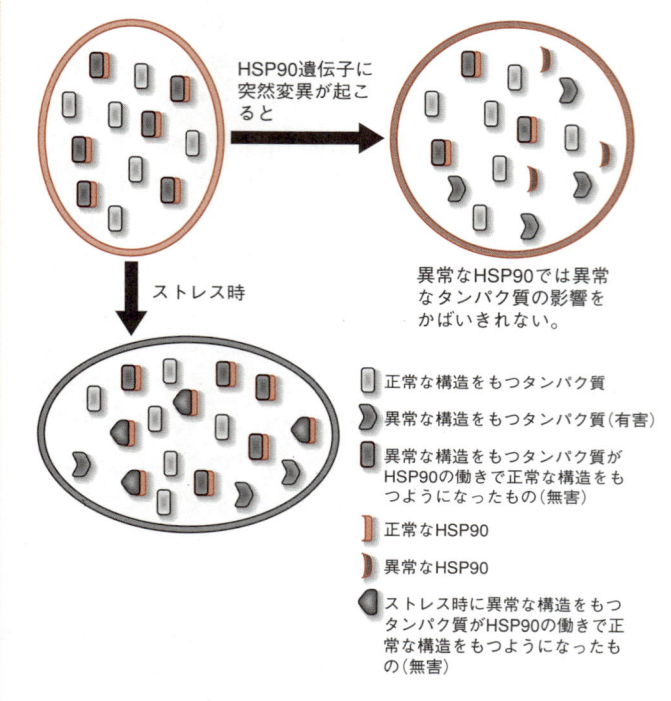

図29　HSP90による遺伝的多様性の保持機構
正常なHSP90が十分量存在すると，単独では正常な構造を取れないタンパク質も正常な構造を取ることができる。しかし，HSP90の量が突然変異やストレス環境下で十分量でないと，単独では正常な構造を取れないタンパク質は，正常な構造を取れなくなる。

5-7 生命の起源を探る

5-7-1 生命[1]の起源の研究とは──単純な物質から生命へ

ここまで,生物がどのように進化してきたのか,その歴史と,進化がどのようにして起きるかについてのしくみについて述べてきた。すべてのものには,始まりがある。宇宙の始まりは,120億年ほど前であると考えられている。私たちの太陽系の起源は,それに比べれば短い。地球は,約46億年前に生まれたと考えられる。この地球の歴史の中で,生命は生まれ,現在まで進化してきた。

生物の起源を考えるにあたっては,3段階を考える必要がある。一つ目は,**生物の構成成分である物質（核酸やタンパク質など）がどのようにつくられたか**,である。二つ目は,つくられた物質からどのように**「自己複製」システムが成立したか**,である。三つ目は,そのような**自己複製システムが,どのようにして現在のような生物になったのか**,である（図30）。

> **1 「生命」,「生物」とは**
> 生命や生物という言葉は,日常的に口にするが,それぞれを定義しようとすると途端にむずかしくなる。「生物」は,動物,植物,というように,具体的に私たちが「生きている」と考えるものを指している場合が多い。「生命」は,ほぼ生物と同じ意味で使っている場合も多いが,より抽象的な表現である場合が多い。
> 「生命」の定義には諸説あり,一概にはいえない。自己複製し,増殖することができる,ということが生命としては大前提である。しかし,それでは十分とはいえない。「自己複製」や「増殖」に「（光や化学物質から取り出す）エネルギーを利用するものである」,「進化するものである」,などのことを考え合わせる必要がある。

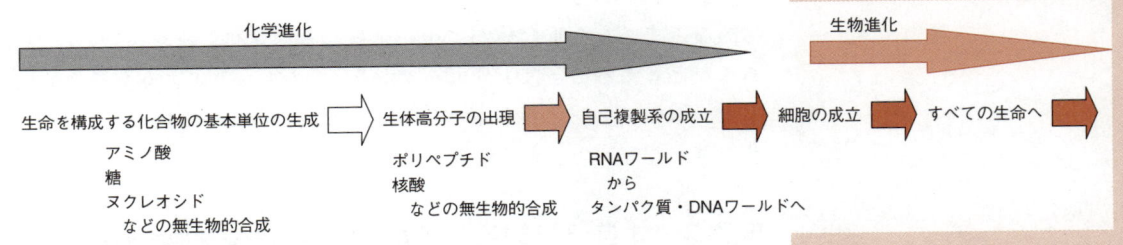

図30 生命の起源についての模式図
現在の形の生命が成立する以前の段階を,模式的に示した。

化学進化 → 生物進化

生命を構成する化合物の基本単位の生成 → 生体高分子の出現 → 自己複製系の成立 → 細胞の成立 → すべての生命へ

- アミノ酸
- 糖
- ヌクレオシド
- などの無生物的合成

- ポリペプチド
- 核酸
- などの無生物的合成

RNAワールドから
タンパク質・DNAワールドへ

5-7-2 化学進化──生物の構成成分の起源

生物が生物として存在するには,核酸の構成単位である**ヌクレオチド**,タンパク質の構成単位である**アミノ酸**,などが必要である。現在では,これらは生物の活動によってつくられるが,生物の成立以前には,生物の関与なしにつくられなければ,生命は生まれ得なかった[2]。

ミラー（S. Miller）は,実験室内で地球の**原始地球環境**を再現し,そこに放電などによるエネルギーを与えることで,塩基や糖,アミノ酸が,つくり出されることを見出した（表4）。以後,さまざまな組成の原始大気を再現して,同様の実験が行われてきた。また,深海底に存在する熱水噴出口なども,化学進化の場の候補と考えられている。

2　化学進化とは

原始地球において，自発的な反応で，単純な物質が，より複雑な物質（炭素化合物）へと発展していく過程を**化学進化**という。

化学進化は，次の順で進んだと考えられている。
① 地球誕生時の単純な物質
　↓
② 糖，アミノ酸などの低分子の有機化合物
　↓
③ タンパク質，核酸などの高分子の有機化合物
　↓
④ 溶液（水）の中で，高分子化合物が相互作用で集まり，濃度の高い所が球状に形成される（コアセルベート液滴）。
　↓
⑤ 原始生命の誕生

表4　ミラーの放電実験によって生成された有機物のリスト

化合物	収量（%）
グリシン*	2.1
グリコール酸	1.9
サルコシン	0.25
アラニン*	1.7
乳酸	1.6
N-メチルアラニン	0.07
β-アラニン	0.76
コハク酸	0.27
アスパラギン酸*	0.024
グルタミン酸*	0.051
ギ酸	4.0
酢酸	0.51
プロピオン酸	0.66

ここでは，CH_4，NH_3，H_2O，H_2からなる原始大気での結果を示す。*をつけた化合物はタンパク質に含まれるアミノ酸（S. J. Miller, L. E. Orgel, "The Origins of Life on Earth", p. 85, Prentice-Hall（1974）より改変）

地球外に目を向けてみよう。隕石の成分を解析すると，地球由来ではない微量のアミノ酸やそのほか生物を構成する有機物が見出される。さらに，電波望遠鏡などでの観測により，かなり複雑な炭素化合物が，宇宙空間に存在することが見出されてきた。よって，原始地球でも，隕石や彗星などによって，地球外からアミノ酸など，またはそれらの原料となるような炭素化合物が供給されたことも考えられる。

アミノ酸は熱を加えるなどの条件の下では，非生物的に重合することが知られている。そのような，アミノ酸や，ヌクレオシドの，非生物的なさまざまな重合体が，現在見られるタンパク質や核酸の原型であったと考えることは十分可能である。ただし，このような条件では，アミノ酸やヌクレオシドの重合の順序は定まっていないので，非常にさまざまな配列の混合体ができたであろう。

5-7-3　「自己複製系」の成立——自分を増やすのが生命

核酸や，タンパク質の構成単位であるヌクレオシドやアミノ酸，そのほかの有機物質，がいくら集まっても，また，重合して大きな分子となったとしても，それだけでは「生命」の成立にはならない。生命の出現を考える上では，自分と同じものをつくり出すシステム，すなわち「**自己複製**」ができるシステムがどのようにして成立したか，が次の課題である。

最も簡単な自己複製システムは，**一つの分子が遺伝情報をもつと共に，その遺伝情報を複製する能力ももっている**，というものであろう。すなわち，**遺伝情報物質＝触媒（酵素）**という分子があれば，遺伝情報を子孫に伝えるにあたって，その部品に相当する物質があれば，ほかの分子の助けを必要としないということになる。遺伝情報が，複製のエラーで少しずつ変わって，バリエーションができるということは，分子間で競争が起こり，より効率よく複製する能力をもつ分子が選択

されていくことを意味する。

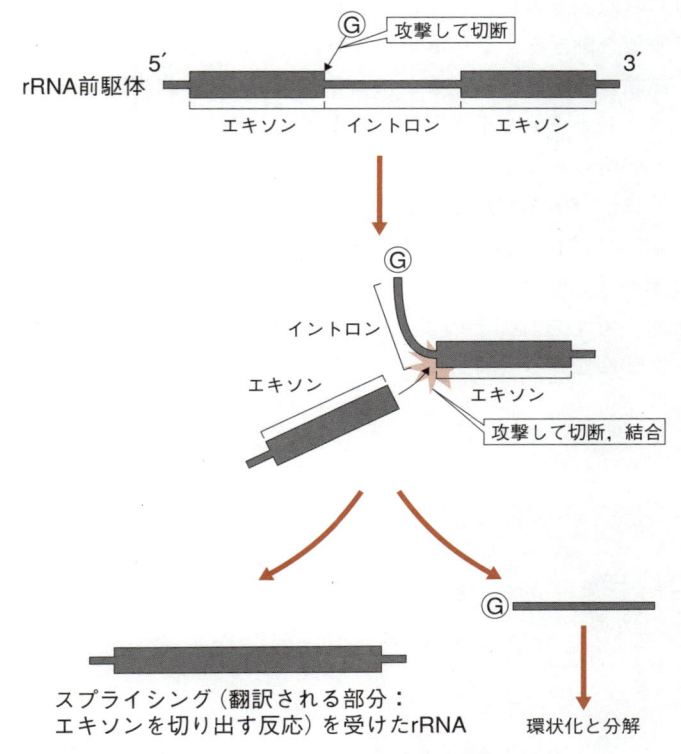

図31 グループⅠイントロン[3]の切り出し機構の模式図
まず，遊離のグアノシン（G）ヌクレオチドの3´-OHがイントロン[4]の5´切断部位のホスホジエステル結合を攻撃して切断し，イントロンの5´末端にそのGが結合する。次に，上流のエキソンの3´-OHがイントロンの3´切断部位を攻撃し，切断すると共に，二つのエキソンが結合し，イントロンが遊離する。

5-7-4　RNAワールド——RNAの二つの機能を使う細胞

前項で述べた，「一つの分子に遺伝情報と触媒能力の双方を詰め込んだ物質」の最有力候補が，**RNA**である。RNAは核酸の一種であり，ウイルスの中にこのRNAからなるゲノムをもつものもある。すなわち，RNAは遺伝情報を蓄える物質としての条件を備えている。

一方，RNAは触媒としても働くことができる。チェック（T. Cech）とアルトマン（S. Altman）は，独立にRNA分子に触媒活性を見出した。チェックは，テトラヒメナ[5]のグループⅠイントロンのrRNA（リボソームRNA）からの除去機構を検討する過程で，このイントロンがタンパク質の助けなしに自己触媒的に除去されることを見出した（図31）。またアルトマンは，RNアーゼP[6]のRNA成分であるS1 RNA[7]が単独で，tRNA前駆体[8]の5´末端側の余分な配列を取り除くことができることを見出した（図32）。これらは，共にRNAのヌクレオチド間のホスホジエス

3　グループⅠイントロン
自己触媒型のイントロンの一種。真核生物のrRNA遺伝子などに見られる。

4　イントロンとエキソン
2-6-5を参照。遺伝子の中で，遺伝情報を含む部分をエキソン，情報を含まない部分をイントロンという。
別の表現では，タンパク質遺伝子の場合，翻訳される部分をエキソン，翻訳されない部分をイントロンということができる。

5　テトラヒメナ（*Tetrahymena*）
原生動物の一種。繊毛虫の仲間。ゾウリムシに近縁である。

6　RNアーゼP（RNase P）
tRNA前駆体の5´末端の余分な配列を切り取り，tRNAの成熟化に働く酵素。

7　S1 RNA
RNアーゼPは，RNA-タンパク質複合体である。S1 RNAとは，RNアーゼPのRNA成分のことをいう。

8　tRNA前駆体
トランスファーRNA（tRNA，2-6-2参照）になる前の物質のこと。

テル結合[9]を切断する。これらの触媒活性をもつRNAは，**リボザイム**[10]と名付けられた。その後，さまざまな異なる構造をもち，現在の生物にとって重要な働きをするリボザイムが発見されてきた（表6）。

また，**試験管内進化実験**[11]などにより，リボザイムに上記の活性のほかに，ヌクレオチドの重合など，さまざまな活性をもたせることができることが明らかになった。

このように，「**RNAは遺伝物質であり触媒でもある**」という条件を満たす。よって，自分自身の塩基配列を鋳型として子孫のRNAを合成するリボザイムを考えることで，RNAだけによる連続的な自己複製システムが考えられ，そのようにRNAを利用している細胞を**RNAワールド**と呼んでいる（図33）。

側注

9 ホスホジエステル結合
リン酸ジエステル結合ともいい，生体内で広く使われている結合。RNAやDNAを構成する4種の塩基（A, T, G, C, (U)）もこの結合で組み合わさっている。したがって，この結合を「切断する」酵素などは，生物にとって重要な意味をもっている。

10 リボザイム
RIBOnucleic acid（リボ核酸）とenZYME（酵素）からの造語（ribozyme）。

11 試験管内進化実験
SELEXなどとも呼ばれる。

12 エンドヌクレアーゼ
DNAやRNAを分解する酵素（ヌクレアーゼ）のうち，DNAやRNA分子内部のホスホジエステル結合を切断する酵素をエンドヌクレアーゼという。
制限酵素もエンドヌクレアーゼの一種である。
一方，DNAやRNA分子の5′末端側または3′末端側から，端から順々にホスホジエステル結合を切断していくヌクレアーゼを，エクソヌクレアーゼという。

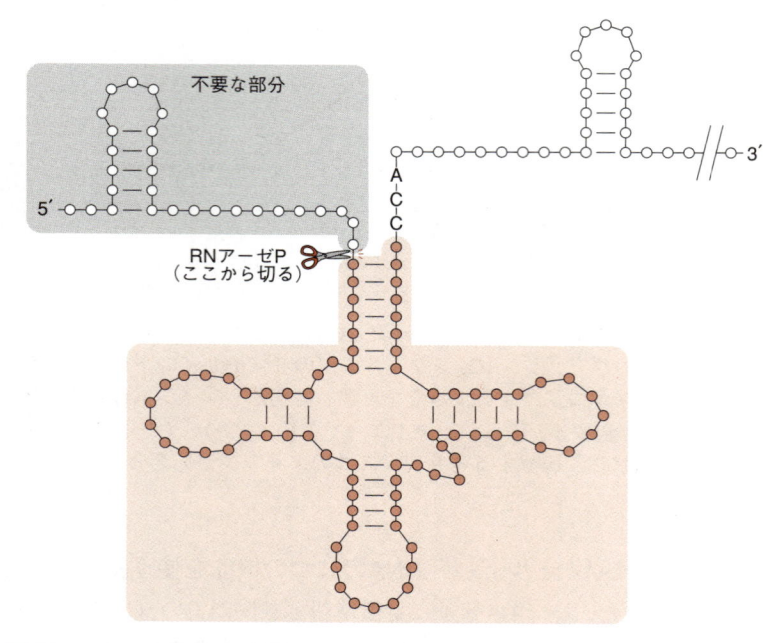

図32 RNase PのtRNA前駆体に対する作用部位
RNアーゼ Pは，tRNA前駆体から5′末端側のtRNAとしては不要な部分を切り取るエンドヌクレアーゼ[12]として働く。

表6 現在知られている代表的なリボザイム

分子種	役割
M1 RNA（RNase PのRNA成分）	tRNA前駆体からの5′末端側の伸長部分の除去
グループⅠ，Ⅱ型イントロン	自己触媒的に切り出される。
23S/28SリボソームRNA	ペプチジルトランスフェラーゼの反応部位

このほか，スプライソソームのsnRNAなど，さまざまなRNAが，生命活動を支えている。

図33 「自己複製」システムのモデル

ここでは、一つの分子が、遺伝情報を貯蔵し伝えると共に、「酵素」としても働き、自己の複製を助ける、という状況を示している。この条件を満たす分子の代表例がRNAである（後述）。

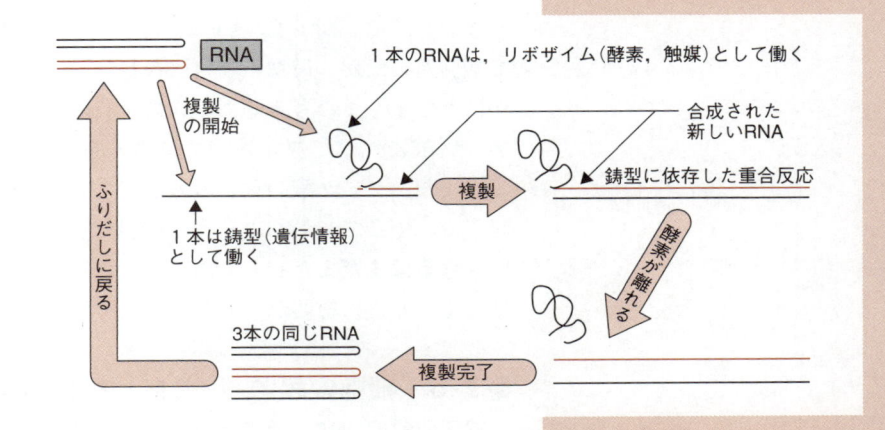

5-7-5 RNAワールドからDNA・タンパク質ワールドへ
——より安定で多くの機能を求めて

ウイルスでは、RNAをゲノムとしているものもあるが、RNAは、DNAに比べると化学的に不安定であり、遺伝情報を安定に保存するという点では、DNAに及ばない。

また、核酸の構成成分であるヌクレオチドは、タンパク質の構成成分であるアミノ酸に比べ、その化学的な特性のバリエーションがきわめて小さい。よって、リボザイムに比べてタンパク質酵素の方がさまざまな特性の触媒をつくるという点に長けているといえる。

前節で述べたようなシステムから、もともとはRNAがもっていた**遺伝情報を保持するという機能は、DNAに受け渡され、触媒能力はタンパク質に受け渡され**、新しいシステムが生まれたと考えられる。RNAは、**DNAとタンパク質の情報の受け渡し**、という機能に特化することで、生き延びてきたと考えてもよいのかも知れない（図34）。

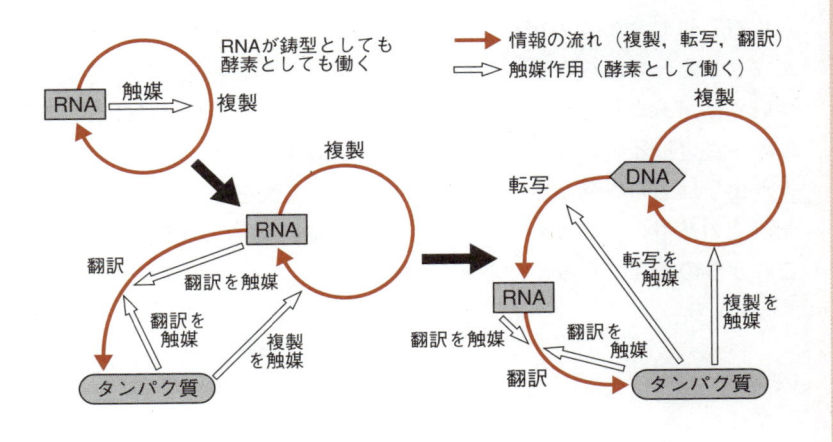

図34 RNAワールドからタンパク質・DNAワールドへ

なお，ここでは，RNAが最初の「自己複製分子」であると仮定して話を進めたが，最初の「自己複製分子」については，実際には，ほかにもさまざまな考えがある。ヌクレオチドなどの核酸の構成成分はアミノ酸に比べて原始地球ではつくられにくかったと考えられている。また，アミノ酸の重合の方が，ヌクレオチドの重合よりは容易に起こる。そこで，最初の「自己複製分子」はタンパク質であった，という考えはまだまだ有力である。また，核酸単独，タンパク質単独ではなく，非常に初期から双方の相互作用があったとする考えもある。

5-7-6　細胞の起源──外部と内部を区別して生物となる

遺伝物質のDNA，その複製を助けるタンパク質，というシステムが確立しても，それだけでは私たちの見る生命とはかけ離れている。

現在見る生命は，すべて（ウイルスをのぞけば）**細胞**からなることを思い出してみよう。そして，細胞は，その内部と外部をおもに脂質からなる細胞膜で隔てている。この細胞膜を通して，生物は物質の交換をしている。また，もちろん，生命の維持に必要な物質を内部に濃縮してさえもいる。

「この細胞膜に相当するような膜によって内部と外部が隔てられた構造が，非生物的に生じうる」ということが，オパーリン（A. Oparin, 1924年），フォックス（S. Fox, 1959年）や江上不二夫（1977年）などによって報告された。DNAやタンパク質といった物質は，そのような構造の内部に取り込まれ，濃縮された状態で，より効率のよい遺伝情報の複製やタンパク質の合成にかかわったと考えられる。

5-7-7　そして全生物の共通祖先──5-5で解説した世界へ

現在見られるような細胞を単位とする生物がいつ出現したかについては，直接的な証拠はない。異論はあるものの，35億年前の原核生物の化石と思われるものが見つかっているので，それまでには「細胞」が成立したと考えられる。しかし，細胞が成立する以前の化学進化については，あまりにわからないことが多い。いろいろな学説はあるものの，決定打といえるものは少ない。原始地球の状態，現在の生物の行う化学反応の研究など，さまざまな研究の成果をもとに，生命の起源研究の基盤は，より明らかになりつつある。**生命の起源の研究は，これからの研究**であるといえる。

索引

人名

ア
アラード	184
アリストテレス	1, 7, 138
アルトマン	280
ウイルキンス	78
ウーズ	258
ヴェサリウス	2
ウェットモア	176, 177
ウェント	168
ウォレス	3
ウッジャー	7
エーヴリー（アベリー）	76
江上不二夫	283
岡崎令治	82
オパーリン	283

カ
ガードン	153
ガーナー	184
カミュ	176
ガレノス	2
ギブズ	51
木村資生	248, 255, 268, 272, 276
キャノン	111
キャロル	257
キャン	273
キュヴィエ	2
キング	153
クリック	4, 5, 19, 73, 77, 78, 79, 97
グリフィス	76
クリングス	274
黒沢英一	161
ケーンズ	80
ケンドリュー	78
ゴートレ	172
コーンバーグ	80
ゴルジ	37
コレンス	4, 74
コンネル	207

サ・タ
斉藤成也	276
ザイラッハー	251
ジャコブ	8, 90
シュペーマン	151, 152
シュライデン	2, 30
シュワン	2, 30
スクーグ	173, 174
スタール	80
スチュワート	175
ズッカーカンドル	19
スツルテバント	132
住木諭介	161
ソロキン	176
ダーウィン	3, 167, 254, 256, 276
チェイス	77
チェック	280
チェルマック	4, 74
ティーマン	168
テータム	78
デカルト	2, 7
デュアメル	171
ド・デューヴ	37, 38
ド・フリース	4, 74
ドリーシュ	7

ナ・ハ
根井正利	276
ハーヴィ	2
ハーシー	77
ハーベルラント	172
パール	167
パスツール	3
パネット	75
ハミルトン	235
ビードル	78
ビーバー	38
フィルヒョー	2, 30
フォックス	283
フック	29, 30
ブラウン	30, 31
ブラッグ	78
フランクリン	78
ブリッグス	153
ブレンナー	146
ベーツソン	75
ベルタランフィ	7
ペルツ	78
ヘルムホルツ	51
ボイセン-イェンセン	167
ホイッタカー	246
ボイヤー	66
ボヴェリ	137
ポーリング	19
ホールデン	7
ホワイト	172

マ・ヤ・ラ・ワ
マーグリス	258, 259, 264
マーティン	261, 262
マイア	7
マリス	274
マンゴルド	151
ミッチェル (J. Mitchell)	170
ミッチェル (P. Mitchell)	63, 64
ミュラー	261, 262
ミラー (C. Miller)	173, 174
ミラー (S. Miller)	278, 279
ムラシゲ	173
メセルソン	80
メダワー	142
メンデル	4, 72, 73, 74, 75, 132
モーガン	75, 132, 133
モノー	90
薮田貞次郎	161
ヤブロンスキー	173
吉田賢右	66
ライアー	177
ライト	256
ラザフォード	277
ラマルク	3, 4
ラメトリ	2
リンドクイスト	277
リンネ	2
ルスカ	31
レーウェンフック	2, 138
レサム	174
ワトソン	4, 5, 73, 77, 78, 97

A・B・C
A（アデニン）	19
aa-tRNA	99
ADP	51
AIDS	122
AMP	51
ancient DNA	274
ARS (aaRS)	98
ATP	14, 29, 35, 51, 53, 56, 63
ATP合成酵素（ATPアーゼ）	35, 36, 65
A部位	98
bicoid-mRNA	150
bp（base pair）	83
B細胞	122, 124
C（シトシン）	19
C_3経路	72
C_4経路（C_4サイクル）	71, 72
CAATボックス	93
cAMP	91
CAP	91
Cap	94
CAP結合部位	91
cDNA	276
C. elegans	146
CoA-SH	60, 62
C域	123
C末端	22

D
Da	88
DNA	13, 19, 79
DnaA会合体	83
DNA・タンパク質ワールド	282
DNAの修復機構	129
DNAの二重らせん構造モデル	73, 78
DNAの複製	78
DNA複製様式	84
DNAポリメラーゼ	80, 81
DNAポリメラーゼIIIホロ酵素	83
DNAリガーゼ	82
DNA-RNAハイブリッド	89
D系列	25

E・F・G・H
eEF-1, eEF-2	102
EF	100
EF-G	100
EF-Tu	100
eIF	102
eRF-1, eRF-3	102
ES細胞	153, 154
E部位	98
F_1, F_2	74
$FADH_2$	61
FTase	100
G（グアニン）	19
G_1期, G_2期	43, 143
GCボックス	93
germ	125
GFP	32, 33
GTP	63
GTPaseセンター	98
Gタンパク質	48
Gタンパク質連関型	48
heterogeneous nuclear RNA	102
HIV	122
hnRNA	102
Hox遺伝子	276
HSP	90
HSP90	277
H鎖（heavy chain）	123
H鎖（ミトコンドリアの）	84

I・J・L
IAA	155
IF-1, IF-2, IF-3	100
immunoglobulin (Ig)	122
in silico, in vitro	5
Jukes-Cantorのモデル	272
J（ジュール）	52
LAR	195
L型構造	97
L系列	25
L鎖 (light chain)	123
L鎖（ミトコンドリアの）	84

M
MetRS	100
MHC	122
microRNA (miRNA)	103
mRNA	87
MS培地	173
M期（mitosis）	43, 143

N・O
NADH	35, 56, 61
NADPHオキシダーゼ	193
NK (natural killer) 細胞	121, 124
N末端	22
N—	26
Ori領域	83

P
PCR法	272, 274
pH	17
Pi	52
PPi	52
PRタンパク質	194
PTase	100
P部位	98

R
RF, RF-1, RF-2, RF-3	101
RNA	19, 280
RNA interference (RNAi)	104
RNAエディティング	94, 95
RNAポリメラーゼ	87, 93
RNAワールド	281
RNアーゼP	280
RPase	87
RRF	101
rRNA	87
Rubisco	70

S
S（分子の大きさの単位）	97, 258
S1 RNA	280

SAR	194	αヘリックス	23	永続的社会集団	243	階層的順位構造	8
SD配列	97, 99	アロ認識	140	栄養生殖	127	解糖系	56
SELEX	281	暗号解読センター	97	栄養生成層	217	カイネチン	173
SH基	14	アンチSD配列	97, 99	栄養成長期	183	外胚葉	147
siRNA (small interfering RNA)	103	アンチコドン	97	栄養素	223	外膜	35
snRNA	95	アンチセンスRNA	103	栄養段階	215	海綿状組織	163
snRNP	95	安定化選択	269	栄養分解層	217	海綿動物	108
soma	125	安定期	224	エーテル脂質	258, 259	回遊魚	227
Symプラスミド	197	アンテナクロロフィル分子	68	エキソサイトーシス	37, 43	外来種	230
S-S結合	14	アンモナイト類	252	エキソン	94, 280	解離因子	101
S期 (synthesis)	43, 143	〜位	19	液胞	33, 37, 40, 165	海流分散	229
		イオン積	17	エクソヌクレアーゼ	281	化学合成細菌	222
T		イオンチャネル	6, 49	エクダイソン	223	化学合成生物	213
T (チミン)	19	イオンチャネル型	48, 49	エコシステム	213	化学情報伝達	45
T₂ファージ	77	異化	54	エステル	14	化学進化	278, 279
TATAボックス結合タンパク質	93	異化経路	54	エステル結合	29	化学浸透説	63
TBP	93	異化代謝産物抑制	91	エステル脂質	258	化学平衡	16
TCA回路	56, 60, 61	維管束(系)	162, 163, 178	エチレン	156, 191, 192	花芽形成	183
TF	93	異形配偶	129	エディアカラ動物群	250	花芽形成のABCモデル	186
tRNA	87, 97	異質染色質	34	エピセマンタイド	18	芽球	128
tRNA fMet	100	異所的種分化	256	エフェクター	47	核	30, 33, 39, 40, 44
tRNA前駆体	280	異数体の出現	255	エボ・デボ	257	核液	40
tRNAのアミノアシル化	98	異性体	57	エライオソーム	229	核型の変化	255
T細胞	122, 124	位相差顕微鏡	32	襟細胞	106, 108	核酸	14, 18, 19
		一遺伝子一酵素説	78	エリシター	193	拡散	110
U・V・Z		一次構造(タンパク質の)	23	エリスロマイシン	101	核質	34
U (ウラシル)	19	一次消費者	213, 215	塩基	19	核小体	34, 40
V域	123	一次性索	133	塩基置換	255, 266	核小	130
Zスキーム(模式)	69	一次生産	214	塩基対形成	78	獲得形質の遺伝	3
		一次性徴	133	塩基配列	20, 79	獲得免疫(系)	121
あ		一次遷移	205	塩湖	216	獲得免疫の記憶	122
アーキア	257	一次卵母細胞	138	炎症反応	121	萼片	185
アクチビン	151	一年生草本	203	遠心性神経(系)	115	核膜	34, 39, 40
アクチン繊維	38	1文字表記法	22	エンドサイトーシス	37, 43	隔膜形成体	44
亜高山帯	212	一様性	11	エンドヌクレアーゼ	281	核膜孔	34
亜高木層	204	遺伝暗号表	97	エントロピー	51, 52	核様体	39
アセチルCoA	60, 61	遺伝学	72	オーガナイザー	151, 152	撹乱	207
アセマンタイド	18	遺伝子	76	オーキシン	155, 156, 171, 175, 176, 191, 192	花糸	189
アゾトバクター	220	遺伝子間の距離	133			果実	165, 190
圧	157	遺伝子型	8, 255	オートクライン型	47	カスケード	135
圧ポテンシャル	157	遺伝子工学	4, 78	オートラジオグラフィー	32, 80	ガス交換	149
圧流説	183	遺伝子座	128	オートレギュレーション	103	カスパリー線	163, 180
アデニル酸	28, 51	遺伝子重複	274	横分体形成	128	花成ホルモン	188
アデニル酸キナーゼ	53	遺伝子地図	132	岡崎フラグメント	82	化石	246
アデニン	19	遺伝子対遺伝子説	193	おしべ	132, 185, 189	化石化作用	246
アデノシン	20, 28	遺伝子内組換え	255	雄	134	風分散	229
アデノシン一リン酸	28, 51	遺伝子の修理と整理	129	雄花	132, 190	家族	237
アデノシン三リン酸	10, 28, 29, 51	遺伝子頻度	255	オペロン(説)	90, 91	可塑性	157, 160
アデノシン二リン酸	28, 51	遺伝情報	78, 79	オリゴ糖(少糖)類	25	カタボライト抑制	91
亜熱帯雨林	209, 210	遺伝情報運搬分子	18	オリゴヌクレオチド	20	花柱	189
アピコプラスト	263	遺伝的浮動	256, 268	オルガネラ	33, 40, 258	活性(活性化)	48, 81
アブシシン酸	156, 179	遺伝要素	74	Å (オングストローム)	24	活性中心	68
アボガドロ数	16	移入種	230	温度環境による性決定	136	活動電位	116, 119
アポトーシス	65, 146, 149	〜貝環	26			滑面小胞体	37
アポミクシス	127	因子	88	か		果糖	26
アミノアシル—tRNAシンテターゼ	98	陰樹	204	科	11, 245	仮導管	161
アミノ基	21	印象	247	価(アルコールの)	28	果皮	190
アミノ酸	21	印象化石	250	カースト	240	過敏感細胞死	194
アミノ酸残基	21	飲食作用	43	カーリング	196	花粉	189
アミノ酸代謝系	62	陰生植物	204	界	245	花粉管核	165, 189
アミノ酸誘導体	47	陰生草本	203	開花	183	過分極	116, 119
アミノ糖	26	インターフェロン	121	外果皮	190	花粉四分子	189
アミロプラスト	40	インテグロン	8	会合	21	花粉媒介	230
アメーバ細胞	108	インデューサー	90	会合体	83	花粉母細胞	189
アリューロン層	167	インドール酢酸	155	開口分泌	43	花弁	185
アルカロイド	37	イントロン	94, 280	外呼吸	55	可変領域	123
アルキル基	29	ウラシル	19	外骨格	252	ガラクトサミン	26
アルコール発酵	60	ウリジン	20	開始因子	100, 102	顆粒性白血球	124
アルドース	26	運動器官	109	開始コドン	97	夏緑樹林	210
α-	26	運動神経	115	開始反応	87	加リン酸分解活性	81
αプロテオバクテリア	260	えい(もみがら)	165	開始複合体	100	カルシウムチャネル	116

語	ページ	語	ページ	語	ページ	語	ページ
カルス	174	共鳴（共鳴構造）	52	血清アルブミン	110	孔辺細胞	180
カルビン回路	70	共役	56	血糖値	113	高木層	204
カルボキシル基	22	共有派生形質	247	ケトース	26	コーカソイド	273, 274
カルボン酸	29	共輸送	42	ゲノム	5, 73, 265	ゴール	240
カロチノイド	36	極核	165, 189	ゲノム科学	73	「ゴール型」社会性昆虫	240
感覚器（官）	109, 117	極細胞	137	ゲル形成体	26	五界説	246
感覚細胞	115, 147	極性	15	限界暗期	187	呼吸	55
感覚神経	115	極性輸送	171	原核細胞	39	呼吸器系	109, 148
間期	43	極相林	205	原核細胞の鞭毛	260	呼吸根	209
環境	199	極体	128, 139	原核生物	12, 39, 246	呼吸鎖	35
環境形成作用	201	局部獲得抵抗性	195	原核生物での転写	88	コケ層	204
環境作用	201	局部的抵抗反応	195	原基	137, 161	古細菌	12, 257, 258
環境への適応幅	105	魚雷型胚	164	原形質	40	古細菌領域	12, 246
環境要因	200, 255	距離行列法	276	原形質流動	39	個体	109
還元	15, 55	魚類の分類	216	原形質連絡	182	古代DNA	274
還元的ペントースリン酸回路	70	キラーT細胞	122	原口	147	個体間関係の強さ	238
還元糖	182	キレート化合物	68	原根層	165, 166	個体群	223
幹細胞	154	菌界	12, 246	原始形質	247	個体群の成長	224
間充織	109, 147	筋組織	109	原始地球環境	278	個体発生	142
環状構造（糖の）	26	筋肉系	148	原真核細胞	258	5′→3′エクソヌクレアーゼ活性	81
緩衝作用（pHの）	17	筋肉細胞	117	減数分裂	43, 128, 131, 137	5′→3′方向	20
環状除皮	171, 188	近隣結合法	276	現生人類	1	五炭糖	19, 25
環状電子伝達	70	グアニン	19	原生生物（原生動物）	31, 246	骨格系	148
管状要素	176	グアノ	219	原生生物界	12	骨髄	110
感染糸	196	グアノシン	20	現存量	223	骨組織	109
間脳	113	空胞	37	原体腔	147	固定	268
カンブリア紀の爆発	251	クエン酸	62	原腸	147	コドン	97, 267
紀	248	クエン酸回路	35, 61	原腸形成	147	糊粉層	167
期	248	茎	155, 161	原腸胚	147	コリプレッサー	92
キアズマ	132	クチクラ層	163	原腸胚期	144	ゴルジ体	33, 37, 40
偽遺伝子	275	屈性	167	コア酵素	88	コルヒチン	160
偽果	190	組換え	132	網	11, 245	コロニー	76, 236, 239
機械論	2, 7	クライマックス	205	高エネルギーリン酸化合物	51	根圧	178
器官（器官系）	109	クラスター	15	高エネルギーリン酸結合	51	根冠	163
気孔	163, 178, 179	クラディスティックス	247	好塩基球	124	根系	203
記載生物学	4	グラナチラコイド	36	恒温動物	111	コンセンサス配列	88
基質	35	グリオキシソーム	38, 264	光化学系	68, 69	根端分裂組織	155, 163
キシログルカン	160	グリオキシル酸回路	264	光化学反応中心複合体	36	昆虫綱（類）	252, 253
汽水域	216	クリステ	35	効果器	117	昆虫類の種数	253
寄生者	200, 216	クリマクテリック	191	光学顕微鏡	31	コンプリメンタリーDNA	276
基礎生産	214	グルコース	26, 56	交感神経（系）	113, 115	根毛	162, 196
キチン	26	グルコサミン	26	好気の生物	67	根粒	196
偽妊娠	151	グループIイントロン	280	抗菌性	194	根粒菌	196, 220
機能性タンパク質	47	クレノウフラグメント	81	抗原	121		
機能的雌雄同体	134	クレブス回路	61	抗原認識	122	さ	
基本組織系	163	クロストリジウム	220	光合成	66, 163, 179, 181	座位	128, 271, 273
木村の推定式	273	クロマチン	34	光合成色素	36	サイクリックAMP	91
キメラ	151	クロラムフェニコール	101	光合成生物	213, 221	最古の化石	249
逆位	255	クローバ葉型構造	21, 97	光合成の電子伝達系	36	採餌効率	234
逆転写	79, 265	クロロフィル	36, 68, 221	後口動物	147	再生	127
逆転写酵素	265	クローン	151, 153	交さ	132	細精管	133
逆平行二重鎖	21	群集	203	交雑実験	4	最大節約法	276
キャップ（構造）	94, 102	群体	106	好酸球	121, 124	サイトカイニン	156, 173, 177
ギャップ（森林の）	206, 207	蛍光顕微鏡	32	高山帯	212	サイトカイン	46
ギャップ遺伝子	150	軽鎖	123	光周性	184	細胞	13, 29
ギャップ結合	46	形質	4, 74, 245	後熟	164	細胞外基質	47
キャリアー	42	形質転換	76	恒常性	43, 51, 111	細胞外マトリックス	47
キャリアータンパク質	42, 172	形質発現	245	後生動物	130	細胞間隙	163
嗅覚	117	形成層	161, 202	抗生物質の標的	88	細胞間情報伝達	45
旧口動物	147	継代	153	酵素	13	細胞間物質	47
球状胚	164	茎頂分裂組織	155, 161, 165	構造異性体	57	細胞系譜	146
求心性神経（系）	115	系統分類	245	酵素タンパク質	22	細胞呼吸	56
求電子性	55	血液細胞	110	酵素連結型	48, 49	細胞骨格	33, 38
休眠	164	血管系	148	抗体	110, 121, 122	細胞質	34, 43
休眠打破	164	血球	110	好中球	121, 124	細胞質因子	136
丘陵帯	212	結合	255	後天性免疫	121	細胞質基質	40
凝集力説	178	結合エネルギー	15	交配	4, 74, 224,	細胞質決定因子	149, 150
共進化	253	結合組織	109	交配前隔離	257	細胞質の再配置	143
共生生物圏	199	欠失	255	光発芽種子	164	細胞周期	43, 143
共通性	11	血漿	110	興奮性シナプス	116	細胞小器官	33, 258
共同的（相利的）	238	血小板	110, 121	興奮の伝導	120	細胞性群体	106

286

細胞性免疫反応	122	自然選択	3, 254, 255	種組成	203, 207	真核生物	12, 39, 67, 257, 258
細胞説	2, 30	自然淘汰	3, 254	出芽	127	真核生物での転写	93
細胞接着	149	自然分類	245	出生数	224	真核生物領域	12, 246
細胞内共生	259	シダ植物	252	受動輸送	41	進化思想	3
細胞内情報伝達系	46	シチジン	20	種皮	191	進化速度	271
細胞の起源	283	実験進化学	246	珠皮	165, 191	神経	109
細胞板	44	実験生物学	4	受粉	190	神経管	147
細胞分画	37	シトクロム	65	種分化	256	神経系	46, 109, 115
細胞分裂	43	シトシン	19	珠柄	165	神経膠	109
細胞壁	30, 40	シナプス	47, 115, 116	主要組織適合抗原	122	神経細胞	115, 116, 147
細胞膜	40	シナプス型	47	受容体	46	神経繊維	115
最尤法	263, 276	シナプス間隙	115, 116	受容体タンパク質	22, 47	神経組織	109
柵状組織	163	シナプス後膜	115, 116	シュワン細胞	115, 120	神経伝達物質	29, 46, 47, 116
挿木	171	シナプス小胞	115, 116	順位（順位制）	236	神経胚期	144
砂漠	210	篩板	162	春化処理	185	新口動物	147
サバンナ	210	篩部（師部）	161, 162	循環系	109, 110	真社会性	239, 243
サブユニット	22, 88	篩部柔組織	162	循環的光リン酸化	70	親水性	16
左右相称卵割	144	篩部繊維	162	子葉	164, 165, 166	新生気論	7
作用	201	ジベレリン		上界	12, 246, 258	真正細菌	12, 257, 258
作用（アクション）スペクトル	168		156, 158, 161, 167, 191	消化器系	109	真正細菌領域	12, 246
酸化	15, 55	子房	165, 189	硝化菌	220	真正胞子	127
酸化剤	55	脂肪酸	29	小核	126	腎臓	148
酸化的リン酸化	56	死亡数	224	常在細菌	126	心臓型胚	164
残基	21	刺胞動物	108	小サブユニットリボソームRNA	258	伸長因子	100, 264
散在神経系	115	姉妹染色体	44	蒸散	163, 178	伸長反応	87, 88
三次構造（タンパク質の）	23	シャイン・ダルガーノ配列	99	小進化	255	浸透圧	157
三次消費者	215	社会	238	常染色体	134	浸透ポテンシャル	157
3者複合体	100	社会性昆虫	239	漿尿膜	148	侵入種	230
3大栄養素	223	ジャスモン酸	156	蒸発熱	15, 16	真の捕食者	200
3′→5′エキソヌクレアーゼ活性	81	シャトル機構	58	消費者	213	シンバイオスフェア	199
3′-非翻訳領域	102	シャペロニン（タンパク質）	277	上皮組織	109	針葉樹林	210
3′-untranslated region	102	種	11, 125, 245	小分子核内RNA	95	森林	216
3′-UTR	102	雌雄異花植物	190	小胞体	33, 36, 40	森林撹乱	207
山地帯	212	雌雄異株（植物）	132, 190	情報伝達系	45	森林限界	212
三糖類	25	自由エネルギー	51	情報物質	47, 50	髄	161
三胚葉動物	250	終結反応	87	情報分子	47	水界生態系	216
3文字表記法	22	重合	18	漿膜	148	髄索	133
三量体	18	重合体	18	照葉樹林	210	水酸イオン	16
三量体Gタンパク質	48	重鎖	123	常緑広葉樹林	210	髄鞘	115, 120
シアノバクテリア	220, 249	柔細胞	163	女王物質	241	水素イオン	16
シーラカンス	270	終止コドン	97	除核未受精卵	153	水素イオン濃度	17
視覚	117	収縮胞	33	食作用	37, 121	水素仮説	261
自家受精	128	修飾	37, 47, 94	植食（植物食）	213, 230	水素結合	15, 16
自家受粉	190	収束	240, 248	植食者	200, 215, 216	衰退期	224
自家不和合（性）	141, 190	従属栄養	164	植生	216	垂直伝播	79
篩管	162, 182, 202	従属栄養菌	219	触媒	13	垂直分布	207, 212
閾値	119	従属栄養生物	219	植物界	12, 246	水平伝播	79
色素体	40	柔組織	161	植物極	136	水平分布	207
糸球体	34	集団	239, 268	植物群集	203	水和	16
軸索	47, 115, 116	集中神経系	115	植物群落	200, 203, 216	スクロース	25
シグナルペプチダーゼ	103	シュート	170	植物細胞	39	ステップ	210
シグナルペプチド	103, 264	雌雄同株	132	植物食性動物	216	ステム	21, 97
σ因子	90	雌雄同体	132, 136	植物の構造	155	ステロイド	28, 29, 47
刺激	116	重複	255	植物の発生	164, 165	ストレスタンパク質	90
資源	213	重複受精	190	植物ホルモン	156	ストレプトマイシン	101
試験管内進化実験	281	重力屈性	167	食胞	33	ストロマ	35
始原菌	257	収斂	240, 248	食物網	215, 218	ストロマチラコイド	36
始原生殖細胞	133, 137	種間競争	230	食物連鎖	215, 217	ストロマトライト	248
自己飛翔	228	縮重	97	助細胞	165, 189	スピロヘータ	260
自己複製	279	宿主特異性	196	触覚	117	スプライシング	94, 95
自己分散	228	珠孔	165	ショ糖	25	スプライソソーム	95
自己分泌型	47	種子	191	自律神経（系）	113, 115	スベリン	163, 180
篩細胞	162	種子形成	183	シロイヌナズナ	165	ゼアチン	174
支持層	202	種子植物	155, 201, 202	仁	34, 40	性	132
支持組織	109, 202	種子分散	230	人為分散	230	世	248
脂質	18, 27, 223	樹状突起	115, 119	心黄卵	145	生活型	201
脂質代謝系	62	種小名	2	真果	190	生活環	127, 130, 183
脂質二重層	16, 29, 41	受精	3, 128, 139, 183	進化	245, 268	生活慣習の伝達	235
雌蕊	132, 185, 189	受精能獲得	140	進化学	255	生活痕跡	246
システム生物学	7	受精膜	141	真核細胞	39, 264	生気論	7
シス面	37	受精卵	142	真核細胞の起源	264	精原細胞	137

生痕	246
精細管	133
精細胞	133, 165
生産者	213, 215
生産層	202
精子	132, 138
精子・卵外被相互作用	139
静止核	44
静止中心	163
静止電位	116
星状体	39
生殖	125
生殖隔離	256
生殖器	132
生殖系列	126
青色光受容体	168
生殖細胞	125
生殖細胞決定因子	136
生殖細胞質	136
生殖質	136
生殖成長期	183
生殖腺	132
生殖巣	132, 137
生殖輸管	132, 148
生殖隆起	133
生食連鎖	217
精前核	139
精巣	132, 133
生存曲線	226, 227
生体	14
生態系	213
生態遷移	205
生態的地位	230
生態ピラミッド	215
生体分子	13
生体防御機構	120
生体膜	40
生体を構成する元素	14
成長	127
成長因子	46
成長運動	168
成長期	224
成長曲線	224
正の制御（転写制御の）	92
生物	1, 278
生物科学	5
生物学	1, 4, 6
生物群集	203
生物圏	6, 8, 199
生物工学	4,
生物的要因	200
生物分散	228
性分化	133
精母細胞	137
生命	51, 278
生命科学	5, 78
生命活動の基本	13
生命系	10
生命現象	1
生命原理	1
生命体	1, 13
生命表	226, 227
生命倫理	5
セカンドメッセンジャー	47
石化	246
脊索	148
脊髄	115
石炭	246
脊椎動物	252
セグメントポラリティー遺伝子	150
世代	130
世代交代	125, 130, 190
赤血球	110
接合	126, 128
接合子	130, 142
節足動物	246
セマンタイド	18
セルトリ細胞	133
繊維性結合組織	109
全割	144, 145
先駆種	208
前駆体	51, 247
前形成層	165
穿孔	161
先口動物（前口動物）	147
線状DNAの末端問題	85
染色質	44
染色質削減	137
染色体	34, 40, 43, 44, 75, 132
染色体説	75
染色体地図	75
染色分体	44
全身獲得抵抗性	194
漸進的発達	3
先体反応	140
全体論	7
先天性免疫	121
先導鎖	82
セントラルドグマ	4, 19, 78, 79
全能性	126, 127
相観	203, 207
双極子	15
造血幹細胞	110
造血組織	109
草原	216
走査型電子顕微鏡	32
創始者効果	256
相似性	247
桑実胚期	144
双子葉植物	155, 162
増殖率	224
相同	134
相同性	247
相同染色体	75
創発	8
相変異	228
相補性	80, 129
相補的DNA	276
相補的塩基対合（塩基対形成）	21, 86
草本	203, 216
草本層	204
相利的	238
属	11, 245
側芽	161
側鎖	22
側所的種分化	256
促進拡散	42
側方器官	161, 163
属名	2
組織	109
組織液	111
組織化	8
組織培養法	172
疎水性	16
疎水的相互作用	16
粗面小胞体	37

た

ターミネーター	87, 89
代	248
第Ⅰ, Ⅱ, Ⅲ, Ⅳ複合体	64
第1世代	74
第一分裂	132
第一葉	165
体液	111
体液性免疫反応	122
体温調節	113
体外受精	225
大核	126
体腔	147
対向輸送	60
ダイサー	103
体細胞	125
体細胞分裂	43, 131
体軸	155
代謝	51
代謝経路	54
代謝産物	37
代謝反応	51
退縮	131
大食細胞	124
体制	105, 247
胎生	141, 149, 225
胎生芽	209
体性神経系	115
体節	150
体内受精	149, 225
第2世代	74
第二分裂	132
ダイマー	18
対立形質	74
大量絶滅の原因	253
多核	106
托葉	163
多型核白血球	124
多細胞生物	105
多細胞体制	105
多重遺伝子族	275
多精	141
多精拒否機構	141
脱共役剤	64
脱水縮合	21
脱窒素細菌	220
脱分化	128
脱分極	116, 119
多糖類	18, 25
多年生草本	203
多胚形成	128
多胚生殖	128
多様性	9, 11
ダルトン	88
単為生殖	128
端黄卵	145
単球	124
単系統（群）	10, 107
単孔類	142, 269
短日植物	184, 187
単純拡散	42
単子葉植物	155, 162
炭水化物	24
単性花	132
単相（型）	130
炭素の循環	219
担体	41, 42, 75
単糖類	24
タンパク質	13, 18, 21, 47, 79, 223
タンパク質の生合成	37
単複相	130
単量体	18
チアミンピロリン酸	61
置換基	14
地質年代	248, 253
遅滞鎖	82
窒素固定	197, 220
窒素代謝終産物	220
窒素同化	220
チミジン	20
チミン	19
着生植物	203
チャネル（チャンネル）	6, 42, 43
中央細胞	165, 189
中黄卵	145
中果皮	191
中期胚胎変移	146
中規模撹乱説	207
中心教義	79
中心体	33, 39, 40, 44
中心柱	161, 162
中枢神経系	115, 147
中性脂肪	28
中性植物	184
柱頭	165
中胚葉	147
中葉	159
中立変異	267
超界	12, 246, 258
聴覚	117
頂芽優勢	161
調査枠	203
長日植物	184, 187
超二次構造	23
跳躍伝導	120
鳥類	252
直鎖構造	26
チラコイド膜	35
地理的隔離	256
チロシンキナーゼ	49
チロシンキナーゼ型	48, 49
沈降係数	258
通性嫌気性	261
ツールキット遺伝子	257
つる植物	203
ツンドラ	210
底生生物	213, 219
低木層	204
デオキシリボース	19
デオキシリボ核酸	13, 19
適応	254
適応度	238, 254
適応放散	253
適者生存	3
テトラサイクリン	101
デトリタス	219
テトロース	25
テリトリー	233
テロメア	85
テロメラーゼ	85
テロメラーゼ活性	85
転位	271
転移	275
転移因子	275
転位反応	101
転換	271
転座	255
電子顕微鏡	31
電子伝達	36
電子伝達系	54, 56, 64
転写	18, 78, 79, 86, 266
転写因子	93, 150
点突然変異	255, 267
糖	19
等黄卵	145

同化	54	二重らせん構造	21	発熱	121	フシジン酸	101
透過型電子顕微鏡	31	二次林	206	波動毛	260	プシューケー	1
同化器官	202	二相称卵割	144	花	165	腐植	206
等割	144, 145	ニッチ	230	花の構造	189	腐食性動物	219
導管	161	二糖類	25	パラクライン型	47	腐食連鎖	217
同義語コドン	97	2倍体	39	春植物	203	フック（構造）	169
同義置換	255, 267	二胚葉性	250	バレル（樽）構造	24	物質循環	218
同形配偶	129	二胚葉動物	250	盤割	144, 145	物質代謝	37
動原体	44	二分子膜	29	伴細胞	162	物質の一時的貯蔵	37
統合生物学	7	二名法	2	反作用	201	不定芽	171
糖鎖	26	乳糖	25	繁殖	125	不定根	171
糖脂質	28, 29	ニューロン	115	反足細胞	165, 189	不等割	144, 145
糖質	24, 223	尿嚢	148	ハンチバック	150	不等交さ	274
同種異系統	126	2,4-D	175	半透性	42	ブドウ糖	26
同所的種分化	256	二量体	18	反復配列	275	不等分裂	43, 139, 164
等調	113	ヌクレオシド	20	半保存的複製	80	不稔	137
動物界	12, 246	ヌクレオチド	20, 81	ヒートショックタンパク質	277	負の制御（転写制御の）	92
動物群集	203	ヌクレオモルフ	263	比較生物学	2	部分割	144, 145
動物細胞	39	根	155, 162	尾芽胚期	144	不変領域	123
動物食（肉食）	213	ネグロイド	274	光屈性	167	不飽和脂肪酸	29
動物食性動物	216	熱ショックタンパク質	90	光形態形成	169	プライマー	82, 274
動物分散	228	熱帯雨林	209	光呼吸	72	プライモソーム	84
特異的染色	32	年代測定	246	光中断	188	フラグメント	81
特定物質の染色	32	脳	115	非クリマクテリック	191	フラグモブラスト	44
独立栄養	164	能動輸送	41	ビコイドmRNA	150	ブラシノステロイド	156, 170
独立栄養菌	219	濃度勾配	41	皮索	133	プラズマ細胞	122
独立栄養生物	181, 219	脳の血液関門	61	被子植物	161, 162, 252	プラスミド	197
独立の法則	74, 132	嚢胚	147	微小管	38, 39	プラスモデスマータ	182
土壌動物	213			被食者	230	フラノース	26
土壌の形成	200	**は**		ヒストンH4	271	フラボノイド	197
突然変異	255, 265	葉	155, 163	非生物的要因	200	プリン塩基	19, 272
トップダウン効果	228	バージェス頁岩	251	皮層	162	フルクトース	26
ドメイン	12, 246, 257	バーナリゼーション	185	皮層組織	161	フレーム	104
トランジション	271	胚	165, 167	ビタミン（類）	29, 223	フレームシフト	104
トランスバージョン	271	バイオインフォマティクス	5	ヒト	270	フレームシフト突然変異	255
トランスポゾン	275	バイオスフェア	199	被度	204	プロセシング	94
トランス面	37	バイオテクノロジー	4	非同化器官	202	プロテインキナーゼ	104
トランスロカーゼ	100	パイオニア植物	208	非同義置換	255, 267	プロテオグリカン	26
トリカルボン酸回路	61	胚球	165	ヒトの分類	11	プロトプラスト	161
トリマー	18	配偶子	127, 132	ヒドロキシル基	16	プロトン	16
トレーサー	32	配偶体	130	ヒドロゲノソーム	261, 263	プロトンジャンプ	17
貪食細胞	124	胚形成	183	ヒドロニウムイオン	16	プロモーター	87, 88
		肺呼吸	55	比熱	15, 16	分化	105, 125, 152
な		胚軸	164, 165, 167	ピューロマイシン	101	分解者	213
内果皮	191	媒質	13	表割	144, 145	分解能	31
内呼吸	56	胚珠	165, 189	表現型	8, 254	分化因子	46
内鞘	162	排出系	109, 148	病原体	192	分化全能性	126, 154, 175
内臓	148	倍数体	255	標識	80	分岐学	247
内胚葉	147, 148	胚性幹細胞	153, 154	標準自由エネルギー変化	52	分極	15, 116
内部プロモーター	93	配糖体	37	表層微小管	38	分子遺伝学	73
内分泌	47	胚乳	165, 166	表層粒	141	分子系統解析	248
内分泌かく乱物質	136	胚嚢	165	標的細胞	115, 116	分子系統樹	258, 272, 273
内分泌系	46, 109	胚嚢細胞	189	標的分子	47	分子シャペロン	90
内分泌腺	110, 112	胚嚢母細胞	189	表皮（系）	162, 163	分子進化	265
内膜	35	胚盤胞	151	表皮組織	161	分子進化の中立説	248, 255, 268
投げ縄構造	95	ハイブリッド	89	表面張力	15, 16	分子生物学	4
ナトリウムポンプ	42	胚柄	164, 165	ピラノース	26	分子時計	269
縄張り	228, 233	胚膜	148	ピリミジン塩基	19, 272	分節化	150
縄張り行動	228	排卵	139	ピルビン酸	56, 60	分離の法則	74
軟骨組織	109	白色体	40	頻度	203	分類	245
二価染色体	132	バクテリア	8, 12, 125, 199, 257	ファーストメッセンジャー	47	分類群	6, 11
肉食者	215, 216	バクテリオクロロフィル	221	ファゴソーム	37	分裂	127, 255
2細胞期	144	バクテロイド	197	フィトクローム	164	分裂期	43
二酸化炭素の固定	36	派生形質	247	フィブリノーゲン	110	分裂組織	155
二次共生	263	8細胞期	144	ブートストラップ確率	260	ペアルール遺伝子	150
二次構造（タンパク質の）	23	80S開始複合体	102	富栄養化	219	平衡	16
二次消費者	213, 215	爬虫類	2, 142, 144, 252	フェロモン	241	平行進化	248
二次性索	133	発芽	166	副交感神経（系）	113, 115	β-	26
二次生産	214	発芽期	183	複製	79	β構造	23
二次性徴	133	白血球	110, 121, 124	複製フォーク	82	β酸化	61, 264
二次遷移	205, 206	発生運命決定因子	149	複相（型）	130	βターン	23

ヘキソース	25	翻訳	18, 78, 79, 96, 266	有機体論	7	卵胞形成	138
ヘテロ	128	翻訳開始反応	99	有機的環境	200	卵母細胞	137
ヘテロ核RNA	102	翻訳終結反応	101	有機物	18	リーダー（リーダー制）	236
ヘテロクロマチン	34	翻訳制御	103	雄原細胞	189	リーディング鎖	82
ペプチジルトランスフェラーゼ		翻訳反応の阻害剤	101	有色体	40	リガンド	47
ペプチジルトランスフェラーゼセンター 98				雄蕊	132, 185, 189	陸上生態系	216
ペプチド結合	22	**ま**		優性形質	74	リグニン	163, 180
ペプチド鎖伸長反応	100	膜結合型ポリソーム	102	有性生殖	127	利己的	238
ヘミセルロース	158	膜電位	116	優性の法則	74	利己的な群れ効果	235
ヘム	65, 269	マクロファージ	121, 122, 124	優占種	204	離層	192
ヘモグロビン	269	末梢神経系	115	有胎盤類	269	リソソーム	33, 37, 40
ヘリカーゼ	95	マトリックス	35	有袋類	269	リター	200
ペリプラズム	102	マトリックスポテンシャル	157	誘導	90, 149, 152	利他的	238
ペルオキシソーム	33, 38, 40, 264	マングローブ林	209	誘導体	47	律速因子	69
ヘルパーT細胞	122	ミエリン鞘	115, 120	遊離型ポリソーム	102	律速反応	69
ベンケイソウ型有機酸代謝	72	ミオグロビン	269	幼芽	165	立体異性体	57
扁形動物	108	味覚	117	幼根	164, 165	リプレッサー	90
偏差成長	168	ミクロボディ	38, 264	陽樹	204	リブロース1,5-ビスリン酸カルボキシラーゼ	70
編制	8	水	13, 15, 216	葉鞘	163	リボース	19
ベントース	25	水屈性	167	葉身	163	リボ核酸	19
ベントス	213, 219	水ポテンシャル	157	陽生草本	203	リボザイム	281
鞭毛	260	水を移動させる力	178	要素還元主義	7	リポ酸	61
ボイヤーのATP合成酵素モデル 66		ミセル	16, 29	要素還元的解析手法	4	リボソーム	33, 37, 39, 40, 79, 97
膨圧	37	密度	224	葉肉細胞	163	リボソーム再生因子	101
包括適応度	239	ミトコンドリア		用不用	3	硫酸エステル	14
防御応答	193		33, 34, 40, 260	葉柄	163	領域	12, 246
胞子体	130	ミトコンドリア-RNAポリメラーゼ 93		羊膜	148	両親媒性（分子）	16, 29
放射卵割	144	ミトコンドリア・イブ	273	羊膜類	148	両性花	132, 190
紡錘糸	44	ミネラル類（栄養素）	223	葉脈	164	両性生殖	128
紡錘体	38, 39, 44	無機的環境	200	幼葉鞘	155, 165	両性腺	132
胞胚	145	無機物	18	葉緑素	36, 68	両生類	252
胞胚化	145	無機ピロリン酸	52	葉緑体	33, 35, 40, 163, 257, 261	両損的	238
胞胚期	144	無機リン酸	52	葉緑体膜	35	林冠部	206
胞胚腔	145	無限継代培養	172	抑制	90	リン酸	19, 52
胞胚壁	145	無酸素運動	59	抑制性シナプス	116	リン酸化	47
傍分泌型	47	娘細胞	43	四次構造	23	リン酸ジエステル結合	20, 51
飽和脂肪酸	29	無性生殖	126, 127	4界	12	リン脂質	14, 28, 29
飽和度	29	無配偶子生殖	127	4細胞期	144	林床	200
補酵素（コエンザイム）	60	群れ	233	四炭糖	25	リンパ球	121, 124
補酵素A	60, 62	群れハンター	234	4倍体	39	類縁性	245
母細胞	43	群れる理由	234			ルビスコ	70
補償深度	217	めしべ	132, 185, 189	**ら**		ループ	97
補償点	204, 217	雌	134	ライディッヒ細胞	133	励起	36
捕食	200, 230	雌ヘテロ	134	ライト効果	256	齢構成	223, 227
捕食寄生者	200	メソコチル	169	ラギング鎖	82	齢の勾配	155
捕食者	216, 230	メチオニンtRNA	100	ラクトース	25	齢ピラミッド	227
捕食性生物	200	雌花	132, 190	落葉	192	レグヘモグロビン	198
ホスホジエステル結合		メリクロン培養	170	落葉広葉樹林	210	レセプター	46
	20, 281	メルカプト基	14	裸子植物	162, 252	劣性形質	74
母性因子	149, 150	免疫	121	らせん卵割	144	レトロトランスポゾン	275
補体（系）	121, 122	免疫グロブリン	110, 122	ラマルキズム	3	レトロポゾン	275
ボトムアップ効果	228	免疫系	46, 110	ラマルクの進化論	3	レポーター遺伝子	32, 33
ボトル・ネック効果	256	免疫タンパク質	22	卵	138, 165	連鎖	75, 132, 133
哺乳類	108, 253	メンデルの法則	72, 74	卵黄嚢	148	連続細胞共生説	258
ホメオスタシス	43, 111	目	11, 245	卵黄膜	138	老化	192
ホメオティック遺伝子	150	木部	161	卵外被	139	老化期	183
ホモ	128	木部柔組織	161	卵殻	148	六炭糖	25
ポリ(A)配列	94, 102	木部繊維	161	卵割	143, 144	ロジスチック曲線	224
ポリシストロンmRNA	87	木本	202	卵割期	142	ロスマンフォールド	23
ポリシング	242	モノシストロンmRNA	88	卵割腔	144	六界説	246
ポリソーム	39, 102	モノマー	18	卵原細胞	133, 137	濾胞細胞	133
ポリヌクレオチド	20	モノリボヌクレオチド	87	卵細胞	165, 189	ρ-依存性転写終結	89
ポリヌクレオチド鎖	20	モル	16	卵子	132,	ρ因子	89
ポリペプチド	21, 22	モル濃度	16	卵生	142, 225	ρ-非依存性転写終結	89
ポリマー	18	門	11, 245	卵精巣	132		
ホルミル化	100	モンゴロイド	274	卵前核	139	**わ**	
ホルミルトランスフェラーゼ				卵巣	132, 133	矮性	170
	100	**や**		ラン藻	249	渡り	228
ホルモン	29, 46, 47, 112	葯	189	卵胎生	225	ワックス組織	209
ホルモンタンパク質	22	融解熱	15, 16	ランビエ絞輪	115		
ホロ酵素	88	ユーカリア	257	卵胞	133, 139		

●**監修**

東京工業大学名誉教授
大島　泰郎

●**執筆**（カッコ内は担当）

放送大学教授
東京工業大学名誉教授
星　元紀
（全体の編修, 1章, 2-1, 3-1, 3-2）

東京大学名誉教授
庄野　邦彦
（2-2, 3-3）

愛媛大学工学部教授
堀　弘幸
（2-3）

放送大学教授
東京大学名誉教授
松本　忠夫
（4章, 5-1〜5-4）

東京薬科大学生命科学部講師
横堀　伸一
（5-5〜5-7）

東京大学名誉教授
渡辺　公綱
（2-1-6, 2-1-7, 2-4〜2-6）

●**本文デザイン・DTP制作**
　（株）パルスクリエイティブハウス
●**表紙・カバーデザイン**
　エッジ・デザインオフィス

生命科学のための基礎シリーズ
生物

2004年3月15日　初版第1刷発行	監修者	大　島　泰　郎
2025年4月30日　初版第13刷発行	執筆者	星　　元　紀
		ほか5名（別記）
	発行者	小　田　良　次
	印　刷	株式会社広済堂ネクスト
	製　本	株式会社広済堂ネクスト
	発行所	実教出版株式会社

〒102-8377
東京都千代田区五番町5
電話〈営　　業〉(03)3238-7765
　　〈企画開発〉(03)3238-7751
　　〈総　　務〉(03)3238-7700
https://www.jikkyo.co.jp/

©T.Oshima, M. Hoshi, 2004

ISBN978-4-407-02413-5 C3045

| 1852 | ヘルムホルツ［独］Hermann Ludwig Ferdinand von Helmholz（1821-94）『視覚の三原色説』
網膜が3色の組み合わせですべての色を再現するしくみは、カラーテレビ画面とも共通。 |
|---|---|
| 1859 | ダーウィン［英］Charles Darwin（1809-82）『「種の起源」の刊行』
自然選択にもとづく進化論を確立。生物間関係を重視する生態学の出発点でもある。ウォレス（Alfred Russel Wallace）の同様な着想とともに前年に学会で報告され、これを動機としてダーウィンは本書をまとめた。 |
| 1865 | メンデル［オーストリア］Gregor Johann Mendel（1822-84）『エンドウの交雑実験発表』
論文にまとめたのは翌年（1866）。実験結果の統計的な扱いは、現代遺伝学の基礎となった。 |
| 1865 | ベルナール［仏］Claude Bernard（1813-78）『実験医学序説』
実験生物学の方法論を説いた名著。「内部環境」としての体液の安定性を指摘。『動植物に共通する現象の講義』（1878-79）も古典的著作。 |
| 1866 | ヘッケル［独］Ernst Haeckel（1834-1919）『一般形態学』
「生態学」の造語、系統樹の発案、発生の反復説なども彼の遺産。 |
| 1869頃 | ミーシャー［スイス］Friedrich Miescher（1844-95）『ヌクレイン（Nuclein）の命名』
膿（白血球の死骸）やサケの精子からDNAを得て、命名。 |
| 1878 | アッベ［独］Ernst Abbe（1840-1905）『近代的な顕微鏡の設計』
色収差、球面収差などによる観察の誤りが除かれるようになった。 |
| 1882 | コッホ［独］Robert Koch（1843-1910）『結核菌の発見』
純粋培養法で、コレラ菌なども発見。病原微生物学の開祖。 |
| 1885 | パスツール［仏］Louis Pasteur（1822-95）『狂犬病ワクチンの使用』
酒石酸の異性体の分離、発酵研究、自然発生の否定、炭疽ワクチンなど、多くの業績。 |
| 1890年代 | パヴロフ［ロシア］Ivan Petrovich Pavlov（1849-1936）『条件反射研究の開拓』
イヌに餌とともにトロイカ（雪橇）の鈴を聞かせて条件づけを行うと、鈴の音だけで唾液や胃液が分泌された。 |
| 1894 | ルー［独］Wilhelm Roux（1850-1924）『発生機構学雑誌の創刊』
初期発生の実験による解析研究の発表の場が準備された。 |
| 1897 | ブフナー［独］Eduard Buchner（1860-1917）『無細胞液による発酵』
酵母の絞り汁による発酵を偶然に観察。 |
| 1900頃 | エイクマン［蘭］Christiaan Eijkman（1858-1930）『ビタミンの発見』
脚気（かっけ）に米糠成分（ビタミンB1）が有効なことを認める。日本の**高木兼寛**（1849-1920）も1880年代に軍艦の食事改善で有効成分の存在をつきとめた。 |
| 1901-03 | ド・フリース［蘭］Hugo de Vries（1848-1935）『突然変異説』
現在の突然変異とは概念は違う。メンデル再発見者の一人でもある。 |
| 1902 | ヴァイスマン［独］August Weismann（1834-1914）『進化論講義』
遺伝質と体形質のうちで前者のみが進化に寄与すると強調した「ネオダーウィニズム」の主張は、現代進化論に受け継がれている。 |
| 1906 | シェリントン［英］Charles Scott Sherrington（1857-1952）『神経系の統合作用』
脳や反射経路の研究で多くの業績。 |
| 1906-07 | ホプキンズ［英］Frederick Gowland Hopkins（1861-1947）『ビタミンの発見』
制限食餌で飼うマウスの成長が、微量のミルクで顕著に促進された。 |
| 1912 | レーブ［米］Jacques Loeb（1859-1924）『生命の機械論的概念』
再生、走光性の研究結果なども、機械論的に理解せきることを強調。 |
| 1917 | デレル［仏］Felix Hubert d'Herelle（1873-1949）『バクテリオファージの発見と命名』
患者にファージを飲ませて病原細菌を殺そうとしたが、治療は失敗。 |
| 1919 | モーガン［米］Thomas Hunt Morgan（1866-1945）『遺伝の物質的基礎』
ショウジョウバエを使って実験遺伝学を発展させた。 |
| 1921 | バンティング［英］Frederick Grant Banting（1891-1941）『インシュリンの発見』
糖尿病への劇的効果で、ホルモンの役割を社会に印象づけた。共同研究者のベスト（C.H.Best）はノーベル賞の選にもれた。 |
| 1924 | シュペーマン［独］Hans Spemann（1869-1941）『オーガナイザー（形成体）の作用の実証』
移植や、卵の結紮（けっさつ）など実験的な手法を駆使して発生を研究。 |

1924	オパーリン[ロシア]Aleksandr Ivanovich Oparin(1894-1980)『地球上での生命の起源の理論』 コアセルヴェートという原始粒子ができるという考えは、一時流行した。
1926	サムナー[米]James Batcheller Sumner(1887-1955)『ウレアーゼ(尿素分解酵素)の結晶化』 乾物屋から買ったナタマメ粉で容易に結晶化に成功。
1927	マラー[米]Hermann Joseph Muller(1890-1967)『人為突然変異の誘起法』 X線の有害作用を、逆に利用して実験遺伝学を進めた。
1930頃から	ホールデン[英]John Burdon Sanderson Haldane(1892-1964)『集団内の突然変異の影響』 R.A.フィッシャーやS.ライトとともに集団遺伝学を確立させた。
1931	マクリントック[米]Barbara McClintock(1902-92)『連鎖遺伝子の組換えの研究』 遺伝子が染色体上で飛び移る現象を一貫して研究し、半世紀後にノーベル賞を得た。
1935	スタンリー[米]Wendell Meredith Stanley(1904-71)『タバコモザイクウイルスの結晶化』 結晶を葉に塗ると増殖する。生物と無生物の境界は何かと議論をよんだ。
1935-36	ワールブルク[独]Otto Heinrich Warburg(1883-1970)『補酵素(NADPH)の発見』 糖代謝など、生化学で多面にわたる基礎研究。
1937	クレブス[独→米]Hans Adolf Krebs(1900-81)『呼吸のクレブス回路の発見』 呼吸回路の前に、尿素生成のオルニチン回路も発見していた。
1937	ドブジャンスキー[ロシア→米]Thedosius Dobzhansky(1900-75)『遺伝学と種の起原』 ショウジョウバエ遺伝学にもとづいて、総合説の立場から進化を研究。
1938	デルブリュック[独→米]Max Delbrück(1906-81)『バクテリオファージの一段増殖法』 分子生物学の大発展の初期に、ファージは貴重な貢献をした。
1940	ド・ビーア[英]Gavin Rylands de Beer(1899-1972)『胚と祖先』 個体発生の研究から進化を論じ、ヘッケルの反復説は不正確であると批判。
1940	ウォルド[米]George Wald(1906-)『ロドプシンの分子構成』 オプシンに感光色素のレチナールが結合している。
1940頃	シャルガフ[独→米]Erwin Chargaff(1905-)『DNAの塩基組成』 二重らせんのモデルづくりの重要な手がかり(GとC、AとTが等量である)を与えた。
1940年代	ルイス[英]Edward Lewis(1918-)『ホメオ突然変異の研究』 ハエで触角が付属肢に変わるなど、体制上で位置の割り振りが乱れる現象を認めた。 この乱れの遺伝子レヴェルの解析が進み、ルイスもノーベル賞を共同受賞した。
1941	リップマン[独→米]Fritz Albert Lipmann(1899-1986)『高エネルギーリン酸結合の意義』 ATPなどの重要さとともに〜Pの記号も普及させた。
1941	ビードル[米]George Wells Beadle(1903-89)『一遺伝子=一酵素説』 アカパンカビの栄養要求変異体を使い、テータムと共同研究。
1942	マイア[独→米]Ernst Walter Mayr(1904-)『系統学と種の起原』 総合説に立つ進化論の代表的研究者。鳥類の広汎な研究のほか、多数の著作。
1942	ハクスリー[英]Julian Sorell Huxley(1887-1975)『「進化、現代的総合」の刊行』 現代の進化学は、この本の延長線上にある。
1944	エーヴリー(アベリー)[米]Oswald Theodore Avery(1877-1955)『DNAが細菌の形質転換因子であることを確立』
1945	サンガー[英]Frederick Sanger(1918-)『タンパク質のアミノ酸配列決定法の開発』 1955年には、インスリンのアミノ酸配列を、タンパク質のアミノ酸配列として初めて決定した。
1949	ド・デューヴ[ベルギー]Christian René Marie Joseph de Duve(1917-)『リソソームの発見』 ミトコンドリアと別の顆粒。命名は1955年。
1950	カルビン[米]Melvin Calvin(1911-97)『光合成回路の炭素原子の経路』 大戦後に使用可能となった放射性同位元素(^{14}C)で経路解明。1960年にノーベル化学賞。
1951	ルリア[伊→米]Salvador Edward Luria(1912-91)『バクテリオファージ遺伝子の突然変異を実証』 ファージと細菌の増殖について重要な寄与が多い。
1952	ハーシー[米]Alfred Day Hershey(1908-97)『ファージ増殖におけるDNAの役割の実証』 大腸菌にたかったファージ殻をブレンダーで除き、DNAのみが増殖に必要なことを示した。二重らせんモデル提出直前の実験。